ARMAS
E
FERRAMENTAS

ARMAS E FERRAMENTAS

O FUTURO E O PERIGO DA ERA DIGITAL

BRAD SMITH
PRESIDENTE DA **MICROSOFT**

E **CAROL ANN BROWNE**
DIRETORA SÊNIOR DE COMUNICAÇÕES E RELAÇÕES
EXTERIORES DA **MICROSOFT**

ALTA BOOKS
E D I T O R A
Rio de Janeiro, 2020

Armas e Ferramentas
Copyright © 2020 da Starlin Alta Editora e Consultoria Eireli. ISBN: 978-85-508-1566-4

Translated from original Tools and Weapons. Copyright © 2019 by Bradford L. Smith. ISBN 9781984877710. This translation is published and sold by permission of Penguin Press, an imprint of Penguin Random House LLC, the owner of all rights to publish and sell the same. PORTUGUESE language edition published by Starlin Alta Editora e Consultoria Eireli, Copyright © 2020 by Starlin Alta Editora e Consultoria Eireli.

Todos os direitos estão reservados e protegidos por Lei. Nenhuma parte deste livro, sem autorização prévia por escrito da editora, poderá ser reproduzida ou transmitida. A violação dos Direitos Autorais é crime estabelecido na Lei nº 9.610/98 e com punição de acordo com o artigo 184 do Código Penal.

A editora não se responsabiliza pelo conteúdo da obra, formulada exclusivamente pelo(s) autor(es).

Marcas Registradas: Todos os termos mencionados e reconhecidos como Marca Registrada e/ou Comercial são de responsabilidade de seus proprietários. A editora informa não estar associada a nenhum produto e/ou fornecedor apresentado no livro.

Impresso no Brasil — 1ª Edição, 2020 — Edição revisada conforme o Acordo Ortográfico da Língua Portuguesa de 2009.

Produção Editorial Editora Alta Books	**Produtor Editorial** Illysabelle Trajano Juliana de Oliveira Thiê Alves	**Marketing Editorial** Livia Carvalho marketing@altabooks.com.br	**Editor de Aquisição** José Rugeri j.rugeri@altabooks.com.br
Gerência Editorial Anderson Vieira		**Coordenação de Eventos** Viviane Paiva eventos@altabooks.com.br	
Gerência Comercial Daniele Fonseca	**Assistente Editorial** Maria de Lourdes Borges		
Equipe Editorial Ian Verçosa Raquel Porto Rodrigo Dutra Thales Silva	**Equipe de Design** Larissa Lima Paulo Gomes		
Tradução Cibelle Ravaglia	**Copidesque** Hellen Suzuki	**Revisão Gramatical** Thais Pol Thamiris Leiroza	**Diagramação** Joyce Matos

Publique seu livro com a Alta Books. Para mais informações envie um e-mail para **autoria@altabooks.com.br**

Obra disponível para venda corporativa e/ou personalizada. Para mais informações, fale com **projetos@altabooks.com.br**

Erratas e arquivos de apoio: No site da editora relatamos, com a devida correção, qualquer erro encontrado em nossos livros, bem como disponibilizamos arquivos de apoio se aplicáveis à obra em questão.

Acesse o site **www.altabooks.com.br** e procure pelo título do livro desejado para ter acesso às erratas, aos arquivos de apoio e/ou a outros conteúdos aplicáveis à obra.

Suporte Técnico: A obra é comercializada na forma em que está, sem direito a suporte técnico ou orientação pessoal/exclusiva ao leitor.

A editora não se responsabiliza pela manutenção, atualização e idioma dos sites referidos pelos autores nesta obra.

Ouvidoria: ouvidoria@altabooks.com.br

Dados Internacionais de Catalogação na Publicação (CIP) de acordo com ISBD

S642a   Smith, Brad
           Armas e Ferramentas: O futuro e o perigo da era digital / Brad Smith, Carol Ann Browne ; traduzido por Cibelle Ravaglia. - Rio de Janeiro : Alta Books, 2020.
           368 p. ; 17cm x 24cm.

           Inclui índice.
           ISBN: 978-85-508-1566-4

           1. Tecnologia. 2. Era digital. I. Browne, Carol Ann. II. Ravaglia, Cibelle. III. Título.

2020-1673   CDD 600
                                                   CDU 6

Elaborado por Vagner Rodolfo da Silva - CRB-8/9410

Rua Viúva Cláudio, 291 — Bairro Industrial do Jacaré
CEP: 20.970-031 — Rio de Janeiro (RJ)
Tels.: (21) 3278-8069 / 3278-8419
www.altabooks.com.br — altabooks@altabooks.com.br
www.facebook.com/altabooks — www.instagram.com/altabooks

ÀS NOSSAS MÃES:

Vocês não estão mais entre nós para ler esta obra,
mas o seu apreço pelos livros
nos inspirou a escrevê-la.

Agradecimentos

Como nunca escrevemos um livro antes, recorremos à ajuda de muitas pessoas durante o processo. Aprendemos algo que não é nenhuma surpresa: há uma grande diferença entre ler e escrever. Enquanto ler um bom livro é uma aventura, escrever é iniciar uma jornada épica como a Ilíada.

Nossa jornada começou na mesa de uma *trattoria* no Gramercy Park, em Nova York, onde conhecemos Tina Bennett, da William Morris Endeavour. Como neófitos do mundo editorial, ficamos um pouco surpresos, porém mais do que entusiasmados, quando ela concordou em trabalhar conosco como nossa agente literária. E, quando se trata de nós, trabalho é o que ela mais tem! Ela não apenas ajudou a mapear nossa jornada, como também viajou conosco. Tina nos ajudou a encontrar o livro dentro de nós, a navegar em cada etapa, e nos aconselhou a aprimorar os capítulos, as páginas e até as palavras. Também colhemos os frutos de trabalhar em estreita colaboração com as colegas de Tina na WME, Laura Bonner e Tracy Fisher, que nos orientaram no processo de publicação internacional.

O maior passo que Tina nos ajudou a dar foi até as portas da Penguin Press. Sabíamos que Scott Moyers era o editor certo assim que nos sentamos em seu escritório. Ficamos nervosos enquanto esperáva-

AGRADECIMENTOS

mos a proposta dos editores chegar, e respiramos aliviados quando ficou claro que o entusiasmo de Scott era mútuo. Desde aquele dia, Scott fora gentil, mas inequívoco, em seus feedbacks, e prestamos atenção às suas palavras. Ele e sua assistente editorial, Mia Council, prepararam o material em uma velocidade tão rápida quanto qualquer coisa que vimos no setor tecnológico, algo essencial para acompanhar nossa rotina frenética. Quando a escrita e a edição foram concluídas, a excelente equipe de marketing da Penguin, incluindo Colleen Boyle, Matthew Boyd, Sarah Hutson e Caitlin O'Shaughnessy, colocou o livro à venda. Foi uma parceria admirável do começo ao fim.

Este projeto não teria se materializado sem o apoio de diversas pessoas na Microsoft, a começar por Satya Nadella. Também sendo autor, ele valorizou a oportunidade oferecida pelo livro para refletir mais e se envolver verdadeiramente com os problemas que a tecnologia está criando para o mundo. Além de ler, ele nos dava feedback à medida que nosso trabalho progredia. Frank Shaw contribuiu com sua perspicácia e bom senso para o nosso rascunho, como faz em todos os aspectos de nossas relações públicas. E Amy Hood, como sempre, compartilhou seu raciocínio aguçado e sua sabedoria prática, ao mesmo tempo em que nos dava apoio moral e nos brindava com algumas risadas na sala.

À medida que avançávamos, contamos com a ajuda de pessoas que doavam generosamente seu tempo, proporcionando um certo distanciamento e uma perspectiva mais ampla de nossos empenhos. A primeira delas foi Karen Hughes, que estruturou sua expertise diversificada em relações públicas em um rascunho inicial. Nosso jantar com ela em Washington, D.C., não foi somente uma análise editorial detalhada, mas um incisivo workshop de comunicação. Era um lembrete de por que lhe pedíamos conselhos quando precisávamos enfrentar os obstáculos desafiantes da comunicação.

Quando estávamos próximos de um rascunho completo, David e Katherine Bradley e seu filho Carter vieram ao nosso auxílio. Generosos, eles tiraram um tempo para ler e compartilhar suas reações detalha-

AGRADECIMENTOS

das, tanto pessoalmente como por meio de suas anotações. Os feedbacks criteriosos e multigeracionais contribuíram para a melhoria de nosso livro em vários aspectos.

Ao nos aproximarmos da linha de chegada, David Pressman leu cuidadosamente nosso manuscrito e contribuiu avaliando alguns pontos fracos e sugerindo, de forma construtiva, como abordá-los. Como diplomata experiente, ele apresentou sua perspectiva a respeito dos desafios dos direitos humanos e das relações internacionais, que cada vez mais definem o setor tecnológico de hoje.

Durante todo o processo de escrita e edição, algumas pessoas desempenharam papéis imensuráveis ao nos ajudar com pesquisa e verificação de fatos, incluindo Jesse Meredith, que conhecemos como aluno de pós-doutorado em história na Universidade de Washington e agora leciona na Colby College, no Maine. Stephanie Cunningham, bibliotecária da Microsoft Library, nos respondia incrível e precisamente rápido, ainda que as perguntas fossem complicadas. A Microsoft Library é um recurso vital em nosso campus em Redmond. E o que faríamos sem Maddie Orser, que tirou o mestrado em história da gaveta com o intuito de conferir a veracidade de nossas referências históricas e ajudar a aperfeiçoar nossas notas finais? Agradecemos especialmente a Thanh Tan, da Microsoft, que não apenas tem um faro daqueles para uma boa história, mas também consegue encontrar a pessoa certa para contá-la — e ainda ser convidada para jantar na casa dela.

Contamos também com o apoio imenso de Dominic Carr, fundamental para a ideia inicial do livro, de grande ajuda conforme avançávamos em cada etapa e crucial na abordagem dos debates públicos mais abrangentes, que esperamos que o livro incentive. Enquanto fazíamos malabarismos para equilibrar nosso trabalho e escrita, tivemos o suporte da pequena equipe que compartilha nosso corredor no Redmond campus da Microsoft — sobretudo de Kate Behncken, Anna Fine, Liz Wan, Mikel Espeland, Simon Liepold, Katie Bates e Kelsey Knowles.

AGRADECIMENTOS

Pudemos contar também com Matt Penarczyk, que, como advogado, negociou os contratos de publicação em nome da Microsoft.

Nos estágios finais, recorremos a muitos outros colegas e amigos para revisar e fazer a checagem dos fatos. Na Microsoft, incluímos Eric Horvitz, Nat Friedman, Harry Shum, Fred Humphries, Julie Brill, Christian Belady, Dave Heiner, David Howard, Jon Palmer, John Frank, Jane Broom, Hossein Nowbar, Rich Sauer, Shelley McKinley, Paul Garnett, Dev Stahlkopf, Liz Wan, Dominic Carr, Lisa Tanzi, Tyler Fuller, Amy Hogan-Burney, Ginny Badanes, Dave Leichtman, Dirk Bornemann e Tanja Boehm. Hadi Partovi e Naria Santa-Lucia apuraram a veracidade de nossos escritos no que se relacionava a suas organizações. Jim Garland e sua equipe no Covington & Burling auxiliaram com uma análise jurídica minuciosa referente a certas questões delicadas, assim como Nate Jones o fez, de sua nova empresa de consultoria.

Um agradecimento especial aos designers gráficos da Microsoft, Mary Feil-Jacobs e Zach LaMance, pelo trabalho extra na arte da capa original do livro.

Também somos muito gratos a muitos colegas, parceiros e amigos, de dentro e de fora da Microsoft, que desempenharam papéis vitais em circunstâncias que foram mencionadas neste livro.

Tudo começa com o trio extraordinário: Bill Gates, Steve Ballmer e Satya Nadella, três pessoas que atuaram como CEOs de uma empresa que teve uma história deveras extraordinária. Pouquíssimos indivíduos tiveram a oportunidade de trabalhar em estreita colaboração com esses três. Cada um é diferente do outro, mas eles compartilham uma grande curiosidade e a busca aficionada pela excelência necessária para realmente fazer a diferença no mundo. E isso é só o começo.

Também são especialmente importantes os membros da Equipe de Liderança Sênior e da Diretoria da Microsoft, e os membros da Equipe de Liderança Sênior do Departamento de Assuntos Corporativos, Externos e Jurídicos da empresa. Em muitos aspectos, eles representam a

AGRADECIMENTOS

ponta minúscula de um iceberg gigantesco de pessoas que temos a sorte de conhecer. A oportunidade de contribuir com a tecnologia visando mudar o mundo trouxe cada um de nós para o setor tecnológico. No entanto, a chance de trabalhar com pessoas maravilhosas e criar laços de amizade duradouros é boa parte do que nos mantém aqui.

Queremos também agradecer às muitas outras pessoas com quem temos a oportunidade de trabalhar, inclusive nas demais empresas de tecnologia, entre as autoridades públicas de todo o mundo, o setor sem fins lucrativos e muitos jornalistas mundo afora. Esperamos que vocês achem nossas referências razoavelmente justas. Este era o nosso objetivo. Cada um de nós aborda essas questões de diferentes perspectivas, mas, no final das contas, a nossa predisposição a elaborar um consenso é o que moldará a relação da tecnologia com o mundo.

Também seríamos negligentes se não reconhecêssemos as pessoas e grupos que trabalham na Microsoft sob a liderança de Rajesh Jha, que criam as ferramentas que nos possibilitam ser tão produtivos e eficientes. Para um livro como este, o Microsoft Word continua sendo o melhor amigo de um autor. Talvez as pessoas consigam aprender a usá-lo em poucos dias e já estejam totalmente acostumadas com seus recursos. Nós não estávamos, seja pela formatação de centenas de notas finais ou pelo uso do Word Online, que nos permitiu escrever e editar simultaneamente o mesmo manuscrito de diferentes locais. Outros produtos, como o OneNote e o Teams, nos ajudaram a colaborar em pesquisas, entrevistas e anotações; e o OneDrive e o SharePoint nos ajudaram a organizar, armazenar e compartilhar todo o nosso trabalho. Uma das nossas ferramentas preferidas foi um dos produtos mais recentes da empresa, o app To-Do, que usamos para criar listas compartilhadas que rastreiam as muitas tarefas do projeto.

No decorrer do ano em que trabalhamos neste livro, nossos "trabalhos diurnos" nos levaram a reuniões, eventos e apresentações públicas em 22 países, 6 continentes e a várias regiões nos Estados Unidos. Tudo isso ajudou a forjar nosso pensamento, e muitas dessas experiências são

xi

AGRADECIMENTOS

retratadas nas histórias que compartilhamos em *ARMAS E FERRA-MENTAS*. Mas isso também significava que escrevíamos, sobretudo ao longo de seis meses intensos, durante muitas manhãs, noites, finais de semana e até mesmo durante as férias e feriados.

Isso tudo exigia muito de nossas famílias, e somos eternamente gratos a elas. Nossos familiares sempre nos apoiaram amorosamente, mesmo quando o trabalho implicava um cronograma de viagens globais ou interrupções nos finais de semana. E este livro ainda exigiu mais ajuda deles. Nossos respectivos cônjuges — Kathy Surace-Smith e Kevin Browne — leram talvez mais capítulos do que queriam, contribuíram com ideias e sugestões úteis e, com paciência digna de Jó, nos apoiaram durante todo o projeto. Cada um de nós tem dois filhos, e, em muitos aspectos, o livro se tornou um assunto familiar. Às vezes, nossas famílias se reuniam, a fim de que pudessem se ajustar ao nosso ritmo vertiginoso de trabalho, e sempre sorriremos ao recordar que editávamos durante o dia e jogávamos jogos de tabuleiro todos juntos ao fim da tarde.

Conforme retratado aqui, foi uma aventura feliz e uma jornada árdua. Por fim, queremos agradecer a todos que contribuíram para que este livro se tornasse realidade.

Brad Smith
Carol Ann Browne
Bellevue, Washington

SUMÁRIO

Prefácio de Bill Gates xv

Introdução: A NUVEM: O Arquivo do Mundo — xix

Capítulo 1: VIGILÂNCIA: Um Estopim Prestes a Estourar — 1

Capítulo 2: TECNOLOGIA E SEGURANÇA PÚBLICA: "Prefiro Ser um Perdedor do que um Mentiroso" — 21

Capítulo 3: PRIVACIDADE: Um Direito Humano Fundamental — 39

Capítulo 4: SEGURANÇA CIBERNÉTICA: O Sinal de Alerta para o Mundo — 61

Capítulo 5: PROTEGENDO A DEMOCRACIA: "Uma República, se Conseguirmos Mantê-la" — 77

Capítulo 6: MÍDIAS SOCIAIS: A Liberdade que Nos Afasta — 89

Capítulo 7: DIPLOMACIA DIGITAL: A Geopolítica da Tecnologia — 109

Capítulo 8: PRIVACIDADE DO CONSUMIDOR: "Levantar a Guarda" — 131

Capítulo 9: BANDA LARGA RURAL: A Eletricidade do Século XXI — 151

Capítulo 10: A FALTA DE TALENTOS: O Lado Humano da Tecnologia — 169

Capítulo 11: IA E ÉTICA: Não Pergunte o que os Computadores
Podem Fazer, Pergunte o que Eles Devem Fazer *191*

Capítulo 12: IA E RECONHECIMENTO FACIAL: Nossos Rostos Merecem
a Mesma Proteção que Nossos Celulares? *211*

Capítulo 13: IA E MÃO DE OBRA: O Dia em que o Cavalo Perdeu
Seu Posto de Trabalho *231*

Capítulo 14: ESTADOS UNIDOS E CHINA: Um Mundo Tecnológico e Polarizado *249*

Capítulo 15: DEMOCRATIZANDO O FUTURO: A Necessidade de Uma
Revolução Open Data *269*

Capítulo 16: CONCLUSÃO: Lidando com uma Tecnologia Maior do que Nós *287*

Notas   305
Índice   335

Prefácio

A princípio, recorri a Brad Smith para me aconselhar durante o momento mais difícil da minha vida profissional. Duas décadas depois, ainda peço seus conselhos.

Brad ingressou na equipe jurídica da Microsoft em 1993, mas nos conhecemos de verdade no final dos anos 1990, durante o processo antitruste do governo dos EUA contra a empresa. Passamos horas a fio trabalhando juntos. Percebi de imediato como ele era um intelectual sofisticado. Passei a gostar de Brad como pessoa e a confiar em seu discernimento como profissional.

Brad arquitetou nossa estratégia jurídica durante a ação judicial e, em seguida, fez outra coisa não menos importante: foi o protagonista de uma grande mudança cultural e estratégica na empresa. Essa mudança constitui o âmago deste livro.

Quando a Microsoft ainda engatinhava, eu me orgulhava por passar pouco tempo conversando com as pessoas do Governo Federal. Eu lhes dizia: "Não é fantástico sermos bem-sucedidos sem ao menos termos um escritório na capital, em Washington?" Conforme aprendi da maneira mais difícil durante o processo antitruste, esta não foi uma atitude prudente.

PREFÁCIO

Depois que o caso foi resolvido, Brad convenceu a mim e a muitas outras pessoas na Microsoft de que precisávamos adotar uma abordagem diferente. Assim, ele nos mostrou como concretizar isso. Brad é advogado, não um desenvolvedor de software e, embora domine bem a tecnologia, não pensava do mesmo jeito que o resto de nós. (Isso é um elogio.) Ele notou que precisávamos dedicar mais tempo e energia a nos relacionar com diferentes partes interessadas, incluindo o governo, nossos parceiros e, às vezes, até nossos concorrentes. Brad seria um grande diplomata, o que faz sentido, dado seu interesse prévio pelas relações internacionais.

Isso diz muito a respeito de Brad — sua mentalidade não ficou restrita ao interesse da Microsoft. Ele reconheceu a importância vital da tecnologia e das políticas que a impactam, e concluiu que ficar alheio à situação não era apenas um erro para a nossa empresa — era um erro do setor tecnológico. Ainda que houvesse momentos em que precisaríamos fazer isso sozinhos, haveria muitos outros — por exemplo, no que se refere à inteligência artificial, reconhecimento facial e cibersegurança — em que todos sairíamos ganhando ao trabalharmos juntos.

Conforme ele afirma neste livro, também há momentos em que é do interesse de todos que o governo intervenha em prol de mais regulamentação. (Brad tem bastante consciência para perceber como é irônico um líder empresarial pedir mais regulamentação do governo, em vez de menos.) Para tanto, ele sabia que a Microsoft e outras empresas de tecnologia precisavam se envolver mais com lideranças nos Estados Unidos, Europa e em outros lugares. Os dias de me vangloriar por não ter um escritório em Washington, D.C., haviam ficado para trás.

A visão de Brad nunca foi tão pertinente. As empresas e o setor tecnológico como um todo estão sob o escrutínio dos governos ao redor do mundo. Como a tecnologia delas está sendo usada? Qual o impacto? Quais responsabilidades as empresas de tecnologia têm? Como os governos e a comunidade em geral devem analisar essas questões?

xvi

PREFÁCIO

Ainda que essas não sejam as mesmas perguntas com as quais nos deparamos há vinte anos, a percepção que Brad tinha naquela época ainda é importante hoje.

Consideremos, por exemplo, as questões levantadas pela tecnologia de reconhecimento facial. Este ainda não é um assunto popular para debate público, mas será. Quais são os limites que as empresas de software devem estabelecer no uso de suas ferramentas de reconhecimento facial? Como a indústria tecnológica deve pensar a respeito e que tipo de regulamentação governamental é justificável?

Brad abriu o caminho para a antecipação dessas questões e para a formação de parcerias com o objetivo de discuti-las. A indústria tecnológica precisará se unir e trabalhar em colaboração com clientes e governos em todo o mundo. Talvez nem todos participem, mas, se deixarmos as coisas se fragmentarem tanto que as regras passem a oscilar excessivamente de país para país, não será nada bom para os clientes, nem para o setor tecnológico, tampouco para a sociedade.

ARMAS E FERRAMENTAS abrange um leque impressionante de quinze tópicos — entre eles estão a cibersegurança, a diversidade da mão de obra em TI e o relacionamento entre os Estados Unidos e a China. Se eu tivesse que escolher o capítulo mais importante, seria o da privacidade. A possibilidade de coletar grandes quantidades de dados é uma faca de dois gumes. Por um lado, são delegados poderes aos governos, às empresas e aos indivíduos para tomarem decisões melhores. Em contrapartida, são levantadas grandes questões sobre como podemos usar esses dados enquanto resguardamos o direito das pessoas à privacidade.

No entanto, como demonstra Brad, ainda que a tecnologia seja relativamente nova, as perguntas em si não o são. As pessoas se debatem com uma versão ou outra desse problema há séculos. Embora você possa esperar um capítulo sobre a privacidade de dados referente ao modo como a Alemanha nazista coletou informações de seu próprio povo, não espere

xvii

PREFÁCIO

que ele também mencione a Guerra de 1812 ou lhe forneça um histórico breve a respeito do Tratado de Assistência Jurídica Mútua.

Isso confirma os interesses abrangentes de Brad e sua capacidade de se aprofundar em quase qualquer assunto. Contudo, não quer dizer que as coisas assumam o tom de um resumo jurídico monótono. Brad e sua coautora, Carol Ann Browne, são excelentes em contar histórias, oferecendo uma visão privilegiada de como é chegar a um acordo em relação a essas questões, após muita discussão, em salas de conferências e tribunais ao redor do mundo. Brad não está apenas sentado analisando as coisas — ele está reunindo pessoas para identificar soluções.

Brad e eu conversamos com frequência sobre essas questões, pessoalmente e via e-mail. Ainda hoje, conto com sua sabedoria e discernimento. Dada a sua experiência e inteligência, você não poderia ter um conselheiro melhor do que ele para refletir sobre as dificuldades que o setor tecnológico enfrenta atualmente.

Essas questões estão apenas assumindo um grau maior de importância. *ARMAS E FERRAMENTAS* fornece um panorama claro das questões levantadas quanto às novas tecnologias e um possível caminho para as empresas de tecnologia e a sociedade trilharem. Brad escreveu um guia esclarecedor e categórico para algumas das discussões mais prementes da tecnologia nos dias de hoje.

Bill Gates
Abril de 2019

Introdução ➤ # A NUVEM:
O Arquivo do Mundo

A civilização sempre se debruçou sobre as informações.

A história humana começou quando as pessoas desenvolveram a habilidade de falar. Com o advento da linguagem, as pessoas podiam compartilhar suas ideias, experiências, desejos e necessidades.

O progresso se intensificou à medida que as pessoas desenvolviam a habilidade de escrever. As ideias se difundiam com mais facilidade e precisão, não somente de pessoa para pessoa, mas de um lugar para outro.

Então, surgiu a fagulha que originou a chama do conhecimento: a habilidade de armazenar, recuperar e compartilhar o que fora escrito. Uma tradição do mundo antigo era a construção de bibliotecas.[1] Esses arquivos de documentos e livros indicavam que as pessoas podiam se comunicar mais rápido não apenas encurtando as distâncias, mas vencendo os tempos, passando informações de uma geração à outra. Séculos mais tarde, quando Johannes Gutenberg inventou a prensa móvel, a chama se transformou no fogo que alimentou escritores e leitores.

Esse fogo se alastraria pelo mundo. Os séculos vindouros ocasionariam uma explosão no comércio, tanto causa quanto consequência do

INTRODUÇÃO

aumento da comunicação. No início do século XX, todos os escritórios precisavam de instalações para armazenar documentos. As salas estavam abarrotadas de arquivos.[2]

Ainda que as informações sempre tenham sido importantes para a sociedade, elas nunca tiveram o papel que desempenham atualmente. Mesmo quando os negócios desaceleram ou as economias vacilam, os dados continuam a aumentar em um ritmo constante. Dizem as más--línguas que os dados se tornaram o petróleo do século XXI. Mas isso é subestimar a realidade. Há um século, automóveis, aviões e muitos trens funcionavam a base de petróleo. Hoje, todos os aspectos da vida humana são abastecidos por dados. Quando se trata da civilização moderna, os dados são mais parecidos com o ar que respiramos do que com o combustível que queimamos.

Ao contrário do petróleo, os dados se tornaram um recurso renovável que nós, humanos, conseguimos produzir. Esta década terminará com quase 25 vezes mais dados digitais do que quando começou.[3] Por meio da inteligência artificial, ou IA, estamos fazendo mais com os dados do que nunca.

A infraestrutura digital que sustenta isso se chama nuvem. Embora seu nome nos passe a impressão de maciez e leveza, na verdade, ela é uma fortaleza. Sempre que procura alguma coisa em seu smartphone, você extrai dados de um data center faraônico — uma das maravilhas modernas a que quase ninguém tem acesso.

No entanto, se você tiver a sorte de visitar um data center, entenderá melhor como o mundo funciona atualmente.

Um dos melhores lugares para conferir o funcionamento interno da nuvem é a capital mundial das maçãs. A cidadezinha de Quincy, em Washington, fica aproximadamente a 241km a leste de Seattle, cruzando a Interstate 90. A localização não foi escolhida por acaso. Quincy fica no centro da bacia rural do estado, situada próxima a um desfiladeiro íngreme, esculpido durante milênios pelo extenso e sinuoso rio Columbia,

INTRODUÇÃO

a maior hidrovia no oeste dos Estados Unidos. A cidade é abastecida por uma rede de usinas hidrelétricas, incluindo a Represa Grand Coulee, a maior estação de energia dos Estados Unidos. É o local ideal para o que se tornaria o maior consumidor mundial de eletricidade, o data center moderno.[4]

A poucos quarteirões da rua principal de Quincy, você encontrará uma série de edifícios monótonos, protegidos por cercas e muros altos. Alguns são identificados pelos logotipos das empresas de tecnologia atuais; outros não têm qualquer identificação. A maior dessas instalações se chama Columbia Data Center, de propriedade da Microsoft.

É emocionante — e um pouco assustador — compreender a magnitude de um data center. Nossas instalações em Quincy não ocupam mais um único edifício. Elas abrangem dois campi de data center com mais de 20 prédios, totalizando quase 200 mil metros quadrados. Cada edifício é do tamanho de dois campos de futebol e é amplo o suficiente para abrigar dois aviões comerciais de grande porte. Esse conjunto de edifícios aloja centenas de milhares de servidores e milhões de unidades de discos rígidos, e cada um deles é substituído por modelos mais rápidos e eficientes a cada três anos.

A melhor forma de ter uma noção da dimensão de um data center é caminhar pelo seu lado externo sentido ao seu centro. Do lado de fora das paredes de cada prédio, são encontrados alguns dos maiores geradores elétricos do mundo, prontos para serem ativados em segundos, com o intuito de garantir que o data center não sofra nenhum impacto se a rede elétrica parar de funcionar. Cada gerador tem mais de 6m de altura e pode abastecer o equivalente a mais de 2 mil casas. Os geradores estão interligados a um reservatório de diesel capaz de assegurar o funcionamento do data center fora da rede elétrica por 48 horas, dotado de mecanismos de reabastecimento para dar conta das operações durante um tempo maior, caso necessário. Em nossas unidades operacionais mais novas, como a de Cheyenne, em Wyoming, os geradores funcionam com gás natural mais limpo e fornecem à rede elétrica da região um

INTRODUÇÃO

sistema de energia de reserva. Dezenas de geradores enormes ficam ao lado dos edifícios do data center, prontos para o caso de haver uma queda local da energia gerada pela Represa Grand Coulee.

No interior de cada edifício, uma cadeia de grandes salas seguras opera como subestações elétricas, normalmente transportando a energia a 230 mil volts, antes de reduzi-la a 240 volts a fim de abastecer os computadores do data center. Essas salas da subestação estão dispostas em fileiras compostas de racks de 1,80m, cada um conectado a 500 ou mais baterias, semelhantes à de seu carro. Todas as portas da sala são à prova de balas e todas as paredes são à prova de fogo; logo, um incêndio não consegue se alastrar de uma sala para outra. Um típico edifício de data center tem quatro ou mais dessas salas, e, dependendo da estrutura, pode acomodar até 5 mil baterias. Elas têm duas finalidades. Primeiro, a eletricidade da rede circula pelos racks, mantendo as baterias carregadas e evitando uma possível descarga elétrica, de modo que o fluxo de eletricidade para os computadores permaneça uniforme e constante. E, no caso de interrupção da energia elétrica, as baterias manterão o data center operando, até que os geradores sejam acionados.

Por meio de outro conjunto de portas à prova de balas e paredes à prova de fogo, um detector de metais similar aos dos aeroportos, operado por dois guardas uniformizados, fica entre você e o santuário interno do complexo. Somente funcionários da própria Microsoft, que antes precisam estar em uma lista pré-aprovada, podem passar dali. Ao entrar em uma pequena sala de recepção, uma porta de aço se fecha atrás de você. Então é necessário esperar, preso lá dentro, ao mesmo tempo em que a equipe de segurança o examina por uma câmera, antes de liberar o acesso à próxima porta à prova de balas.

Por fim, você entra em uma sala enorme com arcos e abóbadas, um templo para a era da informação e a pedra angular de nossas vidas digitais. Um zumbido abafado lhe dá as boas-vindas no centro nervoso das operações, com racks que vão do chão ao teto, repletos de computadores, ordenados sistematicamente e que se estendem além do alcance da vista.

xxii

INTRODUÇÃO

Essa biblioteca de aço descomunal e os circuitos armazenam servidores idênticos em tamanho, mas com seu próprio volume de dados. É o arquivo digital do mundo.

Em algum lugar em uma dessas salas, em qualquer um desses edifícios, existem arquivos de dados que lhe pertencem. Eles registram o e-mail que você escreveu esta manhã, o documento em que trabalhou ontem à noite e a foto que tirou no fim de semana. Provavelmente eles também armazenam suas informações pessoais: seu banco, seu médico e seu empregador. Os arquivos ocupam somente um espaço ínfimo do disco rígido em uma dessas centenas de milhares de servidores. Cada arquivo é criptografado, ou seja, as informações são codificadas para que somente usuários autorizados desses dados consigam lê-los.

Cada edifício do data center tem diversas salas como esta, isoladas umas das outras em caso de incêndio. Cada conjunto de servidores está conectado a três fontes de energia dentro do edifício. E cada fileira de servidores foi projetada para circular o calor liberado pelos seus computadores em todo o edifício, com o objetivo de reduzir a necessidade de aquecimento e, portanto, a demanda elétrica no inverno.

Ao deixar a sala do servidor, você enfrenta toda a rotina de segurança novamente. Tira os sapatos e, depois, o cinto. Conforme para e pensa que não precisaria enfrentar isso quando *saísse* de um aeroporto, seu anfitrião lembra-o de que todo esse aparato de segurança existe por uma razão. A Microsoft quer assegurar que ninguém consiga copiar os dados em um pendrive ou roubar um disco rígido com os dados pessoais de alguém. Até mesmo os discos rígidos deixam o edifício por uma saída especial. Quando chega a hora de substituí-los, os dados são copiados para um computador novo e os arquivos são apagados. Em seguida, o disco rígido descontinuado passa por um equipamento de metal que funciona como uma máquina de trituração.

Mas a cereja do bolo fica para o final do passeio. O guia lhe explica que cada área do data center tem uma equivalente a ela em outro con-

INTRODUÇÃO

junto de edifícios como este, de modo que os dados de uma empresa, governo ou organização sem fins lucrativos tenham um backup constante em outro lugar. Dessa forma, se houver um terremoto, furacão ou outro desastre, natural ou provocado pelo homem, o segundo data center entrará em cena para manter o serviço em nuvem em operação sem problemas. Conforme descobrimos quando um terremoto atingiu o norte do Japão, nosso data center no sul do Japão garantiu que não houvesse interrupção do serviço.

Atualmente, a Microsoft é proprietária, opera e aluga data centers de todos os tamanhos em mais de 100 localidades distribuídas em mais de 20 países (e está crescendo), fornecendo 200 serviços online e dando suporte a mais de 1 bilhão de clientes em mais de 140 áreas de atuação.

Quando comecei a trabalhar para a Microsoft em 1993, não era necessário muito capital para abrir uma empresa de software. Bill Gates e Paul Allen, nossos dois cofundadores, foram os últimos de uma geração de desenvolvedores de tecnologia que abriram suas empresas a partir de uma garagem ou um dormitório de faculdade. A questão era que desenvolver software não exigia uma fortuna. Um bom computador, um pouco de dinheiro guardado e estar disposto a comer quantidades imensas de pizza eram suficientes para você começar.

Presenciamos isso inúmeras vezes, à medida que a Microsoft crescia de uma pequena startup para a multinacional que é hoje. Em 2004, tínhamos interesse em adquirir uma empresa de software antispyware chamada Giant Company Software. Para entrar em contato, ligamos para o número que era divulgado como sendo o de suporte técnico. Quando o autor da chamada da Microsoft pediu para falar com o CEO da empresa, a ligação simplesmente foi transferida ao outro único funcionário, que sentava do outro lado da mesa.[5] Como previsto, a negociação de aquisição avançou rapidamente.

Não consigo parar de pensar na Giant Company Software sempre que visito um de nossos data centers. Você ainda pode criar um novo

INTRODUÇÃO

app de software do mesmo jeito que Bill e Paul começaram. Os desenvolvedores de código aberto fazem isso o tempo todo. Mas e fornecer as plataformas necessárias para a computação em nuvem em escala global? Aí já é outra história. Enquanto caminho entre os milhares de servidores piscando, racks cheios de baterias e geradores enormes, parece mais do que uma era diferente. Parece um planeta diferente. Os campi de data center custam milhões de dólares para serem construídos. E, depois de prontos, começa o trabalho de manutenção e atualização nas estruturas. Os locais são ampliados e os servidores, discos rígidos e baterias são atualizados ou substituídos por equipamentos mais novos e mais eficientes. Um data center nunca está pronto.

Em muitos aspectos, o data center moderno é a alma da nova era digital em que o mundo entrou. O acúmulo monstruoso de dados, armazenamento e capacidade de processamento criou um patamar sem precedentes para o crescimento das economias do mundo. E isso desencadeou muitos dos grandes desafios de nosso tempo. Como alcançar o equilíbrio justo entre segurança pública, comodidade individual e privacidade pessoal nesta nova era? Como nos protegemos dos ataques cibernéticos que utilizam essa tecnologia a fim de desestabilizar nossos países, negócios ou vidas pessoais? Como lidamos com os impactos econômicos, que agora estão afetando nossas comunidades? Estamos criando um mundo em que nossos filhos terão emprego? Será que podemos controlar o mundo que estamos criando?

As respostas para todas essas perguntas devem começar com um entendimento melhor de como a tecnologia está mudando, partindo da compreensão de como ela mudou no passado.

Desde os primórdios, qualquer ferramenta pode ser usada tanto para o bem como para o mal. Até mesmo uma vassoura pode ser utilizada para varrer o chão ou para bater na cabeça de alguém. Quanto mais poderosa a ferramenta, maior o benefício ou o estrago que ela pode causar. Ainda que a transformação digital esmagadora seja uma grande promes-

xxv

INTRODUÇÃO

sa, o mundo transfigurou a tecnologia da informação em uma ferramenta poderosa e em uma arma temível.

Cada vez mais, a nova era tecnológica abre caminho para uma nova era de inquietação. Esse sentimento de hostilidade é mais acentuado nas democracias ao redor do mundo. Consumidas pela preocupação com a imigração, o comércio e a desigualdade de renda, essas nações enfrentam mais e mais fissuras populistas e nacionalistas, que resultam em mudanças parcialmente sísmicas na tecnologia. Os frutos da tecnologia não são distribuídos de maneira igualitária, e a natureza e a velocidade da mudança estão desafiando indivíduos, comunidades e nações inteiras. As sociedades democráticas enfrentam coletivamente mais desafios do que enfrentaram em quase um século, e, em alguns casos, outros países estão usando a tecnologia para explorar essa vulnerabilidade.

Este livro investiga essas questões direto do centro de comando de uma das maiores empresas de tecnologia do mundo. Narra a história de um setor tecnológico tentando chegar a um acordo com forças que são maiores do que qualquer empresa ou mesmo todo o setor. Assim sendo, conta a história não apenas de tendências e ideias, mas de pessoas, decisões e medidas para enfrentar um mundo em rápida mudança.

É um drama constante que nós, na Microsoft, algumas vezes acompanhamos de diferentes posições privilegiadas. Há duas décadas, éramos a força que bombeava o coração do que se pode considerar o primeiro confronto da tecnologia de informação moderna contra o mundo. Nos Estados Unidos, o Departamento de Justiça e vinte estados entraram com uma ação antitruste e tentaram desmembrar a Microsoft. Os governos de outros países seguiam com seus próprios processos. As autoridades antitruste concluíram que o sistema operacional Windows era demasiadamente importante para não ser regulamentado.

Embora tenhamos sido bem-sucedidos em nossa defesa contra o desmembramento da empresa, foi uma experiência penosa, contundente e até dolorosa. Quando fui nomeado diretor jurídico da empresa, em

xxvi

INTRODUÇÃO

2002, passou a ser meu trabalho elaborar o equivalente a tratados de paz com governos de todo o mundo e empresas do setor de tecnologia. Levou quase uma década,[6] e cometemos nossa quota de erros. Tendo em conta o meu papel, fui pessoalmente responsável, de alguma forma, por quase todos eles.

Contudo, emergimos desses desafios mais experientes e mais prudentes. Aprendemos que era necessário nos olhar no espelho e enxergar o que os outros viam, e não somente o que queríamos ver. Era como se formar com honras em uma nova universidade — não éramos necessariamente os diplomados de honra da primeira classe, mas tínhamos a vantagem de termos nos graduado antes de todo mundo.

Os problemas tecnológicos de hoje são muito mais abrangentes e profundos do que há vinte anos. Chegamos a um momento decisivo e crítico no que diz respeito à tecnologia e à sociedade — atrativo às oportunidades, mas também que requer medidas urgentes para solucionar os problemas que nos afligem.

À vista disso, como a Microsoft há duas décadas, o setor tecnológico precisará mudar. Chegou a hora de reconhecer um princípio básico, porém fundamental: quando sua tecnologia muda o mundo, você é responsável por ajudar a confrontar o mundo que ajudou a criar. Teoricamente, seria algo indiscutível, mas não em um ramo de atividade há muito focado de modo obsessivo no crescimento rápido e, às vezes, na disrupção como um objetivo por si só. Em suma, as empresas que criam tecnologia devem aceitar uma responsabilidade maior pelo futuro.

Mas outro princípio é igualmente importante: o setor de tecnologia não pode enfrentar esses desafios sozinho. O mundo precisa de uma convergência entre regulamentação própria e ação governamental. Nesse ponto, existem também repercussões acentuadas para as democracias mundiais, em parte porque elas dependem e muito da preservação de um amplo consenso econômico e social, em um momento em que a tecnologia é uma força tão disruptiva. Mais do que nunca, parece difícil para

xxvii

INTRODUÇÃO

muitos governos democráticos tomar as rédeas e agir. Todavia, é um momento em que eles devem seguir adiante com políticas e programas novos — com autonomia, e sob uma nova forma de colaborar com o próprio setor tecnológico. Em poucas palavras, é necessário que os governos se apressem e comecem a acompanhar o ritmo da tecnologia.

Esses desafios vêm à tona sem quaisquer estratégias definidas, embora possamos aprender com as lições do passado. A mudança tecnológica se espalhou mundo afora em diversas ondas, desde o início da Primeira Revolução Industrial em Midlands, na Inglaterra, em meados da década de 1700. Para cada desafio moderno que aparenta não ter precedentes, muitas vezes, existe uma contrapartida histórica que, embora típica da época, fornece informações úteis para os dias atuais. Este livro fala das oportunidades e dos desafios do futuro, em parte, valendo-se das lições do passado — a partir de reflexões de como podemos aprender com elas.

Por último, essas questões envolvem a tecnologia e suas consequências para nosso trabalho, nossa segurança e no que se refere aos direitos humanos mais fundamentais do mundo. Precisamos reconciliar uma era de mudanças tecnológicas frenéticas com valores tradicionais e até mesmo atemporais. Com o intuito de alcançar esse objetivo, precisamos garantir que a inovação continue, mas de um jeito que subordine a tecnologia e as empresas que a criaram às sociedades democráticas e à nossa capacidade coletiva de escolher o nosso destino.

xxviii

Capítulo 1 〉〉 VIGILÂNCIA:
Um Estopim Prestes a Estourar

Quando o sol matinal de verão se despojou das nuvens no dia 6 de junho de 2013, em Redmond, Washington, Dominic Carr abriu um pouco mais as folhas da persiana em seu escritório do quinto andar, no campus da Microsoft. Como o verão no noroeste do Pacífico demora um mês para chegar, os raios de sol que atravessavam a sua janela eram uma provocação bem-vinda aos dias mais quentes — e ao ritmo um pouco mais lento — que estavam por vir.

Ele pegou o celular e desceu de elevador para comprar um sanduíche no café da empresa ao lado. Enquanto caminhava pelo trajeto movimentado entre os edifícios, seu celular, que estava no bolso de trás, vibrou. Dominic encabeçava a equipe de relações públicas e comunicação, e respondia a mim, lidando com alguns dos problemas mais espinhosos da empresa em relação à mídia. Ele nunca ficava sem o celular — e dificilmente ficava longe de sua mesa.

Uma notificação de e-mail — "Microsoft/PRISM" — pisca em sua tela. Na época, "PRISM" era o que chamávamos de encontro anual dos lí-

ARMAS E FERRAMENTAS

deres de venda da empresa. Apenas mais uma comunicação de rotina sobre os negócios cotidianos da Microsoft.

Mas este não era um e-mail habitual. Era o estopim de um problema que logo explodiria ao redor do mundo.

"Estamos escrevendo para notificá-lo de que o *Guardian* está se preparando para publicar na noite de hoje um artigo sobre o PRISM — um programa secreto e voluntário de cooperação entre diversas empresas tecnológicas de grande porte dos EUA e a NSA", começava o e-mail, referindo-se à Agência de Segurança Nacional nos Estados Unidos.

O e-mail vinha de outro Dominic — Dominic Rushe — um repórter do jornal britânico *The Guardian*. A princípio, a mensagem chegou à caixa de entrada de um gerente de relações públicas da Microsoft em Boston, que o encaminhou com o status de alta prioridade — uma tag de e-mail com um ponto de exclamação que basicamente dizia: "Vocês precisam ver isso agora."

O texto incluía uma lista complexa com nove pontos para análise e ditava um prazo impossível. Rushe explicava que "como jornalistas responsáveis, gostaríamos de lhes dar a oportunidade de responder a quaisquer inverdades nos pontos enumerados acima. Já abordamos a Casa Branca em relação a esta história. Devido ao caráter delicado do programa, esta é a primeira oportunidade que tivemos de entrar em contato com vocês para que possam apresentar suas observações". Ele queria uma resposta até 18h no horário de verão da Costa Leste, ou até 15h no fuso horário de Seattle.

O *Guardian* teve acesso a documentos de informações confidenciais que detalhavam como nove empresas de tecnologia dos EUA — Microsoft, Yahoo, Google, Facebook, Paltalk, YouTube, Skype, AOL e Apple — haviam pretensamente se inscrito em um programa voluntário, chamado PRISM, facultando à NSA acesso direto a e-mail, bate-papo, vídeo, fotos, detalhes de redes sociais e outras informações.

Os planos de Dominic para o almoço — e para os próximos dias — foram deixados de lado. Ele deu meia-volta e apressadamente subiu as escadas, dois degraus de cada vez, de volta ao quinto andar. Ele suspeitava que esse problema tivesse relação com um artigo alarmante publicado naquela manhã pelo *Guardian*. O jornal publicara um despacho em segredo de justiça que exigia que a gigante norte-americana de telecomunicações Verizon entregasse às autoridades governamentais, "diária e continuamente", seus registros de ligações feitas tanto internamente como entre os Estados Unidos e outros países.[1] Os registros foram analisados pela NSA, sediada em Fort Meade, Maryland, que há muito tempo coletava sinais de inteligência (SIGINT) e dados em todo o mundo. Segundo o artigo, essa coleta em massa também tinha como alvo milhões de norte-americanos, a despeito de terem feito alguma coisa errada ou não.

Se alguém da Microsoft sabia do PRISM, esse alguém era John Frank, o advogado que cuidava das equipes jurídicas, inclusive do nosso trabalho de segurança nacional. Dominic foi imediatamente ao escritório de John.

Sempre comedido e metódico, John assimilou aos poucos a mensagem do *Guardian* no celular de Dominic. Ele tirou os óculos, afastou-se de sua mesa e olhou fixamente para o dia pincelado pelo sol. De repente, ele parecia esgotado. "Isso não faz o menor sentido. Nada disso parece certo."

John não apenas sabia como e o que a empresa analisava e apresentava às autoridades, mas também ajudou a elaborar esse processo. A Microsoft divulgava os dados dos clientes somente em resposta a processos legais válidos — e no que dizia respeito às contas ou pessoas específicas.

Quando John e Dominic chegaram à porta do meu escritório, eles tinham pouco mais para compartilhar do que a mensagem do repórter. "Se eles estão fazendo isso, é sem o nosso conhecimento", afirmou John.

Sim, éramos obrigados a analisar e a responder à solicitação de dados de usuários de acordo com a lei. Tínhamos um procedimento estabelecido com o objetivo de analisar meticulosamente e responder a todas as solicitações do cumprimento da lei. No entanto, a Microsoft é uma empresa gigante. Isso teria sido obra de um funcionário desonesto?

ARMAS E FERRAMENTAS

Logo descartamos essa hipótese. Conhecíamos nossos sistemas internos e procedimentos para receber, analisar e responder às exigências do governo. A notificação do *Guardian* simplesmente não fazia sentido.

Ninguém na Microsoft tinha ouvido falar do PRISM. O *Guardian* estava relutante em divulgar os documentos vazados nos quais vinha trabalhando. Entramos em contato com pessoas que conhecíamos na Casa Branca, e elas também não falavam ou compartilhavam nada que fosse "confidencial". No decorrer da tarde, cogitei com John e Dominic: "Talvez façamos parte de um clube secreto, mas tão secreto, que nem sabemos que somos membros."

Teríamos que aguardar até que a história fosse publicada para começar a responder ao repórter.

Às 15h do horário de verão da Costa Leste, o *The Guardian* publicou sua notícia bombástica: "O Programa PRISM da NSA Tem Acesso aos Dados dos Usuários da Apple, Google e Outros".[2] Finalmente soubemos que PRISM, o programa de vigilância eletrônica de segurança nacional da NSA, era um acrônimo para Planning Tool for Resource Integration, Synchronization and Management [Ferramenta de Planejamento para Integração, Sincronização e Gerenciamento de Recursos].[3] Quem tinha inventado esse nome prolixo? Parecia o nome de um produto ruim do setor tecnológico. Segundo a mídia, era um programa de vigilância eletrônica para rastrear dispositivos móveis, chamadas, e-mails, conversas online, fotos e vídeos.[4]

Em poucas horas, o artigo do *Guardian* e reportagens semelhantes do *Washington Post* repercutiram em todo o mundo. Nossas equipes de vendas e advogados foram bombardeados com ligações de clientes.

Todos eles perguntavam a mesma coisa: aquilo era verdade?

De início, não estava claro onde a mídia estava conseguindo aquelas informações. As pessoas discutiam se elas eram mesmo verídicas. Mas, três dias depois, o jornal divulgou uma notícia quase tão bombástica quanto a reportagem. O *Guardian* revelou sua fonte,[5] a pedido dele mesmo.

VIGILÂNCIA

A tal fonte era um funcionário de 29 anos da consultoria de segurança Booz Allen Hamilton. Seu nome? Edward Snowden. Ele era contratado no Threat Operations Center da NSA, no Havaí, como administrador de sistemas. Após fazer o download de mais de 1 milhão de documentos altamente sigilosos,[6] em 20 de maio de 2013 embarcou em um voo para Hong Kong, onde se reuniu com jornalistas do *Guardian* e do *Washington Post* e começou a compartilhar os segredos da NSA com o mundo.[7]

No segundo semestre daquele ano, os documentos de Snowden se transformavam em uma série de reportagens. O primeiro documento vazado foi uma apresentação em PowerPoint sigilosa de 41 slides, usada para treinar o pessoal dos serviços de informações. E isso era apenas o começo. Os repórteres explorariam o esconderijo de arquivos secretos de Snowden no ano seguinte, estimulando a inquietação por meio de uma onda constante de manchetes. Um tsunami de desconfiança pública se formava face às reivindicações dos Estados Unidos e do Reino Unido para acessar os registros telefônicos e dados de usuários, inclusive informações referentes a líderes estrangeiros e a milhões de norte-americanos inocentes.[8]

As notícias deixaram a sociedade com os nervos à flor da pele, e com razão. As declarações contrariavam abertamente as proteções de privacidade que as sociedades democráticas tinham como garantidas por mais de dois séculos. Esses direitos, em que nos baseávamos para proteger informações na atualidade em nosso data center de Quincy, se originaram no século XVIII durante uma controvérsia turbulenta nas ruas de Londres. O homem que fomentou a tempestade política era um membro do próprio Parlamento. Seu nome? John Wilkes.

John Wilkes foi, sem sombras de dúvidas, o político mais intempestivo — e radical — de seu tempo. Na década de 1760, ele não apenas confrontou o primeiro-ministro, mas também o rei com palavras tão grosseiras que fariam com que alguns políticos de hoje (quase) se envergonhassem. Em abril de 1763, Wilkes escreveu uma crítica anônima em um jornal da oposição. O artigo enfureceu o procurador-geral britânico Charles Yorke, que suspeitava que o autor fosse Wilkes, e logo o governo emitiu um

ARMAS E FERRAMENTAS

mandado de busca e apreensão tão abrangente que as autoridades policiais tinham jurisdição para procurar basicamente em qualquer lugar e a qualquer momento.

Agindo deliberadamente, com base em informações inconsistentes, eles entraram na casa de um editor suspeito no meio da noite, "arrancaram-lhe da cama que dormia com a esposa, apreenderam todos os seus documentos pessoais e prenderam quatorze jornaleiros e empregados".[9] As autoridades britânicas apressadamente revistaram mais quatro casas, prendendo um total de 49 pessoas, quase todas inocentes. Derrubavam as portas, vasculhavam baús e arrombavam centenas de cadeados.[10] Em algum momento, reuniram provas suficientes para capturar o homem que queriam; John Wilkes foi preso.

Mas Wilkes não era do tipo que aceitava as coisas de braços cruzados. No período de um mês, ele entrou com uma dúzia de processos judiciais e foi a tribunal para contestar as autoridades mais poderosas do país. Embora isso não tenha sido de se espantar, o que aconteceu a seguir escandalizou o *establishment* britânico e, sobretudo, o próprio governo: os tribunais decidiram a favor de Wilkes. Indo na contramão de séculos de poder exercido pelo Rei e seus homens, os tribunais exigiam que as autoridades tivessem maior causa provável a fim de empreender uma busca e apreensão e, mesmo assim, que a fizessem de modo mais limitado. A imprensa britânica aclamou as decisões, citando a famosa frase de que "a casa de todo inglês é o seu castelo e não pode estar suscetível à averiguação, tampouco à indiscrição de seus documentos, pela crueldade perniciosa dos mensageiros do Rei".[11]

Em diversos aspectos, os processos judiciais de John Wilkes assinalaram o nascimento dos direitos de privacidade modernos. As pessoas livres invejavam esses direitos, incluindo os colonos britânicos que viviam na América do Norte. Apenas dois anos antes, eles haviam empreendido — e perdido — um litígio igualmente intenso na Nova Inglaterra, em que, antes mesmo de advogar em juízo, John Adams, quase chegando aos 30 anos, estava sentado nos fundos de um tribunal de Bos-

VIGILÂNCIA

ton para assistir a um dos maiores confrontos do continente no início da década de 1760. James Otis Jr., um dos advogados mais impetuosos de Massachusetts, protestava contra as tropas britânicas que exerciam poderes semelhantes contra os quais Wilkes se opôs. Como os vendedores locais contrabandeavam produtos importados sem pagar impostos, os quais consideravam injustos, os britânicos reagiam aplicando os denominados mandados gerais que os autorizavam a ir de casa em casa procurando violações de clientes sem provas específicas.[12]

Otis alegava que isso era uma violação fundamental dos direitos civis, chamando-a de "a pior instância do poder discricionário".[13] Ainda que Otis tenha perdido o processo, suas palavras marcaram o primeiro passo dos colonos rumo à insurreição. No fim de sua vida, Adams ainda se recordaria da alegação de Otis e escreveria que "ela havia soprado nesta nação o fôlego da vida".[14] Até a data da sua morte, ele afirmava que o processo daquele dia, naquela sala do tribunal referente àquela questão, definiu o caminho dos Estados Unidos rumo à independência.[15]

Levariam treze anos, após a Declaração de Independência, para o princípio que Otis defendia tão fervorosamente se transformar em realidade. Até então, a questão fora transferida para Nova York, onde o primeiro Congresso dos EUA se reuniu em Wall Street, em 1789. James Madison compareceu diante da Câmara dos Deputados e apresentou sua proposta de Declaração de Direitos.[16] Eles contemplavam o que se tornaria a Quarta Emenda à Constituição dos Estados Unidos, assegurando que os norte-americanos tivessem a garantia de proteção de suas "pessoas, casas, documentos e pertences" contra "buscas e apreensões arbitrárias" por parte do governo, incluindo o uso de mandados gerais.[17] Desse modo, as autoridades eram obrigadas a comparecer a um juiz independente e evidenciar "causa provável", a fim de obter um mandado de busca para uma residência ou escritório. Na prática, isso significa que o governo deve demonstrar a um juiz que existem fatos que levariam "uma pessoa de inteligência mediana" a acreditar que um delito está sendo cometido.[18]

ARMAS E FERRAMENTAS

Mas essa proteção se estende a informações que saem de sua casa? A Quarta Emenda foi colocada à prova, depois que Benjamin Franklin inventou os correios. Você lacra um envelope e o entrega a uma agência do próprio governo. No século XIX, a Suprema Corte não teve problemas para descobrir que as pessoas ainda tinham direito à privacidade em suas correspondências lacradas.[19] Como resultado, a Quarta Emenda era válida, e o governo não podia abrir um envelope e procurar alguma coisa sem um mandado de busca e apreensão com base em causa provável, ainda que ele estivesse nas mãos do serviço postal do governo.

Ao longo dos séculos, os tribunais verificavam se as pessoas tinham uma "expectativa razoável de privacidade" e consideravam a relevância disso quando se armazenavam informações com outra pessoa. Em termos simples, se a informação estivesse em um contêiner de armazenamento trancado e a chave estivesse longe do alcance de outrem, os juízes concluíam que essa expectativa existia e aplicava-se à Quarta Emenda. No entanto, se você armazenasse seus documentos em uma caixa de arquivos empilhados, próxima às caixas de outras pessoas que iam e vinham, a polícia não precisava de um mandado de busca e apreensão. Os tribunais concluíam que você abria mão de sua expectativa razoável de privacidade de acordo com a Quarta Emenda.[20]

Os data centers fortificados de hoje, com níveis exagerados de segurança física e digital, parecem se encaixar devidamente na descrição de contêiner de armazenamento trancado.

No segundo semestre de 2013, éramos sempre pressionados por um repórter atrás do outro, no encalço da história de Snowden, baseada em um documento confidencial vazado recentemente. A mesma rotina. Quando vi Dominic encolhido no escritório de John, soube que outra história estava prestes a ser publicada. Boa parte das vezes, nem sequer sabíamos ao que estávamos respondendo. "Nas primeiras semanas, eu conversava a mesmíssima coisa com um repórter diferente quase todos os dias", lembrou Dominic. "Eles diziam: 'Veja bem, Dominic, alguém está mentindo. Ou é a Microsoft ou é o Edward Snowden.'"

VIGILÂNCIA

As denúncias do *Guardian* sobre o PRISM retratavam somente uma parcela de uma longa história acerca das tentativas da NSA de obter dados do setor privado. Conforme detalhavam minuciosamente os documentos revelados agora,[21] nos dias posteriores à tragédia do 11 de Setembro de 2001, a agência buscou parcerias voluntárias junto ao setor privado para coletar dados de usuários, além de procedimentos legais de intimação e mandados judiciais.

A Microsoft, como outras empresas líderes em tecnologia, hesitou em fornecer esses dados voluntariamente ao governo. À medida que conversávamos internamente a respeito dessas questões, estudávamos a situação geopolítica mais abrangente. A sombra pesada dos ataques de 11 de Setembro pairava sobre o país. As forças da coalizão deram início à Operação Liberdade Duradoura (OEF-A) no Afeganistão; o Congresso estava apoiando a invasão do Iraque; e a sociedade civil norte-americana, assustada, exigia iniciativas mais rigorosas contra o terrorismo. Foi um período inimaginável. Como muitos disseram, exigia uma resposta sem precedentes.

Mas existia um problema essencial em pedir às empresas que entregassem, de forma voluntária, informações como as descritas nas denúncias reveladas ao público. Os dados solicitados pela NSA não pertenciam às empresas tecnológicas. Eles eram de propriedade dos clientes, e a grande maioria deles incluía informações pessoais.

Assim como o programa PRISM, as tentativas da NSA de obter voluntariamente informações do cliente do setor privado após o 11 de Setembro suscitaram uma pergunta fundamental: como podemos cumprir nossa responsabilidade com os clientes enquanto atendemos a solicitações para proteger o país?

Para mim, a resposta é clara. O Estado de Direito deve se encarregar dessa questão. Os Estados Unidos são uma nação governada por leis. Se o governo norte-americano quer os registros de nossos clientes, precisa acatar a lei do país e recorrer ao tribunal para obtê-los. E, caso as autoridades

ARMAS E FERRAMENTAS

do poder executivo achem que a lei não tem alcance o suficiente, elas podem recorrer ao Congresso e exigir mais jurisdição. É desse modo que uma república democrática deve funcionar.

Ao mesmo tempo em que em 2002 não poderíamos ter previsto Edward Snowden e sua famosa fuga, poderíamos ter examinado a história com o objetivo de prever, de um modo geral, o que o futuro poderia nos reservar. Em períodos de crise nacional, a troca das liberdades individuais pela segurança nacional não é nenhuma novidade.

A primeira crise do país aconteceu pouco mais de uma década depois da assinatura da Constituição. Era 1798, quando uma "quase guerra" estourou entre os Estados Unidos e a França, no mar do Caribe. Os franceses, querendo pressionar os Estados Unidos a quitar os empréstimos que pediram a seu rei deposto, confiscaram mais de trezentos navios mercantes norte-americanos e exigiram resgate.[22] Alguns norte-americanos enfurecidos clamavam por uma guerra aberta. Outros, como o presidente John Adams, achavam que a nova nação não era páreo para os franceses. Com medo de que a discussão política arruinasse mortalmente o governo inexperiente, Adams tentou reprimir a discórdia assinando um conjunto de quatro leis, que ficaram conhecidas como as Leis do Estrangeiro e de Sedição. Essas leis permitiam ao governo encarcerar e deportar estrangeiros "perigosos", e criticar o governo se tornou crime.[23]

Mais de sessenta anos depois, durante a Guerra Civil Americana, os Estados Unidos renunciaram novamente a um princípio fundamental de nossa democracia, quando o presidente Abraham Lincoln suspendeu o mandado de *habeas corpus* diversas vezes a fim de subjugar as rebeliões confederadas. Para assegurar o recrutamento do exército, Lincoln estendeu a suspensão e negou o direito de julgamento em todo o país. Ao todo, cerca de 15 mil norte-americanos foram mantidos na prisão durante a guerra sem comparecer perante um juiz.[24]

Em 1942, logo após o bombardeio de Pearl Harbor, o presidente Franklin D. Roosevelt, influenciado pelas Forças Armadas e pela opinião

VIGILÂNCIA

pública, assinou um decreto que forçava 120 mil norte-americanos de ascendência japonesa a viverem em campos distantes, enjaulados por arame farpado e guardas armados. Dois terços desses prisioneiros nasceram nos Estados Unidos. Quando o decreto foi anulado, três anos mais tarde, a maioria perdera suas casas, fazendas, negócios e comunidades.[25]

Embora o país admitisse essas injustiças em momentos de crise nacional, os norte-americanos depois contestavam o preço que pagavam pela segurança pública. Na minha cabeça, a questão era: "Como seremos julgados daqui a dez anos, quando esse momento passar? Seremos capazes de afirmar que honramos nosso compromisso com nossos clientes?"

Evidenciada a questão, a resposta era clara. Não podemos entregar os dados dos clientes voluntariamente sem um processo legal válido. E, como advogado sênior da empresa, tenho que assumir a responsabilidade — e enfrentar qualquer crítica — devido à minha posição. Afinal de contas, quem melhor do que os advogados para defender os direitos dos clientes que atendemos?

Nesse contexto, no segundo semestre de 2013, basicamente todas as principais empresas tecnológicas estavam na defensiva. Encaminhamos nossa frustração às autoridades em Washington, D.C. Foi um momento decisivo. As divergências que vieram à tona contribuem até hoje para um abismo entre os governantes e o setor de tecnologia. Os governos servem aos eleitores que vivem em um determinado local, como um estado ou nação. O alcance da tecnologia, no entanto, é global, e nossos clientes estão em praticamente todos os lugares.

A nuvem não somente mudou em que lugar e para quem fornecemos nossos serviços, como também ressignificou nosso relacionamento com os clientes. Ela transformou empresas de tecnologia em instituições que, de certa forma, se assemelham a bancos. As pessoas depositam seu dinheiro em bancos e armazenam suas informações mais pessoais — e-mails, fotos, documentos e mensagens de texto — em empresas tecnológicas.

ARMAS E FERRAMENTAS

Esse novo relacionamento também tem consequências que ultrapassam o próprio setor tecnológico. Assim como as autoridades públicas concluíram na década de 1930 que os bancos haviam assumido tamanha importância para que a economia não fosse regulamentada, as empresas tecnológicas se tornaram importantes demais nos dias de hoje para serem deixadas à mercê da abordagem política de *laissez-faire*. Elas precisam se submeter ao Estado de Direito e a uma regulamentação mais ativa. Mas, ao contrário dos bancos dos anos 1930, atualmente as empresas de tecnologia operam em escala mundial, complicando ainda mais a questão da regulamentação.

Em 2013, à medida que a insatisfação dos clientes crescia mundo afora, percebemos que não havia como resolver seus problemas sem dizer nada. Conhecíamos bem os limites inequívocos que havíamos imposto aos nossos próprios serviços, e o trabalho, por vezes complicado, de encarar as práticas preexistentes das empresas que compramos posteriormente. Queríamos explicar que só cedíamos informações de clientes em resposta a mandados de busca e apreensão, intimações e pedidos de segurança nacional. Mas, quando nos propusemos a informar isso publicamente, o Departamento de Justiça, ou DOJ, nos disse que as informações eram sigilosas e não podíamos. A frustração só aumentava.

Decidimos então fazer algo que nunca havíamos feito antes: processar o governo dos Estados Unidos. Para uma empresa que havia resistido a uma década de litígio antitruste do governo e depois passado outra negociando a paz, aparentemente estávamos adentrando em uma nova Cruzada. Entramos com uma petição que inicialmente foi mantida em sigilo no Tribunal de Vigilância da Inteligência Estrangeira dos Estados Unidos, ou FISC.

O FISC é um tribunal especialmente instituído para analisar os pedidos governamentais de vigilância. Foi criado durante a Guerra Fria com o intuito de aprovar escutas telefônicas, coleta eletrônica de dados e monitoramento de suspeitos de terrorismo e espiões. É envolto em sigilo, a fim de proteger as tentativas do serviço secreto de monitorar e frustrar ameaças à segurança. Cada mandado expedido de acordo com a Lei de Vigilância de Inteligência Estrangeira (FISA) acompanha uma ordem de sigilo, que nos proíbe de informar ao nosso cliente que recebemos um mandado para seus dados. Ainda que isso fosse compreensível, nosso processo judicial alegava que tínhamos o direito de compartilhar informações mais abrangentes com o público nos termos da Primeira Emenda da Constituição e de seu compromisso com a liberdade de expressão. Pelo menos, defendíamos, isso nos facultava o direito de falar de modo geral sobre a quantidade e os tipos de pedidos que recebíamos.

Logo soubemos que o Google havia feito a mesma coisa. Isso resultou em um segundo momento decisivo. Durante cinco anos, lutávamos contra nossas desavenças perante os órgãos reguladores de todo o mundo. O Google defendia restrições no Windows. A Microsoft argumentava em prol de restrições nos mecanismos de busca do Google. Conhecíamo-nos muito bem. Eu respeitava muito Kent Walker, advogado-geral do Google. Mas ninguém nos acusaria de sermos melhores amigos.

De repente, estávamos do mesmo lado, em uma nova disputa em comum contra nosso próprio governo. Decidi me aliar a Kent, a princípio sem sorte, enquanto trocávamos mensagens. Em uma manhã de julho, ao sair de uma reunião aberta com os colaboradores em um dos edifícios onde nossa equipe do Xbox trabalhava, peguei meu celular para tentar entrar em contato novamente. Procurei um canto silencioso e me vi ao lado de um recorte de papelão em tamanho real do Master Chief, o soldado que lidera as tropas em nosso jogo *Halo*, em guerra contra um inimigo alienígena. Apreciei o fato de que o Master Chief estivesse me dando cobertura.

Kent atendeu minha ligação. Embora tivéssemos conversado muitas vezes antes, quase sempre era para discutir as reclamações que nossas empresas tinham umas contra as outras. Agora, eu propunha algo diferente. "Vamos unir forças e ver se conseguimos negociar com o DOJ juntos."

Eu não culparia Kent se ele suspeitasse de um cavalo de Troia. Mas ele ouviu e me retornou um dia depois, dizendo que queria que trabalhássemos juntos.

ARMAS E FERRAMENTAS

Fizemos um call com o governo a fim de tentar negociar termos comuns. Parecia que estávamos chegando perto de um acordo, quando, porventura, no final de agosto, as negociações foram por água abaixo. Olhando de nossa posição privilegiada, ao que tudo indicava, a NSA e o FBI não estavam falando a mesma língua. À medida que o verão desaparecia em 2013, as constantes revelações de Snowden erguiam uma barreira ainda mais profunda entre o governo dos EUA e o setor tecnológico. E as coisas foram de mal a pior.

No dia 30 de outubro, o *Washington Post* publicou uma história que deixou o setor em desespero: "NSA Infiltra Links no Yahoo e nos Data Center do Google em Todo o Mundo, Afirmam os Documentos de Snowden."[26] O coautor da história era Bart Gellman, um jornalista que eu conhecia e respeitava, desde que ele escrevia para o jornal *Daily Princetonian*, na Universidade de Princeton, onde éramos estudantes universitários. Seu artigo alegava que a NSA, com a ajuda do governo britânico, acessava secretamente cabos de fibra óptica submarinos para copiar dados das redes Yahoo e Google. Embora não conseguíssemos averiguar se a NSA visava os nossos cabos, alguns dos documentos de Snowden também mencionavam os nossos serviços de e-mail e mensagens do consumidor.[27]

Isso nos fazia suspeitar de que também tínhamos sido grampeados. Até hoje, os governos dos EUA e da Grã-Bretanha não se manifestaram publicamente para negar o hackeamento dos cabos de dados.

O setor tecnológico reagiu com um misto de perplexidade e indignação. Por um lado, a história fornecia o elo perdido acerca de nosso entendimento em relação aos documentos Snowden. Isso sugeria que a NSA tinha acesso a muito mais dados do que fornecíamos legalmente, por meio de ordens de segurança nacional e mandados de busca e apreensão. Se isso fosse verdade, o governo efetivamente estava conduzindo, em grande escala, uma busca e apreensão de informações privadas das pessoas.

A reportagem do *Washington Post* indicava que a NSA, em colaboração com sua contraparte britânica, estava extraindo os dados dos cabos

VIGILÂNCIA

usados pelas empresas de tecnologia norte-americanas, possivelmente sem controle ou fiscalização judicial. Nossa preocupação era que isso estivesse acontecendo no local em que os cabos se cruzavam no Reino Unido. À medida que os advogados da indústria tecnológica trocavam informações, especulávamos que talvez a NSA tenha se convencido de que, trabalhando ou confiando no governo britânico e intervindo fora das fronteiras dos EUA, ela não estaria sujeita à Quarta Emenda à Constituição dos Estados Unidos e à sua exigência de que a NSA somente poderia buscar e aprender informações conforme as devidas ordens e processos judiciais.

A reação na Microsoft e em todo o setor foi imediata. Nas próximas semanas, nós e outras empresas anunciamos que implementaríamos uma criptografia robusta em todos os dados que movimentávamos entre nossos data centers pelos cabos de fibra óptica, assim como em todos os dados armazenados nos servidores dos próprios data centers.[28] Era uma medida indispensável para proteger nossos clientes, porque significava que, mesmo que um governo desviasse os dados dos clientes na surdina, acessando um cabo, eventualmente não conseguiria desbloquear e ler o que obtivera.

Entretanto, esse tipo de criptografia avançada era mais difícil do que parecia. Envolveria workloads gigantescos para nossos data centers e exigiria um esforço substancial de engenharia. Alguns de nossos líderes tecnológicos não estavam nem um pouco entusiasmados. Os receios eram compreensíveis. O desenvolvimento de software envolve intrinsecamente escolhas entre as funcionalidades, dada a disponibilidade finita de recursos tecnológicos que podem ser implementados em um cronograma viável. Essa criptografia exigia que eles postergassem o desenvolvimento de outras funcionalidades de produtos que os clientes estavam pedindo que acrescentássemos. Após uma discussão acalorada, o CEO Steve Ballmer e nossa equipe de liderança sênior tomaram a decisão de avançar rapidamente na frente da criptografia. Todas as outras empresas de tecnologia fizeram a mesma coisa.

Em novembro daquele ano, à medida que esses acontecimentos se desenrolavam, o presidente Barack Obama visitou Seattle. Ele esta-

ARMAS E FERRAMENTAS

va participando de uma campanha política de arrecadação de fundos, e a Casa Branca convidou um pequeno grupo de líderes e apoiadores do setor para um coquetel de recepção, em uma suíte privada no hotel Westin Seattle, após o evento formal. Fui convidado para representar a Microsoft.

Eu esperava que essa oportunidade me desse alguns minutos para conversar com o presidente a respeito dos problemas da Primeira Emenda que levantamos em nossa ação judicial. Mas os advogados do Departamento de Justiça nos pediram para não tocarmos nesse assunto com ele. "O cliente deles" era representado pelo conselho, e todas as conversas tinham que passar por ele. No entanto, pouco antes de o presidente Obama chegar à sala, perguntei à sua assistente, Valerie Jarrett, se seria oportuno lhe fazer uma pergunta diferente, que não tinha relação com nossa ação judicial: se ele achava que as proteções da Quarta Emenda contra buscas e apreensões ilógicas por parte do governo resguardavam os norte-americanos, mesmo fora dos Estados Unidos.

Tendo em conta a reportagem do *Washington Post* sobre a interceptação dos cabos pela NSA, administrada por empresas norte-americanas fora dos Estados Unidos, eu achava que era uma pergunta importante. Valerie sugeriu que o presidente se interessaria pelo assunto.

Ela tinha razão. À medida que eu conversava com o presidente, o ex-professor de direito constitucional veio à tona. Ainda que o presidente Obama dominasse claramente mais leis constitucionais do que eu conseguia recordar, lembrei-me do suficiente para ter uma conversa digna.

E, então, ele mudou de assunto.

"Eu soube que vocês não querem chegar a um acordo conosco sobre a ação judicial. Você acredita que a melhor opção é manter o processo contra o governo. É isso?" Foi um daqueles momentos que exigiam um cálculo mental instantâneo. Os advogados do Departamento de Justiça, com toda certeza, nunca nos instruíram a não responder a perguntas diretas do presidente dos Estados Unidos, por isso respondi, explicando que queríamos chegar a um acordo, mas parecia que o governo não. Falei de nossas preocupações e que acreditava que realmente poderíamos avançar na questão, se pudéssemos nos reunir com as pessoas certas.

Poucas semanas depois, Obama convidou um grupo de líderes tecnológicos para ir à Casa Branca. Faltavam oito dias para o Natal, e a Ala Oeste, no melhor clima natalino possível, estava a todo vapor, enquanto os funcionários se apressavam em encerrar suas atividades, antes que o presidente partisse para suas férias anuais no Havaí. A Casa Branca anunciou publicamente que a reunião abordaria "questões de saúde, aquisições de TI e vigilância". Era a mesma coisa que dizer aos fãs de beisebol que eles poderiam ir a um evento que incluía o hino nacional dos Estados Unidos, um concurso para ver quem comia mais cachorro-quente e o primeiro jogo da World Series. Todos nós sabíamos muito bem o que nos levava a Washington naquela manhã fria de inverno.

Um elenco de superastros da tecnologia chegou à Sala Oeste, incluindo o CEO da Apple, Tim Cook; o presidente do Google, Eric Schmidt; a diretora de operações do Facebook, Sheryl Sandberg; o CEO da Netflix, Reed Hastings; e uma dúzia de outras pessoas. A maioria já se conhecia. Oito de nossas empresas — quase todas concorrentes — haviam acabado de se reunir para criar uma nova coalizão, chamada Reform Government Surveillance [Reforma da Vigilância do Governo], com o objetivo trabalhar em conjunto exatamente nas questões que estávamos lá para discutir. Após uma rodada de cumprimentos entusiasmados, colocamos nossos smartphones em um suporte de prateleiras no corredor e entramos na Sala Roosevelt.

A sala de reunião Roosevelt não recebeu somente o nome de um presidente, mas de dois — Theodore Roosevelt, que construiu a Ala Oeste, e Franklin Roosevelt, que a ampliou.[29] Ao me sentar na extensa mesa de conferências polida, olhei fixamente para um quadro que adornava a lareira e sorria. Era Teddy Roosevelt, quando comandava o Regimento Rough Rider, montado em seu cavalo arruaceiro. Felizmente, os próximos noventa minutos não seriam tão pesados.

ARMAS E FERRAMENTAS

Fomos acolhidos por uma Casa Branca que, de certo modo, nos recebia integralmente. O presidente Obama e o vice-presidente Joe Biden ocuparam seus lugares habituais no meio da mesa e estavam basicamente rodeados pelos profissionais mais experientes. A imprensa tirava fotos enquanto o presidente cuidadosamente perguntava a Reed sobre a próxima temporada de *House of Cards*.

Depois que a imprensa deixou a sala, a conversa tomou um rumo sério. Durante o governo Obama, era de praxe nas reuniões que cada convidado oferecesse algumas observações preliminares. Como o grupo era grande, demorou um pouco. O presidente logo colocou suas habilidades socráticas em ação, fazendo perguntas e transformando os argumentos dos tópicos tratados em uma conversa mais incisiva.

Com somente algumas exceções, cada líder técnico apresentou um argumento de peso, com o intuito de restringir a coleta de dados em massa, possibilitando mais transparência e impondo mais fiscalizações e moderação à NSA. Na maioria dos casos, evitamos falar diretamente sobre Edward Snowden. Mas, enquanto a conversa abria caminho pela mesa, Mark Pincus, fundador da empresa de jogos de redes sociais Zynga, que estava sentado próximo de Obama, defendeu que Snowden tinha sido um herói. "Você deveria perdoá-lo", disse Pincus, "e fazer um desfile em carro aberto com direito a confete".[30]

À medida que Biden visivelmente declinava, Obama afirmou: "Isso é algo que não farei." O presidente explicou que achava que Snowden havia agido de forma irresponsável ao pegar tantos documentos e ir embora do país.

Em seguida, foi a vez da CEO do Yahoo, Marissa Mayer, falar. Sentada ao lado de Pincus, ela abriu uma pasta com seus tópicos da conversa metodicamente preparados. Ela começou dizendo: "Concordo com o que todos disseram", depois parou e olhou ao redor. Ela rapidamente apontou para Pincus e acrescentou: "Exceto ele. Não concordo com ele." Todo mundo caiu na risada.

VIGILÂNCIA

A discussão retratava como estávamos tentando lidar com uma situação difícil da melhor forma possível. Quase todos nós comparecemos à Casa Branca a fim de pressionar o presidente a alterar o curso do governo. O setor tecnológico se relacionou cordial e até mesmo afetuosamente com Obama, mas é sempre difícil contestar alguém quando se está visitando a casa dele. Sobretudo quando a visita é na Casa Branca.

Embora todos nos comportássemos educadamente, não baixamos a guarda e defendemos a reforma da vigilância. Ficou claro que Obama havia ponderado bastante a respeito do assunto, ao se referir à lista de questões que ele achava que o governo precisava abordar. Às vezes, ele recuava, alegando que, ainda que as pessoas estivessem apreensivas com todos os dados em posse da NSA, as empresas ao redor daquela mesa tinham coletivamente muito mais dados do que o governo. "Agora suspeito que vocês levantarão ainda mais a guarda", disse ele.

No final da reunião, o presidente deixou claro que estava interessado em realizar diversas mudanças importantes, embora limitadas, na política dos EUA. Ele apresentou de imediato um subconjunto de questões e pediu às pessoas que fornecessem mais informações a fim de ajudar a levar a conversa "ao próximo nível de detalhes".

Um mês depois, em 17 de janeiro de 2014, o presidente deu os primeiros passos importantes rumo à reforma da vigilância.[31] Na noite anterior à revelação de seus planos, recebemos uma ligação dos advogados do Departamento de Justiça. Eles se ofereceram para conciliar os processos iniciados pela Microsoft e pelo Google, em termos ainda mais favoráveis à nossa posição do que aqueles que havíamos dito que aceitaríamos em nossas negociações, no último agosto. Instituída a conciliação das partes, nossas empresas seguiram em frente com novos relatórios de transparência, com o objetivo de publicar mais informações sobre mandados de busca e apreensão e ordens de segurança nacional, com o Google, em seu mérito, iniciando mais do que depressa um modelo expressivo que o resto de nós decidiu seguir.

19

ARMAS E FERRAMENTAS

Para muitos clientes e defensores da privacidade, o discurso de Obama representou um primeiro passo, entre muitos outros necessários. Em todo o setor tecnológico, endossamos essas perspectivas. Reconhecemos que os problemas não eram nada fáceis e que as questões espinhosas ainda persistiam. Como poderíamos tranquilizar governos e clientes internacionais de que o próprio governo estadunidense não acessaria indevidamente os data centers administrados por empresas norte-americanas? Como poderíamos, ao mesmo tempo, tomar as medidas juridicamente necessárias para manter a sociedade civil segura? Isso levaria anos para ser resolvido.

Era surpreendente analisar o quanto as coisas haviam mudado desde que Snowden entregara seus documentos roubados ao *Guardian*, sete meses antes. As pessoas começaram a ter noção do alcance da vigilância governamental. A criptografia robusta se tornou a nova regra. As empresas de tecnologia estavam processando seu próprio governo. E os concorrentes estavam trabalhando, de novas formas, em estreita colaboração.

Anos mais tarde, as pessoas ainda discutem se Edward Snowden foi um herói ou traidor. Na visão de alguns, ele foi ambos. Porém, no início de 2014, duas coisas estavam claras: Snowden havia mudado o mundo; e, quanto ao setor tecnológico, ele também nos mudou.

Capítulo 2 # TECNOLOGIA E SEGURANÇA PÚBLICA: "Prefiro Ser um Perdedor do que um Mentiroso"

A sociedade civil depende da aplicação da lei para manter-se em segurança. Mas você não consegue apanhar criminosos ou terroristas se não encontrá-los — e isso exige acesso permanente às informações. No século XXI, essas informações geralmente se localizam nos data centers das maiores empresas de tecnologia do mundo.

Ao mesmo tempo em que o setor tecnológico tenta fazer sua parte para manter a sociedade civil em segurança e proteger a privacidade das pessoas, andamos no fio da navalha. Devemos nos equilibrar nessa linha tênue, enquanto reagimos a um mundo fluido e em rápida mudança.

Os incidentes que exigem nossa resposta surgem repentinamente e sem aviso. Tive que enfrentar essa realidade pela primeira vez em 2002. Em 23 de janeiro daquele ano, o repórter Daniel Pearl, do *Wall Street Journal*, foi sequestrado em Karachi, Paquistão.[1] Seus sequestradores transitavam entre cibercafés usando o nosso serviço de e-mail do

ARMAS E FERRAMENTAS

Hotmail para comunicar seus pedidos de resgate, dando início a uma caçada desesperada por parte da polícia paquistanesa. Em troca de Pearl, os sequestradores exigiam a libertação de suspeitos de terrorismo no Paquistão e o cancelamento de uma remessa planejada de caças F-16 dos Estados Unidos. Estava claro que o governo paquistanês não concordaria com as exigências do resgate. A única forma de salvar Pearl era encontrá-lo.

Nos bastidores, as autoridades paquistanesas trabalharam mais do que depressa junto ao FBI nos Estados Unidos, que nos contatou. O Congresso promulgou uma exigência legal em razão de uma emergência à Lei de Privacidade de Comunicação Eletrônica, de modo que o governo pudesse intervir imediatamente, e as empresas tecnológicas pudessem avançar o quanto antes em uma "emergência que envolva o risco de morte ou ferimentos físicos graves".[2] A vida de Pearl claramente estava em risco.

John Frank me procurou e explicou a situação. Dei sinal verde para trabalhar com a polícia local e com o FBI. Nosso objetivo era monitorar a conta do Hotmail utilizada pelos sequestradores e usar o endereço de IP em seus e-mails recém-enviados, para localizar os cibercafés do outro lado do mundo em que estavam. Nossas equipes trabalharam em estreita colaboração com o FBI e as autoridades locais no Paquistão por uma semana, seguindo o rastro dos sequestradores, que se deslocavam de um ponto de acesso ao outro, se conectando à internet.

Chegamos perto, mas não o bastante. Os sequestradores assassinaram Pearl antes de serem capturados. Ficamos desolados. A brutalidade de sua morte evidenciou os riscos e as responsabilidades descomunais que temos que carregar em nossos ombros, algo de que raramente falávamos publicamente.

O episódio era um indicador precoce do que estava por vir. Hoje, o ciberespaço não é mais uma dimensão periférica. Tornou-se cada vez mais o lugar em as pessoas se organizam e definem o que acontece no mundo real.

A tragédia envolvendo Daniel Pearl também ressalta a importância do exercício do julgamento em termos de privacidade. De diferentes óticas, existe um equilíbrio entre privacidade e segurança, que se beneficia de grupos privados, que fazem a balança pender para um lado, ao passo que os órgãos de aplicação da lei pendem para outro. No entanto, como os juízes que resolvem esses litígios, as empresas tecnológicas se tornaram um lugar em que essas questões atingem um ponto crítico. Precisamos compreender e ponderar os dois lados da balança.

Um dos grandes desafios é como fazer isso da forma certa. Nossa habilidade de fazer algo diferente, em resposta aos mandados de busca e apreensão, se caracteriza por um processo que vem sendo refinado por meio de tentativa e erro, desde o nascimento dos e-mails e documentos eletrônicos, em meados de 1980.

Em 1986, o presidente Ronald Reagan assinou a Lei de Privacidade de Comunicação Eletrônica, conhecida carinhosamente, pelos advogados de privacidade de hoje, como ECPA. Naquela época, ninguém sabia se a Quarta Emenda protegeria algo como correio eletrônico, mas os republicanos e os democratas queriam criar um tipo de proteção previsto por lei.

Como às vezes acontece em Washington, D.C., em 1986, o Congresso agiu com boas intenções, mas de uma forma que não era nada simples. Parte da ECPA se originava da Lei das Comunicações Armazenadas (SCA), que estabelecia basicamente uma nova forma de mandado de busca e apreensão. Mediante causa provável, o governo poderia recorrer a um juiz, obter um mandado de busca e apreensão para o seu e-mail e entregar o mandado não a você, e sim à empresa de tecnologia na qual o e-mail e os documentos eletrônicos estavam armazenados.[3] A empresa era, então, obrigada a extrair o e-mail e entregá-lo. Em determinadas

ARMAS E FERRAMENTAS

circunstâncias, a legislação em vigor transformava empresas de tecnologia em agentes do governo.

Isso também estabelecia uma nova dinâmica. Se o governo entregasse um mandado de busca e apreensão em sua casa ou escritório, quem estivesse lá provavelmente saberia o que estava acontecendo. Eles não poderiam fazer nada a respeito, mas estariam cientes. Na hipótese de achar que seus direitos foram violados, poderiam seguir os passos de John Wilkes e ir ao tribunal.

Mas, no que se refere a notificar as pessoas e empresas de que o governo estava obtendo acesso aos e-mails e documentos por meio das empresas tecnológicas, o Congresso adotou uma abordagem mais complicada: promulgou uma lei que concedia ao governo a autoridade de emitir uma ordem de sigilo, que coagia uma empresa de tecnologia a manter o mandado em segredo. E essa lei conferiu ao governo cinco bases diferentes para exigir isso. À primeira vista, não eram bases injustificáveis. Por exemplo, se a divulgação levasse à destruição de evidências ou à intimidação de uma testemunha ou colocasse em risco uma investigação, um juiz poderia emitir um mandado de busca e apreensão junto à chamada ordem judicial de confidencialidade.[4] Uma empresa tecnológica pode receber o mandado e a ordem — o primeiro exigindo a entrega de arquivos de dados eletrônicos, e a segunda exigindo segredo.

Quando o e-mail ainda era algo raro, esses mandados e ordens de sigilo eram poucos e esporádicos. Contudo, quando a internet explodiu e os campi de data center surgiram aos montes, com centenas de milhares de computadores, a vida se tornou bem mais complexa. Atualmente, 25 funcionários em período integral — especialistas em compliance, engenheiros jurídicos e profissionais de segurança — formam nossa equipe de cumprimento da lei e segurança nacional. Eles trabalham e têm o apoio abrangente de diversos escritórios de advocacia ao redor do mundo, e são conhecidos na Microsoft como a equipe LENS. Sua missão é objetiva: analisar e responder mundialmente às solicitações de cumprimento da lei, levando em conta as legislações de diferentes países, e conforme nossas obrigações contratuais com nossos clientes. Não é uma tarefa nada fácil. A equipe LENS opera em sete localidades de seis países, em três continentes. Durante um ano típico, eles enfrentam mais de 50 mil mandados e intimações de mais de 75 países.[5] Apenas 3% dessas demandas têm a ver com conteúdo. Na maior parte dos casos, as autoridades estão em busca de endereços de IP, listas de contatos e dados de registro do usuário.

Quando a Microsoft recebe um mandado de busca e apreensão, normalmente ele vem por e-mail. Um gerente de compliance analisa a ação para assegurar que seja válida e assinada por um juiz, que as autoridades tenham uma causa provável e que a agência tenha jurisdição no que diz respeito às informações. Se tudo correr bem, o gerente de compliance extrairá as evidências solicitadas de nosso data center. Os dados são analisados pela segunda vez, com o objetivo de assegurar que estamos fornecendo apenas o especificado em mandado, e depois eles são enviados à autoridade requerente. Conforme um funcionário LENS me explicou: "Parece simples, mas demora um tempão para fazer um trabalho bom. Você precisa analisar o mandado em si, averiguar as informações da conta associada, extraí-las e examiná-las novamente para ter certeza de que o que está fornecendo é o indicado."

Quando um gerente de compliance entende que um mandado é muito abrangente ou o pedido ultrapassa a jurisdição de uma agência, a ação é encaminhada para um advogado. Às vezes pedimos que os mandados sejam circunscritos. Outras vezes, consideramos o mandado ilegal e nos recusamos a cumpri-lo.

Um membro da equipe LENS fica de plantão 24h. Ou seja, durante uma semana inteira, ele dormirá ao lado de um telefone, caso haja uma emergência ou atentado terrorista em algum lugar do mundo que demande ação imediata. Ao longo das semanas em que o mundo está em plena desordem generalizada, os membros da equipe LENS se revezam em plantão, de modo que cada pessoa durma o bastante para estar alerta ao trabalho.

ARMAS E FERRAMENTAS

Em 2013, quando Edward Snowden compartilhou os segredos da NSA e as questões públicas relacionadas a essa quantidade monstruosa de dados começaram a estourar, uma nova advogada se juntou à Microsoft para liderar a equipe. O nome dela é Amy Hogan-Burney. Munida com um intelecto perspicaz e um senso de humor afiado, ela rapidamente conquistou a equipe. Amy havia passado os três anos anteriores como advogada na divisão de Segurança Nacional, na sede do FBI. Essa bagagem a preparou bem para trabalhar na Microsoft, ainda que houvesse dias em que ela não estivesse do mesmo lado de um problema que seus ex-colegas em Washington, D.C., estavam.

Amy mais do que depressa se adaptou à sua nova função. Ela ficava no andar de baixo do meu escritório, e cada vez mais eu me via indo em direção à sua sala. O escritório dela ficava próximo ao de Nate Jones, que se juntou à Microsoft no começo do ano, depois de encerrar mais de uma década trabalhando no governo dos EUA, incluindo um período no Comitê Judiciário do Senado, no Departamento de Justiça e, por fim, no Conselho de Segurança Nacional do presidente Obama, que trabalhava no combate ao terrorismo.

Amy gerenciava o trabalho da equipe LENS, enquanto Nate coordenava nossa estratégia geral de compliance, nossas relações com outras empresas tecnológicas e as negociações com governos internacionais. Conforme o mundo evoluía, eles e toda a equipe LENS tiveram que alcançar um equilíbrio tênue. Eles precisavam trabalhar com agências policiais em todo o mundo, mas também estavam na linha de frente da defesa dos direitos à privacidade consagrados pela Quarta Emenda e pelas leis de outros países. Em razão de trabalharem com os diversos especialistas em privacidade que já tínhamos a bordo, fiquei contente por seus escritórios serem próximos ao meu.

Logo Nate e Amy se tornaram uma espécie de dupla dinâmica, tanto que outros membros da equipe começaram a chamá-los de "Namy". Na Microsoft, as pessoas confiavam em Nate e Amy para trabalharem em conjunto rapidamente, a fim de se aprofundarem em nossa abordagem

TECNOLOGIA E SEGURANÇA PÚBLICA

acerca dos problemas mais espinhosos. Nossos gerentes de compliance olhavam de relance algum assunto controverso que chegava a suas caixas de entradas, dialogavam entre si e decidiam encaminhar para Namy imediatamente.

Nossa dupla Namy estava em uma posição de extrema responsabilidade, visando proteger o arquivo do mundo — posição cuja responsabilidade aumentava ainda mais drástica e repentinamente.

Enquanto profissionais de escritórios em toda a França se preparavam para o intervalo de almoço na quarta-feira, 7 de janeiro de 2015, dois irmãos entraram na sede do jornal satírico *Charlie Hebdo,* em Paris, e assassinaram brutalmente doze pessoas.[6] Os dois homens eram membros da Al-Qaeda e sentiram-se ofendidos, como outros muçulmanos, com a publicação de caricaturas que desonravam a imagem do profeta Muhammad.[7] Mas, ao contrário de muitos outros, esses irmãos decidiram resolver a situação com as próprias mãos.

A tragédia estava em todos os noticiários. De Redmond, vimos os acontecimentos aterrorizantes se desdobrarem para o resto do globo. Enquanto reabastecia minha caneca de café na sala de convivência, parte de nós assistia à televisão, ao mesmo tempo em que a polícia francesa caçava os dois irmãos, que conseguiram escapar. Logo, soldados das Forças Armadas da França estavam envolvidos em uma perseguição nacional, e outro membro da Al-Qaeda lançou um ataque terrorista mortífero e independente em um supermercado francês.[8] Reconheci as ruas e os bairros envolvidos; passei meus três primeiros anos como colaborador da Microsoft trabalhando em nossa sede europeia, em Paris.

Após verificar que todos os nossos colaboradores da região estavam a salvo, esse marco histórico mundial aparentemente não tinha qualquer ligação com meu trabalho. Mas no dia seguinte, quando o sol raiou em Redmond, a realidade era outra. A polícia nacional da França rapidamente identificou que os dois terroristas tinham contas de e-mail da Microsoft e pediram ajuda ao FBI. Às 05h42, no horário de Redmond,

ARMAS E FERRAMENTAS

o FBI em Nova York respondeu à emergência e nos solicitou os registros de e-mail e da conta dos assassinos, incluindo os endereços IP, que podem revelar a localização de um computador ou número de celular quando um usuário faz login. Uma equipe da Microsoft analisou o pedido de emergência em 45 minutos e disponibilizou as informações ao FBI. Um dia depois, a caçada nacional francesa levou as autoridades aos dois terroristas, que foram mortos em um tiroteio com a polícia.

Os eventos em Paris abalaram a França e o mundo. No domingo seguinte ao ataque, mais de 2 milhões de pessoas marcharam pelas ruas da capital francesa em luto e em solidariedade pelos jornalistas, demonstrando apoio à liberdade de imprensa.[9]

Lamentavelmente, esta não foi a última tragédia infligida a Paris em 2015. Ao entardecer em uma sexta-feira de novembro, quando os parisienses estavam chegando ao fim de mais uma semana de trabalho, os terroristas voltaram a atacar em investidas coordenadas por toda a cidade. Eles abriram fogo com rifles automáticos contra uma apresentação dentro de um teatro, nos arredores de um estádio e contra restaurantes e cafés. O cenário provocava calafrios. Os terroristas assassinaram 130 pessoas e feriram mais de 500. Era o ataque mais mortífero que Paris sofreu desde a Segunda Guerra Mundial. E, enquanto sete dos criminosos foram mortos, outros dois conseguiram escapar.[10]

O presidente francês François Hollande declarou imediatamente estado de emergência em todo o país. O Estado Islâmico do Iraque e da Síria — ISIS — reivindicou os ataques, e logo ficou evidente que alguns dos terroristas vieram da Bélgica. Uma nova caçada humana se sucedeu, agora abrangendo duas nações.

Trabalhando com autoridades europeias, o FBI novamente e mais do que rápido emitiu mandados de busca e apreensão e intimações às empresas tecnológicas para acesso aos e-mails e outras contas pertencentes aos suspeitos. Aprendemos com a tragédia do *Charlie Hebdo* que precisávamos estar de prontidão para o que viesse quando terroristas atacassem.

TECNOLOGIA E SEGURANÇA PÚBLICA

Desta vez, as autoridades da França e da Bélgica nos entregaram quatorze pedidos. A equipe os analisou, apurou a juridicidade e disponibilizou as informações solicitadas, e, em cada caso, devolveu as informações em menos de quinze minutos.

As duas tragédias em Paris foram incidentes que chamaram a atenção do mundo. No entanto, esses dias calamitosos estavam bem longe de serem os únicos a exigir nossos esforços. Quando o serviço de e-mail ainda estava engatinhando, dificilmente os governos nos procuravam. Porém, uma vez que 50 mil mandados de busca e apreensão e pedidos governamentais vindos de mais de 70 países começaram a chegar anualmente, foi necessário operacionalizar nosso trabalho em escala global.

Satya Nadella ajudou a definir o nosso caminho. Ele comandava os negócios em nuvem da Microsoft antes de se tornar CEO da empresa, no início de 2014. Entendia a nuvem mais do que ninguém. Ele também contribuiu com um discernimento inestimável para essa questão complexa. O pai de Nadella era funcionário público na Índia. Lá, seu genitor era venerado como o líder da instituição que treinava a geração de funcionários públicos mais antigos do país, nas décadas posteriores à independência da nação. Essa bagagem lhe deu uma percepção intuitiva de como os governos funcionavam. Fiquei admirado pela semelhança com Bill Gates, cujo pai fora um dos advogados mais proeminentes e respeitados de Seattle. Bill e Satya eram engenheiros por natureza, mas Bill podia pensar como um advogado, e Satya, como alguém do governo. Para mim, a oportunidade de discutir problemas difíceis com ambos foi inestimável.

No final de 2014, enquanto enfrentávamos uma série de contratempos de vigilância, Satya sugeriu que era necessário arquitetar uma abordagem baseada em princípios. "Precisamos saber como tomar as decisões mais difíceis, precisamos que nossos clientes saibam como estamos fazendo isso", disse ele. "E precisamos de um conjunto de princípios para nortear este trabalho."

ARMAS E FERRAMENTAS

Tínhamos adotado uma abordagem semelhante para questões complicadas na década anterior, incluindo a publicação dos "Windows Principles: Twelve Tenets to Promote Competition" [Princípios do Windows: Doze Princípios para Estimular a Concorrência, em tradução livre], a fim de abordar nossos problemas antitruste. Eu havia revelado esses princípios no National Press Club em Washington, D.C., em 2006.[11] Jon Leibowitz, na época um membro da Comissão Federal de Comércio dos EUA, que havia nos pressionado a respeito do assunto em meio aos nossos processos antitruste de ampla repercussão, participou da palestra e me procurou em seguida. "Se tivesse apresentado isso há uma década, acho que o governo não os teria processado", afirmou.

A tarefa de Satya parecia simples, mas não era. Carecíamos de princípios que pudessem ser implementados em toda a empresa, desde nossos sistemas operacionais até o Xbox. Eles tinham que ser simples e fáceis de memorizar — e não vinte parágrafos repletos de jargão jurídico e técnico. Elaborar algo breve e simples é sempre mais difícil.[12]

Embora a questão fosse complexa, o ponto de partida não era. Sempre tivemos plena consciência de que as informações armazenadas em nossos data centers não nos pertenciam. As pessoas ainda eram donas de seus e-mails, fotos, documentos e mensagens instantâneas. Éramos os guardiões dos pertences de outras pessoas, não os donos desses dados. E, como bons guardiões, precisávamos usar esses dados de formas que atendessem aos seus proprietários, em vez de pensar somente em nós mesmos.

A partir desse ponto, montamos uma equipe que desenvolveu o que se tornariam os quatro princípios que chamaríamos de "compromissos na nuvem": privacidade, segurança, conformidade e transparência. Eu gostava de dizer aos líderes de marketing da empresa que os advogados haviam encontrado uma maneira de pegar um assunto complicado e reduzi-lo a quatro palavras. Naturalmente, eles mais do que depressa ressaltaram que essa tinha sido a primeira vez.

TECNOLOGIA E SEGURANÇA PÚBLICA

Mesmo assim, idealizar princípios inequívocos e colocá-los em prática eram dois desafios independentes. A equipe elaborou cada princípio detalhada e cuidadosamente. A prova de fogo viria quando circunstâncias novas suscitassem questões difíceis e exigissem que decidíssemos até que ponto iríamos para defender os compromissos assumidos.

Logo, uma das prerrogativas mais fortes seria em relação ao nosso compromisso com a transparência. Reconhecemos que a transparência era um elemento-chave para todo o resto. Se as pessoas não entendessem o que estávamos fazendo, nunca mais confiariam em nós.

Nossos clientes empresariais, em particular, queriam ser informados quando recebêssemos um mandado de busca e apreensão ou uma intimação solicitando acesso a seus e-mails ou a outros dados. Acreditávamos que dificilmente haveria um bom motivo para o governo emitir ordens jurídicas contra nós, em vez de emitir para nossos clientes. Diferentemente de criminosos ou suspeitos de terrorismo, era menos provável que uma empresa ou negócio renomado fugisse para a fronteira ou agisse ilegalmente a fim de prejudicar uma investigação. E, se o governo estivesse preocupado com o suposto apagamento dos dados, poderíamos entrar com uma "ordem de congelamento restrita" para fazer uma cópia dos dados de um cliente, enquanto o governo trataria dos problemas legais com ele antes de obter acesso aos seus dados.

Em 2013, declaramos publicamente que notificaríamos nossos clientes empresariais e governamentais se recebêssemos ordens jurídicas para seus dados.[13] Se uma ordem de sigilo nos proibisse de notificá-los, nós a contestaríamos no tribunal. Orientamos também as agências governamentais a procurarem diretamente nossos clientes para obter informações ou dados sobre um de seus funcionários — exatamente como faziam antes de esses clientes migrarem para a nuvem. E iríamos ao tribunal para fazer jus a esse direito.

Enfrentamos nossa primeira prova de fogo quando o FBI nos enviou uma carta de segurança nacional (NSL — intimação usada pelo

ARMAS E FERRAMENTAS

FBI) solicitando dados que pertenciam a um cliente corporativo. A carta nos proibia de informar ao cliente que o FBI queria acesso aos seus dados. Analisamos e não identificamos nenhum fundamento razoável para o FBI nos proibir de notificar o cliente, muito menos exigir nossos dados em vez de obtê-los diretamente com ele. Recusamos, apresentamos uma ação judicial e fomos ao tribunal federal de Seattle, no qual o juiz foi favorável ao nosso argumento. O FBI entendeu a mensagem e retirou a carta.

No decorrer do ano seguinte, nossos advogados progrediram e muito ao insistir que o Departamento de Justiça procurasse diretamente nossos clientes corporativos para solicitar acesso aos seus dados. Mas, em janeiro de 2016, um subprocurador-geral da República dos EUA, em outro distrito, discordou e emitiu um mandado de busca e apreensão em segredo de justiça contra nós, reivindicando os dados que pertenciam a um cliente empresarial. Ele anexou ao mandado uma ordem de sigilo indeterminada cuja vigência era *ad aeternum*. Nós a contestamos.

Comumente, depois de explicarmos nossa posição, o governo recuaria. Desta vez, o subprocurador persistiu e nos obrigou a recorrer ao tribunal.

Eu estava em viagem, na Europa, e acordei cedo com um e-mail de David Howard, responsável por nossas ações judiciais e várias outras áreas. David trabalhava conosco há cinco anos e era um ex-procurador da República bem-sucedido e sócio de um escritório de advocacia. Ele contribuía com uma conduta tranquila e com bom senso em todos os problemas difíceis. Sua liderança teve um papel decisivo no que se tornaria, ano após ano, um padrão de vitória de 90% em nossos processos. Conforme eu disse uma vez, em tom de brincadeira, mas com um fundo de verdade, à nossa diretoria executiva: "Aprendi com David que não era difícil alcançar bons resultados nas ações judiciais. Você só precisa brigar nos casos que merece ganhar e conciliar as partes nos que merece perder." O segredo era ter alguém como David, que conseguisse identificar a diferença.

TECNOLOGIA E SEGURANÇA PÚBLICA

Nesse contexto, David não estava nada otimista quanto às nossas chances. O juiz não era favorável à nossa causa e nos ameaçou de desacato. David escreveu por e-mail que a equipe de ação judicial queria entregar os dados do cliente para evitar uma multa.

Mais tarde naquele dia, em uma videoconferência, ele disse à equipe que não queria ceder. Prometemos aos nossos clientes combater esses tipos de ordens, e isso incluía recorrer ao tribunal e enfrentar batalhas árduas.

Um dos advogados alegou que esta seria uma luta que certamente perderíamos, e pagaríamos um alto preço pela derrota. "Prefiro ser um perdedor do que um mentiroso", falei. "Promessa é dívida." Senti que o preço de se quebrar uma promessa era maior do que qualquer quantia em dinheiro, ainda que o desfecho permanecesse em segredo de justiça e guardado a sete chaves.

Eu disse à equipe de ação judicial que, se eles se empenhassem contra o caso, perdessem a batalha e mantivessem a multa em US$20 milhões, eu consideraria uma vitória moral. Todos sabíamos que não havia como receber uma multa maior que esse valor. Era meu jeito de dizer aos advogados — que queriam vencer a todo custo — que não havia como eles perderem esse caso, até onde eu soubesse.

A equipe da Microsoft trabalhava sem descanso com nossos advogados externos. Perdemos o caso, mas evitamos a multa por desacato, preservamos a capacidade de sermos transparentes com nossos clientes e declaramos publicamente que perdemos. E o mais importante: honramos nossa promessa.

Estávamos apreensivos com o fato de continuarmos a ser testados dessa forma, caso a caso. Era necessário partir para a ofensiva. "Não ganharemos esses processos judiciais se deixarmos o governo escolher todas as batalhas", disse David. "Esse tipo de ordens de sigilo deve ser a exceção, não a regra. Mas o governo está fazendo delas uma rotina. Vamos recorrer aos tribunais para normatizar essas práticas gerais."

ARMAS E FERRAMENTAS

Ele arquitetou uma jogada brilhante. Decidimos prosseguir com o que chamamos de sentença declaratória, que esclareceria os nossos direitos. Sustentamos que o governo estava excedendo seus poderes constitucionais, emitindo sem parar ordens de sigilo no âmbito da Lei de Privacidade de Comunicação Eletrônica. Vasculhamos os registros de mandados disponíveis de um ano e meio atrás, e descobrimos que mais da metade das exigências governamentais em relação ao acesso de dados pessoais estava vinculada a ordens de sigilo, metade delas escrita com o intuito de assegurar que fossem mantidas a sete chaves.

Retornamos ao tribunal federal de Seattle para processar nosso próprio governo. Argumentamos que o uso descomedido de ordens de sigilo violava nosso direito da Primeira Emenda de informar aos nossos clientes que o governo estava confiscando seus e-mails. Sustentamos também que essas ordens de sigilo violavam o direito da Quarta Emenda de nossos clientes, de serem protegidos contra buscas e apreensões ilícitas, porque as pessoas não tinham como saber o que estava acontecendo e não conseguiam defender seus direitos legais.

Esse caso levantava inequivocamente se os direitos das pessoas seriam protegidos na nuvem. Estávamos otimistas, amparados pela tendência que vimos na Suprema Corte.

Em 2012, os juízes da Suprema Corte anunciaram em uma decisão de cinco votos a quatro que a Quarta Emenda exigia que a polícia recebesse um mandado de busca e apreensão, antes de colocar um localizador GPS no carro de um suspeito.[14] Ao passo que outros juízes pensavam que a "intrusão física" de se colocar um dispositivo no carro de alguém requeria um mandado de busca e apreensão, a juíza Sonia Sotomayor admitiu que, no século XXI, o cumprimento da lei não precisava necessariamente interferir fisicamente para rastrear a localização de alguém. Os smartphones com GPS, que registram remotamente a localização de uma pessoa, estavam começando a se disseminar. Eles revelavam todo tipo de informação pessoal, que o governo poderia extrair por anos. Conforme Sotomayor afirmou, a menos que esse tipo de

TECNOLOGIA E SEGURANÇA PÚBLICA

vigilância fosse preservado pela Quarta Emenda, ela poderia "subverter a relação entre cidadão e governo de uma forma destrutiva à sociedade democrática".[15]

A juíza Sotomayor entendeu outra coisa que achamos imprescindível. Por quase dois séculos, a Suprema Corte disse que a Quarta Emenda fracassou em proteger informações amplamente compartilhadas, com base na teoria de que as pessoas não tivessem uma "expectativa razoável de privacidade". Agora, no entanto, observava Sotomayor, privacidade significava a habilidade de compartilhar informações e determinar quem pode ter acesso a essas informações e como serão utilizadas. Ela foi a primeira juíza a expressar essa mudança, e a pergunta que não queria calar era se os outros juízes a admitiriam.

Dois anos mais tarde, uma resposta começou a despontar. No verão de 2014, o juiz John Roberts forneceu um parecer para uma Suprema Corte unânime.[16] Os juízes decidiram que a polícia precisava de um mandado de busca e apreensão para vistoriar o celular de alguém, ainda que a pessoa estivesse presa por cometer um crime. Segundo Roberts: "Os celulares modernos não são somente uma praticidade tecnológica. Como armazenam muitas informações e podem revelar outras tantas, eles arquivam a vida privada de muitos norte-americanos."

Embora a Quarta Emenda tenha sido adotada com o intuito de proteger as pessoas em seus lares, Roberts explicou que os celulares modernos "costumam expor ao governo bem mais do que uma averiguação abrangente de uma residência: um celular não apenas armazena em formato digital muitos registros confidenciais encontrados anteriormente em uma casa; ele também armazena um vasto conjunto de informações privadas nunca encontradas em uma casa, em nenhum formato".[17] Por isso, a Quarta Emenda se aplica.

Ficamos animados quando lemos o que Roberts escreveu a seguir. Pela primeira vez, o Supremo Tribunal efetivamente discutia a respeito dos arquivos armazenados em nossos data centers, como o de Quincy.

ARMAS E FERRAMENTAS

"Os dados que um usuário visualiza em muitos celulares modernos podem, na verdade, não ser armazenados no próprio dispositivo", escreveu. "O mesmo tipo de dados pode ser armazenado *in loco* no dispositivo para um usuário e na nuvem para outro."[18] Pela primeira vez, a Suprema Corte reconheceu que a busca e apreensão de um celular ultrapassava e muito o que estava na posse física de uma pessoa. Na realidade, a nova tecnologia instaurou novos campos para uma privacidade consistente na própria nuvem.

Ainda que essas palavras não tivessem sido direcionadas a favor de nosso protesto contra as ordens de sigilo em Seattle, elas representaram uma influência positiva em nosso amplo caso de privacidade. Agora, era só aproveitá-las.

Colocamos o plano de David em ação ao entrar com um processo judicial, em 14 de abril de 2016,[19] atribuído ao juiz James Robart, um dos líderes da comunidade jurídica de Seattle, antes de ele se tornar um juiz federal, em 2004. Já havíamos comparecido diante dele, inclusive em um grande julgamento de patentes. Ele era incisivo, mas inteligente e justo. O juiz disse para nossos advogados ficarem alertas, e, do meu ponto de vista, eles estavam em uma situação favorável.

Ao iniciarmos nosso processo, compartilhamos nossos dados dos dezoito meses anteriores, demonstrando que havíamos recebido mais de 1.500 ordens de sigilo aplicáveis a indivíduos, nos impedindo de informar nossos clientes sobre os processos legais que buscavam acessar suas informações pessoais.[20] Espantosa e surpreendentemente, 68% dessas ordens não apresentavam sequer data-limite fixada. Ou seja, estávamos efetivamente proibidos para sempre de informar aos nossos clientes que o governo havia obtido seus dados.

Admitimos que precisávamos somar nossas apreensões quanto à prática atual do DOJ a um esquema propositivo de uma abordagem melhor. Reivindicamos maior transparência ao que denominávamos neutralidade digital, ou o reconhecimento de que as informações das

TECNOLOGIA E SEGURANÇA PÚBLICA

pessoas devem ser protegidas independentemente de onde e como elas foram armazenadas. Alegamos que deveria haver um equilíbrio, um princípio que visasse a necessidade, para que as ordens de sigilo fossem emitidas, mas se restringissem ao necessário para uma investigação, e não mais do que isso.

O governo revidou com uma petição para extinguir o processo antes mesmo de começar. Alegava que não tínhamos o direito de informar os clientes nos termos da Primeira Emenda e nenhuma base para defender os direitos dos clientes de acordo com a Quarta Emenda. Logo concluímos que nossa capacidade de sobreviver a essa petição representaria um momento decisivo. Caso sobrevivêssemos, teríamos acesso a dados do governo sobre o amplo uso de ordens de confidencialidade, e isso provavelmente nos daria os fatos restantes de que precisávamos para conduzir nossos argumentos à linha de chegada.

Decidimos que precisávamos formar uma coalizão abrangente de apoiadores. Passamos o verão em uma campanha de recrutamento. No Dia do Trabalhador, mais de oitenta apoiadores haviam entrado com uma petição *amicus curiae*, ou amigo da corte, como recurso. O grupo representava todas as partes do setor tecnológico, a comunidade empresarial, a imprensa e até respeitados ex-funcionários do Departamento de Justiça e do FBI.[21]

Os advogados e o público se apresentaram no tribunal do juiz Robart em 23 de janeiro de 2017. Fazia um ano e dois dias desde a nossa decisão de combater uma ordem de sigilo em segredo de justiça, em vez de nos rendermos. Agora, tínhamos a oportunidade de uma audiência pública a respeito da petição do governo, com ex-oficiais do Departamento de Justiça nos dando apoio na primeira fila.

Duas semanas depois, Robart decidiu que podíamos prosseguir com nosso processo.[22] Embora tenha acatado o argumento do governo de que não poderíamos defender os direitos da Quarta Emenda de nossos clientes, ele concordou que tínhamos uma base para avançar

37

ARMAS E FERRAMENTAS

com nossa reivindicação da Primeira Emenda. Tínhamos sobrevivido para lutar outro dia.

O Departamento de Justiça tomou conhecimento e começou a levar nossas reivindicações mais a sério. Após diversas discussões, o DOJ divulgou uma nova política que estabelecia limites claros a respeito de como e quando os promotores poderiam aplicar ordens de sigilo. O departamento acrescentou isso a uma nova diretiva, orientando os promotores acerca da possibilidade de ir às empresas, antes de aos fornecedores de nuvem, no caso de mandados corporativos de busca e apreensão. Ficamos satisfeitos, alegamos publicamente que achávamos que a nova abordagem ajudaria a garantir que as ordens de confidencialidade fossem usadas apenas quando necessário e por períodos de tempo determinados.[23] Ambos os lados concordaram em encerrar a disputa judicial referente às ordens de sigilo.

O desfecho ressaltou o frágil equilíbrio entre privacidade e segurança. Os processos judiciais normalmente são ferramentas cegas. Sozinhos, apenas determinam se as ações em andamento estão dentro da lei. Eles não são capazes de criar uma nova proposta que aborde como se deve governar a tecnologia. Isso exige verdadeiros debates e, não raro, negociação e até mesmo uma nova legislação. Nessas circunstâncias, o processo havia feito o que era necessário, levando todos a dialogar sobre o futuro. No entanto, estender esse diálogo a outras questões ainda era um desafio constante, que se tornaria ainda mais difícil e iminente.

Capítulo 3 » **PRIVACIDADE: Um Direito Humano Fundamental**

No inverno de 2018, após um longo dia de eventos públicos e reuniões consecutivas em Berlim, estávamos prontos para encerrar o dia. Dirk Bornemann e Tanja Boehm, da nossa equipe alemã local, tinham uma ideia diferente. Eles insistiram em uma última parada, em uma antiga prisão na região norte-oriental da cidade.

Uma semana antes, a oportunidade para desviar a rota instigara nossa curiosidade, mas o tempo frio e o *jet lag* haviam diminuído nosso entusiasmo. Esse desvio, no entanto, acabou sendo um dos dias mais inesquecíveis do ano.

A claridade invernal se desvanecia enquanto dirigíamos pelas ruas da capital alemã. Pela janela do carro, um filme acelerado exibia a arquitetura e contava a história do passado da cidade. Edifícios que remontavam à Prússia, Império Alemão, Weimar e às épocas nazistas abriam caminho para quarteirões de concreto estéreis da era comunista, à medida que nos aproximávamos de nosso destino: a prisão de Hohenschönhausen da antiga República Democrática Alemã.

ARMAS E FERRAMENTAS

O antigo complexo militar ultrassecreto fazia parte do quartel-general da Stasi, abreviação de Ministério para a Segurança do Estado [*State Security Service*]. A Stasi servia como "escudo e espada" da Alemanha Oriental, governando o país com vigilância coercitiva e manipulação psicológica. Quando o Muro de Berlim caiu, a Stasi empregava quase 90 mil agentes que contavam com o apoio de uma rede secreta de mais de 600 mil "vigilantes civis", que espionavam seus colegas de trabalho, vizinhos e às vezes a própria família na Alemanha Oriental.[1] A Stasi acumulou um número desconcertante de registros, documentos, imagens e gravações de vídeo e áudio que, se colocados em fila, somariam quase 155km.[2] Os cidadãos considerados potenciais fugitivos, ameaças ao regime ou párias eram detidos, intimidados e interrogados em Hohenschönhausen, desde o fim da Segunda Guerra Mundial até o final da Guerra Fria.

Quando o portão da antiga prisão se abriu, passamos por uma torre de vigia de concreto, onde fomos recebidos por um ex-prisioneiro de 75 anos, Hans-Jochen Scheidler. Seu porte atlético e seu sorriso cativante desmentiam sua idade e o tormento que ele sofrera na prisão. Ele nos cumprimentou efusivamente e nos levou para o grande prédio cinza, onde havia passado sete meses sombrios.

Em 1968, Scheidler deixou Berlim para fazer doutorado em física na Universidade Charles, em Praga. "A Primavera de Praga foi um dos momentos mais felizes da minha vida", disse ele, ao relembrar a flexibilidade das restrições e a liberalização política que ocorreram na capital naquele ano. "Todo fim de semana eu festejava a Primavera de Praga."[3] Entretanto, o avanço da Tchecoslováquia rumo à liberdade terminou rapidamente quando meio milhão de soldados do Pacto de Varsóvia chegaram ao país e sufocaram as reformas.

Naquele mês de agosto, o rapaz de 24 anos estava em casa, em Berlim, quando ouviu as notícias devastadoras. O sonho de uma nova era, que ele considerava uma "versão mais humana" do socialismo, havia caído por terra. Em sinal de protesto, Scheidler e quatro de seus amigos

PRIVACIDADE

imprimiram pequenos folhetos criticando o regime soviético e os colocaram sorrateiramente nas caixas de correio dos berlinenses orientais naquela noite.

Apanhados em flagrante, todos foram presos naquela noite pela Stasi e enviados para o mesmo local em que estávamos agora. Ele passou sete meses em uma das celas minúsculas e escuras que visitamos, proibido de ver outros prisioneiros, conversar com outras pessoas ou até mesmo ler um simples pedaço de papel. Seus pais não tinham ideia de onde ele estava ou por que desaparecera. Ele foi submetido à tortura psicológica cruel. Mesmo após sua libertação, Scheidler não teve permissão para estudar ou trabalhar na área da física, que havia escolhido.

Naquele dia, entendi claramente o sentido de nossa visita.

Atualmente, boa parte do ativismo político do mundo não começa nas ruas, como na época de Scheidler; começa na internet. A comunicação eletrônica e as mídias sociais viabilizaram uma plataforma para as pessoas mobilizarem apoio, espalharem mensagens e para vozes dissidentes — promovendo em dias o que levou semanas no processo da Primavera de Praga. Na década de 1960, Hans-Jochen havia se envolvido com o equivalente a enviar um e-mail. Ele foi preso enquanto pressionava "enviar".

Ao falarmos sobre questões de privacidade na Microsoft, conversamos, com frequência, sobre o papel central que o governo alemão desempenhou na promulgação e aplicação de novas leis. Dirk e Tanja queriam que víssemos em primeira mão por que eles e outras pessoas na Alemanha se preocupavam tanto com essas questões. Como guardiões de quantidades colossais de dados pessoais, as empresas tecnológicas precisam entender, talvez do ponto de vista das pessoas que sofreram sob o regime nazista e da Stasi, os riscos de os dados caírem em mãos erradas. "Muitos dos que vieram para esta prisão foram detidos por coisas feitas na privacidade de suas casas. O sistema de vigilância total era projetado para controlar as pessoas", afirmou Dirk.

ARMAS E FERRAMENTAS

As experiências sob os domínios nazista e da Stasi, explicava ele, haviam deixado os alemães de hoje desconfiados em relação à vigilância eletrônica. E as revelações de Snowden apenas alimentavam essas suspeitas. "Se os dados são coletados, eles sempre podem ser utilizados de forma abusiva. É importante que, ao operar em todo o mundo, lembremos que os governos podem mudar com o tempo. O que aconteceu aqui? Os dados coletados sobre as pessoas — suas visões políticas, religiosas e sociais — podem cair em mãos erradas e ocasionar todo tipo de problema", dizia.

De volta a Redmond, ao falar com os colaboradores a respeito da privacidade, a história de Scheidler ajudou a esclarecer o que estava em jogo quando manipulamos os dados de nossos clientes. A privacidade não era só uma regulamentação a que deveríamos obedecer, mas um direito humano fundamental que tínhamos o dever de proteger.

A história também ajudou as pessoas a compreenderem que, quando a computação em nuvem passou a ser mundial, ela abrangia mais do que a instalação de cabos de fibra óptica debaixo dos oceanos e a construção de data centers em outros continentes. Também simbolizava a adaptação às culturas de outros países enquanto mantemos nosso compromisso com os valores fundamentais, respeitando e protegendo os direitos à privacidade de outrem.

Há uma década, alguns no setor tecnológico achavam que atenderiam os clientes internacionais apenas dos data centers nos Estados Unidos. Mas logo a experiência concreta dissipou essa lógica. As pessoas esperavam que páginas da internet, e-mails e documentos com fotos ou gráficos fossem carregados em seus celulares e computadores instantaneamente. Os testes com consumidores demonstraram que um atraso de somente meio segundo irritava as pessoas.[4] As leis da física exigiam a construção de data centers em mais países, de modo que não fosse necessário que o conteúdo viajasse por meio de cabos percorrendo metade do mundo. Essa proximidade geográfica é a chave para reduzir o que chamamos de latência de dados ou atraso na transmissão.

PRIVACIDADE

Antes mesmo de iniciarmos a construção do nosso data center de Quincy, começamos a procurar um lar europeu para o que se tornaria nosso primeiro data center fora dos Estados Unidos. O primeiro candidato favorito era o Reino Unido, mas logo a Irlanda entrou na disputa.

Desde a década de 1980, a Irlanda era o segundo lar do setor de tecnologia norte-americano. A Microsoft foi a primeira empresa tecnológica a investir pesado na região. Os incentivos fiscais e a mão de obra que falava inglês atraíam as empresas para a Ilha Esmeralda. Assim, o país lançou mão de sua participação na União Europeia e de seu espírito hospitaleiro para cativar as pessoas de toda a Europa, e depois de todo o mundo, para morar e trabalhar lá, sobretudo na região de Dublin. Alimentou o Tigre Celta e sustentou uma nova geração de prosperidade para o pequeno país. Na Microsoft, temos orgulho de nossas relações e contribuições para esse crescimento.

Na década de 1980, nossos clientes europeus instalavam nosso software a partir de CD-ROMs fabricados na Irlanda. No entanto, quando o software migrou para a nuvem, os irlandeses perceberam que o negócio dos CD-ROMs desapareceria mais cedo ou mais tarde. Eles precisavam fazer uma nova aposta econômica para o país.

O Departamento de Empregos, Empresas e Inovação (DJEI) realizou um trabalho magistral ao antever o futuro e construir os alicerces que atraíram data centers para o país. Ao nos visitar em Redmond, quando a nuvem era apenas um vislumbre, os irlandeses defenderam a alocação de nosso primeiro data center europeu próximo a Dublin. A comitiva incluía um profissional de alto nível chamado Ronald Long, com quem eu havia trabalhado durante minha passagem como advogado na Covington & Burling, em Londres. Uma vez, passei a tarde debatendo com ele a respeito de uma questão desafiadora de política pública em Dublin.

Fiz uma pausa contra minha vontade em nossa reunião em Redmond e expliquei que era inviável construirmos nosso primeiro data center eu-

ARMAS E FERRAMENTAS

ropeu na Irlanda. Não havia cabos de fibra óptica de alta velocidade que conectassem a Irlanda ao continente europeu e, sem eles, simplesmente não tinha lógica construir um data center na Irlanda.

A resposta de Ron foi simples: "Dê-nos três meses."

Como poderíamos dizer não?

Após três meses, o governo irlandês assinou um contrato para fornecimento do tipo exato de cabo que precisávamos. E estávamos prestes a construir um data center ao sul de Dublin. Começamos com uma instalação pequena. Depois, expandíamos mais. E cada vez mais.

Em 2010, a Microsoft começou a armazenar na Irlanda os dados de nossos clientes de toda a Europa. Hoje, temos data centers em diversos outros países da europeus, mas nenhum é tão grande quanto o campus do data center na Irlanda, que se assemelha às nossas maiores instalações nos Estados Unidos. Nosso data center irlandês ocupa uma área de mais de 5km². Junto aos grandes data center administrados pela Amazon, Google e Facebook, ajudou a transformar a Irlanda de uma pequena ilha em uma superpotência de dados.

Atualmente, a Irlanda é um dos melhores locais do mundo para data centers. Enquanto alguns podem cogitar que o motivo são os incentivos fiscais, outros fatores são mais importantes. Um deles é o clima. Ao mesmo tempo em que os data centers são, juntos, os maiores consumidores de eletricidade do mundo, o clima ameno da Irlanda fornece a temperatura ideal para os computadores. As instalações não precisam de sistema de resfriamento, e, em geral, o calor recirculado dos próprios servidores é mais do que o necessário para aquecer os edifícios no inverno.

Contudo, mais importante que o clima é a atmosfera política da Irlanda. A nação faz parte da União Europeia e herdou o consenso local e de longa data no tocante ao respeito e à proteção dos direitos humanos. Lá, temos uma agência de proteção de dados sólida, mas pragmática, que, ao mesmo tempo que entende a tecnologia, garante que as empresas tecnológicas protejam as informações pessoais de seus usuários.

PRIVACIDADE

Conforme mencionei às autoridades enquanto visitava nações do Oriente Médio, "a Irlanda representa os dados assim como a Suíça representa o dinheiro". Dito de outro modo, é um local onde as pessoas querem armazenar suas informações pessoais mais valiosas. É o último lugar do mundo que faria algo contemporâneo equivalente à prisão Stasi pela qual passamos em Berlim.

Infelizmente, a operação global de data centers se tornou muito mais complicada do que simplesmente alocar os dados em uma região como a Irlanda. Um dos motivos é que agora mais países querem armazenar seus dados no interior de suas próprias fronteiras. Ainda que essa possibilidade nunca tenha deixado o setor tecnológico animado, em certos aspectos, é compreensível. Em parte, é uma questão de prestígio nacional. Assegura também que um governo possa aplicar suas próprias leis e garante que seus mandados de busca e apreensão possam alcançar todos os dados do país.

A pressão para alocar data centers em mais países está dando início ao que rapidamente se tornou um dos obstáculos mais críticos referentes aos direitos humanos do mundo. Com as informações pessoais de todo mundo armazenadas na nuvem, um regime despótico inclinado a uma vigilância extensiva pode desencadear exigências draconianas para monitorar não apenas como as pessoas estão se comunicando, mas também o que estão lendo e assistindo online. E, de posse desse conhecimento, os governos podem processar, perseguir ou até executar aqueles indivíduos considerados uma ameaça.

É uma realidade fundamental da vida, que todos os que trabalham no setor tecnológico precisam lembrar todo santo dia. Temos o privilégio de trabalhar em um dos setores econômicos mais lucrativos de nossa era. Mas o dinheiro em jogo nem se compara à responsabilidade que temos pela liberdade e pela vida das pessoas.

Devido a isso, qualquer decisão de instalar um data center da Microsoft em um novo país requer uma avaliação detalhada dos direi-

ARMAS E FERRAMENTAS

tos humanos. Analiso os resultados e me envolvo pessoalmente sempre que eles suscitam problemas — sobretudo quando a resposta definitiva precisa ser não. Existem países em que não temos e nem teremos data centers, porque os riscos em relação aos direitos humanos são altíssimos. E, mesmo que em outros países os riscos sejam menores, armazenamos dados corporativos, não de clientes, estipulamos proteções adicionais e permanecemos alertas. Novas exigências podem subitamente motivar crises silenciosas, porém violentas. Dia após dia, a força moral dos responsáveis pela nuvem é colocada à prova.

Ainda que tudo corra bem, uma segunda dinâmica pode colocar em risco a garantia proveniente do armazenamento de dados em um local como a Irlanda. Isso ocorre quando um governo de um país passa a exigir que uma empresa tecnológica entregue os dados armazenados em outro território. Se não houver um processo estruturado que preserve os direitos humanos, os países ao redor do mundo podem sobrepujar as fronteiras de outras nações, inclusive as de países seguros como a Irlanda.

Em determinados aspectos, isso não é um problema novo. Durante séculos, os governos de todo o mundo estavam de acordo que sua autoridade, incluindo seus mandados de busca e apreensão, ficava restrita às suas fronteiras. Os governos exerciam autoridade para deter as pessoas e vistoriar residências, escritórios e edifícios dentro da jurisdição de seu próprio território. Eles não podiam invadir bruscamente outro país a fim de capturar uma pessoa ou retirar documentos. Ao contrário, tinham que entrar em um acordo com o governo daquele território soberano.

Houve ocasiões em que os governos ignoraram essa instituição e resolveram o assunto por conta própria. Tamanha falta de respeito às fronteiras acentuou as tensões internacionais e contribuiu para os eventos que culminaram na Guerra de 1812 entre o Reino Unido e os Estados Unidos. As hostilidades entre os dois países aumentaram, pois a Marinha Real Britânica, apesar de dominar os mares, sofria com a escassez constante de marinheiros devido à sua guerra naval contra Napoleão.

PRIVACIDADE

Para reabastecer suas tripulações exauridas, os britânicos enviavam suas "presigangas" a navios e portos estrangeiros, a fim de sequestrar os homens e forçá-los a se alistar na Marinha. Na teoria, a Marinha do Rei estava capturando pessoas cuja classe de nacionalidade era do tipo GBS [*British subject* — para pessoas nascidas nas, então, colônias britânicas], mas a verdade é que as presigangas não costumavam olhar passaportes. Quando se revelou que elas estavam apanhando pessoas de modo indiscriminado e forçando alguns cidadãos norte-americanos a servir a Marinha Real, os Estados Unidos exigiram que se tomassem medidas imediatas. A jovem nação impediu que as embarcações britânicas armadas atracassem nos portos norte-americanos. A mensagem era clara: respeite nossas leis ou deixe o país.[5]

Isso culminaria na Guerra de 1812, antes mesmo que as duas nações caíssem em si e concordassem em respeitar a soberania uma da outra. Nasceu um novo campo de tratados internacionais que previa a extradição de criminosos e o acesso à informação em outros países. A maioria desses acordos se chama MLATs, ou Tratados de Assistência Jurídica Mútua.[6] Entretanto, na última década, tornou-se evidente que esses tratados são, em geral, inadequados para a era da computação em nuvem. Os órgãos públicos de cumprimento da lei estavam — com razão — desapontados com a lentidão inerente ao processo MLAT; porém, enquanto os governos analisavam maneiras de atualizar os acordos e acelerar o processo, o progresso andava a passos de tartaruga.[7]

Conforme os dados migravam para a nuvem, os agentes da lei procuravam uma forma de burlar o processo MLAT. Eles tentavam emitir um mandado de busca e apreensão para uma empresa tecnológica localizada dentro de sua jurisdição, exigindo o acesso aos e-mails e aos arquivos eletrônicos armazenados em um data center situado em outro país. Na visão deles, não era mais necessário contar com o MLAT. Eles nem sequer precisavam informar ao outro governo o que estavam fazendo.

No entanto, a maioria dos governos naturalmente não estava nem um pouco entusiasmada com o fato de uma empresa de tecnologia ex-

ARMAS E FERRAMENTAS

trair os dados de seus cidadãos e entregá-los na mão de estrangeiros, atropelando as proteções legais do país. Em 1986, quando o Congresso dos EUA promulgou a ECPA [Lei de Privacidade das Comunicações Eletrônicas], incluiu uma resolução que assegurava que outros países não pudessem fazer isso. Eles não queriam que os estrangeiros agissem como presigangas com os dados digitais. A ECPA considerava crime uma empresa de tecnologia dos EUA entregar certos tipos de dados digitais, como e-mails, mesmo em resposta a uma exigência legal de um governo estrangeiro. Além do mais, a Lei Wiretap de 1968 considera crime interceptar ou grampear as comunicações dentro dos Estados Unidos para um governo de fora. Contudo, fomos obrigados a passar por um processo internacional estabelecido com um MLAT.

As leis europeias eram menos explícitas, mas sabíamos que seus pontos de vista eram tão importantes quanto os das pessoas em nosso próprio país. Eles não gostavam que governos estrangeiros e muito menos autoridades norte-americanas se metessem em seu território, ainda mais porque a União Europeia e seus membros haviam promulgado leis sólidas a fim de proteger os direitos à privacidade de seus cidadãos. Sabíamos que, assim como os navios britânicos nos portos norte-americanos no início de 1800, nossos data centers seriam bem-vindos em solo europeu apenas se concordássemos em respeitar as leis locais.

Todavia, à medida que a computação em nuvem se tornou mais onipresente, e os dados, mais acessíveis, a tentação dos governos de agir unilateralmente para buscar dados em outros países se provou irresistível. Se fosse individualmente, caso a caso, era possível compreender. Uma autoridade investigativa precisava de informações e as queria o mais rápido possível. Por que perder tempo com o processo demorado do MLAT junto a outro governo se uma empresa tecnológica com um escritório logo ali no país poderia ser coagida a entregar as coisas mais rápido? Se o outro governo levantasse objeções, a empresa de tecnologia acabaria lidando com as consequências, isentando o promotor local.

PRIVACIDADE

Na Microsoft, em breve nos encontraríamos no meio do fogo cruzado, desviando das balas de ambos os lados. As circunstâncias em dois países trariam à baila esse desafio.

O primeiro caso foi no Brasil. Em uma manhã de janeiro de 2015, um dos líderes de nossa filial brasileira estava em Redmond para uma reunião de vendas quando foi até o corredor para atender uma ligação de sua esposa. Ela estava em sua residência em São Paulo e parecia fora de si. A polícia brasileira tinha ido prendê-lo e exigia que ele aparecesse. Eles invadiram os portões de seu edifício e isolaram seu apartamento. Qual era o crime cometido? Ele trabalhava para a Microsoft.

A polícia brasileira insistia que entregássemos as comunicações pessoais relacionadas a uma investigação criminal em andamento, conforme a legislação do Brasil determina. Só que na época não tínhamos data center no Brasil, e de acordo com as leis da física isso deveria acontecer nos Estados Unidos. Explicamos que, conforme as leis dos EUA, essa atitude se caracterizava como crime e os incentivamos a resolver a disputa por meio do processo MLAT, que vigorava entre os dois países. As autoridades brasileiras não viram com bons olhos a nossa sugestão. Já haviam instaurado uma ação penal contra outro de nossos executivos locais em São Paulo em uma situação parecida, e as multas contra a Microsoft subiam mensalmente.

Pedimos a Nate Jones que tentasse negociar com as autoridades brasileiras. "Estávamos entre a cruz e a espada, e as autoridades brasileiras não queriam ceder", disse ele mais tarde.

Ainda que fosse fácil para Nate tentar solucionar o problema da segurança de seu escritório em Redmond, nossos líderes locais no Brasil não podiam se dar a esse luxo. As autoridades de São Paulo prenderam sumariamente um de nossos executivos e se negaram por anos a retirar as acusações criminais contra ele. De bom grado, assumimos as despesas para defendê-lo no tribunal e declaramos que apoiaríamos a mudança dele e da família para fora do Brasil, caso quisessem. Assumimos tam-

ARMAS E FERRAMENTAS

bém o desafio de entrar com um recurso de apelação contra a aplicação de mais US$20 milhões em multa.

O segundo desafio vinha dos Estados Unidos. No final de 2013, chegou um mandado de busca e apreensão exigindo o acesso a registros de e-mail pertinentes a uma investigação de tráfico de drogas. Embora fosse algo corriqueiro, a análise da conta logo revelou que não era. Ao que tudo indicava, os e-mails pertenciam a alguém que não era cidadão norte-americano. E eles não estavam armazenados em solo norte-americano, mas na Irlanda.

Esperávamos que o FBI e o DOJ recorressem ao governo irlandês em busca de auxílio. Afinal, os Estados Unidos e a Irlanda são aliados próximos e amigáveis, com um MLAT atualizado em vigor. Conversamos com as autoridades em Dublin e confirmamos que estavam dispostos a ajudar. Mas as autoridades do Departamento de Justiça não gostaram do precedente estabelecido para uma prática que não queriam seguir. Elas alegaram que precisávamos obedecer ao mandado.

Para nós, o precedente era tão importante quanto. Se o governo dos EUA pode chegar à Irlanda sem considerar a legislação irlandesa, ou mesmo sem informar o governo irlandês, qualquer outro governo poderia fazer o mesmo. E poderia tentar fazer isso em qualquer lugar. Decidimos levar o caso à justiça em vez de ceder.

Em dezembro de 2013, recorremos ao tribunal federal de Nova York. Nossa jornada até o prédio do tribunal em Foley Square, no sul de Manhattan, trouxe à memória minhas raízes profissionais. Eu havia passado o meu primeiro ano, depois de me formar na Columbia Law School, em 1985, trabalhando para um juiz federal no 22° andar do mesmo prédio estreito, perto de Wall Street. O estágio forneceu uma visão privilegiada sobre os mecanismos das leis.

Nova York parecia tão diferente da cidade de Appleton, no nordeste de Wisconsin, onde eu crescera. E, ao mesmo tempo que a cidade grande era bem distinta da minha educação do Meio-Oeste, eu não percebi,

PRIVACIDADE

quando cheguei para a minha primeira manhã de trabalho, que também era uma novidade. Eu trazia não somente a predisposição ávida de um recém-graduado da faculdade de direito, mas uma visão inusitada para o célebre tribunal, um funcionário novo carregando um computador pessoal pesado, mas poderoso.[8]

Eu havia comprado meu primeiro computador no outono anterior, quando, para a maioria das pessoas, os dispositivos ainda eram incomuns. Verdade seja dita, o IBM PCjr estava prestes a sair de linha, não era bem um computador. Mas o meu tinha um programa de software que havia transformado meu último ano na faculdade de direito. Era a versão 1.0 do Microsoft Word. Eu gostava tanto do programa que até hoje tenho os discos, o manual e a caixa de plástico no meu escritório em casa. Comparado a uma caneta e papel, ou à máquina de escrever que eu usava na faculdade, o processador de texto era como mágica. Eu não apenas conseguia escrever mais rápido, como escrevia melhor. Logo convenci minha esposa, Kathy, recém-formada em direito também, que, antes de começar meu primeiro emprego, eu deveria empregar 10% do meu salário anual de US$27.000 para comprar um PC melhor e instalá-lo em meu escritório, no trabalho. Felizmente, ela foi muito compreensiva.

O juiz para quem eu trabalhava na época tinha 72 anos, e o escritório com a minha mesa estava atulhado de prateleiras com caixas bem organizadas, que guardavam suas meticulosas anotações escritas à mão, somando mais de duas décadas de julgamentos e casos. Existia um complexo sistema de ficheiro — de eficácia comprovada —, com cartões digitados para cada um dos pontos que precisavam ser reunidos para instruir o júri. Minha chegada com um computador pessoal gerou desconfiança. Foi quando me dei conta da importância de usar meu computador para fazer o que precisava fazer melhor — escrever memorando e o rascunho de decisões legais —, sem prejudicar as velhas práticas que ainda funcionavam muito bem. É uma lição valiosa que levo comigo até

ARMAS E FERRAMENTAS

hoje: use a tecnologia para melhorar o que pode ser melhorado, respeitando o que já funciona bem.

E, no ano de 2014, mais uma vez estávamos apresentando uma nova tecnologia computacional no mesmo tribunal. Sabíamos que provavelmente enfrentaríamos uma longa batalha, expectativa que logo foi confirmada quando um juiz auxiliar local decidiu contra nós, criando o cenário para uma interminável série de recursos.

A resposta das sociedades ao nosso caso foi rápida, sobretudo em toda a Europa. Um mês após nossa derrota, viajei para um sem-número de reuniões, que começaram em Berlim, com autoridades do governo, membros do Parlamento, clientes e repórteres. Embora soubesse que nosso caso referente ao mandado irlandês de busca e apreensão seria interessante, eu não esperava tamanha intensidade e ênfase no caso. Na verdade, quando comecei o dia às 8h da manhã conversando com um repórter, estava lutando diante da minha segunda xícara de café para lembrar o nome do juiz auxiliar que havia pronunciado a decisão inicial contra nós. Nossa equipe de disputas judiciais já havia se recuperado do golpe, ganhava fôlego e estava se preparando para a segunda rodada diante do juiz federal. Nós seguimos em frente, mas aprendi rapidamente que os alemães não.

No final dos meus dois dias em Berlim, os pormenores da decisão e o nome do juiz auxiliar que a escrevera permaneceram vivos em minha memória. Em qualquer lugar que eu fosse, as pessoas, de imediato, começavam a falar comigo sobre o juiz Francis. Quase ninguém fora de um pequeno círculo jurídico em Nova York tinha ouvido falar dele, mas em 2014, em Berlim, James C. Francis IV, o juiz auxiliar que havia decidido contra nós, havia se tornado um nome conhecido.

As perguntas pareciam não ter fim. "O que ele quis dizer com...? Porque ele disse...? O que vai acontecer depois?" Os alemães analisavam as cópias da decisão do juiz Francis, que haviam anotado cuidadosamen-

PRIVACIDADE

te. Algumas pessoas liam as passagens em voz alta para mim. Muitos estudaram todas as páginas.

Quando me reuni na primeira tarde com o diretor de tecnologia e informação de uma das maiores estatais da Alemanha, eu estava exausto. O CIO colocou a decisão do juiz Francis na mesa de mogno entre nós. Ele apontou com o dedo indicador diretamente para a decisão legal: "Não existe nenhuma possibilidade de a minha estatal armazenar nossos dados em um data center de uma empresa norte-americana, a menos que você reverta isso."

A questão nos acompanhou em nossas viagens internacionais ao longo do ano. Em Tóquio, eu não esperava a mesma reação que vivenciei em Berlim. Mas, em uma recepção, fui interrogado por uma multidão de clientes empresariais decididos a me dizer pessoalmente o quanto o resultado do nosso caso irlandês referente ao data center era importante para os negócios deles. "A Microsoft tem que ganhar esse caso", falavam repetidamente. Eles também acompanhavam de perto o nosso processo nos tribunais. Nas aparições públicas ao redor do mundo, jurei por diversas vezes que prosseguiríamos com o caso e tentaríamos levá-lo até a Suprema Corte, se necessário.

À medida que o caso avançava lentamente, reconhecemos que, mesmo que vencêssemos, a ação tinha lá suas limitações. Ela poderia levantar a questão sobre o alcance dos mandados de busca e apreensão nos termos da legislação existente, mas poderia nunca fazer vigorar uma nova lei ou uma nova geração de tratados internacionais necessários para pôr fim aos acordos desatualizados do MLAT.

Começamos a elaborar novas propostas e percorrer os corredores dos escritórios governamentais mundo afora em busca de aliados que pudessem encabeçar iniciativas necessárias mais abrangentes. A legislação fora apresentada no Congresso,[9] no entanto também precisávamos associá-la a novos acordos internacionais.

ARMAS E FERRAMENTAS

Em março de 2015, tivemos um golpe de sorte. Uma reunião na Casa Branca, da qual participei, criou a oportunidade para analisar as questões existentes de privacidade e vigilância. Conforme eu descrevia o processo criminal contra nosso executivo brasileiro e as multas contra a Microsoft, o presidente Obama interrompeu e comentou: "Isso parece um caos." O grupo discutiu, e o presidente endossou a oportunidade de desenvolver uma abordagem nova para acordos internacionais, de preferência com um ou dois governos aliados importantes, como o Reino Unido ou a Alemanha.

Após 11 meses, em fevereiro de 2016 e com um bocado de alarde, o Reino Unido e os EUA propuseram a elaboração de um acordo bilateral de compartilhamento de dados mais moderno. Nascia uma de nossas pedras angulares. Todavia, o acordo não poderia entrar em vigor sem a promulgação de uma nova lei pelo Congresso, e, apesar das muitas anuência em todo o Capitólio, o DOJ continuou barrando qualquer legislação que mudasse a forma como usava os mandados de busca e apreensão para obter dados em todo o mundo. Enfrentávamos um impasse legislativo, e, sem chegar a um meio-termo, era difícil ser otimista quanto às nossas perspectivas.

Como se verificou, a própria Suprema Corte resolveu o beco sem saída de uma forma improvável.

Foi necessário esperar até final de fevereiro de 2018. Em uma manhã quente fora de época, descemos a First Street, em Washington, D.C., rumo à imponente fachada perolada da Suprema Corte dos Estados Unidos.[10] Paramos para contemplar a vista magnífica do local em que as repercussões globais da computação em nuvem seriam apresentadas aos nove juízes da Corte.

O majestoso edifício de quatro andares da Suprema Corte fica em frente ao Capitólio dos EUA — a convergência entre os poderes Judiciário e Legislativo norte-americanos. Olhe em uma direção e a cúpula reluzente do Capitólio preenche o firmamento. Dê meia-volta e você fi-

PRIVACIDADE

cará boquiaberto com os grandes degraus de mármores que se estendem pelas colunas elevadas, em direção a um par de portas altas e entalhadas que sinalizam a entrada do tribunal.

Quando chegamos, em 27 de fevereiro, uma longa fila de pessoas serpenteava pela lendária escadaria e à volta do quarteirão, uma fila de espectadores confiantes que aguardavam para nos ver enfrentar nosso próprio governo. Seria a batalha judicial final de uma guerra que começara quatro anos antes, quando nos recusamos a fornecer o acesso a e-mails da Irlanda para o outro lado do Atlântico.

Era a quarta vez que a Microsoft defendia um caso na Suprema Corte. Sempre foi uma experiência marcante. Levantamos as questões criadas pela tecnologia mais moderna do mundo em um tribunal com a aparência de quase um século. Os celulares e notebooks são proibidos. Toda vez deixo meus dispositivos para trás e me sento na enorme câmara vermelha que lembra um palco com cortinas. Então, encaro fixamente a solitária peça de tecnologia da sala do tribunal: um relógio.

Passei a valorizar a capacidade da Suprema Corte de considerar as repercussões da tecnologia em um ambiente onde não vemos nenhuma tecnologia moderna. Nosso primeiro caso perante o tribunal, em 2007, envolvia questões de patentes que surgiram, coincidentemente, de nosso fabricante de CDs na Irlanda.[11] Uma semana após a argumentação, encontrei um dos administradores do tribunal, que disse: "Você parecia um tanto desapontado quando alguns juízes estavam falando."

Percebi claramente que minha cara de paisagem não tinha funcionado. Ainda me lembro da ocasião. Na época, um dos juízes discutia com os advogados da parte contrária às implicações de a Microsoft "enviar fótons virtuais" de Nova York para computadores na Europa.[12]

"O que esse caso tem a ver com fótons?", pensei. "E por que estamos falando de Nova York?"

No entanto, eu havia aprendido uma lição valiosa que ia além da necessidade de manter a expressão séria durante a audiência. Os juízes nem

ARMAS E FERRAMENTAS

sempre compreendiam todos os detalhes tecnológicos mais recentes, porém contavam com escreventes mais jovens que entendiam. E os juízes reforçavam esse entendimento factual com sabedoria e discernimento que, muitas vezes, ultrapassavam a própria lei. A despeito do rancor público sobre as nomeações e a polêmica de determinados casos, a Suprema Corte permanece sendo uma das maiores instituições do mundo. Na maioria dos dias, os nove juízes tentam resolver, juntos, problemas desafiadores. Estive em tribunais de todo o mundo e passei a confiar no que a Suprema Corte dos EUA pode realizar.

Naquela manhã, após uma hora de sustentação oral, os nove juízes deixaram ambos os lados menos confiantes do que qualquer um de nós teria gostado. Embora houvesse uma margem grande para especular sobre quem venceria, era impossível prever com segurança. Seja por acaso ou propositalmente, os juízes criaram a atmosfera perfeita com o objetivo de incentivar os dois lados a chegarem a um acordo.

Mas ainda existia um enorme obstáculo. Somente se uma nova lei fosse promulgada, os dois lados concordariam que uma decisão da Suprema Corte não seria mais necessária. Em outras palavras, um acordo exigia uma nova legislação, que só poderia vir do outro lado da First Street, o Capitólio.

No entanto, pedir a promulgação de uma lei para o Congresso era como suplicar para o divino. A divisão do Congresso era evidente em quase tudo, e não existia o hábito de aprovar muitas leis. Mas vimos uma pequena janela de oportunidade. Conversei sobre nossas opções com Fred Humphries, um funcionário de longa data de Washington que lidera nossa equipe de assuntos governamentais. Junto com a Casa Branca, decidimos tentar.

Isso não seria possível sem os empenhos bipartidários no Senado e na Câmara dos Deputados dos EUA, que haviam começado logo após entrarmos com ação quatro anos antes. Mas, depois de duas audiências legislativas e uma série de reiterações, nos reunimos para uma rodada

PRIVACIDADE

final de discussões com o DOJ, mediada pelo senador Lindsey Graham, usando sua posição como presidente do Subcomitê Judiciário do Senado sobre Crime e Terrorismo.

Graham agiu com firmeza, com o objetivo de incentivar as pessoas a se unirem. Ele havia realizado uma audiência bastante concorrida, na qual eu testemunhara quase um ano antes, em maio de 2017. O governo britânico também enviou seu assessor conselheiro de segurança nacional, Paddy McGuinness, devido às repercussões de seu acordo internacional com os Estados Unidos. Ele era uma mescla do amável espírito escocês com um entendimento pragmático, mas obstinado, do que era necessário para combater o terrorismo no Reino Unido. O conselheiro do Departamento de Segurança Nacional da Casa Branca, Tom Bossert, conversava regularmente com McGuinness e insistiu que todos chegassem a um acordo com o Congresso.

Após o argumento da Suprema Corte, logo se chegou a uma nova proposta que ambos os lados concordaram em apoiar. A lei recebeu nome de Lei de Esclarecimento do Uso Legítimo de Dados no Exterior, ou a Lei CLOUD.

A legislação abarcava disposições importantes para nós. Contrabalançava o alcance internacional de mandados de busca e apreensão, que o DOJ queria, com o reconhecimento de que as empresas tecnológicas poderiam recorrer aos tribunais a fim de contestar esses mandados, quando houvesse um conflito de leis. Na prática, se a Irlanda, a Alemanha ou toda a União Europeia quisessem barrar mandados unilaterais estrangeiros de busca e apreensão por meio de suas leis nacionais e exigir uma abordagem mais transparente ou colaborativa, elas poderiam fazê-lo e contar com um tribunal dos EUA.

Ainda mais importante, a Lei CLOUD instaurava uma nova entidade para acordos internacionais modernos que poderia substituir esses empenhos unilaterais. Tais acordos possibilitariam aos órgãos públicos de cumprimento da lei acessar dados em outro país com procedimentos

ARMAS E FERRAMENTAS

mais rápidos e modernos, mas com regras para assegurar a privacidade e outros direitos humanos. Como todas as leis, sobretudo as que envolvem meio-termo, ela não era perfeita. Mas abarcava a maior parte do que havíamos passado em mais de quatro anos tentando avançar.

Todavia, encontrar um instrumento para aprovar a Lei CLOUD era um problema daqueles. Era pouco provável que o Senado e a Câmara tivessem tempo em seus cronogramas legislativos para abordar essa questão, ainda mais no curto espaço de tempo antes de a Suprema Corte decidir. Precisávamos anexá-la à outra lei.

Reconhecemos que a única perspectiva real de aprovação seria anexar a proposta a uma lei orçamentária. Mas teríamos duas pedras no caminho. A primeira: o Congresso estava tendo dificuldades em aprovar leis orçamentárias. A segunda: em razão da primeira, os líderes do Congresso estavam relutantes em anexar propostas não orçamentárias a leis orçamentárias.

No entanto, era evidente que, com o apoio do senador Graham, os republicanos do Senado poderiam apoiar a ideia. Mas não chegaríamos a lugar algum caso os senadores democratas barrassem a lei. Soubemos mais do que depressa que existia uma pessoa que poderia fazer a diferença. Em muitos aspectos, não o considerávamos somente um líder legislativo, mas também uma autêntica força da natureza — o líder da minoria no Senado, Chuck Schumer. Como não estava muito familiarizado com o problema, ele rapidamente o estudou e abraçou a causa.

Com a pressão de Bossert, Graham e Schumer, seguiram-se tentativas inflamadas de reunir os líderes na Câmara dos Deputados dos EUA. Em breve, tanto o presidente da Câmara, Paul Ryan, quanto a líder da minoria, Nancy Pelosi, se envolveram em discussões sobre a inclusão da Lei CLOUD na lei orçamentária. As negociações levaram a outra rodada de emendas. A cada dois dias, parecia que as tentativas se extinguiam, mas conversávamos insistentemente com Bossert e resolvemos não desistir. Por incrível que pareça, após muitas rodadas de ligações e

PRIVACIDADE

diálogos, nossas tentativas ainda estavam de pé. E, em 23 de março de 2018, o presidente Donald Trump assinou o projeto de lei orçamentária geral. A Lei CLOUD agora era de fato uma lei,[13] e o caso da Suprema Corte se resolveria em breve.

Passaram-se mais de quatro anos desde que fomos ao tribunal federal em Nova York. Mas havia passado menos de um mês desde que deixamos a Suprema Corte. As etapas finais foram tão rápidas que surpreenderam até aqueles de nós envolvidos em todos os detalhes.

Ainda que estivéssemos satisfeitos com o resultado, ele também despertava alguns sentimentos contraditórios. Acreditávamos que a Lei CLOUD abria caminho para uma lei forte. Entretanto, como se sucede com quaisquer legislação e acordos judiciais, também havia a questão de fazer concessões. Tínhamos aprendido há muito tempo que era mais divertido travar uma batalha, mas normalmente era mais gratificante chegar a um acordo. Em geral, era a única forma de progredir. E os acordos exigiam dar e receber.

Eles também exigiam que desempenhássemos um bom trabalho explicando o resultado, sobretudo quando ele era complicado. Por isso, nos planejávamos, normalmente, para uma multiplicidade de resultados e tínhamos o material informativo pronto para utilização. Mas a Lei CLOUD havia sido aprovada tão rápido e demandou tanto tempo dialogando com as pessoas em Washington que estávamos menos preparados do que esperávamos.

Começou a avalanche de questionamentos vindos de clientes, grupos privados e autoridades governamentais de todo o mundo sobre o que a Lei CLOUD afirmava e como funcionaria na prática. Os clientes tinham perguntas, e os grupos privados expressavam preocupações. Nós agilizamos as coisas e logo estávamos fornecendo resumos informativos ao redor do mundo e publicando material para preencher as lacunas.[14] Foi um processo que envolveu representantes de vendas da Microsoft em quase todos os países; só para ilustrar: na França, fui abordado na

ARMAS E FERRAMENTAS

rua um mês depois por um funcionário local da Microsoft, que me reconheceu enquanto eu passava pelo restaurante onde ele estava jantando. Seu jantar acabou esfriando quando ele correu atrás de mim, recuperou o fôlego e me bombardeou de perguntas sobre a nova lei.

O resultado espelhava o quão longe chegamos e até onde o mundo ainda precisa ir. Agora, existe uma estrutura para um futuro diferente, com base em novos acordos entre as nações. Conforme o procurador adjunto dos EUA, Richard Downing, disse no primeiro aniversário da Lei CLOUD, a lei "não oferece apenas uma solução para o desafio desse momento, mas um tipo de solução ambiciosa". Como ele explicou, é "uma solução que visa estimular uma comunidade de países com interesses semelhantes, que respeitem os direitos e o Estado de Direito — em que as nações possam minimizar seus conflitos legais e promover seus interesses de todos, com base em valores compartilhados e respeito mútuo".[15]

Mas a Lei CLOUD é como um alicerce sobre o qual novas casas devem ser construídas. Vivemos em um mundo onde a execução da lei deve avançar rapidamente, onde a privacidade e outros direitos humanos precisam de proteção, e onde as fronteiras entre as nações merecem respeito.

Novos acordos internacionais podem contribuir para tudo isso, caso sejam elaborados de maneira ponderada e seguidos com determinação.

Dito de outro modo, temos anos de trabalho pela frente.

Capítulo 4 **SEGURANÇA CIBERNÉTICA:**
O Sinal de Alerta para o Mundo

Em 12 de maio de 2017, Patrick Ward foi levado para uma sala de preparação cirúrgica no Hospital St. Bartholomew, no centro de Londres. O extenso complexo médico, conhecido simplesmente como Bart pelos moradores da região, fica a alguns quarteirões da Catedral de St. Paul e foi fundado em 1123, no reinado de Henrique I. O hospital funcionou ininterruptamente durante toda a campanha de bombardeios aéreos de Hitler, resistindo com orgulho à Segunda Guerra Mundial, à medida que as bombas se precipitavam e às vezes eram lançadas contra esse requintado ponto de referência.[1] Mas, em 900 anos de existência do Bart, nenhuma bomba provocou mais estragos do que a que foi lançada naquela manhã de sexta-feira.

Ward saiu de sua pequena vila em Dorset, perto da cidade inglesa de Poole, no sul, e viajou durante três horas. Sua família cultivava a terra costeira desde o final de 1800, uma paisagem estonteante tirada diretamente das páginas de um conto de fadas. E Ward tinha um emprego adequado ao seu lar paradisíaco. Era o diretor de vendas de longa data da Purbeck Ice Cream, uma fabricante de sorvetes gourmet. Ele amava o seu trabalho.

ARMAS E FERRAMENTAS

"Sou pago para conversar e tomar sorvete", contou-nos. "E consigo fazer as duas coisas razoavelmente bem."

Ele esperou dois anos para que surgisse uma vaga no centro cirúrgico do Bart a fim de reparar um problema cardíaco sério chamado cardiomiopatia, condição genética que provoca o espessamento das paredes do coração e impossibilitava que o britânico robusto de meia-idade, que caminhava e jogava futebol, realizasse a maioria das tarefas diárias. Naquela manhã, o tórax de Ward estava depilado, e seu corpo, exposto a uma bateria de testes. Ele estava deitado em uma maca, aguardando o procedimento há muito almejado, quando o cirurgião entrou. "Vai demorar mais alguns minutos. Vejo você em breve lá atrás." Mas Ward nunca fora levado para a sala de cirurgia. Ele apenas continuou aguardando.

Após mais de uma hora, o médico reapareceu. "Fomos hackeados. Todo o sistema do hospital está indisponível. Não consigo fazer a operação." O hospital que permaneceu aberto durante a Segunda Guerra Mundial ficou subitamente paralisado, alvo de um ciberataque generalizado. Houve falhas em todos os sistemas computacionais. As rotas das ambulâncias foram desviadas, as consultas foram canceladas e os serviços cirúrgicos foram fechados naquele dia. O ataque paralisou um terço do Serviço Nacional de Saúde da Inglaterra, que presta a maior parte dos serviços de atendimento médico no país.[2]

Mais tarde naquela manhã, em Redmond, a equipe de liderança sênior da Microsoft estava no meio de sua reunião habitual de sexta-feira. Essas reuniões semanais com Satya Nadella e seus quatorze subordinados diretos seguem uma rotina. Elas começam às 8h da manhã na sala de reuniões da empresa, no andar em que ficam as salas da maioria de nós. Alternamos entre os diversos assuntos a respeito das iniciativas de produtos e negócios, antes de postergar a reunião para o meio da tarde. No entanto, a reunião daquele 12 de maio de 2017 não foi como as outras.

SEGURANÇA CIBERNÉTICA

Antes de terminarmos o segundo tópico, Satya interrompeu a discussão. "Estou sendo copiado em vários e-mails sobre um ciberataque generalizado contra nossos clientes. O que está acontecendo?"

Ficamos sabendo de imediato que os engenheiros de segurança da informação da Microsoft estavam com dificuldades em responder a chamadas de clientes, e estavam tentando identificar a causa e avaliar o impacto do ataque que se espalhava em ritmo acelerado. Na hora do almoço, ficou claro que não era uma simples invasão. Os engenheiros do Microsoft Threat Intelligence Center [Centro de Inteligência contra Ameaças da Microsoft, em tradução livre], que chamamos de MSTIC (pronuncia-se "mís-tik"), rapidamente associaram o malware a um grupo chamado Zinc, que o testou dois meses antes. O MSTIC apelida cada grupo de hackers que usa ciberataques do tipo Estado-nação com uma sigla de identificação baseada em um elemento da tabela periódica. Neste caso, o FBI havia conectado o grupo Zinc ao governo norte-coreano. Era o mesmo grupo que havia bombardeado a rede de computadores da Sony Pictures um ano e meio antes.[3]

O ataque mais recente do grupo foi excepcionalmente sofisticado do ponto de vista técnico, em que um malware adicionado ao software original Zinc possibilitava que um worm infectasse e se replicasse automaticamente de um computador para outro. Uma vez replicado, o código criptografava e bloqueava o disco rígido de um computador e expunha uma mensagem de ransomware exigindo US$300 por uma chave eletrônica para recuperação dos dados. Sem a chave, os dados do usuário permaneceriam congelados e inacessíveis — para sempre.

O ciberataque começou no Reino Unido e na Espanha. Em poucas horas, ele se espalhou pelo mundo, impactando eventualmente 300 mil computadores em mais de 150 países.[4] Antes de seguir seu rumo, o mundo se lembraria dele pelo nome WannaCry, uma cadeia de malware que não somente fez os administradores de TI quase chorarem, mas serviu como um sinal de alerta perturbador para o mundo.

ARMAS E FERRAMENTAS

O *New York Times* logo denunciou que a parte mais sofisticada do código WannaCry foi desenvolvida pela Agência Nacional de Segurança dos EUA para explorar uma vulnerabilidade no Windows.[5] A NSA hipoteticamente criou o código com o objetivo de se infiltrar nos computadores de seus adversários. Ao que tudo indica, o software foi roubado e oferecido no mercado clandestino pelos Shadow Brokers, grupo anônimo que publica código tóxico online visando espalhar o caos. Os Shadow Brokers disponibilizaram a sofisticada arma da NSA para quem soubesse onde encontrá-la. Ainda que esse grupo não tenha sido vinculado definitivamente a um indivíduo ou organização específica, os especialistas da comunidade de inteligência de ameaças suspeitam que o grupo é uma frente de combate para ciberataques do tipo Estado-nação inclinados a causar transtorno.[6] Dessa vez, o Zinc havia adicionado uma potente carga útil de ransomware ao código da NSA, criando uma arma cibernética virulenta que estava devastando a internet.

Um de nossos líderes de segurança afirmou: "A NSA desenvolveu um foguete e os norte-coreanos o transformaram em um míssil, com mais chances de sucesso." Fundamentalmente, os Estados Unidos desenvolveram uma arma cibernética sofisticada, perderam o controle dela e a Coreia do Norte a usou para lançar um ataque contra o mundo inteiro.

Alguns meses antes, o enredo dessa história seria questionável. Agora, era notícia cotidiana. Mas não tivemos tempo de nos debruçar sobre a ironia da situação. Tivemos que nos empenhar para ajudar os clientes a identificar quais sistemas foram afetados, impedir que o malware se disseminasse e ressuscitar os computadores paralisados. Ao meio-dia, nossa equipe de segurança concluiu que as máquinas Windows mais recentes estavam protegidas contra o ataque por um patch que tínhamos lançado dois meses antes, mas as mais antigas, rodando o Windows XP, não.

Era um problema daqueles. Ainda existia mais de 100 milhões de computadores no mundo rodando o Windows XP. Durante anos, tentamos convencer os clientes a atualizar suas máquinas e instalar uma versão mais recente do Windows. Conforme salientamos, o Windows XP foi lançado

SEGURANÇA CIBERNÉTICA

em 2001, seis anos antes do primeiro iPhone da Apple e seis meses antes do primeiro iPod. Apesar de lançarmos patches para vulnerabilidades específicas, não havia como uma tecnologia tão antiga acompanhar o ritmo das ameaças de segurança atuais. Esperar que um software de dezesseis anos resistisse aos ataques de nível militar de hoje era como cavar trincheiras para se defender de mísseis.

A despeito de nossas insistências, descontos e atualizações gratuitas, alguns clientes permaneciam devotos ao antigo sistema operacional. À medida que tentávamos seguir em frente com a base instalada, decidimos que continuaríamos a desenvolver patches de segurança para os sistemas mais antigos, só que, ao contrário das versões mais recentes, solicitaríamos que os clientes o comprassem como parte de um serviço de assinatura. Nossa meta era proporcionar um incentivo financeiro com o intuito de migrar para uma versão mais segura do Windows.

Ainda que essa abordagem fizesse sentido na maioria das circunstâncias, o ataque de 12 de maio foi diferente. A natureza autônoma e replicante do WannaCry possibilitou que o malware se propagasse a uma velocidade fora do comum. Tivemos que estancar o dano. Isso suscitou uma discussão acalorada dentro da Microsoft. Deveríamos disponibilizar o patch do Windows XP compatível com este ataque para todas as pessoas do mundo, desconsiderando a assinatura de segurança, inclusive para computadores que rodam cópias pirateadas do nosso software? Satya pôs fim a controvérsia, decidindo que lançaríamos o patch para todos gratuitamente. Quando alguns membros da Microsoft se opuseram, alegando que a medida arruinaria as tentativas de fazer com que as pessoas desistissem do XP, Satya reprimiu a divergência com um e-mail dizendo: "Agora não é o momento de debater isso. O ataque é muito generalizado."

Conforme avançávamos tecnicamente para refrear e inibir a propagação do WannaCry, as repercussões políticas se intensificavam. Na hora do jantar em Seattle naquela sexta-feira, era sábado de manhã em Pequim. Autoridades do governo chinês entraram em contato com nossa equipe em Pequim e enviaram um e-mail para Terry Myerson, que encabeçava o departamento do Windows, perguntando o status dos patches para o Windows XP.

Não ficamos surpresos com as indagações, dado que a China tinha mais máquinas com Windows XP do que qualquer outra nação. A China fora em grande parte poupada do ataque inicial, pois a maioria dos computadores corporativos foi desligada no fim de semana, e o malware foi lançado na sexta-feira à noite, horário local. No entanto, suas máquinas ultrapassadas com Windows XP ainda estavam vulneráveis.

Todavia, a China não se preocupava somente com os patches XP. A autoridade que enviou o e-mail a Terry indagava sobre uma questão levantada naquele mesmo dia no *New York Times*. A história alegava que o governo dos EUA estava procurando e armazenando vulnerabilidades de software, em segredo, em vez de notificar as empresas tecnológicas para que pudessem solucioná-las via patch.[7] A autoridade exigia uma resposta nossa. Afirmamos que eles deveriam discutir essa questão com o governo norte-americano, não conosco. Mas, obviamente, não era uma prática que nós ou outras empresas de tecnologia endossávamos. Pelo contrário, havia tempo que pressionávamos os governos para divulgar as vulnerabilidades que identificavam, com o intuito de que pudessem ser corrigidas para o bem de todos.

Sabíamos que esta era somente a primeira de muitas perguntas que viriam de pessoas ao redor do mundo. Na manhã de sábado, sentimos que precisávamos fazer mais do que auxiliar nossos clientes afetados. Precisávamos abordar as questões geopolíticas decorrentes de forma pública. Naquela manhã, Satya e eu passamos um tempo no telefone, analisando nosso próximo passo. Decidimos ir a público para lidar com a próxima onda de perguntas a respeito do WannaCry.

Não entramos nos pormenores do ataque e abordamos o cenário mais amplo de segurança cibernética. Alegamos categoricamente que a Microsoft e outras empresas do setor tecnológico tinham como principal dever proteger os clientes contra ciberataques. Era um fato comprovado.

SEGURANÇA CIBERNÉTICA

No entanto, achamos que era importante ressaltar como a segurança cibernética havia se tornado uma responsabilidade compartilhada com os clientes. Precisávamos facilitar a atualização e o upgrade dos computadores de nossos clientes, mas uma das lições do episódio era que nossos avanços seriam em vão se não fossem colocados em prática.

Levantamos também uma terceira questão, que pensávamos que o ataque WannaCry havia deixado explícita. Ao mesmo tempo que mais governos desenvolviam capacidades ofensivas avançadas, eles precisavam controlar suas armas cibernéticas. "É como se tivéssemos um cenário com armas convencionais em que alguém roubasse os mísseis Tomahawk do Exército norte-americano", dissemos.[8] O fato de as armas cibernéticas poderem ser armazenadas — ou roubadas — em um pendrive fazia com que sua proteção fosse mais complicada e de extrema importância.

Alguns representantes da Casa Branca e da NSA não ficaram nada felizes com nossa referência a um míssil Tomahawk. E alguns de seus colegas do governo britânico concordaram com eles, defendendo que "é mais adequado comparar o WannaCry a um rifle do que a um míssil Tomahawk". Mas um ataque a rifle acertaria simultaneamente alvos em 150 países? Era irrelevante. Quando muito, refletia a falta de costume das autoridades de segurança cibernética de falar diretamente sobre essas questões na mídia ou declarar suas atividades ao público.

O que mais nos admirava era a inexistência de um debate mais aprofundado sobre por que, antes de mais nada, a Coreia do Norte lançou o ataque. Até hoje não temos uma resposta definitiva, contudo, existe uma teoria bastante intrigante.

Um mês antes do ataque, os norte-coreanos registraram um fracasso constrangedor de um lançamento de míssil de grande importância. Como David Sanger e outros dois repórteres no *New York Times* escreveram na época, o governo dos EUA estava tentando retardar o programa de mísseis, "incluindo o uso de técnicas de guerra eletrônica".[9]

ARMAS E FERRAMENTAS

Conforme salientaram no *Times*, era impossível saber o que ocasionou qualquer falha específica do míssil, mas o secretário de defesa James Mattis comentou a respeito dizendo apenas: "O presidente e sua equipe militar estão cientes do mais recente lançamento fracassado de mísseis da Coreia do Norte. O presidente não tem mais nada a comentar." Isso vindo de um presidente que raramente se abstém de comentar alguma coisa.

E se os norte-coreanos tivessem respondido a um ciberataque contra seu míssil revidando com outro ciberataque? A eficácia do WannaCry era indiscriminada, mas e se essa fosse justamente a intenção? E se fosse o jeito deles de avisar: "Você pode me vencer em um lugar específico, mas consigo revidar em todos os lugares"?

Diversos aspectos do WannaCry são compatíveis com essa teoria. Primeiro, ele foi lançado contra alvos na Europa quase na mesma época em que todo mundo na Ásia Oriental estava desligando seus computadores e indo para casa no fim de semana. Na hipótese de os norte-coreanos desejarem potencializar o impacto na Europa Ocidental e na América do Norte, ao mesmo tempo que reduziam o impacto na China, eles escolheram o momento ideal. O vírus se alastrou à medida que o sol nascia no Ocidente, enquanto os funcionários de empresas e governos de outros continentes continuavam sua jornada de trabalho. Porém, os chineses tiveram o fim de semana para responder, antes de voltar ao trabalho na segunda-feira.

Além disso, os norte-coreanos acrescentaram o que os especialistas em segurança chamam de "kill switches" [botões de emergência], que possibilitou que o malware não se espalhasse ainda mais. Um kill switch instruiu o malware a procurar um endereço da internet específico que ainda nem existia. Contando que não tivesse endereço, o WannaCry continuaria a se espalhar. Mas quando alguém registrasse e habilitasse o endereço eletrônico, uma simples etapa técnica, o código pararia de replicar.

No fim do dia 12 de maio, um pesquisador de segurança no Reino Unido analisou o código e encontrou esse kill switch. Pela ninharia de US$10,69, ele registrou e ativou o URL, impedindo que o WannaCry se

SEGURANÇA CIBERNÉTICA

propagasse ainda mais.[10] Algumas pessoas especularam que isso retratava a falta de sofisticação dos criadores do WannaCry. Mas e se fosse o contrário? E se os designers do WannaCry quisessem assegurar que pudessem desabilitar o malware antes da segunda-feira de manhã, com o objetivo evitar um estrago ainda maior na China ou na própria Coreia do Norte?

Para concluir, havia algo que não cheirava bem na mensagem de ransomware e na estratégia usada pelo WannaCry. Como observaram nossos especialistas em segurança da informação, os norte-coreanos já haviam usado ransomware antes, mas suas táticas operacionais eram diferentes. Eles escolhiam alvos de grande valor, como bancos, e exigiam grandes somas de dinheiro, agindo de forma discreta. Exigências indiscriminadas de pagamentos de US$300 para desbloquear uma máquina representavam uma grande mudança, no mínimo. E se a tática operacional de ransomware fosse apenas um disfarce para confundir a imprensa e o público da verdadeira mensagem, que deveria ser entendida nas entrelinhas pelas autoridades norte-americanas e aliadas?

Se a Coreia do Norte estava respondendo com seu próprio ciberataque a um outro ciberataque norte-americano, toda a história era ainda mais proeminente do que as pessoas conseguiriam entender. Foi a coisa mais próxima que o mundo experimentou de uma guerra cibernética global "efetiva". Poderia significar um ataque no qual o impacto sobre a população civil representava mais do que efeitos colaterais. Representava o efeito desejado.

Independentemente da resposta, a pergunta reflete um grave problema. Na última década, as armas cibernéticas evoluíram significativamente, redefinindo o que é possível em uma guerra moderna. Todavia, elas são utilizadas de maneiras que dissimulam o que de fato está acontecendo. A sociedade civil ainda não entende completamente os riscos ou os problemas inadiáveis referentes às políticas públicas que precisam ser resolvidos. E, até que esses problemas sejam trazidos à luz, o perigo continuará a crescer.

ARMAS E FERRAMENTAS

Se alguém chegou a duvidar da ameaça de guerra cibernética, a bomba cibernética que nos atingiu seis semanas mais tarde exterminou todas as dúvidas.

Em 27 de junho de 2017, um ataque cibernético alvejou a Ucrânia, usando o mesmo código de software roubado da NSA, desativando cerca de 10% de todos os computadores do país.[11] Posteriormente, os Estados Unidos, o Reino Unido e cinco outros governos atribuíram o ataque à Rússia.[12] Os especialistas em segurança da informação o apelidaram de NotPetya, pois ele compartilhava o código com um ransomware conhecido, batizado em homenagem ao satélite armado *Petya*, que fazia parte da arma fictícia GoldenEye, da União Soviética, no filme homônimo de James Bond, de 1995.[13] Essa arma poderia derrubar as comunicações eletrônicas em um raio de 48km.

No entanto, no mundo real de 2017, o ataque NotPetya teve um alcance bem mais amplo. Ela cruzou a Ucrânia, paralisando os negócios, sistemas de trânsito e bancos, e continuou se alastrando para além da fronteira do país, infiltrando-se em multinacionais como FedEx, Merck e Maersk. A gigante marítima dinamarquesa assistiu à paralisação de todo o seu sistema.[14]

Quando os engenheiros de segurança cibernética da Microsoft chegaram aos escritórios da Maersk em Londres para ajudar a ressuscitar seus computadores, eles se depararam com algo assustador, a julgar pelos padrões do século XXI. Mark Empson, um engenheiro de campo da Microsoft, alto, esperto e ágil, foi um dos primeiros a chegar no local. "O som ambiente que sempre se ouve é o barulho dos computadores, impressoras e scanners", disse ele. "Mas lá não se ouvia absolutamente nada. O lugar estava em completo silêncio."

À medida que Empson percorria os corredores da Maersk, ele disse que parecia um escritório fantasma. "Você segue a lógica-padrão de solução de problemas de 'Ok, vamos lá, qual é a situação? Quais servidores estão fora? O que temos?' E a resposta era que tudo estava fora do ar." Ele continuou

SEGURANÇA CIBERNÉTICA

a questionar as pessoas. "'Ok, os telefones?' 'Fora'. 'E a internet?' 'Também está fora.'"

Foi um aviso doloroso do quanto nossa economia e nossas vidas dependiam da tecnologia da informação. Em um mundo onde tudo está conectado, qualquer coisa pode ser desestabilizada. Isso é parte do motivo pelo qual é de suma importância refletir sobre um ciberataque direcionado à rede elétrica de hoje.

Na hipótese de uma cidade ficar sem energia elétrica, telefone, abastecimento de gás, sistema de água e internet, retrocedemos à uma época como a Idade da Pedra. Se for inverno, as pessoas podem congelar. Se for verão, as pessoas podem passar mal e sofrer desidratação. Aqueles que dependem de equipamentos médicos para sobreviver podem perder suas vidas. E no futuro, com veículos autônomos, imagine um ciberataque que se infiltre nos sistemas de controle automobilístico, à medida que os carros se deslocam em uma rodovia.

Esses alertas nos trazem de volta à realidade do mundo novo em que vivemos. Na sequência do NotPetya, a Maersk tomou a iniciativa surpreendente de tranquilizar o público de que seus capitães tinham o controle de seus navios. A necessidade de tal garantia ilustrou a dimensão da dependência mundial dos computadores e o potencial de estrago de um ciberataque.

Tamanha onipresença de software na infraestrutura de nossas sociedades também explica parte da razão pela qual mais governos estão investindo em recursos ofensivos de armas cibernéticas. Comparados aos primeiros hackers adolescentes e seus sucessores que atuam em organizações criminais internacionais, os governos atuam em uma escala e nível de sofisticação radicalmente diferentes. Os Estados Unidos foram um dos primeiros investidores e continuam sendo referência no mercado. Mas outras nações aprendem rápido, incluindo Rússia, China, Coreia do Norte e Irã, que se juntaram à corrida de armas cibernéticas.

ARMAS E FERRAMENTAS

Os ataques WannaCry e NotPetya simbolizaram a escalada descomunal dos crescentes recursos de armas cibernéticas do mundo. No entanto, somente alguns meses depois ficou evidente que os governos mundiais não estavam necessariamente prestando atenção a esse sinal de alerta.

Ao conversar com diplomatas ao redor do mundo, ouvimos a mesma incredulidade: "Não mataram ninguém. Nem são ataques contra pessoas. São apenas máquinas atacando máquinas."

Como também descobrimos, talvez mais do que qualquer progresso anterior na tecnologia armamentista, as perspectivas a respeito da segurança cibernética seguem os padrões geracionais. As gerações mais jovens são nativamente digitais. Suas vidas são movidas à tecnologia, e um ataque a seus dispositivos é como um ataque à sua casa. É pessoal. Mas as gerações mais antigas nem sempre enxergam um ciberataque da mesma forma.

Isso levanta uma questão ainda mais alarmante. Podemos abrir os olhos do mundo antes de um 11 de Setembro digital? Ou os governos continuarão ignorando os alertas e dormindo no ponto?

Depois do NotPetya, queríamos expor ao mundo o que havia acontecido na Ucrânia, um país que sofrera múltiplos ciberataques. Embora o país tenha sido devastado pelo NotPetya, a cobertura midiática fora da Ucrânia deixou a desejar. Decidimos enviar uma equipe de colaboradores da Microsoft para conversar com as pessoas em Kiev e descobrir o que realmente aconteceu.[15] Eles obtiveram relatos em primeira mão de pessoas que haviam perdido seus negócios, clientes e empregos. Falaram com ucranianos que não conseguiram comprar alimentos porque os cartões de crédito e os caixas eletrônicos pararam de funcionar. Eles conversaram com mães que não conseguiam encontrar seus filhos quando a rede de comunicações entrou em pane. Obviamente não era um 11 de Setembro, porém sinalizava o rumo que o mundo estava tomando.

Os ucranianos foram claros sobre suas experiências, mas não raro as vítimas de ciberataques ficam em silêncio, pois se sentem constrangidas em relação à segurança de suas redes. Esse é um caminho que perpetua a

SEGURANÇA CIBERNÉTICA

dificuldade, em vez de resolvê-la. A Microsoft já enfrentou esse mesmo dilema. Em 2017, nossos advogados levantaram a possibilidade de processar dois criminosos no Reino Unido que hackearam parte de nossa rede Xbox. Ainda que esse problema tenha suscitado algumas questões desagradáveis, dei sinal verde para que ele viesse a público. Jamais poderíamos oferecer liderança pública se não fôssemos mais corajosos.

Mas não precisávamos somente dizer mais, precisávamos fazer mais.

Os diplomatas em toda a Europa concordaram. "Sabemos que há mais a ser feito, mas ainda não sabemos o que devemos fazer", contou-me um embaixador europeu nas Nações Unidas, em Genebra. "E, mesmo se fizéssemos, no momento não é nada fácil os governos chegarem a um acordo. As empresas tecnológicas precisam conduzir essa questão. É a melhor maneira de os governos acompanharem."

Logo surgiu essa oportunidade. Um grupo de engenheiros de segurança da informação concluiu que, se várias empresas atuassem colaborativa e simultaneamente, conseguiríamos desarticular uma parte importante da amplitude do malware do grupo norte-coreano — ou Zinc —, responsável pelo WannaCry. Poderíamos disponibilizar patches para as vulnerabilidades que o Zinc estava tentando explorar, limpar PCs impactados e desativar as contas em nossos serviços coletivos que os invasores estavam utilizando. O impacto seria temporário, mas infligiria um golpe às capacidades do grupo.

Na Microsoft, no Facebook e em outros lugares, conversamos muito sobre a possibilidade de avançar e como. Essa mudança nos transformaria em um alvo maior. Conversei com Satya e, em novembro, compartilhamos com o conselho diretivo da Microsoft nosso plano de avançar. Concluímos que tínhamos fundamentos sólidos em termos jurídicos e, fora isso, se atuássemos com outras empresas, era um passo que valia a pena dar.

Chegamos também à conclusão de que precisávamos notificar o FBI, a NSA e outras autoridades nos Estados Unidos e em outros países. Não lhes pediríamos autorização, simplesmente informaríamos nossos planos.

ARMAS E FERRAMENTAS

Queríamos garantir que não houvesse uma operação de inteligência secreta em andamento para responder à ameaça norte-coreana que tivesse como base as mesmas contas de usuário que estávamos desativando.

Alguns dias depois, eu estava em Washington, D.C., e passei parte do dia na Casa Branca. No gabinete da Ala Oeste, me encontrei com Tom Bossert, conselheiro do Departamento de Segurança Nacional do presidente, e Rob Joyce, coordenador de segurança cibernética da Casa Branca. Contei-lhes a respeito de nossos planos, já definidos para a semana seguinte.

Eles compartilharam que, com o apoio enfático do presidente Trump, estavam quase atribuindo formalmente o ataque WannaCry à Coreia do Norte. Era um passo decisivo para começar a responsabilizar os governos publicamente pelos ciberataques. Bossert concluiu que era importante que o governo dos EUA manifestasse de forma oficial sua oposição aos ciberataques que considerava "desproporcionais e indistintos". E, neste caso, a Casa Branca estava trabalhando ativamente com outros países para que, pela primeira vez, todos pudessem se unir a fim de acusar a Coreia do Norte publicamente.

Primeiro, Bossert nos pediu para postergar a ação. "Não estaremos preparados para nos pronunciar até a semana que vem, e seria melhor se todos estivessem coordenados." Justifiquei que não poderíamos protelar nossa operação, porque ela tinha que ser sincronizada com o lançamento de determinados patches aguardados pelos clientes no dia 12 de dezembro. Já se sabia que lançávamos patches na segunda terça-feira de cada mês, as chamadas *Patch Tuesday*.

Ofereci uma alternativa. "Vamos estudar o adiantamento de nossas comunicações sobre nossa operação e talvez conseguiremos prosseguir juntos."

A conversa trouxe à baila um aspecto importante, apesar de irônico, sobre a resposta governamental ao WannaCry. Conforme Bossert me explicou e afirmaria mais tarde em uma coletiva de imprensa, o governo dos EUA tinha apenas respostas limitadas em termos do que se poderia fazer

SEGURANÇA CIBERNÉTICA

em resposta ao incidente, considerando todas as sanções que já estavam em vigor. "O presidente Trump já usou quase todos os trunfos que podia, sufocando a Coreia do Norte para que mude o comportamento", disse ele publicamente.[16]

Ainda que, depois, o governo tenha concluído que poderia expandir suas possíveis respostas aos ciberataques, o setor tecnológico estava em posição de tomar algumas medidas que o governo não podia. As empresas de tecnologia conseguiam facilmente desmantelar certas partes essenciais do malware da Coreia do Norte. Logo, seria um pronunciamento e tanto para os atores dos Estados-nação, se conseguíssemos coordenar os dois anúncios.

Seguimos dois caminhos coordenados, um para executar a operação e o outro para divulgá-la publicamente. As equipes de segurança da Microsoft, do Facebook e de outra empresa tecnológica que não queria ser identificada publicamente trabalharam em estreita colaboração para desestabilizar as capacidades cibernéticas do Zinc, na manhã de 12 de dezembro, na *Patch Tuesday*. A operação avançou sem percalços.

Mas o empenho para anunciar a operação foi mais complicado. Os profissionais de segurança de quase todas as áreas costumam hesitar em falar publicamente sobre o que fazem. Em parte, isso acontece porque a cultura deles é proteger, em vez de compartilhar informações. E sempre existe algum risco de que a ação incentive ataques de retaliação. Mas tínhamos que superar essa relutância se quiséssemos tomar medidas efetivas contra os ciberataques dos Estados-nação.

Enfrentamos também a complexidade adicional do relacionamento complicado do setor tecnológico com a Casa Branca de Trump. Passamos os últimos meses em repetidas batalhas de imigração, entre outras questões. Devido a isso, algumas pessoas relutavam a admitir publicamente que estavam colaborando com o governo. No entanto, senti que precisávamos firmar parcerias tanto quanto possível, ainda que um dia fosse necessário nos distanciar. E a segurança cibernética era uma causa comum, em que

ARMAS E FERRAMENTAS

não somente poderíamos fazer parcerias, mas precisávamos trabalhar em colaboração a fim de progredir.

A Casa Branca disse que se pronunciaria em 19 de dezembro. Mais do que depressa, informamos ao Facebook e à outra empresa que estaríamos dispostos a divulgar publicamente nossos empenhos contra o Zinc, se todos quiséssemos avançar juntos. Entretanto, na manhã anterior, estávamos sozinhos, esperando os outros dois decidirem. Determinei que anunciaríamos sozinhos, se necessário. Acredito que a única forma de impedir efetivamente os países de se envolverem nesses ataques seria se mostrássemos que havia uma capacidade crescente de responder a eles. Alguém tinha que ser o primeiro a dar um passo a frente. Seria melhor que fôssemos nós.

Naquela noite, recebemos a boa notícia de que o Facebook divulgaria publicamente conosco e falaria a respeito de nossa ação coletiva. E recebemos notícias ainda melhores na manhã seguinte, quando Bossert falou em uma coletiva de imprensa da Casa Branca. Ele explicou que os Estados Unidos se uniram com outras cinco nações — Austrália, Canadá, Japão, Nova Zelândia e Reino Unido — em seu pronunciamento. Foi a primeira vez que houve uma reunião multilateral dos países para responsabilizar abertamente outra nação por um ciberataque. Então ele anunciou que a Microsoft e o Facebook haviam tomado medidas concretas na semana anterior para desmantelar parte da capacidade do ciberataque do grupo.

Ao atuar em conjunto, governos e empresas tecnológicas fizeram mais do que qualquer um de nós poderia separadamente. Não era um remédio milagroso para todas as ameaças globais de segurança cibernética. Foi apenas uma vitória. Mas era um novo começo.

Capítulo 5 ▷ # PROTEGENDO A DEMOCRACIA: "Uma República, se Conseguirmos Mantê-la"

Em 1787, à medida que a Convenção Constitucional da Filadélfia chegava ao fim, questionaram Benjamin Franklin, quando ele deixava o Independence Hall, sobre o tipo de governo que os delegados haviam criado. Ele respondeu: "Uma república, se conseguirmos mantê-la."[1] O eco dessa declaração atravessaria todo o país e percorreria os tempos. Acentuava que uma república democrática não era somente uma nova forma de governo, mas exigia desvelo e, não raro, medidas para protegê-la e mantê-la.

No decorrer de boa parte da história norte-americana, as medidas vinham dos cidadãos em forma de votação, serviço público e, às vezes, até sacrificando a própria vida. Em outros momentos decisivos, requeria que as empresas do país se mobilizassem, conforme o setor industrial norte-americano fez para ajudar a vencer a Segunda Guerra Mundial. A história nos ensinou que a vigilância deve ser constante, porque a necessidade de agir surgirá inesperadamente.

ARMAS E FERRAMENTAS

A necessidade dessa vigilância surgiu tardia e repentinamente, em uma noite de domingo, em julho de 2016. Eu havia passado grande parte das duas semanas anteriores participando das Convenções Nacionais do Partido Republicano e Democrata, em Cleveland e na Filadélfia. Meu final de semana fora consumido tentando colocar meu trabalho em dia, e, prestes a encerrar a noite, recebi um e-mail "urgente". Quando abri, eu nem sequer imaginava que era o bombardeio inicial de uma campanha em expansão, que colocaria o setor tecnológico à prova e desafiaria a indústria a tomar medidas e a defender a democracia.

O e-mail era de Tom Burt, assessor jurídico geral adjunto na Microsoft. O campo do assunto dizia: "Problema Urgente no DCU". O DCU é a Unidade de Crimes Digitais da Microsoft, uma das equipes que Tom gerenciava. Nós o criamos há 15 anos e, por incrível que pareça, seguiu sendo o único no setor de tecnologia. O DCU abrange mais de uma centena de pessoas em todo o mundo, e comporta ex-promotores de justiça e investigadores do governo, além do suprassumo dos analistas forenses, analistas de dados e de negócios. O DCU nasceu a partir do nosso trabalho de combate à falsificação na década de 1990, mas evoluiu para uma equipe digital SWAT, com o objetivo de trabalhar no cumprimento da lei quando identificamos que novas formas de atividades criminais começaram a se proliferar na internet.[2]

Dez dias antes, na sexta-feira anterior à Convenção Nacional Democrata de 2016, o WikiLeaks havia publicado e-mails roubados do Comitê Nacional Democrata (DNC) por hackers russos. Isso foi a notícia de destaque ao longo da semana da convenção. No decorrer da semana, nosso centro de inteligência de ameaças, MSTIC, identificou uma tentativa nova e isolada de invasão pelo grupo Strontium — nosso apelido para um grupo de hackers russos também conhecido como Fancy Bear e APT28. Na terça-feira, a equipe de Tom queria empreender uma guerra judicial para desestabilizar o Strontium.

O FBI e o serviço secreto haviam associado o Strontium ao GRU, o Departamento Central de Inteligência da Rússia. Tom relatou que o Strontium estava usando um ataque spoofing contra os serviços da Microsoft, visando atingir várias autoridades e candidatos políticos, incluindo contas pertencentes ao DNC e à campanha presidencial de Hillary Clinton, nos envolvendo no meio da história.

O MSTIC monitorava o Strontium desde 2014, enquanto o grupo participava dos chamados ataques de spear phishing, ao enviar e-mails cuidadosamente elaborados a fim de enganar os alvos para que clicassem em links de sites aparentemente confiáveis, alguns dos quais com o nome Microsoft. Assim, o Strontium utilizava uma diversidade de ferramentas sofisticadas ativando um tipo de keylogger para obter endereço de e-mail, coletar arquivos e informações de outros computadores. O grupo até usou uma ferramenta para infectar dispositivos de armazenamento USB conectados a fim de tentar recuperar os dados de outros computadores sem nenhum acesso à rede (air gap).

O Strontium não era apenas mais sofisticado, era também mais assíduo do que as iniciativas criminais de hackers, enviando muitos e-mails de phishing para um alvo selecionado, durante um longo período. Não restavam dúvidas de que aplicar golpes com sucesso em um alvo importante valia o investimento.

Ainda que esse tipo de estratégia fosse conhecida por muitos usuários de computadores, é difícil combatê-la. Conforme uma pessoa tuitou da conferência anual da empresa de segurança de redes RSA, em São Francisco: "Toda empresa tem pelo menos um funcionário que sai clicando em qualquer coisa." A técnica tira proveito da curiosidade humana, assim como do descuido das pessoas. Ao investigarmos as atividades dos hackers, descobrimos que a primeira coisa que faziam quando invadiam com sucesso uma conta de e-mail era procurar a palavra-chave *senha*. Conforme as pessoas entulhavam mais senhas para mais serviços, elas normalmente enviavam e-mails para si mesmas com a palavra *senha*, facilitando a coleta de informações dos hackers.

ARMAS E FERRAMENTAS

Em julho de 2016, o MSTIC detectou tentativas do Strontium de registrar novos domínios da internet com o intuito de roubar dados do usuário. O grupo começou a utilizar o nome da Microsoft nesses domínios — por exemplo, Microsoftdccenter.com — a fim de que o link parecesse um serviço de suporte legítimo da Microsoft. O DCU havia passado o final de semana elaborando uma estratégia jurídica para solucionar o problema e, como Tom relatou no domingo, eles estavam prontos para seguir o plano de desativar esses sites.

O plano tinha como base uma inovação jurídica e técnica em que o DCU fora o precursor. Recorreríamos ao tribunal e sustentaríamos que o grupo Strontium estava violando o direito da marca comercial da Microsoft e, a partir desse pressuposto, solicitaríamos a transferência do novo domínio da internet para o DCU. De certo modo, essa parte era inovadora, mas também bastante óbvia. O direito marcário existe há décadas e, atualmente, proíbe alguém de incorporar, sem permissão, uma marca registrada como "Microsoft" ao nome de um site.

Tecnicamente, criaríamos no laboratório forense da DCU um "serviço de sink hole" seguro e isolado do restante da nossa rede. Esse sink hole interceptaria todas as comunicações enviadas de volta pelos computadores infectados com destino ao servidor de comando e controle (C&C o C2) do Strontium. O intuito era controlar a rede do grupo, identificar quais clientes haviam sido afetados e depois trabalhar com cada usuário para limpar seus dispositivos contaminados.

Adorei a ideia. Era um exemplo clássico da razão pela qual montamos o DCU, para começo de conversa — para que nossos advogados e engenheiros inovassem juntos, de um modo que isso proporcionasse um impacto real para os clientes. Embora o processo não tenha sido exatamente um sucesso, Tom estava otimista e recomendou que entrássemos de imediato com uma ação no tribunal federal da Virgínia, na terça-feira de manhã. Dei-lhes a aprovação necessária.

PROTEGENDO A DEMOCRACIA

Um dos aspectos dessa abordagem arrojada era a vitória fácil — não tínhamos dúvidas de que os hackers não compareceriam ao tribunal para se defender. Como poderiam? Eles estariam sujeitos à jurisdição e até à ação penal. A equipe do DCU conseguiu alcançar uma coisa que sempre tentávamos, mas que normalmente era difícil. Nossa estratégica jurídica transformou a vantagem dos hackers — a capacidade de se esconder nas sombras — em fraqueza.

Vencemos o processo judicial, assumimos o controle dos domínios da internet e começamos a entrar em contato e trabalhar com as vítimas. Ainda que os documentos judiciais fossem públicos e uma publicação de segurança informasse o que havíamos feito,[3] o resto da imprensa nem prestou atenção. Nos sentimos confiantes e aperfeiçoamos nossa tática. Voltamos ao tribunal catorze vezes, confiscando noventa domínios do Strontium, e persuadimos o tribunal a nomear um juiz aposentado como *special master**, que poderia aprovar nossas solicitações mais rapidamente.

No início de 2017, identificamos atividades cujo objetivo era hackear as equipes da campanha dos candidatos à presidência francesa. Alertamos a equipe da campanha, bem como a Agência de Segurança Nacional Francesa, para que pudessem implementar medidas de segurança mais fortes. Usamos nossos recursos de análise de dados para identificar tendências atuais e crescentes, e desenvolvemos um algoritmo de IA com o intuito de prever os nomes de domínio que os hackers procurariam no futuro. Mas nenhuma dessas coisas era um remédio milagroso. Era somente mais um jogo de gato e rato. Pelo menos agora o gato tinha presas novas.

Infelizmente, durante a corrida presidencial dos Estados Unidos, o rato estava ficando mais sofisticado, de formas que ninguém entendia direito. Em 2016, os russos haviam transformado e-mails em armas para coletar e vazar comunicações roubadas, constrangendo publicamente os

---

* N. da T.: *Special master* é uma função específica do sistema jurídico norte-americano. No Brasil, não existe função análoga.

ARMAS E FERRAMENTAS

líderes da campanha de Hillary Clinton e o Comitê Nacional Democrata com seu conteúdo.[4]

Em 2017, os russos foram mais longe com o esquema, vazando uma combinação de e-mails verdadeiros e falsos atribuídos à campanha presidencial de Emmanuel Macron.[5] Embora o DCU da Microsoft e as equipes de todo o setor tecnológico tenham identificado novas maneiras de reverter o problema, logo ficou claro que os russos estavam inovando tão rapidamente quanto nós.

Seguimos o rastro do Strontium, ao mesmo tempo que ele hackeava mundo afora. Curiosamente, a trilha nos levou a alvos em mais de noventa países, e as maiores atividades estavam na Europa Central e Oriental, Iraque, Israel e Coreia do Sul.

Em épocas tidas como normais, haveria uma resposta forte e unificada dos Estados Unidos e de seus aliados da OTAN. Mas não eram épocas normais. Uma vez que os incidentes nos Estados Unidos se tornaram inerentemente vinculados à percepção da legitimidade da eleição presidencial de 2016, todas as possíveis discussões bipartidárias foram por água abaixo. Em uma reunião com um grupo bipartidário de nossos consultores políticos em Washington, D.C., aleguei que ambas as partes estavam nos decepcionando. Muitos republicanos estavam relutantes em confrontar os russos, pois pensavam que isso implicitamente significava enxovalhar um presidente republicano. E, aparentemente, alguns democratas ficavam mais satisfeitos com criticar Donald Trump do que com tomar medidas efetivas para abordar o governo russo. Como consequência, um dos principais pilares da defesa da democracia pós-Segunda Guerra Mundial desmoronou diante de nossos olhos — uma sociedade civil norte-americana unida e bipartidária, que apoia uma liderança norte-americana capaz de reunificar nossos aliados da OTAN. À medida que compartilhava minhas frustrações, e nossos consultores concordavam, alguém disse: "Bem-vindo a Washington."

PROTEGENDO A DEMOCRACIA

Ao que tudo indicava, era pouco provável que o setor tecnológico por si só conseguisse mudar o rumo das coisas. No final de 2017, ouvi uma súplica diretamente de autoridades governamentais, enquanto eu visitava a Espanha e Portugal, onde havia uma crescente preocupação com os hackers russos. Ainda que houvesse pressão e um nítido reconhecimento de que precisávamos fazer mais, era difícil mobilizar apoio da população sem discussões explícitas e relevantes sobre o que víamos acontecer.

Um dos nossos maiores desafios era como falar publicamente a respeito das ameaças. Qualquer líder técnico relutava em apontar nomes, e não éramos diferentes. Éramos empresas, não governos, e, a despeito de já termos sobrevivido às críticas governamentais, não estávamos habituados a incriminar um governo estrangeiro de usar indevidamente nossas plataformas e serviços. No entanto, estava ficando cada vez mais patente que nosso silêncio agravava a situação, podendo viabilizar as mesmas ameaças que queríamos ajudar a deter.

Nós nos debatíamos internamente com o "problema russo". Ficamos apreensivos com a retaliação contra nossos interesses comerciais e colaboradores na Rússia, caso discutíssemos publicamente a relação do governo russo com o hackeamento. Tentamos acalmar nossos clientes do setor público e privado na Rússia de que nossas preocupações com o governo deles não se traduziriam em virarmos as costas. Afinal de contas, processamos nosso próprio governo cinco vezes, nos mandatos de Obama e de Trump. Não usávamos meias palavras com o governo Trump quando se tratava do problema de imigração. Isso não significava que não estávamos comprometidos com o envolvimento e apoio constantes aos Estados Unidos, mas como as pessoas ao redor do globo poderiam esperar que fôssemos críticos das ações norte-americanas contra a vigilância e os imigrantes, e não das ações russas contra as sociedades democráticas?

No final de 2017, identificamos novas atividades de invasão de e-mail em nossos serviços, que supostamente tinham como alvo senadores em exercício que visavam ser reeleitos nas eleições de meio mandato

ARMAS E FERRAMENTAS

de 2018 dos Estados Unidos. Alertamos os gabinetes dos senadores que eles eram alvo, antes que qualquer conta fosse comprometida. Ninguém queria comentar abertamente os ataques que foram frustrados, por isso, permanecemos em silêncio.

Em julho de 2018, Tom Burt falou no Fórum de Segurança de Aspen e mencionou em um painel que constatamos e ajudamos a impedir dois ataques de phishing contra membros do Congresso em busca de reeleição. Ele não revelou os nomes dos senadores, e a imprensa quase não prestou atenção. Mas o site de notícias de tecnologia *The Daily Beast* pesquisou e identificou a senadora do Missouri Claire McCaskill como um dos dois membros.[6] De repente, o interesse da imprensa aflorou, e logo ficamos sabendo das reuniões informativas na sala de crise da Casa Branca. McCaskill imediatamente fez o que esperávamos que ela fizesse quando abordamos sua equipe: emitiu uma declaração enérgica, afirmando: "Ainda que esse ataque não tenha sido bem-sucedido, é revoltante que eles achem que podem escapar impunes. Não serei intimidada."[7]

Aprendemos uma lição importante. Assim como nós, o pessoal do Congresso não estava muito habituado a discutir publicamente esses tipos de ataques. Se começássemos com a equipe de TI de uma organização em particular, a tomada de decisões ficaria dando voltas e voltas durante meses, ou seja, na prática, ninguém diria nada. Mas, se a pergunta fosse feita ao alto escalão da organização, não era tão difícil para as pessoas dizerem o que queriam.

Embora falar publicamente com mais frequência fosse importante, como fornecedor desses serviços online, deduzimos que também precisávamos fazer mais. Decidimos desenvolver um programa específico, com o intuito de proteger melhor os candidatos políticos, as campanhas e os grupos associados à intrusão online. Batizamos o programa de AccountGuard. O serviço seria oferecido gratuitamente para grupos e indivíduos políticos utilizando nosso Office 365 e nossos serviços. O MSTIC monitoraria de forma enérgica as atividades dos ataques Es-

PROTEGENDO A DEMOCRACIA

tado-nação, e alertaríamos a equipe da campanha com as informações detalhadas quando um ataque fosse detectado.[8]

Adorei a iniciativa, no entanto sabíamos que o AccountGuard era somente parte da resposta. Se os líderes democráticos de todo o mundo tomariam medidas mais intensas para se defender contra a expansão relacionada à intrusão nas eleições, havia chegado a hora de o setor tecnológico ser mais direto em relação ao que estávamos vendo.

O anúncio do AccountGuard oferecia uma oportunidade para obtermos sucesso. Há pouco tempo, observamos o Strontium enquanto ele criava seis sites que claramente tinham como alvo os políticos norte-americanos. Três tinham como foco o Senado dos EUA, e outros dois são dignos de nota. Ao que parece, o alvo de um deles era o Instituto Republicano Internacional (IRI), uma organização republicana proeminente que defendia os princípios democráticos em todo o mundo. O outro parecia ter como alvo o Instituto Hudson, um *think tank* conservador que se opusera fortemente a uma diversidade de políticas e táticas russas. Juntos, eles apresentavam um sólido indício de que o Strontium não tinha como alvo somente os democratas; ao contrário, estava se concentrando em ambos os lados da ala política norte-americana.

O DCU assegurou uma ordem judicial para transferir o controle de todos os seis sites para o nosso sink hole. Concluímos que agimos antes que alguém fosse hackeado. Agora, a questão era o quanto disso deveríamos levar a público. Certamente haveria uma intensa discussão entre os muitos grupos da Microsoft. No entanto, era uma boa hora para incentivar uma discussão pública mais abrangente, sobretudo agora que os hackers estavam afetando ambos os partidos políticos.

Isso desencadeou uma semana de intensas discussões internas, que foram concluídas em meu escritório, na sexta-feira de manhã. Decidimos entrar em contato com os chefes das duas organizações privadas e com as autoridades do Senado para avisá-los com antecedência sobre nossos planos de avançar com um anúncio na próxima terça-feira.

ARMAS E FERRAMENTAS

Os líderes de ambas as organizações mais do que depressa apoiaram nossas ações. Como se alegou, os ataques eram, de certa forma, uma "medalha de honra" que reconhecia a importância do que estavam fazendo. Aliamos nosso anúncio do AccountGuard com informações sobre esses novos ataques e uma declaração explícita de que os seis sites foram criados por "um grupo amplamente associado ao governo russo e conhecido como Strontium ou por seus nomes alternativos, Fancy Bear ou APT28".[9] Esta foi a primeira vez que fomos tão explícitos ao identificar a Rússia como a fonte dos ataques, uma ação que em poucos dias foi seguida pelo Facebook e pelo Google, à medida que eles atuavam para derrubar a desinformação e as contas falsas de seus sites.

Ainda que esse não tenha sido o final de nossa jornada, sinalizava o quão longe o setor tecnológico havia chegado desde 2016. Conforme tomávamos novas medidas, a imprensa começou a pressionar o governo dos EUA para contribuir com nossos empenhos. Isso proporcionou o que esperávamos que se tornassem os novos alicerces para uma ação mais ampla e colaborativa. Conforme afirmei no *PBS NewsHour*, precisávamos "deixar de lado nossas diferenças para trabalhar em estreita colaboração, com o intuito de fazer o que fosse necessário para proteger nossa democracia contra esse tipo de ameaças".[10]

Não é de se surpreender que o governo russo não estivesse nada contente com o posicionamento mais rigoroso do setor de tecnologia. Em novembro de 2018, um colaborador da Microsoft em Redmond solicitou um visto para participar de uma conferência de IA em Moscou. Ele fora convocado para uma "entrevista de visto" em uma embaixada russa em Washington, D.C., que ficava a mais de 3.000km de distância. Quando entrou na sala de entrevistas, uma autoridade consular lhe entregou um envelope e, educadamente, pediu que lesse os dois documentos. Então, a autoridade solicitou ao nosso colaborador que levasse os documentos de volta a Redmond para entregá-los aos executivos da Microsoft. A entrevista terminou em menos de cinco minutos, e o visto do funcionário foi concedido.

PROTEGENDO A DEMOCRACIA

Logo recebi um e-mail com os dois documentos anexados. Eles eram cópias impressas das versões em inglês das notícias oficiais russas. Ambos eram relatórios detalhando minhas declarações feitas em agosto, ressaltando a discordância do governo russo quanto às minhas afirmações. Um dos relatórios concluía: "As autoridades russas desmentem com veemência quaisquer acusações de interferência nas eleições no exterior, inclusive por meio de ataques de hackers."[11]

A mensagem da Rússia para a Microsoft retratava os obstáculos que muitas empresas tecnológicas norte-americanas enfrentam no momento. Por um lado, os políticos norte-americanos nos pressionam, compreensivelmente, a assumir um posicionamento forte contra os hackers estrangeiros. Por outro, essas medidas nos levam a pressões estrangeiras sobre as nossas próprias empresas.

À medida que o panorama completo das atividades russas começou a tomar forma, ficou evidente que os e-mails não eram a única tecnologia digital que corria o risco de ser transformada em arma. Uma das lições fundamentais na área de gerenciamento de riscos é que você precisa pensar tanto no risco mais provável quanto no risco que, mesmo improvável, seria o pior a ser enfrentado. Ao levarmos em consideração os riscos digitais para a democracia, é difícil imaginar algo pior do que o possível hackeamento das urnas ou a subversão do processo de contagem de votos. Imagine o impacto caso, após uma eleição próxima e importante, viessem à tona notícias de que um governo estrangeiro tivesse hackeado nossos sistemas de votação de uma forma tão substancial que não pudessem ser reparados. Parafraseando Franklin, como poderíamos "manter uma república" se a sociedade civil perdesse a confiança de que os votos contabilizados eram verdadeiros?

O mundo já testemunhou investigações de Estados-nação para avaliar se eles conseguiriam adulterar as urnas. E os estudiosos documentaram as vulnerabilidades em muitas urnas que usam software e hardware computacionais desenvolvidos no início dos anos 2000. Embora os recursos públicos para lidar com o problema estejam aumentando, mais medidas são necessárias para lidar com uma vulnerabilidade óbvia e documentada há muito tempo nesses sistemas antigos de computadores.

É um problema que o setor tecnológico precisa ajudar a solucionar. Os empenhos inovadores estão começando a se espalhar, inclusive na Microsoft, onde pesquisas resultaram no lançamento do ElectionGuard em maio de 2019, um sistema de votação criptografado que protege as cédulas individuais e a contagem coletiva de votos.[12] É um sistema de software baseado em código aberto que utiliza hardware barato e disponível no mercado, e combina o melhor da tecnologia antiga e nova. Um eleitor escolhe os candidatos em uma tela eletrônica, que registra essas opções em uma cédula impressa e o eleitor a deposita, assegurando um registro em papel, na necessidade de qualquer auditoria pós-eleitoral. O eleitor também recebe uma impressão pessoal com um número de rastreamento eletrônico, que usa um algoritmo criptografado para registrar suas escolhas. Posteriormente, é possível conferir esse registro de rastreamento online, de modo a confirmar que os votos de um indivíduo estejam fielmente registrados. A solução geral fornece uma contagem transparente e segura de todos os votos. É o tipo de abordagem imprescindível para a segurança e o funcionamento de uma democracia.

As ameaças de ciberataque associadas ao hackeamento de campanhas e à subversão da contagem de votos mal estavam em nosso radar há uma década. Hoje, representam riscos reais que se espalham nos noticiários cotidianos. Assim como governos democráticos e a indústria trabalharam juntos para vencer uma guerra mundial na década de 1940, atualmente eles devem desenvolver uma reação unificada com o objetivo de proteger a paz.

E, à medida que regimes autoritários vivenciam campanhas de desinformação, desafios ainda mais complexos estão por vir.

Capítulo 6 ❯❯❯ # MÍDIAS SOCIAIS:
A Liberdade que Nos Afasta

Em um museu no centro de Tallinn, situado à beira do mar Báltico, na Estônia, uma menina e um menino gravitam em movimento perpétuo, ambos de pé em cima das extremidades opostas de uma prancha longa e estreita. De braços abertos e se olhando fixamente, os jovens se equilibram, ao mesmo tempo em que uma gangorra enorme alterna rotativa e lentamente em um ponto de apoio estreito. Embora espalhafatosa, a singular escultura passa uma mensagem inegavelmente profunda.[1] Ela representa o frágil equilíbrio que as sociedades livres de todo o mundo enfrentam no momento: proteger a democracia na era das mídias sociais contra as liberdades que podem separar as pessoas.

A escultura girando é como a página final na narrativa do museu, cuja história rastreia quase um século da nação báltica conquistando, perdendo e reconquistando a soberania, e o árduo trabalho necessário para defendê-la. Também é uma história que narra os desafios tecnológicos enfrentados por toda democracia moderna. Conforme o guia de áudio conta aos visitantes: "A Estônia não se libertou em um dia. Ainda estamos buscando liberdade. Fazemos isso diariamente."

ARMAS E FERRAMENTAS

O Museu das Ocupações e da Liberdade de Vabamu, com dois andares, situa-se encosta abaixo do centro medieval da cidade de Tallinn. Ainda que de tamanho modesto, o edifício de vidro e aço contrasta orgulhosamente com o centro da cidade fortificada da capital do século XIII, que se eleva acima dele. Construído como símbolo de uma nova era estoniana, as paredes de janelas são um convite para que a luz setentrional inunde o edifício contemporâneo, iluminando um palco moderno que narra uma história complexa e triste escrita por russos, alemães nazistas e soviéticos. No entanto, o museu não se concentra unicamente em sofrimento, opressão e matança. É um coro de pessoas em uníssono mundo afora ansiando pela liberdade. E, o mais importante, perscruta a tensão constante entre liberdade e responsabilidade que o par de manequins flutuantes do museu apresenta de modo tão elegante.

Ao visitarmos a Estônia no outono de 2018, a investigação do Congresso dos EUA sobre campanhas de desinformação no Twitter e no Facebook estava a todo vapor. O mundo havia despertado para esse novo conjunto de desafios e estava questionando as coisas. Como isso aconteceu? Por que isso aconteceu? E por que não percebemos isso antes?

No museu Vabamu, em um sábado de manhã, esbarramos com uma das possíveis respostas para essas perguntas, graças à ideia original de uma estoniana chamada Olga Kistler-Ritso, que tinha cidadania norte- -americana. Nascida em 1920, em Kiev, na Ucrânia, quando o Império Russo entrou em colapso, Olga atingiu a maioridade vivendo sob uma série de regimes autoritários. Quando menina, ela e seu irmão mais velho escapuliram da desordem e da miséria da Ucrânia emigrando para o norte, para a Estônia. Perto do fim da Segunda Guerra Mundial, quando as tropas soviéticas se preparavam para dominar e anexar o pequeno país, Olga, uma jovem mulher, fugiu com soldados alemães em retirada em um dos últimos navios a deixar o país.

Em 1949, Olga veio para os Estados Unidos e, mais tarde, se estabeleceu com o marido e a filha a poucos minutos do que seria a sede corporativa da Microsoft em Redmond, Washington.

MÍDIAS SOCIAIS

Embora tenha passado o resto de sua vida nos Estados Unidos, a Estônia nunca saiu de seus pensamentos. Ela ficou de olho em sua casa de infância, que continuava sob ocupação soviética.[2] Isso mudou em 1991, quando, após mais de 50 anos de invasão, a Estônia se libertou da dominação russa e começou a construir seu futuro como nação independente.

Desejosa para contribuir com o futuro democrático da Estônia, Olga doou as economias de sua vida com o objetivo de construir um museu que imortalizaria uma história importante. Ela queria garantir que o mundo não esquecesse nem repetisse a mesma história. O presidente Lennart Meri, patrono da instituição, afirmou na sua inauguração, em 2003, que o edifício é bem mais que um museu. "Este é o templo da liberdade e deve nos lembrar ininterruptamente do quão tênue e delicada é a fronteira entre a liberdade e seu oponente, o totalitarismo."[3]

A cada ano, o Museu Vabamu exibe a mais de 50 mil visitantes de todo o mundo a jornada da Estônia durante a ocupação e a liberdade — e, no final das contas, como a tecnologia pode se tornar uma arma.

A internet ajudou a libertar a Estônia das sombras do comunismo, transformando o país que se tornaria o lar do Skype em uma dinâmica e autoproclamada "democracia eletrônica" [e-democracy]. Mas, em 2007, o antigo ocupante da Estônia desferiu um golpe no ponto fraco digital da nação, revelando a fragilidade inerente à democracia, e como a mesma tecnologia que ajudou a instituir a liberdade de um país também o deixava mais vulnerável.

Naquela primavera, a Estônia sofreria o primeiro ciberataque do tipo Estado-nação de outro país, um cerco digital chamado de ataque de negação de serviço que paralisou boa parte da internet do país, incluindo sites que provinham seus serviços governamentais e sua economia. O mundo suspeitava da Rússia.[4]

"Se alguma coisa late como um cachorro, é um cachorro", disse Marina Kaljurand, ex-ministra das Relações Exteriores da Estônia, durante nosso almoço em Tallinn. "Mas, em nosso caso, era um urso mesmo!"

ARMAS E FERRAMENTAS

Marina deveria saber de alguma coisa. Na época do ataque, ela era embaixadora da Estônia na Federação Russa.

O ataque de 2007 inseriu o país de 1,3 milhão de habitantes no mapa de segurança cibernética. Por conta disso, a OTAN construiu seu Centro de Excelência em Defesa Cibernética Cooperativa, nos arredores de Tallinn. Viver na mira da Rússia obrigou a nação e seus líderes a focar não somente a guerra e a paz, mas também a liberdade e a opressão, aspectos que ocupam lados adversos da atual equação da tecnologia da informação.

O museu construído por Olga evidencia o conflito entre tecnologia e sociedade de uma forma que pouquíssimos lugares conseguem demonstrar. As pessoas subjugadas estão unidas por um desejo comum, a busca pela liberdade. Todavia, uma vez que as pessoas estejam livres, esse vínculo desaparece. O povo da Estônia aprendeu em primeira mão, depois que a Cortina de Ferro desmoronou, que a liberdade traz seus próprios desafios, que podem ser vertiginosos.

"De certo modo, é uma situação bastante assustadora, porque todos têm dificuldades para descobrir o que de fato querem. Logo, o que será que eles vão querer, caso tudo seja permitido? As pessoas vão sucumbir à exaustão em todos os sentidos", afirmava a exposição.

O CEO do Facebook, Mark Zuckerberg, criou a própria plataforma online para fazer do mundo um lugar mais "aberto e conectado". Por um lado, é o aval derradeiro à liberdade. Mas por outro, em uma nação onde os agentes secretos da KGB haviam verificado, rastreado e coletado amostras impressas de todas as máquinas de escrever do país para desestimular as comunicações não autorizadas, os estonianos sabiam muito bem o quanto as coisas podiam se tornar opressivas no momento em que se abre uma torrente de informações e, de repente, as ideias circulam livremente.

Então, o que as pessoas fazem? Como observado pela exposição do museu, elas encontram sua tribo — neste caso, sua tribo cibernética.

MÍDIAS SOCIAIS

Buscam grupos online de outras pessoas que têm a mesma opinião e que simulam comunidades representando a sociedade humana. Esses grupos, por sua vez, tornam-se mais conectados, porém menos abertos, escolhendo o canal preferido e as pessoas com quem querem interagir. Eles apenas compartilham informações baseadas em uma única perspectiva centralizada. Assim como no mundo real, as pessoas mais do que depressa acreditam cegamente no pior em relação a outrem, ainda mais quando se trata de indivíduos que são diferentes deles. Os mecanismos pessoais de defesa começam a aflorar. Em suma, o idealismo entra em conflito com a natureza humana.

E quem percebeu e tirou vantagem disso, antes de todo mundo? As pessoas que, como os estonianos, viveram suas vidas em um misto de repressão e liberdade, e talvez consigam entender essa dinâmica mais rápido do que outras — os vizinhos dos estonianos do outro lado da fronteira com a Rússia. E quem foram os últimos a despertar? Os norte-americanos idealistas na Costa Oeste dos Estados Unidos, que foram livres a vida inteira.

No entanto, para compreender esse fenômeno em sua totalidade, basta nos recordarmos de outra consequência tecnológica que estimula nossa tendência de se dividir em tribos cibernéticas: ficar sozinhos no mundo físico, mas juntos digitalmente.

Somos consumidos mais e mais por conversas digitais com pessoas que não estão presentes fisicamente. Não raro, somos de um mundo totalmente diferente. A tecnologia digital estreitou as distâncias globais — e possibilitou maior acesso às pessoas —, mas também estabeleceu o silêncio ensurdecedor entre os indivíduos mais próximos. Esse fenômeno não é nenhuma novidade. Há mais de um século, as mesmas tecnologias que conectaram pessoas que viviam separadas também instauraram novas barreiras entre as que viviam perto uma das outras.

Nenhuma outra tecnologia moderna redefiniu tanto nossas vidas como o automóvel — e foram poucos os lugares que passaram por uma grande restruturação como a área rural dos Estados Unidos. Até o início do século XX, os camponeses normalmente faziam compras, trabalhavam, oravam em seus locais religiosos, aprendiam e socializavam dentro do raio de 30km, cujo transporte se dava por cavalos e carroças. O armazém geral ficava no centro da cidade, crianças de todas as idades frequentavam uma escola de uma ou duas salas, e uma pequena igreja do vilarejo atendia toda a comunidade.

As coisas mudaram quando os veículos a combustível chegaram na zona rural. Entre 1911 e 1920, os carros nas fazendas aumentaram de 85 mil para mais de 1 milhão.[5] O automóvel e as estradas modernas abriram novos horizontes, com oportunidades mais longínquas, reduzindo o distanciamento urbano-rural. Conforme observou um historiador, o carro libertou "os camponeses do isolamento físico e cultural, que era uma característica da vida na zona rural".[6]

No entanto, existia também o custo dessa mobilidade.[7] Quanto mais tempo as pessoas passavam em outro lugar, menos tempo ficavam com suas famílias e vizinhos. O carro desgastou para todo o sempre o tecido social coeso das pequenas cidades.

A partir da década de 1960, os telefones fixos tiveram um efeito análogo nas famílias. Para os adolescentes, passar um tempo sozinho em seus quartos agora significava ficar um tempo com seus amigos no telefone, e depois em seus computadores. Os familiares se viram sozinhos morando na mesma casa.

Mais uma vez, 40 anos depois, os smartphones aproximariam fisicamente as crianças de seus pais, ainda que suas mentes claramente estivessem em outro lugar. E tornou-se comum as famílias reclamarem sobre desligar os celulares, principalmente à mesa do jantar. Ao longo dos anos, a tecnologia estreitou as distâncias globais, mas as pessoas estão menos conectadas aos seus semelhantes que moram ao lado ou sob o mesmo teto.[8]

MÍDIAS SOCIAIS

Isso também estabeleceu novos desafios para a democracia. Passar muito tempo online, às vezes com estranhos, deixou as pessoas mais sujeitas a campanhas de desinformação que afetem suas preferências, desejos e, não raro, seus preconceitos, que reverberam no mundo real.

Ao longo das décadas, um dos aspectos positivos das repúblicas mundiais era a habilidade de usar a comunicação aberta e a discussão pública para assegurar o entendimento amplo e até bipartidário, o apoio a questões de política externa e o comprometimento com a liberdade democrática. Não era uma tarefa fácil, mas, como Franklin Roosevelt demonstrou, as novas tecnologias de comunicação, como o rádio na época dele, poderiam ser utilizadas para angariar base popular para medidas difíceis, como apoiar o Reino Unido antes de os Estados Unidos entrarem na Segunda Guerra Mundial. E, nas décadas que se seguiram, os Estados Unidos usaram tudo, desde o rádio até o aparelho de fax, com o objetivo de divulgar informações e estimular a democracia nas sociedades fechadas da Europa Central e Oriental.

Atualmente, outras nações viraram o jogo e tiram vantagem de uma sociedade livre e aberta. Os e-mails invadidos podem ser o novo *Blitzkrieg* da Rússia, ainda que suas ambições tenham um alcance mais abrangente. Os canais de notícias por assinaturas e as mídias sociais criaram bolhas de informação cada vez mais isoladas nas democracias ocidentais, sobretudo nos Estados Unidos. E se as informações — sejam elas verdadeiras ou não — fossem disseminadas utilizando plataformas como o Facebook e o Twitter, para enfurecer diversos grupos e sabotar os candidatos políticos que provavelmente seriam avessos aos interesses da Rússia? E se equipes de tecnólogos e cientistas sociais unissem forças em São Petersburgo e Moscou, visando influenciar a narrativa política e social norte-americana com a mesma criatividade e velocidade dos criadores das plataformas que estavam explorando? E se ninguém nos Estados Unidos estivesse prestando atenção o bastante para enxergar o que estava acontecendo?

ARMAS E FERRAMENTAS

No final de 2018, uma equipe da Universidade de Oxford e da empresa de análise norte-americana Graphika estudou os dados requeridos por intimação que o Facebook, Instagram, Twitter e YouTube forneceram ao Comitê de Inteligência do Senado. A equipe foi a primeira a documentar meticulosamente como a Agência de Pesquisa pela Internet (IRA) tinha "lançado um ataque extensivo aos Estados Unidos usando propaganda computacional para desinformar e polarizar os eleitores norte-americanos".[9] Via de regra, essas iniciativas de desinformação atingiam o auge em datas importantes no calendário político norte-americano, uma estratégia que jogava com a natureza interativa e viral das plataformas de mídia social. Como o relatório identificou, mais de 30 milhões de usuários, entre 2015 e 2017, "compartilharam as postagens do Facebook e do Instagram do IRA com sua família e amigos, curtindo, reagindo e comentando ao longo do processo".[10]

Ao manipular a tecnologia norte-americana, os russos conseguiram atingir e botar lenha na fogueira política dos EUA. Tamanha influência estrangeira repercutiu no mundo real, especialmente durante o empenho bem-sucedido do IRA em 2016 ao organizar simultaneamente um protesto e um contraprotesto em Houston.[11] Os vizinhos esbravejavam uns contras os outros, sem ao menos saberem que estavam sendo manipulados por pessoas em São Petersburgo, na Rússia.

No final de 2017, essa realidade se tornou cada vez mais incontestável. Ainda assim, quando surgiram relatos das iniciativas russas de desinformação no Facebook, boa parte das pessoas no setor tecnológico, incluindo Mark Zuckerberg, duvidavam que a atividade fosse generalizada ou que tivesse um grande impacto.[12] Mas isso logo mudaria. No segundo semestre de 2017, o Facebook se encontrava na mira das autoridades de todo o mundo. O gigante das mídias sociais estava mais exposto ao escrutínio público do que qualquer outra empresa de tecnologia desde os casos antitruste contra a Microsoft, quase duas décadas antes. Como vivenciei ao longo de muitos anos diversas situações na Microsoft, compreendi as importantes e crescentes exigências governamentais impostas ao Facebook. Eu também entendia as dificuldades hercúleas que a empresa enfrentava. O Facebook não tinha desenvolvido uma plataforma de serviços para que governos estrangeiros a usassem com o propósito de subverter a democracia, mas também não tinha adotado medidas que pudessem coibir ou mesmo reconhecer essa atividade. Ninguém na empresa — nem no setor de tecnologia ou no governo dos EUA — previu esse fenômeno, até a Rússia fazer com que o Facebook se rebelasse contra o país que lhe deu a vida.

Fiquei bastante atônito com o foco mundial no Facebook, quando participamos da Conferência de Segurança de Munique, em fevereiro de 2018. Inaugurada em 1963 e atualmente chefiada pelo respeitado ex-diplomata alemão Wolfgang Ischinger, a cúpula anual reúne ministros da Defesa e outros líderes militares e nacionais de todo o mundo com o intuito de discutir a política de segurança internacional. Em 2018, a lista de participantes incluía alguns de meus colegas do setor de tecnologia da informação.

À medida que tentava abrir passagem entre os oficiais militares do alto escalão que estavam no saguão lotado do hotel Bayerischer Hof, me senti um pouco deslocado. Quando entrei no elevador ao lado de Eric Schmidt, o então presidente do Google, e sua equipe, era como regressar para casa. Era o último lugar esperado para se cruzar com alguém do Vale do Silício.

"Já esteve aqui antes?", perguntou-me.

"Na verdade, nunca me ocorreu que eu precisaria estar aqui", respondi.

No entanto, os tempos haviam mudado, e, em 2018, era fundamental que ambos estivéssemos em Munique.

Boa parte da discussão daquela semana teve como foco a transformação da tecnologia da informação em uma arma. Em um almoço com os CEOs, foi perguntado a Christine Lagarde, presidente do Fundo Monetário Internacional na época, por que ela participava de uma conferência de defesa. Lagarde explicou que queria entender como a tecnologia da

ARMAS E FERRAMENTAS

informação estava sendo utilizada para corromper os processos democráticos, o que a ajudaria a pensar em como isso poderia ser deturpado para atacar os mercados financeiros. Foi uma conversa alarmante, mas fui tranquilizado pelas suas previsões.

Embora as conversas tenham sido difíceis e um bocado pesadas, não pude evitar de sentir um pouco de compaixão pelo diretor de segurança do Facebook na época, Alex Stamos, que ficou na defensiva ao longo de toda a conferência. Durante um painel em que sentamos juntos, ele foi bombardeado com perguntas incisivas por um membro holandês em ascensão do Parlamento Europeu. Mais tarde naquela noite, no decorrer do jantar com o Conselho Atlântico, autoridades governamentais e outros participantes indignados o contestavam insistentemente, perguntando como o Facebook "havia permitido que tudo isso acontecesse".

Apesar de entender as preocupações, fiquei exasperado com a discussão. Todo mundo estava acusando o Facebook, mas ninguém estava condenando o principal culpado. Era como vociferar contra a pessoa que se esqueceu de trancar a porta, sem mencionar o ladrão que forçou a entrada.

A pergunta que não queria calar para o Facebook, os Estados Unidos, as repúblicas democráticas de todo o globo e todo o setor tecnológico era o que fazer. A reação de alguns no governo foi atribuir culpa ao Facebook e a outras empresas de mídia social, insistindo que eles resolvessem o problema. Por mais que as empresas que inventaram essa tecnologia fossem as principais responsáveis, essa abordagem parecia insuficiente. A resposta exigiria uma combinação de medidas governamentais e do próprio setor tecnológico.

Em meados de 2018, quando Mark Zuckerberg testemunhou no Congresso, o setor tecnológico havia mudado de opinião acerca da magnitude do problema, e se exigia uma resposta. "A meu ver, não se trata da existência da regulamentação. Ao mesmo tempo que a internet se torna

MÍDIAS SOCIAIS

mais importante na vida das pessoas, o problema é qual seria a regulamentação certa, quer ela exista ou não",[13] afirmou Zuckerberg.

Como o depoimento retrata, uma coisa é reconhecer o óbvio e admitir a necessidade de uma regulamentação. Outra coisa é descobrir que tipo de regulamentação de mídia social seria justificável.

Uma das pessoas que liderava a acusação para responder à última pergunta era um ex-executivo de telecomunicações que atua no Senado dos Estados Unidos desde 2009, Mark Warner, da Virgínia. Em meados de 2018, Warner divulgou um informe técnico com uma série de propostas elaboradas para combater parcialmente as campanhas de desinformação por meio de uma nova legislação.[14] Ele admitia algumas dificuldades técnicas e de privacidade referentes a esses problemas, e exigia mais discussões.

Segundo o informe de Warner, um obstáculo emergente para as mídias sociais na internet é a crescente inquietação com a atual imunidade nos termos da Lei da Decência das Comunicações dos Estados Unidos. Em 1996, o congresso aprovou uma legislação com o objetivo de fomentar o crescimento da internet, em parte isentando os provedores de "serviços interativos de computador" de muitas das responsabilidades legais enfrentadas pelos provedores mais tradicionais. Por exemplo, nos Estados Unidos, ao contrário da televisão e do rádio, os serviços de mídia social não podem ser responsabilizados juridicamente pela publicação de conteúdo ilegal em seus sites,[15] conforme as leis estaduais e federais.

Todavia, a internet já passou há muito de sua fase embrionária e seu impacto nos dias de hoje é globalmente onipresente. Ao mesmo tempo em que Estados-nação, terroristas e criminosos tiram proveito de sites das mídias sociais para propósitos nefastos, os líderes políticos estão cada vez mais aderindo aos serviços de publicação tradicionais, com o objetivo de questionar se os sites de mídia social devem continuar a ter salvaguarda jurídica. Warner aponta que é esperada a disseminação de "deep fakes", ou "ferramentas sofisticadas de síntese de áudio e imagem que podem gerar arquivos de áudio ou vídeo fake, retratando perfidamente alguém dizendo ou fazendo algo", como mais um motivo para impor novas responsabilidades jurídicas aos sites de mídia social, de modo que policiem seu conteúdo.[16]

Enquanto o mundo testemunhava a multiplicação de atos aterrorizantes nas mídias sociais, a pressão política aumentava. No espaço de uma década, nos lembraremos de março de 2019 como um momento de mudanças drásticas. Como Kevin Roose escreveu no *New York Times*, o hediondo massacre terrorista de 51 muçulmanos inocentes em 15 de março em duas mesquitas em Christchurch, na Nova Zelândia, de alguma forma, "parecia o primeiro — um fuzilamento em massa cuja origem era a internet, idealizado e preparado exclusivamente conforme o discurso recheado de ironia do extremismo moderno".[17] Ele também descreveu que "o ataque foi divulgado no Twitter, anunciado no fórum online 8chan e transmitido ao vivo no Facebook. As cenas eram reproduzidas incessantemente no YouTube, Twitter e Reddit, ao mesmo tempo que as plataformas corriam contra o tempo para retirar os vídeos, que surgiam tão rápido quanto as novas cópias para substituí-los".[18]

Somente duas semanas depois, estávamos em Wellington, a capital da Nova Zelândia, em uma viagem que já vinha sendo planejada há meses. A primeira-ministra da Nova Zelândia, Jacinda Ardern, que enfrentou o choque e a crise com extraordinário bom senso e benevolência, proferiu uma declaração que refletia uma mudança acentuada em relação às mídias sociais. "Não podemos simplesmente cruzar os braços e aceitar que essas plataformas existam, e que as coisas que as pessoas divulgam nelas não sejam responsabilidade do local onde são publicadas", disse.[19] Ela estava se referindo aos sites de mídia social de maneira enfática: "Eles são os editores, não apenas os mensageiros. Eles não podem só lucrar sem arcar com nenhuma responsabilidade."[20]

Ao nos reunirmos com Ardern e com os membros de seu gabinete na Nova Zelândia, não pude discordar. O episódio demonstrou que as empresas tecnológicas precisavam fazer mais, incluindo os serviços da

MÍDIAS SOCIAIS

Microsoft, como Bing, Xbox Live, GitHub e LinkedIn. E, de forma mais ampla, um sistema de regulamentação estabelecido há quase um quarto de século me parece agora inadequado para abordar as ameaças de nações hostis e terroristas à sociedade civil.

Ao mesmo tempo que existem diferenças óbvias entre o abuso das plataformas de mídias sociais por parte de terroristas e de hackers patrocinados pelo Estado, existem também similaridades. Ambos estão associados a empenhos internacionais que procuram minar a estabilidade social da qual as sociedades dependem. E, pelo visto, no âmbito político, as respostas para isso se reforçam mutuamente, levando os governos a avançar rumo a um novo modelo de regulamentação para sites de mídia social.

Aparentemente, a manobra com o objetivo de regulamentar as mídias sociais não tem precedentes, mas vale lembrar que os Estados Unidos já passaram por isso antes. Grande parte do que estamos vendo são iniciativas semelhantes à de regulamentação do conteúdo de rádio, na década de 1940.

O primeiro programa de rádio de transmissão sem fio estreou nos Estados Unidos em novembro de 1920 pela antiga Westinghouse e transmitiu a vitória de William Harding na corrida presidencial para suceder a Woodrow Wilson.[21] Quando a transmissão chegou às casas das pessoas, foi considerada uma maravilha moderna. Ela conectava o mundo por meio de experiências comuns, transmitindo eventos ao vivo, entretenimento e as últimas notícias. A tecnologia sem fio disparou em popularidade na década de 1930 e se tornou um equipamento de presença constante em 83% das salas de estar norte-americanas até o final da década.[22] Foi a Era de Ouro do Rádio, e a tecnologia influenciava tudo, desde a cultura e a política nos Estados Unidos até a vida familiar.[23]

À medida que os rádios se tornavam onipresentes na segunda metade da década de 1930, aumentavam as preocupações quanto a seu impacto social. Como observado em um artigo de 2010 no *Slate*: "A transmissão

ARMAS E FERRAMENTAS

sem fio era culpada de distrair as crianças da leitura e reduzir o desempenho escolar, que não foram considerados adequados nem saudáveis. Em 1936, a revista de música *The Gramophone* divulgou que as crianças 'desenvolviam o hábito de dividir a atenção entre a organização enfadonha de suas tarefas escolares e o entusiasmo cativante dos alto-falantes', e descreveram como os programas de rádio estavam desorientando o equilíbrio de suas mentes impressionáveis."[24]

Após o término da Segunda Guerra Mundial, surgiu o que o estudioso Vincent Pickard denominou de "a revolta contra o rádio".[25] Conforme ele documentou, enquanto o mercado de rádio crescia, a princípio com base em um modelo de negócios que oferecia programas gratuitos como chamariz para vender rádios receptores, na década de 1940, a maioria dos lares norte-americanos já tinha um ou mais rádios. O modelo de negócios dos programas de rádio evoluiu para a publicidade, que, aos olhos (ou, melhor dizendo, aos ouvidos) de alguns críticos, resultou em telenovelas e outros programas que se tornaram cada vez mais sem sentido e até vulgares. Segundo Pickard, "essas críticas tomaram corpo por meio de movimentos sociais *grassroots*, comentários de diversos jornais e publicações, além de centenas de cartas de ouvintes regulares enviadas a redatores, radiodifusoras e à FCC [Comissão Federal de Comunicações]".[26]

A impaciência chegou ao auge, levando a Comissão Federal de Comunicações, em 1946, a publicar seu Blue Book, um relatório cujo nome era devido à sua capa azul que buscava fazer com que "o privilégio de assegurar as licenças de transmissão estivesse subordinado a atender aos requisitos indispensáveis de utilidade pública".[27] As radiodifusoras deram início a uma reação política negativa contra o relatório e recusaram as propostas, mas o episódio mudou o curso da história da transmissão de rádio, fazendo com que as principais redes de rádio financiassem documentários e melhorassem sua programação de utilidade pública.[28]

Ao analisar a revolta contra o rádio, algumas pessoas podem identificar na história motivos para acreditar que, tal como ocorreu, um dos de-

MÍDIAS SOCIAIS

safios das mídias sociais seja defender um momento político transitório, o que dificilmente levará a mudanças regulamentares duradouras. Embora nunca haja garantias ao prever o futuro, há razões para se acreditar que, pelo contrário, os problemas relacionados às mídias sociais terão mais, e não menos, impacto. A primeira é que as atuais preocupações com a desinformação gerada pelos ataques do tipo Estado-nação e com a propaganda terrorista abarcam questões mais críticas do que o mero debate sobre programação na década de 1940. A segunda é a natureza global das propostas atuais de regulamentação. Tradicionalmente, ainda que os Estados Unidas mostrassem relutância em regulamentar o conteúdo, devido à importância da Primeira Emenda à Constituição, entre outros fatores, outras nações não protegem a liberdade de expressão com a mesma intensidade.

Se existia alguma dúvida a respeito, ela caiu por terra devido aos acontecimentos que se seguiram na Austrália, depois do ataque de Christchurch, Nova Zelândia. Em menos de um mês, o governo australiano aprovou uma nova lei exigindo que as mídias sociais e sites semelhantes removessem "imediatamente todo e qualquer conteúdo violento e odioso" ou poderiam sofrer sanções penais, incluindo até três anos de prisão para os executivos de tecnologia e uma multa de até 10% do faturamento anual de uma empresa.[29] Apesar de muitos no setor tecnológico ficarem angustiados pelo que consideravam ser um misto de grandes sanções criminais e critérios jurídicos imprecisos, o projeto expressava a crescente decepção dos líderes políticos em todo o mundo, deixando claras as exigências políticas para substituir a imunidade legal dos serviços online por um novo modelo de regulamentação.[30]

No entanto, existe uma grande diferença entre ter a necessidade de uma coisa nova e saber com exatidão o que é necessário. Aparentemente, é impossível para os sites de mídia social adotar processos de revisão editorial de pré-publicação, usados pelos meios de impressão tradicional, rádio ou televisão. Imagine se todas as fotos no Facebook ou as entradas no LinkedIn precisassem ser revisadas por um editor humano, antes que

ARMAS E FERRAMENTAS

pudessem ser visualizadas por outras pessoas. Isso "romperia o paradigma" que possibilita que centenas de milhões ou até bilhões de usuários em todo o globo façam o upload de conteúdo e o compartilhem com a família, amigos e colegas.

Para solucionar esse problema, precisamos ser cirúrgicos. É desafiador, sobretudo em momentos de pressão política. Foi em parte para evitar uma reação legislativa precipitada que, em 2018, Warner estimulou um diálogo com as plataformas de mídia social — somente para receber pouco ou nenhum feedback de algumas das empresas mais proeminentes. Preocupado com o crescente abuso russo das mídias sociais, ele ofereceu um menu de abordagens mais personalizadas. Uma de suas ideias, levada adiante pelos australianos, é obrigar as plataformas de mídia social a impedir que os usuários continuem a fazer o upload de conteúdo ilegal, aumentando de maneira efetiva sua responsabilidade legal de atuação ao identificar o problema.[31] Uma versão mais generalista foi proposta pelo governo britânico, somente duas semanas após a ação dos australianos, recomendando uma nova "obrigação legal de precaução para fazer as empresas assumirem maior responsabilidade pela segurança de seus usuários", com o respaldo da fiscalização de um órgão de regulamentação independente.[32] Warner também propôs regras que obrigariam as plataformas de mídia social a determinar a origem das contas ou postagens, identificar contas falsas e notificar os usuários quando bots estão disseminando informações.

Como demonstrado, é provável que haja espaço para abordagens de regulamentação adicionais, ao combinar um foco mais limitado em categorias específicas de conteúdos ofensivos com um empenho maior para fornecer aos usuários mais informações sobre suas fontes. Uma característica importante da última abordagem é o enfoque para solucionar a multiplicação da desinformação, não avaliando se o conteúdo é verdadeiro ou falso, mas fornecendo aos usuários das mídias sociais informações rigorosas sobre a identidade das pessoas. É uma abordagem sensata adotada na publicidade política moderna. Deixe que o público decida o

MÍDIAS SOCIAIS

que é verdade. Mas as pessoas devem tomar essa decisão com base no entendimento preciso do interlocutor. E, no século XXI, deixe o público saber se é um ser humano ou um robô automatizado que está falando.

Curiosamente, a mesma abordagem é utilizada por uma iniciativa não governamental lançada por dois norte-americanos proeminentes do setor dos meios de comunicação — um conservador e outro liberal. Gordon Crovitz é o ex-editor do *Wall Street Journal*, e Steven Brill é um ex-jornalista que fundou o *The American Lawyer* e a Court TV. Juntos, eles criaram o NewsGuard, um serviço que conta com jornalistas para criar o que eles chamam de "tabela nutricional" para a mídia.

Ao ser executado por meio de um plug-in gratuito de navegador da internet, o NewsGuard exibe ícones verdes ou vermelhos ao lado dos links nos mecanismos de busca e nos feeds de mídia social, incluindo Facebook, Twitter, Google e Bing, indicando se um site está "tentando fazer as coisas certas ou, ao contrário, tem segundas intenções ou publica conscientemente inverdades ou propaganda".[33] Além de classificar sites de notícias e informações, o NewsGuard usa um ícone azul para sites de plataforma que hospedam conteúdo gerado pelo usuário e um ícone laranja para sites de humor ou sátira projetados com o intuito de parecerem notícias verdadeiras. Há também os ícones cinzas indicando sites que ainda não foram revisados e classificados.[34]

Essa iniciativa não esteve imune aos desafios iniciais, especialmente porque a equipe do NewsGuard se expandiu para fora dos Estados Unidos e buscou desenvolver critérios de classificação válidos em todo o mundo. Mas Crovitz e Brill conseguiam avançar bem mais rápido que o governo. O serviço deles estava pronto e funcionando antes das propostas de Warner chegarem a uma audiência no Congresso, e a equipe continua a aperfeiçoar e melhorar suas operações. E, como iniciativa não governamental, ela pode expandir rápido e internacionalmente. Porém depende de financiamento privado e de empresas de tecnologia para o suporte do plug-in do navegador e, eventualmente, dos próprios usuários para adotar o serviço.

ARMAS E FERRAMENTAS

Por fim, existem duas lições mais abrangentes a serem aprendidas. A primeira: as iniciativas dos setores público e privado certamente precisarão avançar juntas e se complementar. E a segunda: apesar da tecnologia atual inovadora, há muito a aprender com os desafios do passado.

Diga-se de passagem, a interferência estrangeira na democracia é quase tão antiga quanto os próprios Estados Unidos. Uma república democrática, por sua própria natureza, está sujeita a transtornos — estrangeiros e domésticos — provenientes de tentativas de sabotar a confiança e influenciar a opinião pública. A primeira pessoa a perceber isso foi um dos primeiros embaixadores franceses nos Estados Unidos chamado Edmond Charles Genêt. Ele chegou aos Estados Unidos no início de abril de 1793, somente algumas semanas antes do presidente George Washington declarar oficialmente a neutralidade dos Estados Unidos na guerra em expansão entre a França e o Reino Unido. Genêt estava em uma missão para fazer com que a jovem república apoiasse a França, inclusive convencendo os Estados Unidos a apressar o pagamento de sua dívida com o país e permitir ataques aos navios britânicos por corsários armados que operassem nos portos norte-americanos. Se necessário, o embaixador estava preparado para incentivar uma tentativa a fim de destituir o jovem governo do país.

A chegada de Genêt desencadeou uma tensão crescente no gabinete de Washington, com Thomas Jefferson simpático aos franceses e Alexander Hamilton favorável aos britânicos. Genêt procurou recorrer diretamente ao público norte-americano em favor de sua causa, uma jogada que, nas palavras de um historiador, fez mais do que suscitar as origens do nosso sistema bipartidário. "O diálogo político era acalorado, brigas de rua eram comuns e velhas amizades foram rompidas."[35] Em 1793, Washington e os membros de seu gabinete superaram suas diferenças e se uniram a fim de exigir a volta de Genêt para a França.[36]

Esse desfecho ensina uma lição à nossa própria geração. A interferência estrangeira nos processos democráticos só pode ser vencida se os grupos de interesse em uma república deixarem de lado suas diferenças

MÍDIAS SOCIAIS

com o objetivo de trabalhar em conjunto para responder de maneira eficaz. Talvez seja difícil relembrar que as diferenças entre Jefferson e Hamilton, e seus respectivos apoiadores, eram tão intensas quanto as divergências entre republicanos e democratas hoje. Contudo, o musical da Broadway *Hamilton* é uma prova viva de que, pelo menos atualmente, nossos políticos não recorrem mais a duelos armados. A realidade é que divergências ferrenhas e até o barbarismo excessivo são um risco inerente e um desafio constante para qualquer república democrática.

Foi nesse contexto, e nas tentativas francesas insistentes de corromper a política norte-americana, que Washington usou seu discurso de despedida, em 1796, como alerta contra os riscos da influência estrangeira. "Um povo livre deve estar sempre vigilante, uma vez que a história e a experiência provam que a influência estrangeira é um dos adversários mais peçonhentos do governo republicano."[37] Os historiadores às vezes discutem as repercussões de seu discurso ao avaliar os prós e os contras do envolvimento internacional no mundo. Mas faríamos bem em lembrar que Washington também focou mais o conflito em questão e o envolvimento estrangeiro direto na política norte-americana, lidando em primeira mão com os riscos que isso criou.

Certamente, inúmeras coisas mudaram ao longo dos séculos desde que Washington pronunciou essas palavras. Naquela época, quem procurava influenciar a opinião pública lançava mão de jornais, panfletos e livros. Depois vieram o telégrafo, o rádio, a televisão e a internet. Hoje, alguém em um cubículo em São Petersburgo pode responder em poucos minutos a uma iniciativa política em qualquer lugar do mundo com desinformação direcionada.

O próprio governo dos Estados Unidos empregou a tecnologia da informação para noticiar e até persuadir o público em outros países a apoiar determinadas orientações. Parte disso era clandestino; atualmente, muitas pessoas nos Estados Unidos rejeitariam algumas das medidas tomadas pela CIA na Europa e na América Latina na década de 1950.

ARMAS E FERRAMENTAS

No entanto, outros já foram expostos, incluindo a Radio Free Europe durante a Guerra Fria e a Voice of America de hoje.

Como nação, os Estados Unidos se sentem à vontade em utilizar a tecnologia com o intuito de disseminar informações a fim de promover e semear a democracia. Mas agora a tecnologia está sendo usada com o objetivo de multiplicar a desinformação e subverter a democracia. Por um lado, conseguimos dividir essas atividades em categorias separadas, com base nos princípios que associamos aos direitos humanos fundamentais. Todavia, por outro lado, a *realpolitik* mudou criticamente. Até pouco tempo, as tecnologias de comunicação pareciam beneficiar a democracia e colocar o autoritarismo na defensiva. Agora, devemos perguntar se a internet criou um risco tecnológico desigual às democracias, que os governos autoritários conseguem neutralizar mais facilmente do que a forma republicana do governo, como as palavras de Franklin nos impelem a proteger.

Provavelmente, a resposta é sim. A tecnologia digital criou um mundo diferente, e nem sempre esse mundo é melhor. E como lidamos com isso ainda não está totalmente claro. No entanto, como na época de Washington, será necessário que os grupos interessados das repúblicas democráticas trabalhem juntos, não somente entre os partidos políticos, mas também com setor de tecnologia e com governos em todo o mundo.

Capítulo 7 ⟫ **DIPLOMACIA DIGITAL:**
A Geopolítica da Tecnologia

Quando Casper Klynge chegou ao campus da Microsoft em Redmond, em fevereiro de 2018, ele poderia ter sido confundido com um empresário de tecnologia. Ou, como estava vestido elegantemente, com uma vibe californiana e a barba mais ou menos feita, poderia ter sido visto como um ator ou músico. Quando apertei sua mão, parei um momento para relembrar quem eu estava encontrando.

Casper não é um diplomata qualquer. E sua função não é nada comum. Ele é o primeiro embaixador de tecnologia da Dinamarca, responsável por cuidar do relacionamento do governo dinamarquês com as empresas tecnológicas em todo o mundo. Sua "embaixada" tem mais de vinte colaboradores trabalhando em três continentes, com efetivo nos Estados Unidos, China e Dinamarca.

Na primavera anterior, ao me reunir com um grupo de embaixadores europeus em Copenhague, as pessoas já tinham ideia do trabalho de Casper. O ministro dinamarquês de Relações Exteriores, Anders Samuelsen, anunciou que o posto era "novidade mundial" e uma necessidade, alegando que as empresas de tecnologia afetam a Dinamarca tanto

ARMAS E FERRAMENTAS

quanto os países. "Essas empresas se tornaram uma espécie de nação nova, e precisamos lidar com a situação."[1]

Embora a Dinamarca tenha sido o primeiro país a nomear um embaixador formal para estabelecer contatos com o setor de tecnologia, a decisão do país seguiu uma etapa parecida com a do governo britânico. Em 2014, o primeiro-ministro David Cameron criou um posto em seu escritório para uma função diplomática especial, a princípio para solucionar questões tecnológicas referentes ao cumprimento da lei e, depois, atuar como "enviado especial para empresas tecnológicas dos EUA". O primeiro a assumir o novo posto foi Sir Nigel Sheinwald, ex-embaixador britânico nos Estados Unidos.

Governos da Austrália à França seguiram o exemplo com medidas semelhantes. É uma transição que demonstra como o mundo mudou.

As empresas de grande porte têm desempenhado um papel fundamental nas economias e sociedades, desde o nascimento dos impérios empresariais da Era Dourada. E nenhuma indústria transformou a sociedade dos Estados Unidos e, em última instância, a legislação norte-americana como as ferrovias na segunda metade do século XIX. Na virada do século, o *Poor's Manual of the Railroads of the United States* ["Manual dos Trabalhadores das Rodovias dos Estados Unidos", em tradução livre] afirmava apropriadamente: "Não existe empreitada mais sedutora quanto uma ferrovia, pela influência que exerce, pelo poder que proporciona e pela esperança de ganho que oferece."[2]

As ferrovias foram o primeiro negócio expressivo dos Estados Unidos, atravessando as fronteiras estaduais com milhares de quilômetros de trilhos, e estimularam um aumento súbito de regulamentações e leis que regem o comércio, patentes, propriedades e mão de obra. Talvez seja difícil ver na estante de um executivo de software o *Railroads and American Law* ["As Rodovias e a Legislação dos Estados Unidos", em tradução livre] de James Ely, mas é um livro que consulto com frequência para me ajudar a pensar em como a tecnologia muda o mundo à nossa volta.[3]

DIPLOMACIA DIGITAL

Ainda que alguns considerem as ferrovias como a internet de sua época, a tecnologia atual é bastante diferente. Os produtos e as empresas são mais globais, e a natureza dominante da tecnologia da informação e das comunicações empurra cada vez mais o setor tecnológico em direção ao centro das questões de política externa.

Em 2016, um mantra, "Não existe segurança nacional sem segurança cibernética",[4] tomou conta da Microsoft e começou a se infiltrar na discussão pública. Mas não éramos os únicos a levar essa fama. O conglomerado alemão Siemens AG logo previu que "a segurança cibernética será a questão de suma importância no futuro".[5] Obviamente que qualquer questão que fosse fundamental para a segurança nacional impulsionaria o setor de tecnologia diretamente para o mundo da diplomacia internacional.

Desse modo, passou a ser indispensável explicar pública e claramente o que estávamos fazendo para solucionar esses problemas. À medida que progredíamos com nossas iniciativas de segurança cibernética, reconhecemos a necessidade de adotar — e falar sobre — três estratégias distintas. A primeira e mais óbvia era fortalecer as defesas técnicas. Naturalmente é um trabalho que começa no setor de tecnologia, mas se torna uma responsabilidade compartilhada quando os clientes implementam novos serviços. Na Microsoft, gastávamos mais de US$1 bilhão por ano desenvolvendo novas funcionalidades de segurança, um investimento que envolvia a dedicação de mais de 3.500 profissionais e engenheiros de segurança da informação. É um trabalho contínuo, ao mesmo tempo que lançamos ininterruptamente novas funcionalidades de segurança em um ritmo acelerado, e isso, na indústria tecnológica, é alta prioridade.

A segunda abordagem, envolvendo o que chamamos de segurança operacional, era em alguns aspectos mais uma prioridade na Microsoft do que em outras empresas tecnológicas. Ela abrange o trabalho de nossas equipes de inteligência contra ameaças com o intuito de detectar novos ataques, o foco do nosso Centro de Operações de Defesa Cibernética para compartilhar essas informações com os clientes e o trabalho da Unidade de Crimes Digitais visando desestabilizar e tomar medidas contra ciberataques.

ARMAS E FERRAMENTAS

O último trabalho nos conduziu a uma área cada vez mais voltada tradicionalmente para os governos. E levantou algumas questões complicadas. Como as empresas devem responder a ataques específicos? Obviamente, precisávamos ajudar nossos clientes a se recuperar das invasões, mas como poderíamos frustrar os ataques, antes de mais nada? Atacar de volta era uma opção?

Quando essa pergunta foi apresentada a um grupo de líderes de tecnologia em uma reunião da Casa Branca em 2016, a reação foi ambivalente. Um dos executivos participantes estava entusiasmado para autorizar as empresas a atacarem de volta, porém eu tinha receio de que fazer justiça tecnológica com as próprias mãos pudesse resultar em erros e até instaurar o caos. À vista disso, fiquei aliviado com o fato de que normalmente exigíamos que nossa Unidade de Crimes Digitais solucionasse os problemas recorrendo ao cumprimento da lei. Isso nos dava a base de um sistema jurídico, em que as autoridades públicas desempenhavam o papel que lhe competia, e estávamos sujeitos a elas e ao Estado de Direito em geral. Senti que havia uma boa razão para adotar essa abordagem.

Com a ascensão do nacionalismo, até mesmo nos Estados Unidos, as empresas globais também precisavam de uma base intelectual com o intuito de atuar em escala mundial. Desafiamos nossos colegas a agir como uma "Suíça digital neutra" comprometida a defender todos os nossos clientes mundo afora, empenhando-se em jogar sempre na defesa e não no ataque. Todo governo, inclusive aqueles com opiniões mais nacionalistas, deve poder confiar na tecnologia. Eles também colhem os frutos quando o setor tecnológico se certifica de proteger todos os nossos clientes, independentemente da nacionalidade, e se abstém de ajudar qualquer governo a atacar civis inocentes.

Mesmo ao combinarmos essas duas estratégias, elas ainda eram uma resposta insatisfatória ao aumento dos ataques. Precisávamos sustentar o tripé de segurança cibernética com uma terceira etapa importante: regras internacionais mais sólidas e ação diplomática coordenada, para inibir as ameaças cibernéticas e ajudar a reanimar a comunidade internacional,

DIPLOMACIA DIGITAL

visando pressionar os governos a interceptar os ciberataques indiscriminados. Até que houvesse um grau maior de responsabilidade global, tínhamos receio de que fosse mais fácil para os governos negarem qualquer má conduta.

Em janeiro de 2017, coincidentemente na semana anterior à Dinamarca anunciar o posto que se tornaria a função de Casper Klynge, nós da Microsoft estávamos analisando formas de ajudar a estimular o setor tecnológico e unir a comunidade internacional em prol da segurança cibernética. Lembrei que o Comitê Internacional da Cruz Vermelha, ou CICV, reuniu os governos mundiais em 1949 para instituir a Quarta Convenção de Genebra a fim de melhor proteger os civis em tempos de guerra. "Não é irônico que justamente agora estamos presenciando ataques contra civis, quando deveria ser um tempo de paz?"

Nosso líder de relações públicas, Dominic Carr, respondeu mais do que depressa. "Talvez seja o momento de realizarmos uma Convenção Digital de Genebra", disse ele.

Bingo! Assim como os governos se comprometeram em 1949 a proteger os civis em tempos de guerra, talvez uma Convenção Digital de Genebra pudesse despertar o interesse das pessoas a respeito da necessidade de os governos defenderem os civis da internet em tempos de paz. Era uma ideia que poderia tomar como base o trabalho já em andamento por parte dos governos, diplomatas e especialistas em tecnologia, cujo foco seria a definição das pretensas normas de segurança cibernética entre as nações. Talvez um exemplo e um posicionamento cativantes nos ajudassem a dialogar mais efetivamente com o público não técnico que precisávamos conquistar, na hipótese de uma dessas ideias se tornar realidade.

Pedíamos o endurecimento contínuo das regras internacionais, a fim de evitar os ciberataques direcionados a cidadãos ou instituições privadas, ou o mínimo de infraestrutura em tempos de paz, assim como uma ampla proibição do uso do hackeamento para roubo de propriedade intelectual. Do mesmo modo, insistimos em regras mais rígidas para exigir que os

ARMAS E FERRAMENTAS

governos ajudassem as iniciativas do setor privado a detectar, responder e se recuperar desses tipos de ataques. Por último, apelamos para a criação de uma organização independente, que pudesse investigar e compartilhar publicamente as provas que atribuíssem os ataques do tipo Estados-nação a países específicos.[6]

Após compartilharmos nossas ideias na Conferência Anual de Segurança da RSA em São Francisco, em 2017, diversos jornalistas escolheram esse assunto, e estavam entusiasmados e interessados em um possível convite para uma Convenção Digital de Genebra.[7] Ainda que a imprensa seja sempre um bom indicativo no que diz respeito à aceitação de novas ideias, a maior prova de fogo era se a conversa mudaria nas capitais nacionais. E a melhor forma de avaliar se as pessoas estavam ouvindo era, ironicamente, procurar saber se elas estavam discordando. Afinal de contas, em um mundo com tantos obstáculos e uma mídia fragmentada, seria fácil muitas ideias se perderem e desaparecerem por completo. Pessoas atarefadas que ocupam posições importantes não dão a mínima nem perdem tempo em discutir o que a maioria das outras pessoas comenta.

Passamos pela prova de fogo. Em Washington, D.C., os que mais se incomodaram com a ideia de uma Convenção Digital de Genebra eram, muitas vezes, autoridades que haviam desempenhado um papel de liderança no desenvolvimento dos recursos cibernéticos ofensivos do país. As autoridades defendiam que regras que limitam o uso dos recursos cibernéticos atrapalhariam o avanço de governos como os Estados Unidos. Ressaltamos que o governo dos EUA já se opunha ao uso de ciberataques contra civis em tempos de paz, e era isso o que tentávamos restringir. E, de modo geral, a história da tecnologia de armas evidenciava que, mesmo que os Estados Unidos estivessem em uma posição de liderança atualmente, outras nações os alcançariam em breve.

Por sua vez, as autoridades salientavam que, se elaborássemos regras mais firmes e os Estados Unidos as seguissem, os adversários do país não as seguiriam. Mas acreditávamos que as regras internacionais poderiam, apesar de tudo, ajudar a pressionar mais os países, inclusive criando os ali-

DIPLOMACIA DIGITAL

cerces morais e intelectuais para respostas internacionais mais coordenadas aos ciberataques. Afinal, era ainda mais difícil restringir uma conduta se ela não violasse nenhuma regra.

Como sempre, aprendemos muito com essas discussões. Algumas pessoas ressaltaram que diretrizes internacionais importantes já estavam em vigor e que corríamos o risco de passar a impressão de que as regras existentes não importavam. Elas tinham razão. Desde o início, deixamos claro que a Convenção Digital de Genebra era uma meta de longo prazo e parte de uma visão que provavelmente levaria até uma década para ser implementada. Não queríamos minar as diretrizes existentes ao longo do percurso. Conversamos sobre esses aspectos mais detalhadamente com especialistas do governo e estudiosos de todo o mundo, aceitando as regras já em vigor no ciberespaço e a necessidade de fortalecer sua utilização e identificar lacunas que precisam ser preenchidas.[8]

Nós nos deparamos também com a resistência de pessoas que se opunham à ideia de que empresas internacionais protegeriam civis em escala global, em vez de ajudar seu governo local a atacar outras nações. Um consultor de Trump me contestou em uma viagem a Washington, D.C.: "Como empresa norte-americana, por que você não concorda em ajudar o governo dos EUA a espionar pessoas de outros países?"

Recordei-o de que o Trump Hotels havia acabado de inaugurar uma nova instalação no Oriente Médio e na Pennsylvania Avenue. "Esses hotéis vão espionar as pessoas de outros países que se hospedarem por lá? Não seria bom para os negócios da família." Ele assentiu.

Pelo menos, conseguimos encorajar uma nova conversa. Quando Satya e eu comparecemos a uma conferência de tecnologia na Casa Branca em junho de 2017, participei de uma sessão especial sobre questões de segurança cibernética. Um dos funcionários da Casa Branca me repassou uma mensagem de antemão: "Por favor, nem toque no assunto de uma Convenção Digital de Genebra. Queremos que a discussão se concentre

ARMAS E FERRAMENTAS

nas melhores práticas de segurança para o governo dos EUA, e não em outras questões."

Ao entrarmos na sala de conferências requintada onde a reunião seria realizada, assegurei ao funcionário que eu tinha entendido o recado. Mas conforme a discussão ocorria, o CEO de outra empresa, com quem eu ainda não tinha falado, de repente se inclinou sobre a mesa e disse: "Vejam bem, precisamos mesmo de uma Convenção Digital de Genebra."

Eu e o funcionário da Casa Branca nos entreolhamos, e dei de ombros.

Ao falarmos com mais pessoas a respeito da noção de Convenção Digital de Genebra, percebemos que muitos dos aspectos abordados eram relevantes a qualquer tipo de controle de armas. Havia um longo histórico de debate público sobre regras de controle de armas, e precisávamos aprender com elas.

Durante as últimas décadas da Guerra Fria, o controle de armas era *o* foco geopolítico, enquanto as superpotências mundiais da época — Estados Unidos e União Soviética — negociavam tratados para controlar as armas nucleares.[9] As questões associadas ao controle de armas eram entendidas em sua totalidade nos círculos políticos daquele tempo e discutidas com mais frequência e amplamente. Como a possibilidade de um apocalipse nuclear causado pelo homem povoava os recônditos da mente humana, isso se impregnou em grande parte da cultura pop, no início dos anos 1980.

Esses riscos nucleares pesaram duramente sobre os ombros do presidente Reagan em 4 de junho de 1983, quando ele viajou de helicóptero para Camp David, na zona rural de Maryland, com uma pilha de documentos sigilosos sobre controle de armas. Naquela noite, quando uma tempestade chegou aos Apalaches, Reagan, com sua esposa, Nancy, se acomodaram na casa de campo para assistir a um filme — um dos 363 filmes a que o ex-astro de cinema assistiria durante sua presidência de dois mandatos.[10] O roteirista do novo filme, *Jogos de Guerra*,[11] havia organizado uma exibição; o filme estreara um dia antes.

DIPLOMACIA DIGITAL

O protagonista do suspense é um hacker adolescente que altera as suas notas no computador da escola e acidentalmente se conecta a um supercomputador no Comando de Defesa Aeroespacial da América do Norte (NORAD), e por pouco não inicia a Terceira Guerra Mundial. A história da Guerra Fria assustou o comandante em chefe. Após dois dias, durante uma reunião de alto nível na Casa Branca, ele perguntou se alguém havia assistido ao filme. Ao observar os olhares vazios e perplexos, o presidente descreveu o enredo em detalhes, antes de perguntar ao chefe do Estado-Maior Conjunto das Forças Armadas se a trama era realista.[12] Esse diálogo estimulou uma série de decisões que resultaram nas primeiras incursões federais à segurança cibernética. A vida imitava a arte, levando em parte à aprovação da Lei de Fraude e Abuso de Computador que tornava ilegais os hackeamentos retratados no filme.[13]

Jogos de Guerra alimentou o desconforto da época relacionado às armas e à tecnologia nucleares. Em um tempo em que os computadores pessoais eram dispositivos incipientes e, em geral, ficavam confinados nos quartos de aficionados, o filme tinha um forte apelo. Gravado há mais de 35 anos, nos dias de hoje, beira uma profecia. As temáticas se conectam com as inquietações do público sobre as vulnerabilidades de computadores, a ameaça de guerra e a possibilidade de máquinas fugindo ao controle humano. O enredo também fala da influência diplomática sobre a guerra, identificada pelo supercomputador do NORAD, que aplicou seu aprendizado de jogar jogo da velha à destruição que seria perpetrada pela guerra nuclear, ao proferir a frase clímax do filme: "Um jogo estranho. A única jogada vencedora é não jogar."

Desde o final da Guerra Fria, o assunto a respeito do controle de armas saiu do escrutínio público. Como resultado, uma geração de especialistas em controle de armas nos deixou, e não existe mais um amplo entendimento público a respeito da questão. Em 2018, estávamos novamente olhando de volta para o futuro. Como disse o ex-embaixador dos EUA na Rússia, Michael McFaul, não havia mais a Guerra Fria, e sim a Paz Quente.[14] É hora de tirar da gaveta algumas lições do passado.

ARMAS E FERRAMENTAS

Em alguns aspectos, a resposta à Segunda Guerra Mundial e a décadas de negociações sobre armas nucleares nos inspira no que diz respeito ao trabalho necessário para abordar a segurança cibernética. Além do mais, após o lançamento de duas bombas atômicas no Japão em 1945, o mundo evitou o conflito nuclear por quase 75 anos. Vez ou outra, podemos aprender as lições dos caminhos desafiadores e sinuosos tomados pelo governo entre o fim da Segunda Guerra Mundial e o fim da Guerra Fria.

Uma dessas lições se originou do Direito Humanitário Internacional e do trabalho dos governos do mundo, quando se reuniram em 1949 para criar a Quarta Convenção de Genebra. O resultado não proibiu ou limitou armas específicas, no entanto restringiu o *modus operandi* dos governos em conflitos militares. Segundo as regras, os governos não podem atacar os civis com premeditação, tomar medidas que levem a baixas civis excessivas ou usar armas que causem ferimentos desnecessários além de seu valor militar.[15] O curioso é que a força motriz da Convenção de 1949 não foi um governo específico, mas o Comitê Internacional da Cruz Vermelha, que continua a desempenhar um papel essencial no cumprimento da Convenção até hoje.[16]

Em termos significativos, a Convenção de Genebra fala sobre o aprendizado válido ao próprio controle de armas. Não raro, é mais viável limitar a quantidade ou as propriedades de armamentos específicos ou controlar como são usados do que tentar proibi-los por completo. Um autor até mesmo sugeriu: "Se uma arma é considerada horrível e pouco conveniente, é provável que se consiga bani-la. Agora, se uma arma traz vantagens substanciais no campo de batalha, é improvável que se consiga proibi-la, por mais hediondo que isso possa parecer."[17]

O controle de armas está entre as iniciativas mais difíceis do mundo. Entretanto, como um estudo concluiu no final da Guerra Fria, os acordos para controlar as armas a fim de que não sejam usadas — diferentemente de erradicá-las por completo — "talvez acabem sendo melhores, pelo menos, da perspectiva de que o sucesso é maior".[18] Talvez esse conceito, como todo o resto, tenha reavivado os empenhos de especialistas em direito in-

DIPLOMACIA DIGITAL

ternacional em definir normas internacionais que restrinjam o modo pelo qual as armas cibernéticas podem ser utilizadas.[19]

Outra lição que se repete ao longo da história do controle de armas que também é válida: os governos às vezes procuram se esquivar dos acordos internacionais, se puderem; logo, é necessário que haja maneiras eficazes de inspecionar o cumprimento dessas regras e responsabilizar os infratores. Isso está relacionado diretamente a um dos maiores desafios no que se refere ao controle de armas cibernéticas. Os governos não apenas as enxergam como úteis, mas também como bastante simples de se utilizar e escapar à detecção. Segundo David Sanger do *New York Times*, infelizmente isso faz delas "a arma perfeita".[20]

Isso enfatiza a importância de aumentar a competência em responsabilizar os países que lançam os ciberataques e elaborar uma capacidade coletiva de resposta na ocorrência desses ataques. Os Estados Unidos e outros governos estão trabalhando cada vez mais para elaborar essas respostas, que podem variar de ataques responsivos a ferramentas diplomáticas mais tradicionais, incluindo sanções. Mas, a despeito da forma, é provável que elas contribuam melhor para a segurança cibernética se forem fundamentadas em acordos que estabeleçam quais regras internacionais estão sendo infringidas, e a partir de um consenso multilateral sobre quem foi o responsável pelo ataque. Em uma era na qual essas novas armas são deflagradas em data centers, cabos e dispositivos pertencentes e operados por empresas, é provável que as informações do setor privado tenham um papel maior na atribuição de ataques.[21]

E tudo isso destaca a importância constante da diplomacia internacional. Ao pensarmos nesta nova geração de desafios diplomáticos, existem algumas ferramentas que estão ao nosso alcance. O ministro das Relações Exteriores da Dinamarca identificou uma de nossas novas oportunidades quando afirmou que as empresas tecnológicas se tornaram uma espécie de "nação". Embora julgássemos que a comparação tinha lá seus limites, ela evidenciava uma oportunidade única. Se nossas empresas são como nações, podemos estipular nossos próprios acordos internacionais.

119

ARMAS E FERRAMENTAS

Tentamos avançar o setor de tecnologia nessa direção quando apelamos para uma "Suíça digital neutra". Era necessário colocar isso em prática, reunindo empresas a fim de assinar um acordo se comprometendo a agir para defender todos os nossos clientes legítimos, em todas as partes do mundo. Embora percebêssemos um apoio generalizado em favor de nossos conceitos gerais de segurança cibernética, sabíamos que não seria uma empreitada nada fácil. O setor tecnológico está repleto de pessoas enérgicas que trabalham para empresas ambiciosas. Falar em reunir as empresas para trabalhar em prol de algo comum é fácil; colocar isso em prática é difícil.

Determinar o que seria o pacto global Cybersecurity Tech Accord[22] era a tarefa que se encaixava perfeitamente à nossa equipe de diplomacia digital, encabeçada por Kate O'Sullivan. Ela lidera uma equipe de "diplomatas" da Microsoft que trabalham com formuladores de políticas e parceiros do setor em todo o mundo, a fim de promover confiança e segurança na internet. Tendo em conta a propriedade privada do ciberespaço, reconhecemos há muito que protegê-lo exigia não somente o envolvimento multilateral dos interessados, mas também plurilateral. Como os novos embaixadores da tecnologia que representam os governos, precisávamos de representantes profundamente comprometidos com os valores diplomáticos para nos dedicarmos à criação da paz digital — e à proteção de nossos interesses e clientes, no que viria a se transformar em um novo plano de guerra.

Idealizamos os princípios do acordo de tecnologia, e a equipe de diplomacia digital o divulgou para investigar o interesse do setor. Primeiro, os signatários do acordo pactuariam com dois conceitos dominantes: proteger usuários e clientes, independentemente da localidade, e se opor aos ataques contra cidadãos e empresas inocentes de qualquer lugar. Isso proporcionaria os alicerces que consideramos necessários ao setor tecnológico, a fim de promover e proteger a segurança cibernética em escala global. O acordo complementaria esses dois princípios com duas promessas pragmáticas. A primeira era adotar medidas novas para consolidar o ecossistema de tecnologia, trabalhando com usuários, clientes e desenvolvedores de software com o objetivo de reforçar a proteção de segurança de maneiras práticas.

DIPLOMACIA DIGITAL

E a segunda era trabalhar mais em estreita colaboração a fim de promover a segurança cibernética, inclusive compartilhando mais informações e se ajudando, quando necessário, para responder aos ciberataques.

Fazer as pessoas concordarem que esses princípios tinham sentido era uma coisa. Agora, fazer com que elas se comprometessem publicamente era outra totalmente diferente. Logo um grupo pequeno se reuniu, incluindo o Facebook, que estava cada vez mais propenso a abordar suas próprias questões de privacidade. Várias outras empresas grandes e experientes de TI, incluindo Cisco, Oracle, Symantec e HP, também foram rápidas em apoiar a causa.

Google, Amazon e Apple se revelaram mais difíceis. À medida que dialogávamos com essas empresas, algumas delas afirmaram que era demasiado controverso ficar ao lado do Facebook em um momento que a empresa era bombardeada de críticas pelas capitais nacionais ao redor do mundo. Como vivenciei uma situação parecida na década de 1990, provavelmente sentia mais compaixão pelo Facebook do que a maioria. Eu também entendia que, até certo ponto, todo mundo passava por momentos difíceis, e, se nosso primeiro princípio fosse virar as costas para as pessoas em tempos de crise, nos condenaríamos à passividade, mesmo em questões nas quais os empenhos coletivos são mais necessários.

Outras dessas empresas ainda alegaram ter ouvido uma certa rejeição por parte de pessoas do governo norte-americano. Elas não queriam apoiar algo que era alvo de críticas. E algumas disseram que simplesmente não conseguiam fazer com que as pessoas da empresa decidissem a respeito, portanto não tinham como obter a aprovação para assinar. Apesar dos repetidos e-mails e telefonemas, não pudemos contar com elas.

A boa notícia foi que o resto do setor começou a apoiar a nossa causa. Decidimos internamente que anunciaríamos o pacto tecnológico se pudéssemos obter assinaturas públicas de pelo menos vinte empresas. À medida que a data da conferência RSA de 2018 em São Francisco se aproximava, era evidente que alcançaríamos esse objetivo.

ARMAS E FERRAMENTAS

Nas últimas semanas que antecederam o anúncio do Cybersecurity Tech Accord, compartilhamos nossos planos com a Casa Branca e com autoridades importantes de outras partes dos Estados Unidos e de outros governos. Não queríamos que fossem pegos de surpresa. Recebemos um feedback positivo da própria Casa Branca, mas ouvimos boatos de que alguns membros do serviço secreto estavam apreensivos quanto à linguagem usada em nossas promessas de não ajudar o governo a lançar ciberataques contra "cidadãos e empresas privadas". Eles estavam preocupados com o fato de que a referência a "cidadãos privados" encobrisse terroristas, pois isso significava que eles não poderiam recorrer ao setor tecnológico no caso de uma emergência. Esse feedback ajudou muito. Alteramos o texto e passamos a nos referir a "cidadãos inocentes", que aparentemente soluciona a questão.

Em abril de 2018, quando apresentamos o Cybersecurity Tech Accord, 34 empresas o assinaram.[23] Foi mais do que suficiente para nossa causa ganhar força. Em maio de 2019, o grupo tinha mais de cem empresas de mais de vinte países, que estavam usando o acordo ao endossar medidas práticas para reforçar a proteção à segurança cibernética.

Vale ressaltar que a necessidade de uma colaboração mais sólida do setor privado encontrou apoio adicional em todo o mundo. Em seu abono, a Siemens encabeçou uma das primeiras iniciativas, criando o que chamou de Charter of Trust [Carta de Confiabilidade, em tradução livre], com o intuito de focar a proteção dos pequenos dispositivos onipresentes que constituem a Internet das Coisas. Diversas empresas europeias líderes de mercado, incluindo Airbus, Deutsche Telekom, Allianz e Total, aderiram rapidamente.[24]

Em alguns aspectos, uma resposta ainda mais interessante nos esperava na Ásia. Em julho de 2018, em Tóquio, nos encontramos com os diretores da Hitachi, que queria ser o primeiro grande signatário japonês. Ao chegarmos na sede japonesa para selar a aprovação, eles logo disseram: "Fomos atacados pelo WannaCry. Pensamos em ficar calados, mas percebemos que nunca resolveríamos esse problema se não juntássemos forças e fizéssemos algo do tipo."

Na verdade, esse era o objetivo. Fiquei impressionado com o fato de que uma empresa japonesa de tecnologia consagrada na indústria, e que tinha a reputação de ser mais conservadora do que as empresas norte-americanas, estava disposta a tomar um atitude em um momento no qual empresas como Google, Apple e Amazon ainda estavam de braços cruzados. Discutimos, em Tóquio, a necessidade de o setor tecnológico ser proativo e firmar novas alianças multilaterais.

De preferência, queríamos ver mais lideranças governamentais que defendessem a abordagem multilateral da segurança, primordial desde o fim da Segunda Guerra Mundial. Contudo, no momento a atmosfera da Casa Branca não era nada propícia, e outras capitais nacionais se mostravam evasivas.

Ao que parece, era irônico e até mesmo constrangedor uma empresa avançar na responsabilidade do multilateralismo, papel que normalmente cabia aos governos. Porém nos deparamos com mais apoio do que críticas, conforme fazíamos progresso. E, à medida que progredíamos, um número crescente de empresas expressava o desejo de aderir à causa.

Mas, para que a diplomacia fosse bem-sucedida, precisaríamos ir além das fronteiras do setor tecnológico e da comunidade empresarial. Governos, empresas e grupos sem fins lucrativos precisariam encontrar uma forma de trabalhar juntos. Investigamos a oportunidade ideal e concluímos que nossa melhor chance seria uma conferência internacional que ocorreria em Paris, em novembro de 2018. O presidente francês Emmanuel Macron decidiu sediar o que chamou de Fórum da Paz de Paris, no Centenário do Armistício que encerrava a Primeira Guerra Mundial. Ele postou um vídeo no YouTube ao qual assistimos repetidas vezes.[25] O presidente falou a respeito do enfraquecimento das democracias e do colapso do multilateralismo nas duas décadas que se seguiram ao Armistício, levando à Segunda Guerra Mundial. Macron fez um convite a ideias

ARMAS E FERRAMENTAS

para projetos que fortaleceriam a democracia e o multilateralismo no século XXI. Era o convite perfeito para o que queríamos fazer.

As autoridades em Paris se interessaram. David Martinon, embaixador da França em diplomacia cibernética e economia digital, tinha um posto semelhante ao de Casper Klynge na Dinamarca. Ele era o responsável pela governança da internet, segurança cibernética, liberdade de expressão e direitos humanos. Sob a liderança de Philippe Étienne, o assessor diplomático do presidente Macron, Martinon e outras autoridades francesas já estavam focadas em arquitetar futuro. Conversamos com eles sobre a oportunidade de idealizar uma nova declaração e iniciativa para lidar com a segurança cibernética.

Foram necessárias sólidas lideranças francesas e meses de conversas ponderadas em todo mundo. No dia seguinte ao Centenário do Armistício, o presidente Macron apresentou o Paris Call for Trust and Security in Cyberspace [Apelo Parisiense para Confiabilidade e Segurança no Ciberespaço],[26] reforçando a importância das diretrizes internacionais existentes a fim de proteger os cidadãos e a infraestrutura civil contra ciberataques sistêmicos ou indiscriminados. Era um apelo também aos governos, empresas de tecnologia e organizações não governamentais, para que trabalhassem juntos com o objetivo de proteger os processos democráticos e eleitorais das ameaças cibernéticas do tipo Estados-nações — área que acreditávamos demandar um apoio mais explícito no âmbito do direito internacional.

Mais importante ainda foi o alcance do apoio à Paris Call. Na tarde do discurso de Macron, o governo francês anunciou que havia 370 signatários. Figuravam na lista 51 governos de todo o mundo, incluindo todos os 28 membros da União Europeia e 27 dos 29 membros da OTAN. A lista também incluía governos importantes de outras partes do mundo, dentre eles Japão, Coreia do Sul, México, Colômbia e Nova Zelândia. No início de 2019, esse número subiria para mais de 500, passando a incluir 65 governos e a maior parte do setor tecnológico, também o Google e o Facebook — embora a Amazon e a Apple estivessem de fora.[27]

DIPLOMACIA DIGITAL

Por ironia do destino e, a nosso ver, infelizmente, o Paris Call angariou um apoio imenso sem o suporte do governo dos Estados Unidos, que não assinou a declaração em Paris. Ainda que no início tivéssemos esperança de que Washington assinasse, um mês antes das reuniões de Paris, ficou claro que o governo dos EUA não estava pronto para assumir uma posição, seja lá como fosse. Os ventos políticos que sopravam entre algumas equipes da Casa Branca não estavam favoráveis às iniciativas multilaterais, independentemente da questão. Isso nos colocava em uma posição inusitada, pois nossas equipes de assuntos governamentais ao redor do mundo estavam pedindo a outros países que apoiassem a iniciativa.

No entanto, o Paris Call representa uma inovação importante. A declaração adota a abordagem multilateral, que fora de suma importância à paz internacional no século XX, e a transforma no tipo de abordagem plurilateral necessária para enfrentar as questões globais de tecnologia no mundo atual. Reúne a maioria das democracias do globo, e as conecta com boa parte do setor tecnológico e com os principais grupos não governamentais do mundo. E, com o passar do tempo, outras partes podem assiná-la.

Logo o modelo assimilado no Paris Call despertou o interesse mundial. Ao nos reunirmos com a primeira-ministra Jacinda Ardern e seu gabinete na Nova Zelândia, pouco depois da tragédia de Christchurch em março de 2019, trocamos ideias de como o mundo poderia combater a recorrência de terroristas que tornam a internet um palco, como no ataque contra os neozelandeses. Nossa conversa se concentrou no Paris Call, se poderíamos reunir governos, setor de tecnologia e sociedade civil de forma semelhante. Pensamos nisso à noite e, na manhã seguinte, em uma reunião com diversas autoridades do governo, toda a sala já estava falando no que uma "Christchurch Call" poderia abordar.

Sob a liderança de Ardern, o governo neozelandês tomou a iniciativa. Como eu havia mencionado em nossa reunião inicial, ela trouxe à questão um senso de autoridade moral. Ardern mais do que depressa respondeu que a indignação do mundo passaria e queria usar o momento não para ganhar pontos nas relações públicas, e sim para alcançar algo de importância

ARMAS E FERRAMENTAS

mais duradoura. Ela enviou para a Europa o oficial em segurança cibernética Paul Ash, com o intuito de explorar uma parceria com um governo local e, tomando como base o Paris Call, ele encontrou a equipe de Macron disposta a ajudá-lo de imediato.

A indústria de tecnologia tinha um grande papel a desempenhar. Nosso desafio era identificar medidas pragmáticas que poderíamos tomar a fim de combater que nossos serviços fossem utilizados como foram em Christchurch para potencializar a violência extremista. Na Microsoft, pedi à diretora jurídica Dev Stahlkopf e seu chefe de equipe, Frank Morrow, que encabeçassem o trabalho para desenvolver ideias. Embora não tivéssemos passado pelo imenso upload de vídeos que afetou o serviço do Facebook, Twitter e YouTube do Google, concluímos logo que tínhamos nove serviços distintos que eram suscetíveis a esse tipo de abuso. Eles variaram desde o LinkedIn e o Xbox Live ao compartilhamento de vídeos por meio do OneDrive, até os resultados de pesquisa do Bing e o uso da nossa plataforma em nuvem do Azure.

Outras empresas tecnológicas estavam preparadas não somente para dar um passo adiante, como também para intensificar seus esforços. O Google, o Facebook e o Twitter admitiram que o uso de seus serviços de compartilhamento de conteúdo pelo terrorista da Christchurch tornava imperativo que eles fizessem mais. A Amazon, em seu abono, reconheceu que poderia fazer parte da solução, mesmo que seus serviços não fossem parte do problema.

Era óbvio que diversas medidas teriam que ser tomadas — e diferentes equilíbrios teriam que ser alcançados — em serviços tecnológicos distintos. Precisávamos dar atenção tanto aos requisitos de engenharia quanto a questões mais abrangentes de direitos humanos e liberdade de expressão. Uma série de teleconferências em grupo obteve rapidamente apoio entre as empresas em favor de nove recomendações específicas, com o objetivo de tomar providências contra a violência extremista e o conteúdo terrorista online, incluindo cinco etapas que os serviços individuais poderiam adotar para restringir seus termos de serviço, gerenciar melhor os vídeos ao vivo, responder a denúncias de abuso por usuários, aprimorar as fiscalizações de tecnologia e publicar relatórios de transparência. O grupo também definiu quatro etapas para todo o setor, entre elas o lançamento de um protocolo de resposta a crises, o desenvolvimento de tecnologia baseada em código aberto, melhor educação do usuário e apoio mais amplo à pesquisa e trabalho de organizações não governamentais, com o intuito de estimular o pluralismo e o respeito online.

Ardern pressionava por uma decisão e um pronunciamento, faltando somente um mês para a próxima reunião em Paris. Representantes dos governos da Nova Zelândia e da França se reuniram, no norte da Califórnia, com organizações da sociedade civil e com as empresas de tecnologia para discutir as questões específicas levantadas pelo projeto proposto para o chamado Christchurch Call. A equipe do governo da Nova Zelândia trabalhou praticamente dia e noite, conciliando o feedback dos líderes do governo e de outras partes interessadas. Em uma ligação tarde da noite, em que Satya e eu conversamos com Ardern, mencionei como fiquei atônito com a velocidade do governo. Ela respondeu: "Quando se é pequeno, você precisa ser ligeiro!"

Em 15 de maio, dois meses após os horríveis atentados na Nova Zelândia, Ardern se reuniu com Macron e outros oito líderes do governo em Paris para lançar o "Christchurch Call to Action" [Apelo à Ação de Christchurch]. O documento abordava o violento conteúdo extremista e terrorista online, ao longo de compromissos para governos e empresas tecnológicas atuarem tanto separadamente quanto em conjunto.[28] Ao me unir a outros líderes tecnológicos e chefes de Estado em Paris para consolidar a assinatura da Microsoft, nosso grupo de cinco empresas também apresentou os nove passos que daríamos para colocar em prática o Christchurch Call.

Anunciados no intervalo de pouco mais de seis meses, o Paris e o Christchurch Call assinalaram o progresso que o mundo pode fazer, avançando em direção ao que Casper Klynge gosta de chamar de "tecnodiplomacia". Em vez de depender apenas dos governos, uma nova

ARMAS E FERRAMENTAS

abordagem plurilateral de diplomacia reúne governos, sociedade civil e empresas de tecnologia.

Em certos aspectos, a ideia não é totalmente nova. Um estudo recente concluiu que várias organizações não governamentais têm desempenhado papéis importantes em relação a questões de controle de armas, incluindo o envolvimento de grupos de defesa, *think tanks*, movimentos sociais e grupos de educação.[29] Liderada, a princípio, na década de 1860 pelos fundadores da Cruz Vermelha em Genebra, uma das iniciativas recentes mais bem-sucedidas foi a Campanha Internacional para Banir Minas Terrestres, na década de 1990. A última campanha iniciou com seis organizações não governamentais em 1992 e passou a englobar mais ou menos mil ONGs de sessenta países.[30] O grupo "ressignificou com sucesso as minas terrestres em uma perspectiva humanitária e moral, e não exclusivamente militar", e, com o apoio do governo canadense, levou sua campanha a um fórum improvisado que adotou "um tratado de proibição de minas terrestres, em dezembro de 1997, somente cinco anos após o início da campanha em favor da proibição".[31]

A partir dessa perspectiva, a originalidade do Paris e do Christchurch Call talvez seja o envolvimento de empresas, diferentes de outras entidades não governamentais, em uma nova geração de questões humanitárias e vinculadas à restrição de armas. Não restam dúvidas de que alguns desconfiarão mais das empresas do que das ONGs. Mas, dado o grau em que o ciberespaço pertence e é operado por essas empresas, é complicado dizer que elas não têm nenhum papel a desempenhar.

O Paris e o Christchurch Call simbolizavam também outra inovação que consideramos importante para dar início a uma era de diplomacia digital. O controle de armas e a proteção humanitária sempre demandaram apoio público amplo. No século XX, as novas ideias não raro passaram satisfatoriamente de *think tanks* para conversas detalhadas com organizações não governamentais e círculos políticos, rompendo as barreiras e chegando mais rápido ao público via líderes políticos internacionais. Todavia, em uma época dominada pela fragmentação da imprensa tradicional e pelo advento das mídias sociais, existe a necessidade e a oportunidade de se conectar com o público de novas maneiras.

Isso fazia parte do que inferimos do debate público a respeito de uma possível Convenção Digital de Genebra. Ainda que alguns diplomatas tradicionais vissem a situação com desdém, a ideia mexeu com a imaginação do público de uma forma que escapou à discussão especializada da crítica, embora fosse menos glamorosa que a publicação de segurança cibernética internacional *Tallinn Manual 2.0.*[32] Fazia parte também do que eu via na abordagem inovadora e nos tuítes frequentes de Casper Klynge.[33] E foi justamente isso que nos inspirou a associar nosso trabalho ao Paris Call em apoio à diplomacia da cidadania, incluindo um engajamento online que reuniu mais de 100 mil assinaturas de todo o mundo com o intuito de apoiar a "Paz Digital Agora".[34]

Talvez mais do que qualquer outra coisa, é necessário promover a diplomacia digital com um senso de determinação baseado não apenas em novas circunstâncias e ensinamentos positivos do passado, mas também nos fracassos decepcionantes ao longo da história. Fomos lembrados disso em Genebra, ao visitarmos a sede europeia da Nações Unidas para um discurso em 2017. O Palácio das Nações, que agora abriga a ONU, foi sede da Liga das Nações na década de 1930. O prédio ainda tem as diversas pequenas salas de conferências, ao estilo *art déco*, que retratam a era pós-Primeira Guerra Mundial.

O edifício serviu de palco global para o que seria uma das épocas mais trágicas do século XX. O Japão invadiu a Manchúria em 1931, e, pouco depois, o regime nazista de Hitler se tornou uma ameaça crescente na Europa. Os governos de 31 nações se encontraram na instalação para tentar restringir o acúmulo de armas em uma série de reuniões que duraram mais de cinco anos. No entanto, os Estados Unidos hesitaram em fornecer a liderança necessária para o que achavam ser meramente questões europeias, e Hitler retirou a Alemanha das negociações e depois da própria Liga das Nações, anunciando o presságio da morte para a tentativa rumo à paz global.

ARMAS E FERRAMENTAS

Antes da conferência diplomática convocada em 1932, Albert Einstein, o maior cientista de seu tempo, proferiu um aviso que todos ignoraram. Os avanços tecnológicos, advertiu, "poderiam tornar a vida humana tranquila e feliz se o desenvolvimento das organizações de poder do homem acompanhasse seus avanços técnicos".[35] Mas, ao contrário, "os feitos duramente conquistados na era das máquinas pelas mãos de nossa geração são tão perigosos quanto uma navalha nas mãos de uma criança de 3 anos". A conferência em Genebra terminou em fracasso e, antes do final da década, esse fracasso se traduziu em uma devastação global inconcebível.

As palavras de Einstein refletem o cerne dos desafios atuais. À medida que a tecnologia avança sem parar, o mundo pode controlar o futuro que está criando? Com frequência, as guerras resultaram do fracasso da humanidade em acompanhar o ritmo da inovação, fazendo muito pouco para lidar com as novas tecnologias. À medida que tecnologias emergentes, como armas cibernéticas e inteligência artificial, se tornarem mais poderosas, nossa geração será posta à prova, mais uma vez.

Se quisermos ser bem-sucedidos no que as pessoas fracassaram há quase um século, precisaremos de uma abordagem prática de dissuasão combinada com novas formas de diplomacia digital. Quando nos unimos a Casper Klynge e seus colegas de mais de vinte governos em uma reunião em São Francisco em abril de 2019, foi alentador ver uma nova geração de ciberdiplomatas trabalhando juntos.

Não há como negar que a Dinamarca é um país pequeno, com uma população de 5,7 milhões, o que faz da nação menor que o estado de Washington. A população da Nova Zelândia é ainda menor. No entanto, o ministro das Relações Exteriores dinamarquês tinha razão. No século XXI, o melhor modo de confrontar as questões globais é criar uma equipe que possa trabalhar não apenas com outros governos, mas também com todos os interessados que definem o futuro da tecnologia. Seria um erro menosprezar um país pequeno com uma boa ideia e liderança determinada. Chegou o tempo de um novo tipo de diplomacia digital.

Capítulo 8 ≫ PRIVACIDADE DO CONSUMIDOR: "Levantar a Guarda"

Em dezembro de 2013, quando os líderes tecnológicos se reuniram na Casa Branca com o objetivo de pressionar o presidente Obama a reformar as práticas de vigilância do governo, o rumo da conversa em determinado momento mudou. O presidente fez uma pausa e ofereceu um prognóstico. "Agora suspeito que vocês levantarão ainda mais a guarda", afirmou, sugerindo que muitas das empresas representadas na reunião tinham mais dados pessoais do que qualquer governo do planeta. Chegaria o tempo, disse Obama, em que as exigências que estávamos fazendo ao governo seriam feitas ao próprio setor tecnológico.

Em certos aspectos, era de se admirar que a guarda ainda não estivesse levantada. A Europa, presumivelmente, havia levantado a guarda há muito tempo. A União Europeia adotou uma diretiva forte de privacidade de dados, em 1995.[1] Isso estabeleceu uma estrutura sólida para a proteção da privacidade, que ia além de qualquer coisa que se podia encontrar nos Estados Unidos. A Comissão Europeia tomou como base essa diretiva ao propor uma regulamentação de privacidade ainda mais forte, em 2012. Foram quatro anos de discussões, mas a UE adotou seu extenso Regulamento Geral

ARMAS E FERRAMENTAS

sobre a Proteção de Dados (RGPD), em abril de 2016.[2] Uma vez que o Reino Unido votou para sair da União Europeia, dois meses após a votação do Brexit, as autoridades de proteção de dados no país rapidamente declararam apoio à implementação contínua das novas regras no próprio Reino Unido. Em uma reunião no início de 2017, a primeira-ministra Theresa May relatou aos executivos de tecnologia que o governo reconhecia que a economia do Reino Unido continuaria dependente dos fluxos de dados com o continente, e isso exigia um conjunto uniforme de regras de privacidade de dados.

E quanto aos Estados Unidos? À medida que as regras de privacidade de dados sistematicamente se estendiam mundo afora, a nação persistia como um caso isolado. Em toda a Europa, as autoridades se preocupavam cada vez mais com a proteção da privacidade de seus cidadãos, em um mundo onde os dados atravessavam as fronteiras e entravam nos data centers norte-americanos; os Estados Unidos, todavia, não conseguiram defender a privacidade nem em escala nacional. Eu mesmo discursei no Capitólio em 2005, apelando para a adoção da legislação nacional sobre a privacidade.[3] No entanto, além da HP e de algumas outras empresas, a maior parte do setor não deu a mínima ou rejeitou a ideia. E o Congresso seguia desinteressado.

Seria necessário o empenho de duas pessoas improváveis para desencadear as mudanças nos Estados Unidos. O primeiro a batalhar em favor da privacidade foi um estudante de direito da Universidade de Viena chamado Max Schrems. Durante uma escala na Europa em 2019, Max nos apresentou uma das iguarias austríacas de carne ensopada e compartilhou sua história inacreditável.

Na Áustria, Schrems é uma espécie de celebridade, e se você acompanhar sua saga, talvez consiga reconhecê-lo. "Perdi minha privacidade por causa de uma ação judicial sobre privacidade", riu.

A privacidade, incluindo seu conceito norte-americano, sempre o deixou intrigado. Quando Schrems tinha 17 anos, foi parar "no meio do nada" na Flórida, como estudante de intercâmbio do ensino médio. A cidadezinha de Sebring foi um choque cultural para ele, com toda certeza, mas não pelas

PRIVACIDADE DO CONSUMIDOR

razões que se poderia esperar. Não foram as reuniões sociais do Future Farmers of America [Futuros Fazendeiros dos Estados Unidos, em tradução livre] ou a Igreja Batista do Sul que o deixaram desnorteado, e sim os métodos da escola para rastrear os alunos.

"Existe toda uma pirâmide de controle. Tinha um posto policial na escola e câmeras em todos os corredores. Tudo era rastreado a partir de notas, resultados no SAT, frequência e pequenos adesivos nos IDs dos estudantes, que nos permitiam usar a internet", afirmou o austríaco.

Schrems se lembrava com orgulho de como ajudou seus colegas norte-americanos a burlar os bloqueios que a escola havia colocado nas pesquisas no Google. "Mostrei a eles que existia o Google.it e que funcionava perfeitamente, porque a escola só tinha bloqueado o .com. O estudante de intercâmbio apresentava a escola aos domínios internacionais de nível superior!"

Foi um alívio retornar à Viena, disse ele, "onde temos tanta liberdade".

Schrems ainda tinha a privacidade em mente em 2011, quando, aos 24 anos, voltou aos Estados Unidos para cursar um semestre na Faculdade de Direito da Universidade de Santa Clara, na Califórnia. Um docente convidado, que também era advogado no Facebook, falou sobre privacidade para a turma de Schrems. Quando Schrems o questionou sobre as obrigações da empresa, no âmbito da Lei de Privacidade Europeia, o advogado respondeu que as leis não eram cumpridas. "Ele nos contou que 'você podia fazer o que quisesse', porque as penas na Europa eram tão insignificantes que o cumprimento da lei era inexistente. Claro que ele nem imaginava que um europeu estava na sala", disse.

O intercâmbio motivou Schrems a investigar as coisas a fundo. Logo, o austríaco escreveu um trabalho de conclusão de curso sobre o que ele pensava ser as lacunas do Facebook em relação às obrigações judiciais europeias.

A maioria dos estudantes deixaria essa história de lado. No entanto, Schrems não era como a maioria. No espaço de um ano, ele pegou o que aprendeu e registrou queixa junto às autoridades de proteção de dados na Irlanda, onde estava localizado o data center europeu do Facebook. As quei-

ARMAS E FERRAMENTAS

xas dele eram simples, mas talvez suas repercussões colocassem a economia global em risco. Segundo Schrems, a Política de Privacidade Safe Harbor, que permitia a transferência de dados europeus para os Estados Unidos, precisava ser derrubada. A razão era que os Estados Unidos tinham garantias legais insatisfatórias para proteger adequadamente os dados europeus.

A base da Safe Harbor servia como pilar para a economia transatlântica, apesar de ser pouco conhecida, exceto pelos especialistas em privacidade. A Política de Privacidade Safe Harbor se originou da diretiva de privacidade da União Europeia de 1995, que permitia que as informações pessoais dos europeus fossem transferidas para outras nações somente se protegessem adequadamente sua privacidade. Como não existe uma lei nacional de privacidade nos Estados Unidos, era necessário certa dose de criatividade política para continuar usando a transferência de dados transatlântica. Em 2000, a solução adotada foi um programa voluntário que possibilitava que as empresas fiscalizassem se estavam cumprindo os sete princípios de privacidade, endossados pelo Departamento de Comércio dos EUA. Uma vez que esses princípios refletiam as regras da UE, a Comissão Europeia concluiu que os Estados Unidos forneciam proteção adequada à privacidade nos termos da diretiva de 1995.[4]

Quinze anos mais tarde, a circulação transatlântica de dados estourou. Mais de 4 mil empresas estavam tirando vantagem da Safe Harbor com o intuito de fornecer US$240 bilhões em serviços digitais anualmente.[5] Quase tudo estava incluso, desde serviços financeiros e de seguros até livros, músicas e filmes. Mas os aspectos financeiros eram somente a ponta do iceberg da informação. As empresas norte-americanas tinham 3,8 milhões de funcionários na Europa que dependiam das transferências de dados da Safe Harbor para tudo, desde seus pagamentos, benefícios de saúde até análise de recursos humanos.[6] O total das vendas europeias pelas empresas norte-americanas ultrapassava os US$2,9 trilhões, e a maioria exigia a transferência de dados digitais com o objetivo de garantir que as mercadorias chegassem ao destino e o faturamento fosse contabilizado adequadamente.[7] Um indicativo da profunda dependência mundial de dados.

PRIVACIDADE DO CONSUMIDOR

Enquanto as autoridades governamentais e os líderes corporativos viam a Safe Harbor como uma necessidade da vida moderna, Max Schrems enxergava algo completamente diferente. Ao encarar a Safe Harbor, como a criança do conto de fadas de Hans Christian Andersen, o austríaco garantia que "o imperador estava nu".

Schrems era usuário do Facebook desde 2008, e recorreu à plataforma para registrar queixa junto à Comissão de Proteção de Dados da Irlanda. Em 2012, retornou a Viena. Após "um vaivém de 22 e-mails" com o Facebook, Schrems recebeu um CD cujo PDF tinha 1.200 páginas com seus dados pessoais. "Era apenas metade ou um terço do que eles tinham sobre mim, e trezentas páginas eram coisas que eu tinha deletado nas postagens."

A seu ver, quando se tem um acordo que autoriza o Facebook a coletar e utilizar tantos dados indiscriminadamente, não se tem a garantia da proteção exigida pela legislação europeia.

Quando Schrems divulgou suas queixas e alegou que os princípios da Safe Harbor deveriam ser anulados, muitas pessoas em toda a Europa deixaram de ser usuárias do Facebook. A empresa mais do que depressa enviou dois de seus executivos europeus do alto escalão para Viena com o objetivo de fazê-lo reconsiderar suas opiniões. Eles passaram seis horas em uma sala de conferências do hotel ao lado do aeroporto, pedindo a Schrems que amenizasse suas queixas. Mas ele era duro na queda e insistiu que a Comissão Irlandesa resolvesse suas preocupações.[8]

O setor tecnológico e a comunidade de privacidade acompanhavam o caso com interesse, mas boa parte deles não esperava que Schrems fosse longe o bastante. Afinal de contas, ele passara mais tempo redigindo suas queixas do que fazendo seu trabalho de conclusão de curso em Santa Clara, que ainda estava inacabado, mas foi adiado pelo seu professor.[9] Quando o assunto parecia ter chegado ao fim, a Comissão de Proteção de Dados da Irlanda decidiu contra Schrems, concluindo que a Safe Harbor estava sujeita à averiguação da Comissão Europeia de 2000 e era adequada. Ao que tudo indicava, era hora de Schrems voltar a escrever seu trabalho na faculdade de direito. No entanto, ele não desistiria.

Seu caso finalmente chegou à Corte de Justiça Europeia. E, em 6 de outubro de 2015, o circo pegou fogo.

Eu estava na Flórida me preparando para um evento com clientes da América Latina, quando o telefone tocou logo pela manhã. A Corte invalidou a Política de Privacidade Safe Harbor.[10] Concluiu-se que as autoridades europeias de proteção de dados tinham competência para realizar suas próprias avaliações das movimentações de dados, segundo os termos do contrato. Na prática, a Corte conferiu mais autoridade aos órgãos de regulamentação independentes, pois sabia que nos Estados Unidos a análise das práticas de privacidade seria mais difícil.

Não demorou para que as pessoas questionassem se retornaríamos à idade das trevas digital. Os fluxos de dados transatlânticos seriam interrompidos? Ao preparar rigorosamente uma contingência, tínhamos colocado em prática outras medidas legais a fim de assegurar que nossos clientes pudessem seguir usando nossos serviços para transferência internacional de dados. Nós nos esforçávamos para tranquilizá-los. No setor tecnológico, todo mundo tentava parecer calmo e otimista; no entanto, a decisão da Corte Europeia foi alarmante. Parafraseando um advogado que ajudou a negociar a Safe Harbor: "Não podemos pressupor que agora as coisas estão a salvo. A decisão é tão abrangente que qualquer mecanismo usado para transferir dados para Europa pode estar em risco."[11]

A decisão resultou em meses de negociações inflamadas. Era como tentar remontar um copo quebrado juntando seus cacos. A ex-secretária do Comércio dos EUA, Penny Pritzker, e a vice-presidente da Comissão Europeia, Věra Jourová, estavam elaborando uma abordagem que provavelmente agradaria a Corte e os muitos órgãos europeus de regulamentação de privacidade. Em janeiro de 2016, quando cheguei à Comissão Europeia para discutir a situação com Jourová, fiquei surpreso ao ser cumprimentado por ela enquanto eu estava no térreo aguardando para me identificar. Ela sorriu ao mencionar que tinha saído por um instante. Um homem que ela nunca tinha visto a reconheceu do lado de fora e a abordou: "Deveríamos nos conhecer. Eu sou Max Schrems."

À medida que as negociações internacionais prosseguiam, o setor tecnológico se preparava para o pior. Na Microsoft, estudávamos se podíamos nos beneficiar da proximidade de Seattle com o Canadá e transferir o nosso principal suporte para nossas instalações em Vancouver. Seria um vaivém entre os funcionários de Redmond, todavia, como a decisão da Corte não afetava a transferência de dados entre o Canadá e a Europa, poderíamos garantir operações mais integradas.

Por fim, isso se revelou desnecessário. No início de fevereiro de 2016, Pritzker e Jourová divulgaram um novo acordo. Elas substituíram os princípios da Safe Harbor pelo Privacy Shield, que englobava altas exigências de privacidade e uma análise bilateral anual. A Microsoft foi a primeira empresa de tecnologia a prometer que cumpriria as novas exigências referentes à proteção de dados.[12]

Uma catástrofe de dados foi evitada. Mas o episódio demonstrava o quanto as coisas haviam mudado.

Por um lado, evidenciava que não existia uma ilha de privacidade — ninguém mais poderia afirmar que todos os seus dados continuariam dentro das fronteiras de uma única nação. Esse era o caso até mesmo de um continente tão grande quanto a Europa ou de uma economia tão significativa quanto os Estados Unidos. As informações pessoais circulam entre os países e são oriundas de todos os tipos de transações digitais, e, na maioria das vezes, as pessoas nem sabem disso.

Isso criava uma nova alavanca política externa com repercussões acentuadas para os Estados Unidos. Os membros da Corte de Justiça Europeia concederam autorização efetiva aos órgãos de regulamentação de proteção de dados do continente, notórios por seu engajamento dedicado à privacidade, para negociar padrões mais rígidos com os Estados Unidos.

ARMAS E FERRAMENTAS

Caso houvesse alguma dúvida a respeito desse objetivo, ela foi dissipada quando relatórios confiáveis e diretos foram divulgados sorrateiramente dentro dos círculos governamentais, logo após a decisão da Corte em 2015. Um membro da Corte que participou das deliberações se encontrou pessoalmente com diversos órgãos de regulamentação nacional de privacidade, para explicar os pormenores da decisão e recomendar a melhor forma de usá-la para negociar com a Casa Branca e com o Departamento de Comércio dos EUA. Era o tipo de medida que contestaria a separação entre os tribunais e o Poder Executivo nos Estados Unidos. Era inusitado na Europa, mas não impossível em muitas partes do mundo.

Embora os líderes políticos norte-americanos denunciem a abrangência dos órgãos europeus de regulamentação de privacidade, existe uma coisa que eles não conseguem mudar: a crítica dependência econômica dos Estados Unidos em relação à capacidade das empresas norte-americanas de movimentar os dados de e para outros países. No mundo de hoje, discute-se como construir um muro para impedir a imigração de outras pessoas. Mas nenhuma nação consegue tolerar uma barreira que interrompa o fluxo internacional de dados. Isso significa que as negociações transatlânticas que impactam as práticas de privacidade das empresas norte-americanas se tornaram uma realidade da vida econômica.

As repercussões definitivas são onerosas até mesmo para a China. Com o passar do tempo, a abordagem europeia pode levar à crescente pressão sobre a China, para encarar um dilema importante. A nação pode avançar sem a proteção de privacidade de dados dentro de suas fronteiras ou fortalecer suas conexões econômicas com a Europa, a partir dos fluxos de dados necessários e indispensáveis. No entanto, será mais difícil fazer ambas as coisas.

Apesar de, na época, estarmos à beira de uma catástrofe, suspiramos aliviados com a negociação do Privacy Shield. Era outro alerta, mas, novamente, as pessoas o ignoraram e dormiram no ponto. Os fluxos de dados se manteriam e as empresas continuariam a fazer negócios. Grande parte das empresas tecnológicas e autoridades governamentais simplesmente evitavam pensar muito nas consequências geopolíticas de longo prazo.

PRIVACIDADE DO CONSUMIDOR

Em alguns aspectos-chave, era mais do que compreensível. O resto de 2016, devido ao voto do Brexit e à eleição presidencial norte-americana, despertou a atenção das pessoas. E, dentro de alguns meses, todos estavam focados em um desenvolvimento de privacidade diferente da Europa. A data da implementação do Regulamento Geral sobre Proteção de Dados (RGPD) pela União Europeia se aproximava.

O RGPD logo se tornou um acrônimo familiar para quem trabalha no setor de tecnologia. Ainda que não fosse incomum ouvir advogados usarem siglas ao mencionar os regulamentos governamentais, o RGPD estava na boca dos engenheiros, profissionais de marketing e vendedores. E havia um bom motivo para tal. A regulamentação exigia a rearquitetura de muitas das plataformas de tecnologia do mundo, e isso não era pouca coisa a se fazer. Embora não fosse necessariamente parte do plano da UE, tornou-se uma segunda forma de a Europa influenciar os padrões de privacidade nos Estados Unidos e no mundo.

O RGPD é diferente de muitas regulamentações governamentais. Na maioria das vezes, um regulamento informa a uma empresa o que não se pode fazer. Por exemplo, não inclua declarações falaciosas em suas propagandas. Ou não use revestimento de amianto em seus edifícios. A filosofia basilar de uma economia de livre mercado incentiva a inovação nos negócios, a partir da regulamentação que restringe o limite de determinados comportamentos, mas, por outro lado, permite que as empresas tenham grande liberdade para experimentar.

Na verdade, uma das maiores características do RGPD é uma declaração de direitos de privacidade. Ao facultar certos direitos aos consumidores, é necessário que as empresas não somente evitem determinadas práticas, mas criem novos processos de negócios. Por exemplo, exige-se das empresas com informações pessoais que permitam que os consumidores as acessem. Os clientes têm o direito de saber quais informações a seu respeito uma empresa tem. Eles têm o direito de modificar as informações, no caso de serem imprecisas. Eles têm o direito de apagá-las, dependendo das

ARMAS E FERRAMENTAS

circunstâncias. E têm o direito de transferir suas informações para outro provedor, se preferirem.

De certa maneira, o RGPD é semelhante a uma Magna Carta de dados. Representa a segunda onda crítica de proteção à privacidade na Europa. A primeira onda ocorreu em 1995, com uma diretiva de privacidade exigindo que os sites notificassem os consumidores e obtivessem seu consentimento antes de coletar e utilizar seus dados. No entanto, quando a internet disparou em popularidade, as pessoas eram bombardeadas com avisos de privacidade e tinham pouco tempo para lê-los. Ao reconhecer isso, o RGPD da Europa demandava que as empresas fornecessem aos consumidores praticidade online para visualizar e controlar todos os dados que eram coletados deles.

Não é de se admirar que as consequências para a tecnologia sejam tão abrangentes. Vamos partir da premissa de que qualquer empresa com milhões de clientes — ou até mesmo milhares de clientes — necessite de um processo de negócios específico para gerenciar esses novos direitos. Do contrário, seus funcionários ficariam sobrecarregados e com trabalho a fazer, tendo que rastrear os dados de um cliente. Mas, acima de tudo, é necessário que o processo seja automatizado. Com o intuito atender de acordo com a rapidez e o baixo custo do RGPD, as empresas precisam acessar os dados de um cliente de modo unificado em uma variedade de silos de dados. E isso exige mudanças na tecnologia.

Como a Microsoft era uma empresa tecnológica diversificada, o impacto do RGPD não poderia ter sido mais acentuado. Tínhamos mais de duzentos produtos e serviços, e muitas de nossas equipes de engenharia tinham competência para criar e gerenciar suas próprias infraestruturas de dados de backend. Apesar de existirem certas semelhanças, também existiam discrepâncias importantes na arquitetura da informação usada em diferentes partes da empresa.

Percebemos rapidamente que essas discrepâncias seriam um problema no âmbito do RGPD. Na União Europeia, os consumidores esperavam um processo único que reunisse todas as suas informações em todos os nossos

PRIVACIDADE DO CONSUMIDOR

serviços, para que pudessem vê-las de maneira individual e unificada. O único modo de isso acontecer efetivamente seria criar uma arquitetura de informações nova e singular que englobasse todos os nossos serviços de uma ponta à outra. Dito de outro modo, desde serviços como o Office 365 ao Outlook, Xbox Live, Bing, Azure e Dynamics até todo o resto.

No início de 2016, montamos uma equipe com alguns dos nossos melhores arquitetos de software. Eles tinham o prazo de dois anos, até que o RGPD entrasse em vigor em 25 de maio de 2018, mas também não tinham tempo a perder.

Antes de mais nada, os arquitetos precisaram recorrer aos advogados, que analisaram as exigências do RGPD. Com os advogados, eles criaram uma especificação enumerando todas as funcionalidades tecnológicas que nossos serviços precisariam disponibilizar. Os arquitetos, então, elaboraram um novo projeto para o processamento e armazenamento de informações, que seria implementado em todos os nossos serviços e colocaria essas funcionalidades em uso.

Na última semana de agosto, o plano estava pronto para ser analisado em uma reunião com Satya e com a equipe de liderança sênior da empresa. Todo mundo sabia que o projeto demandaria uma quantidade enorme de trabalho de engenharia. Precisávamos alocar mais de trezentos engenheiros para trabalhar em tempo integral no projeto, por no mínimo dezoito meses. E, nos últimos seis meses antes da data de implementação do RGPD, esse número aumentaria e muito. Representava um comprometimento financeiro na casa dos milhões de dólares. Ninguém queria perder essa reunião. Tinha gente que estava de férias, mas compareceu.

As equipes jurídicas e de engenharia apresentavam o projeto, os cronogramas e as alocações de recursos. Isso causou uma forte impressão. E, de certa forma, surpreendeu todo mundo. À medida que a reunião progredia, Satya de repente exclamou, meio que rindo: "Isso não é ótimo? Durante anos, foi praticamente impossível fazer com que todos os engenheiros da empresa chegassem a um acordo sobre uma arquitetura única de privacida-

ARMAS E FERRAMENTAS

de. Agora os órgãos de regulamentação e os advogados nos disseram o que fazer. O trabalho de criar uma arquitetura ficou bem mais fácil."

Era um comentário interessante. A engenharia é um processo criativo e os engenheiros são pessoas inventivas. Quando duas equipes de engenharia de software confrontavam o mesmo problema de formas diferentes, poderia ser extremamente difícil convencê-las a conciliar suas divergências e desenvolver uma abordagem comum. Ainda que as diferenças não envolvam uma funcionalidade importante, as pessoas costumavam se apegar ao que haviam criado.

Tendo em conta a grande estrutura de engenharia diversificada e autônoma da Microsoft, esse desafio às vezes é maior do que em outras empresas de tecnologia. Não raro, nos levou a manter, durante anos, a sobreposição de dois ou mais serviços, uma abordagem que raramente dava certo. A Apple, em contrapartida, às vezes confiava em seu foco restrito no produto e na tomada de decisões centralizada de Steve Jobs para solucionar esse problema. Por mais irônico que fosse, os órgãos europeus de regulamentação estavam nos fazendo um favor ao definir uma abordagem única que exigia comprometimento total da engenharia.

Satya aprovou o projeto. Em seguida, ele se virou para todos e acrescentou um requisito novo. "Já que vamos gastar um bom tempo e um bom dinheiro para realizar essas mudanças, quero ir além. Quero que cada funcionalidade nova disponível para uso de dados como first party também esteja disponível para nossos clientes como uso de third party."

Em outras palavras, desenvolver uma tecnologia que possa ser utilizada por todos os clientes em conformidade com o RGPD. Sobretudo em um mundo onde os dados predominavam, fazia todo sentido. Mas também se traduzia em mais trabalho. Todos os engenheiros da sala ficaram aflitos e deixaram a reunião sabendo que precisariam alocar ainda mais pessoas ao projeto.

Os requisitos técnicos descomunais ajudam a explicar uma segunda dinâmica que rapidamente veio à tona, uma com repercussões geopolíticas

PRIVACIDADE DO CONSUMIDOR

importantes. Uma vez que o trabalho de engenharia estava no rumo certo para atender ao RGPD, era difícil ficar entusiasmado com a criação de uma arquitetura técnica diferente para outros lugares. Os custos e a complexidade da engenharia de manutenção de sistemas diferentes são altos demais.

Isso resultou em uma conversa interessante com o primeiro-ministro canadense, Justin Trudeau, no início de 2018. Quando Satya e eu nos encontramos com ele e com alguns de seus principais conselheiros, abordamos as questões de privacidade, que continuam sendo um assunto importante para a sociedade canadense. À medida que Trudeau falava das possíveis mudanças na lei de privacidade do Canadá, Satya simplesmente o incentivou a adotar as disposições do RGPD. Embora essa sugestão tenha causado alguma surpresa, Satya explicou que, a menos que houvesse alguma diferença relevante, os custos de manter um processo ou arquitetura diferente para uma única nação aparentemente excediam os possíveis benefícios.

Nosso grande entusiasmo com o RGPD nos colocava em uma posição diferente de outros do setor tecnológico, que às vezes tendiam a se concentrar mais nas partes da regulamentação que consideravam onerosas. Ainda que houvesse partes do RGPD que achássemos confusas ou ruins, acreditávamos que uma das chaves do sucesso em longo prazo para o setor de tecnologia era ganhar a confiança do público em questões de privacidade. Tal abordagem se originava de nossa experiência antitruste na década de 1990 e do preço alto que pagamos pela nossa reputação. Uma abordagem mais equilibrada a respeito das questões regulatórias controversas pode parecer altamente diplomática para nossos colegas do setor tecnológico e até mesmo para nossos engenheiros. Mas senti que tínhamos tempo e que nosso caminho era mais prudente.

No entanto, outros no setor tecnológico destacavam, muitas vezes, a ambivalência da sociedade norte-americana em relação à privacidade como um motivo para ignorar as pressões regulatórias dos EUA. "A privacidade já era", diziam alguns. "As pessoas precisam superar isso."

ARMAS E FERRAMENTAS

Eu acreditava que o problema de privacidade era uma questão latente. A situação podia pegar fogo se uma base política visando uma abordagem mais ponderada entrasse em vigor. A ambivalência da sociedade em relação à privacidade me lembrava da experiência do setor de energia nuclear décadas antes.

Ao longo dos anos 1970, o setor de energia nuclear havia fracassado em promover uma discussão pública efetiva sobre os riscos associados a seus avanços tecnológicos, deixando a sociedade e os políticos desprevenidos para a tragédia que ocorreu na Usina Nuclear de Three Mile Island, na Pensilvânia, em 1979. Por causa desse desastre, e ao contrário de outros países, as repercussões políticas da Three Mile Island interromperam a construção de usinas nucleares norte-americanas. Levariam 34 anos para que uma construção fosse iniciada em outra usina nuclear nos Estados Unidos.[13]

A meu ver, era um exemplo histórico, que servia para nos ensinar a não repetir o mesmo erro.

Senti que poderíamos aprender com essa lição histórica e não repeti-la. Em março de 2018, o equivalente à Three Mile Island no âmbito da privacidade veio à tona, quando a controvérsia da Cambridge Analytica pipocou. Os usuários do Facebook descobriram que seus dados pessoais foram coletados pela empresa de consultoria política, a fim de criar um banco de dados cujo alvo eram os eleitores dos EUA, com propagandas elaboradas para apoiar a campanha presidencial de Donald Trump. Embora o uso em si tenha infringido as políticas do Facebook, os sistemas de conformidade da empresa não detectaram o problema. Era tipo de coisa que gerava bastante crítica, mas deixava a empresa sem ter como se defender. O que resta é pedir desculpas, e foi o que Mark Zuckerberg fez.[14]

Em semanas, a opinião pública em Washington, D.C., mudou. Em vez de desconsiderar a regulamentação, os políticos e líderes de tecnologia finalmente estavam conversando a respeito, como se fosse algo inevitável. Mas eles não conseguiam detalhar o que julgavam que essa regulamentação deveria fazer.

144

PRIVACIDADE DO CONSUMIDOR

A resposta viria do outro lado do país, perto do Vale do Silício. E o drama envolvia um segundo personagem que dificilmente teria protagonizado uma história como a de Max Schrems.

Era um norte-americano chamado Alastair Mactaggart. Em 2015, o promotor imobiliário da Área da Baía de São Francisco organizou um jantar em sua casa em Piedmont, Califórnia, um subúrbio arborizado do outro lado da baía no qual os impérios do Vale do Silício trabalhavam silenciosamente com informações privadas. À medida que Mactaggart questionava um de seus convidados sobre seu trabalho no Google, ele não ficou apenas insatisfeito com as respostas, como também as achou assustadoras.

Quais dados privados as empresas tecnológicas estavam coletando? O que elas estavam fazendo com eles? E como posso recusar e não participar? E se as pessoas soubessem o que o Google sabia? O engenheiro respondeu: "Elas surtariam."

A conversa que ocorreu entre comes e bebes desencadearia uma série de eventos, uma cruzada de dois anos e mais de US$3 milhões. "Senti que era algo muito importante. Pensei: 'Alguém tem que fazer alguma coisa'", disse Mactaggart, quase três anos depois, quando nos conhecemos em São Francisco. "Se alguém poderia fazer alguma coisa, esse alguém era eu."

Pai de três filhos, não procurava atingir a indústria de tecnologia. Ele era um homem de negócios bem-sucedido e acreditava piamente no livre mercado. Afinal, ele ganhava dinheiro com o aumento dos preços dos imóveis em uma região que dependia da tecnologia. Contudo, estava determinado a fazer a diferença. Esperava que um dia pudesse dizer aos filhos que havia ajudado a proteger uma preciosidade: nossos dados pessoais.

Na época em que Mactaggart e alguns outros chamam de "vigilância comercial", nossas pesquisas online, comunicações, localização digital, compras e atividades de mídia social informavam mais a nosso respeito do que provavelmente queríamos compartilhar.[15] Ele chegou à conclusão de que esse extraordinário poder estava nas mãos de pouquíssimas empresas. "Você deve aceitar seus termos de privacidade delas ou não pode utilizar seus ser-

ARMAS E FERRAMENTAS

viços", afirmou, ao se referir às ferramentas online e gratuitas pelas quais pagávamos, sem saber, com nossas informações. "Mas dependemos desses serviços para viver no mundo moderno. Não existe outra opção."

Essa ausência de fiscalização o incentivou a recrutar apoiadores com a mesma opinião e a elaborar uma nova lei de privacidade para a Califórnia. "Vivo em um mundo extremamente regulamentado", disse Mactaggart, ao se referir à regulamentação aceita e às normas de construção que regem o setor imobiliário. "É saudável. A lei precisa acompanhar a tecnologia ou as pessoas continuarão a extrapolar os limites."

Mactaggart aprendeu bastante sobre como o governo funcionava por causa de sua experiência no setor imobiliário. Ele era inteligente no que dizia respeito à política, reconhecendo que a oposição do Vale do Silício possivelmente dificultaria o caminho para a aprovação de uma lei em Sacramento, a capital do estado, tal como a aprovação de uma lei federal em Washington, D.C. Mas, na Califórnia, como em outros estados do oeste dos EUA, existia uma alternativa política. Esses estados, instaurados em meados e no final do século XIX, tinham processos constitucionais obrigatórios que, com assinaturas suficientes, poderiam resultar em uma proposta para votação dos eleitores.

O processo de iniciativas californianas havia mudado o rumo da história norte-americana no passado. Quatro décadas antes, em 1978, os eleitores do estado adotaram a Proposição 13 para limitar os impostos. A medida reduziu os impostos sobre a propriedade no estado, no entanto, seu impacto mais abrangente foi bem maior. Ela ajudou a promover um movimento público em todo o país que dava um novo fôlego à eleição presidencial de Ronald Reagan, em 1980, e reforçava a pressão nacional com o objetivo de reduzir o tamanho do governo e cortar impostos. Era um momento político decisivo e retratava, em parte, o fato de que um em cada oito norte-americanos vive na Califórnia.

PRIVACIDADE DO CONSUMIDOR

Se a Cambridge Analytica se tornasse a Three Mile Island de nossa época, poderia Alastair Mactaggart criar a Proposição 13 equivalente à privacidade?

Talvez a resposta fosse sim. Mactaggart reuniu mais que o dobro das assinaturas necessárias para levar a medida à votação. Seu levantamento afirmava que 80% dos eleitores começaram a apoiar sua proposta. Ele se decepcionou com o fato de 20% dos eleitores não a apoiarem, até que seus especialistas em pesquisa explicaram que nunca haviam visto números tão altos. Embora as campanhas de iniciativas bem financiadas quase sempre tenham seu desfecho definido mais perto do final, era evidente que, se Mactaggart estivesse disposto a gastar mais de seus milhões provenientes do setor imobiliário em uma campanha efetiva, ele teria mais do que uma boa chance de sucesso nas urnas em novembro.

Na Microsoft, tínhamos sentimentos contraditórios em relação à iniciativa de Mactaggart. Por um lado, fazia muito tempo que éramos a favor da legislação de privacidade nos Estados Unidos, inclusive no âmbito federal. Liderados por Julie Brill, ex-comissária da Comissão Federal de Comércio dos Estados Unidos (FTC), que agora encabeça o trabalho de assuntos regulatórios e de privacidade da empresa, decidimos adotar uma abordagem diferente do resto do setor tecnológico quando o RGPD entrou em vigor, em maio de 2018. Em vez de tornar acessíveis os direitos do consumidor pertinentes à regulamentação somente para as pessoas na União Europeia, estendemos o acesso a todos os nossos clientes ao redor do globo. E isso contribuiu para insights surpreendentes. Logo ficamos sabendo que os consumidores norte-americanos estavam ainda mais interessados em colocar esses direitos em prática do que os europeus, corroborando a nossa percepção de que a saga da história norte-americana acabaria se predispondo à adoção dos direitos de privacidade nos Estados Unidos.[16]

Mas achamos o texto do projeto da iniciativa de Mactaggart difícil e, em alguns aspectos, confuso. Tínhamos receio de que, em algum ponto, exigisse requisitos técnicos que divergiriam do RGPD por algum motivo simples. Eram problemas que poderiam ser solucionados pelo Poder Legislativo e

ARMAS E FERRAMENTAS

seu processo de redação circunstanciado, e não por uma proposta submetida à votação dos eleitores. A questão era como persuadir a todos a conduzir a iniciativa para o Capitólio, em vez de votá-la em novembro, sem perder o rumo no meio do caminho.

Outras empresas tecnológicas deram início a uma campanha de arrecadação de fundos visando se opor à iniciativa. O Vale do Silício reconheceu que o sucesso provavelmente exigiria a captação de mais de US$50 milhões. Doamos US$150 mil. Era o bastante para manter as relações com o resto do setor, mas não era dinheiro o suficiente para impulsionar a oposição.

Por fim, o grande montante necessário para financiar uma campanha na Califórnia incentivou ambos os lados a negociar. Mactaggart estava disposto a se reunir com os principais representantes eleitos para ajudar a elaborar as minúcias da lei. Outras empresas de tecnologia tiveram dificuldade em decidir o que queriam fazer. Assim, enviamos dois de nossos especialistas em privacidade para Sacramento, onde trabalharam praticamente dia e noite analisando os detalhes com os líderes legislativos e com a equipe de Mactaggart.

De última hora, o Poder Legislativo promulgou a Lei de Privacidade do Consumidor da Califórnia (CCPA), e o governador Jerry Brown rapidamente assinou a medida. Era a lei de privacidade mais sólida da história dos Estados Unidos. Assim como o RGPD, ela concede aos moradores do Golden State o direito de saber quais empresas de dados estão coletando suas informações, de recusar vendê-las e responsabilizar as empresas se não protegerem seus dados pessoais.

O impacto nacional foi imediato. Dentro de algumas semanas, até os adversários que se opunham há muito tempo à legislação mais abrangente sobre privacidade em Washington, D.C., começaram a descobrir algo semelhante a um novo culto religioso. A Califórnia abria o caminho, e era óbvio que outros estados fariam o mesmo. Em vez de enfrentar um emaranhado de normas estaduais, os grupos empresariais começaram a pressionar o Congresso a adotar uma lei nacional de privacidade que precederia — ou, na

PRIVACIDADE DO CONSUMIDOR

prática, anularia — a Lei da Califórnia e outras medidas estaduais. Ainda que muita coisa estivesse por vir, Mactaggart fora bem-sucedido em mudar como o país pensava as questões de privacidade. Foi uma conquista histórica.

Ao nos reunirmos com Mactaggart em São Francisco, era impossível não ficar impressionado. Seria fácil enxergá-lo como um ameaça — um ativista que tentava controlar as rédeas de um setor que se tornara poderoso demais. Mas foi ao contrário — encontramos um pragmatista simpático que pensava bastante no futuro.

"Isso não acabou", disse ele. "Conversaremos a respeito da tecnologia e privacidade nos próximos cem anos. Assim como falamos da lei antitruste por mais de um século, após o caso da Standard Oil."

Como éramos uma empresa que havia sobrevivido à turbulência antitruste 80 anos após o DOJ ter acabado com a Standard Oil, entendemos facilmente a comparação. E, por fim, a comparação histórica de Mactaggart fornecia um estímulo valioso à reflexão.

A combinação das iniciativas de Max Schrems e de Alastair Mactaggart revela diversas lições importantes para o futuro.

Em primeiro lugar, é difícil acreditar que a privacidade estava com os dias contados, como alguns no setor tecnológico previram há uma ou duas décadas. As pessoas despertaram para o fato de que praticamente todos os aspectos de suas vidas deixam para trás algum tipo de rastro digital. É necessário proteger a privacidade, e leis mais rígidas se tornaram indispensáveis. Chegará o dia em que os Estados Unidos apoiarão a União Europeia e outros países em prol do cumprimento de uma lei como o RGPD.

É provável também que, nos próximos anos, surja uma terceira onda de proteção à privacidade, sobretudo na Europa. Assim como o RGPD foi a reação à infinidade de avisos de privacidade que as pessoas não tinham tempo sequer de ler, já estamos cientes da preocupação de que elas não têm tempo para analisar todos os dados que o RGPD está disponibilizando online. É provável que isso estimule uma nova onda de normas governamentais a fim de regulamentar como os dados podem ser coletados e usados.

ARMAS E FERRAMENTAS

Isso também significa que o setor precisará usar mais da criatividade técnica em favor de inovações que assegurem a privacidade, além de viabilizar que os dados sejam utilizados apropriadamente. Já estamos vendo o nascimento de algumas abordagens técnicas, como a capacidade de usar dados criptografados na IA, melhorando, desse modo, a proteção da privacidade. Mas este é apenas o começo.

Por último, as experiências de Schrems e Mactaggart simbolizam os pontos fortes e as importantes oportunidades para as democracias mundiais. Talvez líderes de governos autocráticos enxerguem com muita apreensão a capacidade imprevisível de um estudante de direito e de um especulador imobiliário de virar de cabeça para baixo as leis que regem algumas das tecnologias mais poderosas de nosso tempo. Mas existe outra perspectiva — e, em termos comparativos, parece ser uma concepção melhor. Schrems e Mactaggart usaram processos judiciais e iniciativas consagradas para solucionar o que consideravam errado. O sucesso de ambos expressa a capacidade de uma sociedade democrática, quando funciona bem, de se adaptar às necessidades evolutivas de um povo e de fazer com que a lei de uma nação possa valer em lugares onde é necessária, com a mínima intervenção.

A natureza interligada da economia global e o longo alcance das regras de privacidade da Europa pressionarão até países como a China para adotar medidas rígidas de privacidade. Em outros termos, a Europa não é somente a pátria da democracia e o berço da proteção da privacidade. É, possivelmente, a melhor esperança do mundo para o futuro da privacidade.

Capítulo 9 ### BANDA LARGA RURAL:
A Eletricidade do Século XXI

Ao se aproximar do Knotty Pine Restaurant & Lounge, na principal avenida de Republic, em Washington, você sabe que está em uma antiga cidade que foi próspera no Velho Oeste. A fachada de cedro falso remonta a uma época em que as precárias cidades mineradoras e madeireiras eram construídas às pressas. Mas o letreiro amarelo-vivo pendurado na porta anunciando "Bem-Vindos, Motociclistas" nos lembra de que esta cidadezinha está em uma nova era.

Alugamos um carro e passamos a manhã explorando os caminhos sinuosos e as estradas das granjas e das fazendas. Pegávamos rotas alternadas, tanto à direita como à esquerda e vice-versa. É um lugar bonito, logo nem nos importamos de fazer desvios. No entanto, tínhamos uma reunião e nosso GPS não tinha nenhuma serventia nos confins do nordeste do estado. Acabou que deixamos nossos smartphones de lado e, com um mapa de papel, seguimos pela State Route 20, e fomos do Condado de Ferry direto para a cidade, onde um pequeno grupo de moradores nos esperava, antes do almoço.

ARMAS E FERRAMENTAS

O Condado de Ferry mantém a maior taxa de desemprego do estado, ultrapassando os 16% quando a demanda de trabalho agrícola da região despenca por conta das temperaturas no inverno. Vínhamos do Condado de King, lar da Microsoft, Amazon, Starbucks, Costco e Boeing. Com uma taxa de desemprego que fica bem abaixo dos 4%, o Condado de King lidera o ranking do estado em crescimento e ostenta o dobro da média nacional. Estávamos nos perguntando como o Condado de Ferry poderia explorar o crescimento econômico do século XXI que prosperava do outro lado das Cordilheiras das Cascatas.

O Knotty Pine servia café da manhã o dia todo, então, por US$5,95, comemos ovos mexidos, bacon e panquecas encharcadas em xarope maple syrup tão grandes que praticamente cobriam a mesa. Após nossa longa viagem de carro, a refeição era bem-vinda, mas logo fora ofuscada pela hospitalidade.

A cidadezinha de Republic era originalmente chamada de Eureka Gulch pelos garimpeiros que a fundaram no final do século XIX, e repousa no vale entre as passagens cobertas de pinheiros Wauconda e Sherman, ao nordeste de Washington. A Passagem Sherman foi batizada em homenagem ao famoso general da Guerra Civil William Tecumseh Sherman, que a atravessou em 1883. É uma área rural de tirar o fôlego, e o sonho de qualquer entusiasta de atividades ao ar livre.

O passado da cidade foi definido pelos filões de ouro que serpenteavam por entre as rochas circundantes de granito, que se embrenhavam profundamente nas ravinas do rio. Mais do que depressa, serviços bancários, transporte e outros serviços de infraestrutura seguiram os mineradores — e depois os madeireiros — até a cidade. Atualmente, as minas estão fechadas, e a região tem dificuldades para redefinir seu futuro.

Quando providenciei nossa reunião, Elbert Koontz, um ex-madeireiro e agora prefeito da cidade, disse-nos que vestiria sua "melhor calça" para almoçar conosco. Fiquei decepcionado quando ele apareceu vestindo calças com vincos. Embora Elbert tenha sido simpático, com sua sabedoria e

BANDA LARGA RURAL

gracejos, ele não riu quando lhe perguntei sobre a situação da banda larga de alta velocidade no Condado de Ferry. Ele simplesmente fez uma cara de desdém.

"Quase ninguém na cidade tem banda larga. Fizeram um monte de promessa, mas ninguém cumpriu nenhuma", afirmou. No entanto, segundo os dados da Comissão Federal de Comunicações dos Estados Unidos (FCC), todos os moradores no Condado de Ferry tinham acesso à banda larga.

Graças a um cabo de fibra óptica que atravessa a Passagem Sherman, o pequenino centro da cidade, lar de cerca de mil pessoas, tem um acesso limitado à banda larga. Mas estava claro que os demais moradores da região não tinham acesso. "O problema é que vivemos em uma floresta. Quer dizer, você sai um pouco e já está nos limites da cidade, entenderam?", contou-nos Elbert.

O estado de espírito logo mudou quando os moradores concordaram em compartilhar seus problemas envolvendo a banda larga. Alguns dependiam de conexões intermitentes via satélite. Outros se deslocavam até a cidade simplesmente para aproveitar os pontos de acesso e fazer o download das atualizações de software em seus notebooks. Outras pessoas esperavam que a conexão 5G melhorasse a situação. Mas, se tinha uma coisa que era unânime em toda essa conversa, era: a grande maioria da população do Condado de Ferry não tinha acesso confiável à banda larga de alta velocidade.

"Contem *isso* à FCC", debochou alguém.

E foi justamente o que fizemos.

Alguns meses depois, tentávamos nos esquivar da chuva e do tráfego na Twelfth Street, enquanto nos deslocávamos para a sede da FCC em Washington, D.C. Nós nos encontraríamos com o presidente da FCC, Ajit Pai. Após fazermos o check-in e passarmos pela triagem de segurança, fomos conduzidos ao escritório dele.

Pai nos cumprimentou com um sorriso. "Obrigado por terem vindo. O que posso fazer por vocês?"

ARMAS E FERRAMENTAS

As prateleiras das estantes estavam repletas de fotos de famílias, assim como os parapeitos da janela de seu escritório, com vista para a capital abafada e úmida. Ele é um norte-americano de ascendência indiana da primeira geração, criado no Kansas por médicos que emigraram para o Estados Unidos somente dois anos antes de ele nascer.

Contei-lhe sobre nossa viagem ao Condado de Ferry e a situação *in loco*. O mapa nacional da FCC mostra que todas as pessoas no Condado de Ferry têm acesso à banda larga. Todo mundo.

Para mérito de Pai, a FCC tem como foco disponibilizar banda larga a todos os norte-americanos, mas é um problema espinhoso e que custa os olhos da cara para ser resolvido, sobretudo quando sua dimensão não é muito compreendida. "Você não é o presidente da FCC que causou esse problema", disse eu, referindo-me aos dados equivocados. "Mas pode ser o presidente que vai solucioná-lo." Era necessário que a questão fosse tratada como prioridade nacional.

Conforme o prefeito de Republic havia nos alertado, muitos dos dados do governo federal sobre o Condado de Ferry — tal como a região rural dos Estados Unidos — estão errados. Os moradores do Condado de Ferry sabiam disso, o que pouco contribuía para fortalecer a confiança em seu governo. Para essas pessoas, os dados inexatos são mais do que um simples transtorno. Isso impacta a alocação das verbas federais para a banda larga que não circula até os locais nos quais o governo acredita que já exista o acesso. E o alcance do impacto é ainda maior, pois a ausência afeta outros recursos públicos fundamentais, como os necessários para combater incêndios de verão que podem assolar o oeste do país.

"Aqui é o Velho Oeste", disse Elbert. "Não temos uma delegacia grande, nem um corpo de bombeiros enorme, nada disso. Todos os nossos bombeiros são voluntários." E esses voluntários se colocavam em condições de alto risco quando os incêndios devastavam a paisagem.

Em 2016, um incêndio devastador ganhou força, quando os ventos quentes de agosto arrastaram uma estação de fios de alta tensão e espalharam as

BANDA LARGA RURAL

chamas decorrentes para o norte do Condado de Ferry. Em cinco horas, as labaredas de fogo incontroláveis consumiriam mais de 2.500 acres de terra e não parariam de crescer.[1] Parte da comunidade afetada estava sob uma evacuação de incêndio nível 3, que significa "deixar o local imediatamente".

A infraestrutura de telefonia celular intermitente e a falta de acesso à banda larga impossibilitou a transmissão de dados críticos entre as linhas de cessar-fogo, que tinham como objetivo manter as autoridades informadas sobre a direção do incêndio e quem precisava ser evacuado. A única maneira de compartilhar informações urgentes entre os bombeiros, o serviço florestal e os policiais era fazer o upload dos dados em um cartão de memória, entregá-los a um motorista em uma caminhonete e esperar que o veículo viajasse da linha de cessar-fogo até a cidadezinha de Republic, um trajeto que durava quarenta minutos, onde as autoridades tinham acesso à banda larga e à conexão de rádio.

Segundo Elbert, quando um incêndio transforma um vento de 32km/h em um vendaval de 80km/h em apenas um minuto, "as coisas ficam muito perigosas".

Os norte-americanos presos à era da conexão discada não estão confinados somente no Condado de Ferry. Eles estão em todos os estados do país. De acordo com o relatório de acesso à banda larga de 2018 da FCC, mais de 24 milhões de norte-americanos, dentre os quais 19 milhões vivem em comunidades rurais, não tinham acesso à banda larga fixa de alta velocidade.[2] Esse número corresponde quase à população do estado de Nova York.

Tamanha falta de acesso à banda larga nas comunidades rurais não é uma questão de acessibilidade — essas pessoas não podem pagar pelo serviço, nem se elas quisessem. Muitas dependem da tecnologia discada para transmitir os dados por meio de linhas de fio de cobre, impossibilitando o acesso a serviços online que muitos de nós vemos com a maior naturalidade em termos básicos de velocidade de download e upload.[3] Em outras palavras, uma parcela significativa das comunidades rurais sofre com a falta de velocidade da internet, já disponíveis nas áreas urbanas há mais de uma década.[4]

ARMAS E FERRAMENTAS

Ainda que seja um número alarmante, existem evidências contundentes de que o percentual de norte-americanos sem acesso à banda larga é maior do que os cálculos da FCC informam. Ao analisarmos os dados, descobrimos que eles eram baseados em uma metodologia falaciosa. A FCC conclui que uma pessoa tem acesso à banda larga se um provedor de serviços local relata que poderia fornecer esse serviço "sem um comprometimento excepcional de recursos".[5] Todavia, na prática, muitas dessas empresas não fornecem o serviço. É a mesma coisa que dizer às pessoas que elas têm acesso a um almoço grátis, caso o restaurante local concorde em servir o almoço, se ele quiser fazer isso. O que não significa que o restaurante de fato servirá o almoço de graça.[6]

Na realidade, outros dados apresentam um quadro bem diferente dos Estados Unidos. Por exemplo, o Pew Research Center tem acompanhado o uso da internet, desde o anos 2000, por meio de pesquisas regulares. De acordo com seus dados mais recentes, 35% dos norte-americanos informaram que não usam banda larga em casa — ou cerca de 113 milhões de pessoas.[7] E até os próprios dados da FCC indicam que 46% das famílias norte-americanas não conseguem pagar a assinatura de uma internet de banda larga.[8]

Embora exista uma diferença entre disponibilidade e uso da banda larga, ela é tão acentuada que é necessário questionar se um desses números simplesmente está equivocado. Pedimos à nossa própria equipe de data science que fizesse um trabalho mais detalhado com base nas fontes públicas de dados e nas da Microsoft. A pesquisa sugere que os números do Pew estão bem mais próximos da realidade do que a estimativa da FCC.[9] E, ainda mais importante, isso nos deixa com a conclusão inexorável de que hoje não existe uma estimativa totalmente precisa da disponibilidade de banda larga nos Estados Unidos, em nenhum lugar.

Qual a importância disso? Pode acreditar, é muito importante.

A banda larga se tornou a eletricidade do século XXI. Ela é indispensável para a forma como as pessoas trabalham, vivem e aprendem. O futuro da medicina é a telemedicina. O futuro da educação é a educação online.

BANDA LARGA RURAL

E o futuro da agricultura é a agricultura de precisão. Mesmo que em um futuro próximo se tenha mais inteligência "edge computing" [computação de borda] — ou seja, dispositivos onipresentes, pequenos e poderosos, que processam mais dados —, ainda será necessário acesso de alta velocidade à nuvem. E isso exige banda larga.

Nos dias de hoje, as áreas rurais sem banda larga ainda vivem no século XX. E isso é apresentado em quase todos os indicadores econômicos. Nossa equipe de data science corroborou o que as universidades e instituições de pesquisa em todo o mundo estão descobrindo: as maiores taxas de desemprego de uma nação se encontram, frequentemente, nos países com a menor disponibilidade de banda larga, ressaltando o forte vínculo entre o acesso à internet e o crescimento econômico.[10]

Quando você conversa com líderes empresariais sobre a qual localidades eles poderiam expandir suas operações e gerar mais empregos, a banda larga é um requisito que aparece imediatamente. Pedir-lhes para que inaugurem uma nova instalação em um local sem banda larga é como pedir para que se instalem no centro do deserto de Mojave. Em um mundo que depende do acesso moderno de alta velocidade aos dados, uma localidade sem banda larga é um deserto de comunicação.

A ausência de geração de emprego afeta todas as partes da comunidade local. Olhando em retrospecto, em novembro de 2016, após a eleição presidencial dos EUA, não é de se admirar que as comunidades rurais se sentissem esquecidas. Para muitas pessoas dessas comunidades, a prosperidade econômica da nação aparentava ter estacionado por completo na fronteira de nossos municípios e condados urbanos e suburbanos.

Os condados rurais de todo o país, como o Condado de Ferry, ajudaram a colocar um populista na Casa Branca. Começamos nossa viagem no Condado de King, onde fica Seattle e onde apenas 22% dos eleitores votaram em Donald Trump. No Condado de Ferry, apenas 30% votaram em Hillary Clinton.[11] Quando se trata da política da nação, os dois condados são polos antagônicos. Basta dividir um dia para ir aos dois lugares

ARMAS E FERRAMENTAS

que você terá a oportunidade de entender com maior clareza a polarização de um país.

Isso também indica o caminho para resolver parte do que será necessário a fim de arquitetar um futuro melhor para as áreas rurais.

O Centro de Assuntos Agrícolas dos EUA compreende o desafio quase de maneira intuitiva. Ao operar a partir de seus três escritórios em Iowa e Nebraska, a instituição não tem papas na língua e usa a linguagem do centro do país. "Somos assumidamente da zona rural", afirma o grupo. "Defendemos o pequeno fazendeiro e o agricultor familiar, o novo empresário e as comunidades rurais."[12]

Como se verifica, o Centro de Assuntos Agrícolas também apresenta detalhes e números para justificar economicamente a adoção da banda larga. O relatório de 2018 do grupo, intitulado *Map to Prosperity*, demonstra que oitenta novos empregos são criados para cada mil novas assinaturas de banda larga.[13] Um aumento de quatro megabits por segundo na velocidade da banda larga residencial se traduz em um crescimento anual de US\$2.100 da renda familiar. E as pessoas que procuram trabalho o encontram 25% mais rápido por meio dos mecanismos de busca online do que por meio de abordagens mais tradicionais.[14]

A situação lastimável de hoje no que se refere ao acesso à banda larga nas áreas rurais dos Estados Unidos tem diversos motivos. O primeiro e o mais importante é que a instalação de alternativas tradicionais de banda larga e internet é cara. As estimativas do setor sugerem que a instalação de cabos de fibra óptica — o tradicional padrão de excelência para serviço de banda larga — pode custar US\$30 mil a cada 1,5 quilômetro, aproximadamente.[15]

Isso significa que o fornecimento necessário de banda larga a empresas que se localizam nos rincões remotos do país custaria bilhões de dólares, uma despesa que o setor privado ainda não estava disposto a pagar.[16] Mesmo assim, a cada ano, o mecanismo de serviço universal e os programas herdados da FCC oportunizam oito vezes mais financiamento para as operadoras

BANDA LARGA RURAL

de telefonia fixa do que para as operadoras de telefonia móvel, por meio de seu Fundo de Mobilidade e de programas legados.[17]

E isso nos leva ao segundo motivo. Até pouco tempo, o desenvolvimento de alternativas ao cabo de fibra óptica era demorado e desigual. Embora tecnologias de telecomunicações móveis, como 4G/LTE, tenham proporcionado aos clientes velocidade de banda larga por meio de smartphones e outros dispositivos móveis, essa tecnologia é mais bem adaptada para áreas densamente povoadas. A banda larga via satélite pode ser a solução adequada em áreas de baixa densidade populacional, mas geralmente sofre de latência elevada, falta substancial de largura de banda e altos custos de dados.

O terceiro motivo é que a incerteza acerca da regulamentação contribuiu para os desafios de levar a banda larga para as áreas rurais dos Estados Unidos. Por exemplo, em geral, os provedores que buscam acesso aos direitos de utilização de transmissão para instalações de rede enfrentam regras federais, estaduais e locais confusas que tomam tempo e adicionam custos aos projetos.[18]

Por último, há uma convicção de que a baixa demanda pela banda larga nas áreas rurais não faz valer o investimento privado. Se o progresso exige cabos de fibra óptica que proporcionam um retorno de mercado a um custo de US$30 mil por 1,5 quilômetro, é uma interpretação assertiva. Mas essa convicção deixa a desejar em um ponto. A demanda rural existe e é real. O mercado poderia trabalhar com uma abordagem menos onerosa.

É neste ponto que a história e a tecnologia se cruzam, a partir de um lampejo para o futuro.

A história mostra que tecnologias com fio, como TV a cabo, eletricidade e telefone fixo, sempre demoram muito mais tempo para chegar às áreas rurais do que tecnologias sem fio, como rádio, TV e telefone celular. Foram necessários quarenta anos para o telefone fixo alcançar 90% dessas áreas, ao passo que o telefone celular atingiu o mesmo patamar em somente uma década. Você nunca soube de alguém que precisasse solucionar uma carência de acesso a rádio ou à TV — esses dispositivos sem fio foram adotados

ARMAS E FERRAMENTAS

rapidamente e eram do tipo ligar e usar, bastava sintonizá-los na frequência certa para funcionarem.[19] A lição é clara: se for possível mudar a tecnologia de fibra óptica para a banda larga sem fio, conseguiremos levar a cobertura de banda larga mais longe e mais rápido a um custo menor — não apenas nos Estados Unidos, mas em todo o mundo.

Na última década, surgiu uma nova tecnologia sem fio para suprir essa lacuna. Chama-se TV white spaces [espaços em branco de televisão] e utiliza os canais vagos das frequências televisivas em que os sinais percorrem uma longa distância. Caso tenha crescido antes do advento da TV a cabo, você dependia de uma antena grande no telhado ou passava um tempo ajustando a antena "orelhas de coelho" da TV da família para captar o sinal VHF ou UHF — sinais terrestres e fortes que conseguem percorrer quilômetros e colinas, atravessar árvores e as paredes de nossas casas. Atualmente, muitos canais VHF e UHF não são mais usados e podem ser aproveitados para outras finalidades. E, com a tecnologia de banco de dados, antenas e dispositivos endpoints recém-desenvolvidos, podemos explorar esse espaço conectando uma torre de TV white spaces a um único cabo de fibra óptica e recorrer a esses sinais sem fio para alcançar cidades, residências e fazendas em um raio de 16km.

Por coincidência, eu apertei o botão para ativar a primeira demonstração ao vivo da África sobre a tecnologia TV white spaces. Foi em 2011, em uma conferência das Nações Unidas em Nairóbi, no Quênia, e viabilizamos que os participantes usassem o Xbox em velocidade de banda larga na internet, tomando como base os sinais da TV white spaces que percorriam as distâncias em quilômetros. As autoridades governamentais do Quênia foram as primeiras a reconhecer o potencial da tecnologia, e prosseguimos trabalhando com elas e com diversos outros governos. Em 2015, voltei a uma pequena vila rural queniana no equador, onde apenas 12% da população tinha eletricidade. Contudo, havíamos firmado uma parceria com uma startup para oferecer velocidade de banda larga às pessoas que usam a tecnologia TV white spaces. Reuni-me e dialoguei com os professores sobre o aumento

BANDA LARGA RURAL

das notas dos testes dos alunos e das pessoas que conseguiram empregos inimagináveis na comunidade apenas um ano depois.

Em 2017, concluímos que a tecnologia TV white spaces estava pronta para a adesão em escala, incluindo as áreas rurais nos Estados Unidos. Após vários meses de planejamento, em julho, lançamos o que chamamos de Microsoft Rural Airband Initiative no hotel Willard InterContinental em Washington, D.C.

Assumimos o compromisso de levar o acesso à banda larga a mais de 2 milhões de norte-americanos nas áreas rurais em cinco anos — até 4 de julho de 2022. Não entraríamos no ramo de telecomunicações, mas faríamos uma parceria com fornecedores de telecomunicações visando a implementação de um conjunto de tecnologias sem fio, incluindo novos dispositivos wireless que usassem o espectro TV white spaces. Prometemos que, no período de cinco anos, reinvestiríamos cada dólar lucrado com esses empreendimentos para expandir ainda mais a cobertura da banda larga. Exigimos políticas nacionais para que a banda larga fosse mais acessível nas áreas rurais e anunciamos que lançaríamos doze projetos em doze estados, em doze meses. E, depois, cresceríamos a partir desse ponto.

A escolha do hotel Willard não foi à toa — não era somente para despertar o interesse dos legisladores federais, mas também uma homenagem a uma ocasião especial que ocorreu no mesmo local em 7 de março de 1916. Alexander Graham Bell, os líderes da American Telephone & Telegraph e os eruditos de todo o país se reuniram no hotel de luxo para um banquete suntuoso oferecido pela National Geographic Society, a fim de comemorar o quadragésimo aniversário da invenção do telefone por Bell. No entanto, os líderes da AT&T queriam fazer mais do que comemorar o passado. Eles tinham um plano e usariam a noite com o objetivo de delinear uma visão ousada para o futuro.[20]

Theodore Vail, presidente da AT&T, buscava inspirar os Estados Unidos, pois sonhava em levar os telefones de longa distância para todos os cantos da nação, por mais longínquos que fossem. Foi uma causa que o país

ARMAS E FERRAMENTAS

abraçou com entusiasmo. Até aquela noite, as pessoas achavam que o serviço comercial de telefonia estava restrito às linhas interurbanas entre as maiores cidades do país e a algumas pequenas centrais telefônicas. "Seria exagero, com o passar do tempo, a possibilidade de alguém, independentemente de onde estivesse, se comunicar instantaneamente com outro alguém em qualquer lugar do mundo?", perguntou Vail à multidão.[21]

Tal como sabemos hoje, isso era possível. E então todo o país fez com que se tornasse realidade. Argumentávamos, em parte, que os Estados Unidos já haviam vencido esse tipo de desafio antes, e estávamos confiantes de que poderiam vencer mais uma vez.

Apesar de estarmos comprometidos com o nosso programa Airband de levar o acesso à banda larga a 2 milhões de pessoas, deixamos claro que nosso objetivo real era muito maior. Queríamos usar a tecnologia para alavancar o poder do livre empreendimento e desencadear uma nova dinâmica de mercado, que preenchesse definitiva e rapidamente a lacuna da banda larga rural para todos. Isso significava destinar parte de nossos recursos financeiros a acelerar a inovação de hardware por intermédio dos fabricantes de chips e dos fornecedores de dispositivos endpoints, que, por sua vez, levariam esses sinais para residências, escritórios e fazendas, onde seriam convertidos em sinais Wi-Fi locais. Significava também reunir os pequenos fornecedores de telecomunicações em um consórcio de compradores, de modo que eles conseguissem adquirir esses dispositivos e assegurar o desconto por volume de compras, disponível somente para os grandes compradores.

Descobrimos que poderíamos ser mais específicos e agir mais rápido do que qualquer governo, e ainda progredindo mais do que previamos. Nos primeiros dezessete meses após o anúncio da Iniciativa Airband, firmamos parcerias comerciais em dezesseis estados. Essas parcerias levarão cobertura de banda larga a mais de 1 milhão de pessoas que não tinham acesso antes de nosso empreendimento. O progresso foi rápido o suficiente para aumentarmos nossa ambição ao final de 2018, e declaramos que levaríamos a cobertura de banda larga até 2022 não a 2 milhões de pessoas, mas a 3 milhões. E, se medidas adicionais fossem tomadas, seria possível que essa tecnologia progredisse ainda mais depressa.

Talvez sem grande surpresa, os anúncios da Microsoft acenderam os ânimos. Programas de entrevistas no rádio e editoriais de jornais de comunidades rurais de todo o país demonstraram apoio à iniciativa. E fomos atacados por telefonemas de governadores e membros do Congresso, querendo que seus estados e distritos fossem adicionados à nossa lista.

Um dos segredos para colocar essa estratégia em prática é usar a tecnologia adequada nos lugares certos. Esperamos que a TV white spaces e outras tecnologias sem fio fixas proporcionem uma abordagem melhor para alcançar aproximadamente 80% da população rural desfavorecida, sobretudo em áreas com densidade populacional entre duas e duzentas pessoas por quilômetro quadrado. Mas serão necessárias outras tecnologias, incluindo as abordagens com base em cabos e satélites, em outras regiões. Acreditamos que essa abordagem híbrida possa reduzir o capital inicial e os custos operacionais do país em cerca de 80% comparados aos custos de usar cabos de fibra óptica, e em aproximadamente 50% comparados aos custos da atual tecnologia sem fio fixa LTE.

Às vezes, as pessoas nos questionam com o olhar, quando ouvem que a Iniciativa Airband reinvestirá o faturamento de parcerias de telecomunicações em vez de ganhar dinheiro. Por que uma empresa gastaria seu dinheiro assim? Como frisamos, todo o setor tecnológico, inclusive a Microsoft, será beneficiado quando mais pessoas estiverem conectadas à nuvem. Além do mais, estamos desenvolvendo aplicativos novos que as pessoas podem utilizar nas zonas rurais, uma vez que estejam conectadas. Um dos nossos favoritos é o FarmBeats, que usa a TV white spaces para conectar pequenos sensores nas terras de cultivo, viabilizando técnicas de precisão, que melhoram a produtividade agrícola e reduzem o escoamento ambiental. Se conseguirmos identificar novas maneiras de praticar o bem e sermos bem-sucedidos, abrimos as portas para ainda mais investimentos, que podem reacender o crescimento econômico nas áreas rurais.

ARMAS E FERRAMENTAS

No entanto, mesmo com essa dinâmica de mercado, é importante reconhecer que o setor público tem um papel importante no preenchimento definitivo da lacuna de banda larga. Em primeiro lugar, precisamos de segurança quanto à regulamentação, para garantir que o espectro necessário da TV white spaces permaneça disponível. Como parte da banda de TV foi leiloada e licenciada para operadoras de telefonia móvel, é fundamental assegurar que pelo menos dois canais utilizáveis estejam disponíveis ao público para uso da tecnologia TV white spaces em todos os segmentos de mercados, com mais disponibilidade nas áreas rurais. A boa notícia é que muito trabalho já foi e continua sendo feito.

Por um lado, precisamos também de financiamento público que seja mais focado em novas tecnologias, e não simplesmente que tente instalar cabos de fibra óptica caros. O financiamento governamental pode ter o maior impacto pelo menor custo, caso oportunize que este financiamento se combine aos investimentos de capital das empresas de telecomunicações. É justamente isso que acelerará esse trabalho e ajudará a alcançar regiões dos Estados Unidos que o setor privado demora mais para alcançar por conta própria.

Por último, precisamos de uma cruzada nacional para focar e preencher em absoluto a lacuna de banda larga. Precisamos reconhecer que, como foi o caso da eletricidade, um país separado pela disponibilidade de banda larga continuará sendo um país, em geral, mais polarizado.

Na verdade, podemos aprender muito com as medidas que os Estados Unidos tomaram para levar a eletricidade para além dos centros urbanos e para todos os confins do país. Complacente com a situação difícil do agricultor rural, em 1935, Franklin D. Roosevelt prometeu fazer exatamente isso. Ele percebeu que a nação não podia avançar para uma nova era tecnológica enquanto deixava para trás seus vizinhos do campo.

Como parte de seu plano de tirar os Estados Unidos do fundo do poço econômico da Grande Depressão, Roosevelt assinou um decreto criando a Administração de Eletrificação Rural (REA), como parte do New Deal do país. A agência ajudaria as comunidades agrícolas a formar cooperativas

BANDA LARGA RURAL

elétricas locais — um conceito familiar para os agricultores, que já compram alimentos e equipamentos por intermédio de cooperativas —, com o objetivo de custear os últimos quilômetros de conexões elétricas. Os empréstimos com juros baixos da REA pagaram pela construção de sistemas elétricos locais que a cooperativa teria e supervisionaria.

Foi um programa iniciado em Washington, D.C., mas seu sucesso exigia que as pessoas levassem a promessa da eletricidade a todos os rincões do país. Na época, como agora, exigia que as pessoas que desejassem mudar o país fossem a Iowa — não para concorrer à presidência, e sim para difundir a promessa de uma nova tecnologia.

Há mais de oitenta anos, os agricultores exauridos do condado de Jones, Iowa, passavam por um sofrimento parecido com o dos nossos novos amigos no restaurante Knotty Pine. Entretanto, no verão de 1938, a esperança despontava no horizonte na forma de uma grande tenda circense. Os moradores da zona rural de Iowa haviam se deslocado para a pequena cidade de Anamosa, no leste de Iowa, na noite de espetáculo de um circo — um descanso bem-vindo de um dia difícil e de quase dez anos de reveses econômicos.

Naquele show não havia palhaços, acrobatas ou animais treinados, e sim o circo elétrico itinerante da Administração de Eletrificação Rural, que encantou o público da mesma forma. A tenda apresentava as maravilhas dos dias modernos, como luminárias, fogões, geladeiras, criadores de aves e máquinas de ordenhar, tudo apresentado pela celebridade da época: Louisan Mamer, a primeira-dama da REA.[22]

Quando Louisan apertava um botão ou girava uma maçaneta, quartos se iluminavam, roupas eram lavadas e passadas, tocava-se música, a poeira era varrida e a comida, esquentada. Em uma época em que cozinhar sem eletricidade era uma aventura extenuante, parecia fácil trabalhar em uma cozinha. Ela surpreendeu a multidão, enquanto preparava ensopado de carne, peru assado e bolinhos de frutas em um cooktop Westinghouse. Ela encerrou o show quando desafiou dois homens da plateia a um duelo culinário.[23]

ARMAS E FERRAMENTAS

Quando Louisan ingressou na REA, 90% dos habitantes da cidade tinham eletricidade, contra 10% dos norte-americanos rurais[24] — uma lacuna não vista em outros países ocidentais. Naquele tempo, a eletricidade estava presente nas residências e nos celeiros em quase 95% do interior da França.[25]

Como fazem as grandes empresas de telecomunicações de hoje, as empresas de eletricidade privadas nos Estados Unidos conectaram as cidades por meio das principais rodovias, no entanto se desviaram das áreas menos povoadas, que, em sua grande maioria, eram fazendas. Essas empresas decidiram que não poderiam recuperar o custo de expandir suas linhas para os trechos remotos e rurais dos Estados Unidos. E, mesmo que essas comunidades rurais estivessem conectadas, as empresas de eletricidade supunham que os agricultores norte-americanos, que foram particularmente afetados pela Grande Depressão, nunca conseguiriam pagar pelo serviço mensal.

A ausência da eletricidade não somente privou os agricultores da conveniência e do conforto da era moderna, mas também os deixou de fora da recuperação econômica do país. Aqueles que desejavam se conectar à nova economia tinham que pagar taxas exorbitantes às empresas elétricas privadas para que as linhas chegassem em suas terras. Na Pensilvânia, John Earl George foi informado de que teria que pagar US$471 à Companhia Elétrica da Pensilvânia para que uma linha elétrica de 335,28 metros fosse até sua casa, na zona rural de Derry Township. Em 1939, US$471 era o salário médio anual na Pensilvânia rural.[26]

No final, a REA ajudou 417 cooperativas em todo o país, atendendo 288 mil famílias,[27] e enviou Louisan e o circo itinerante elétrico em uma turnê nacional de quatro anos para ensinar aos agricultores como tirar o máximo proveito dessa tecnologia nova. A Cooperativa Elétrica Rural de Maquoketa Valley, em Iowa, foi a primeira cooperativa a receber o circo,[28] que no quarto ano atraía multidões de mais de 10 mil pessoas da zona rural.[29]

No final da década de 1930, um quarto das famílias rurais tinha eletricidade.[30] Na Pensilvânia, John Earl George pagou uma taxa de associação de US$5 para ingressar na Cooperativa Elétrica Rural do Sudoeste Central.

BANDA LARGA RURAL

Sua primeira fatura foi de US$3,40. Quando o presidente Roosevelt morreu, em 1945, nove em cada dez fazendas nas regiões rurais norte-americanas tinham eletricidade.[32] Por meio de parcerias público-privadas, persistência e um bocado de criatividade, os Estados Unidos conseguiram reduzir em 80% o deficit de eletricidade rural em dez anos — tudo durante uma árdua recuperação econômica e a Segunda Guerra Mundial.

Para Louisan, levar a tecnologia moderna aos agricultores era mais que um imperativo econômico; era uma causa social. Criada na zona rural de Illinois, sem água encanada ou eletricidade, desde cedo ela entendia o trabalho pesado da vida em uma fazenda. A falta de eletricidade não estava somente prejudicando o desenvolvimento das famílias rurais, mas também a vida delas. "Acho que conseguimos uma proeza em quase todos os lares rurais... haverá luz na labuta do lar nas áreas rurais", afirmou em uma entrevista, aos 80 anos. "A carga pesada de fazer tudo manualmente da forma mais difícil e de gerar muitos filhos estava matando as mulheres bem mais cedo do que hoje em dia."[33]

A história de Louisan, somada a todos os outros fatos, é a prova cabal da necessidade de reconhecer novamente que a disseminação de novas tecnologias não é apenas um imperativo econômico. A tecnologia precisa ser tratada como causa social.

Ao deixarmos o Condado de Ferry, em Washington, estávamos entusiasmados com tudo o que vimos e aprendemos. Acima de tudo, conversamos sobre uma pergunta: poderíamos fazer algo significativo?

Não queríamos deixar os moradores rurais com promessas vazias, como muitos outros fizeram antes. Sabíamos que nossa Iniciativa Airband poderia ajudar a levar a tecnologia do século XXI a pessoas como Elbert Koontz e a seus vizinhos do Condado de Ferry. Pedimos a Paul Garnett, líder da Iniciativa Airband da Microsoft, que se empenhasse e encontrasse o parceiro certo.

Paul e sua equipe foram bem-sucedidos, e, no final do ano, anunciamos um acordo com o Declaration Networks Group para fornecer acesso à in-

ARMAS E FERRAMENTAS

ternet de banda larga usando a TV white spaces e outras tecnologias sem fio para 47 mil pessoas no leste do Condado de Ferry e no vizinho, o Condado de Stevens, nos próximos três anos. Era apenas o começo — mas era real.

Em meados de 2019 — quase um ano após a nossa primeira visita ao Condado de Ferry —, retornamos à cidadezinha de Republic para verificar o progresso da Declaration Networks e de outras novas parcerias. E, desta vez, sabíamos o caminho.

Naquela noite, ao sairmos da cidade, fizemos uma parada final na Main Street, na Republic Brewing Company, que serve como ponto de encontro da cidade. A frente do estabelecimento tem um portão de garagem enorme. Quando o sol está brilhando, ele é aberto e as mesas são postas na calçada.

Uma das donas atendia no bar quando a visitamos no ano anterior. Ela ficou surpresa ao saber que éramos da Microsoft. À medida que todos conversávamos, ela propôs uma oportunidade e um desafio para nós. "Não restam dúvidas de que o acesso à internet nos próximos cinco anos será totalmente diferente do que vemos hoje. Existem tantas pessoas inteligentes aqui. Quando todas tiverem melhor acesso à internet, elas perceberão as inúmeras possibilidades que existem em suas vidas."

Nos meses seguintes, esse desafio nos fez levantar da cama todas as manhãs. É o desafio que precisa acordar toda a nação pela manhã, pelos próximos anos.

Capítulo 10 A FALTA DE TALENTOS:
O Lado Humano da Tecnologia

A maioria das pessoas considera a tecnologia um segmento de produtos. Os produtos da indústria tecnológica despertam a atenção das pessoas e moldam a forma como trabalhamos e vivemos. No entanto, em um mundo em que os hits de interação social de hoje se tornam rapidamente as memórias de ontem, uma empresa tecnológica só é boa o suficiente até o próximo produto. E ele será tão bom quanto as pessoas que o fabricam. Isso quer dizer que, em suma, a tecnologia é basicamente um negócio humano.

A Quarta Revolução Industrial é definida pela transformação digital. Em parte, toda empresa está se tornando uma empresa tecnológica. Isso vale para governos e grupos sem fins lucrativos. Como resultado, o lado humano da tecnologia está se tornando essencial para cada fatia da economia.

Os impactos são multifacetados e até profundos. Com o intuito de serem bem-sucedidas na era digital, as empresas precisam recrutar talentos de nível internacional, tanto localmente como de outros lugares. As comunidades locais precisam assegurar que seus cidadãos dominem as novas habilidades tecnológicas. Os países precisam de políticas de imigração que lhes possibilitem acessar a nata mundial de talentos. Os empregadores precisam qualificar uma mão de obra que reflita e compreenda a diversidade dos clientes

ARMAS E FERRAMENTAS

e os cidadãos a quem atende. Isso exige não somente reunir pessoas diversificadas, mas também promover uma cultura e processos que viabilizarão que os funcionários aprendam incessantemente uns com os outros. Por fim, como a tecnologia estimula o crescimento nos principais centros urbanos, essas regiões precisam lidar com os desafios que esse crescimento está instaurando, e não apenas em relação às diferentes instituições, como também para toda a comunidade.

Em cada uma dessas áreas, as empresas de tecnologia dependem do apoio de uma comunidade e, não raro, até mesmo de uma nação. E, em cada área, as empresas tecnológicas têm uma oportunidade e uma responsabilidade de fazer mais por conta própria. É um desafio e tanto, bem como um cubo mágico de Rubik, que só pode ser resolvido movendo diversas peças ao mesmo tempo.

Como podemos promover da melhor forma o lado humano da tecnologia?

Para nós, uma boa oportunidade de aprendizado surgiu quando visitamos, despretensiosamente, a feira anual de ciências da empresa para desenvolvedores de software, em 2018. O Microsoft Conference Center foi transformado em nosso TechFest anual, realizado pela Microsoft Research, ou MSR, como todo mundo a chama. A MSR é uma das maiores organizações do mundo dedicada à pesquisa básica. Não é nada trivial, pois a instituição tem acesso à fina flor da elite quando se trata de pessoas que desenvolvem tecnologia. Mas fornece um precedente importante para o mundo tecnológico.

A MSR tem mais de 1.200 doutores, dentre os quais 800 com formação em ciência da computação. Para ter uma ideia mais clara, os departamentos de ciência da computação das principais universidades normalmente empregam de sessenta a cem doutores como bolsistas do corpo docente e de pós-doutorado. E, no que diz respeito à qualidade, a MSR geralmente está à altura de qualquer uma das melhores universidades. Imagine isso como um dos melhores departamentos universitários de ciência da computação do mundo, só que multiplicado por dez. É o equivalente moderno ao que a AT&T montou nos laboratórios Bell há décadas.[1]

A FALTA DE TALENTOS

O TechFest anual da MSR é como uma feira, mas é aberto sobretudo para os funcionários da Microsoft. As equipes de pesquisadores montam estandes com o intuito de mostrar os trabalhos mais recentes. O objetivo é possibilitar que os engenheiros dos diversos grupos da empresa fiquem por dentro dos avanços e os adotem o mais rápido possível em seus produtos.

Uma exposição que estava em nossa lista obrigatória era a IA privada, uma descoberta recente que protege melhor a privacidade das pessoas, ao desenvolver a habilidade técnica para treinar algoritmos de IA em conjuntos de dados que permanecem criptografados. A equipe de IA privada se aglomerou em volta de sua exposição e respondeu com entusiasmo às nossas perguntas. Esses homens e mulheres eram claramente um grupo unido e se conheciam muito bem. Todavia, quando a conversa terminou, reparamos em uma coisa ainda mais notável. A equipe de oito pessoas vinha de sete países. Havia dois norte-americanos e uma pessoa da Finlândia, Israel, Armênia, Índia, Irã e China. Todos agora residiam na região de Seattle e trabalhavam juntos em nosso campus de Redmond.

Esse grupo de pesquisadores simbolizava algo maior, que ia além do grupo. Ali estava uma equipe que trabalhava em um dos maiores desafios tecnológicos da atualidade, o que exigia um patamar altíssimo de formação — que o sistema de imigração dos Estados Unidos havia nos permitido reunir.

Há muito tempo que o problema da imigração tem sido uma das questões mais espinhosas para o setor tecnológico nos Estados Unidos. Em certo nível, a imigração foi imprescindível para a liderança mundial tecnológica da nação. Seria simplesmente impossível que os Estados Unidos fossem os líderes globais em tecnologia da informação caso não tivessem atraído muitas das mentes mais brilhantes do mundo para trabalhar nas principais universidades ou residir nos centros de tecnologia em todo o país.

O papel da imigração na inovação foi de suma importância para os Estados Unidos, quando a economia da Costa Oeste do país ainda era dominada pela agricultura, e o silício era associado apenas à areia. A capacidade do país de atrair Albert Einstein da Alemanha no auge da Grande Depressão desempenhou um papel vital de chamar a atenção do presidente Franklin

ARMAS E FERRAMENTAS

Roosevelt para a necessidade de criar o Projeto Manhattan.[2] Estar de portas abertas para os cientistas espaciais alemães, após a Segunda Guerra Mundial, foi determinante para enviar o primeiro homem à Lua. Com a ajuda de investimentos federais em pesquisa básica nas grandes universidades do país e contando com o apoio do presidente Eisenhower no que dizia respeito à matemática e ciências nas escolas públicas do país,[3] os Estados Unidos elaboraram uma abordagem para pesquisa, educação e imigração que resultou em décadas de liderança global econômica e intelectual.

O resto do mundo estudou esse modelo e o imitou cada vez mais. Entretanto, os norte-americanos gradualmente se esqueciam do que fazia esse modelo funcionar. E o apoio político às suas diversas estratégias começou a cair por terra.

O setor tecnológico enfrentou essa crescente discórdia ao lidar com os desafios da imigração, logo após o início do século XXI. Ano após ano, os republicanos apoiariam imigrantes altamente qualificados, mas não uma reforma abrangente da imigração. Os democratas apoiariam imigrantes extremamente qualificados, mas somente como parte de uma reforma abrangente da imigração. Anos a fio dialogando com líderes de ambos os partidos quase sempre terminavam com a frustrante conclusão de que nada seria feito. Depois da corrida presidencial de 2016, as coisas foram de mal a pior.

Em dezembro de 2016, quando eu e Satya voamos para Nova York com o objetivo de se reunir com o então presidente eleito Donald Trump e com os líderes tecnológicos na Trump Tower, decidimos que encontraríamos um jeito de levantar a questão da imigração, em algum momento da conversa. No início da discussão, Satya mencionou a importância da imigração em sua vida pessoal e nos dias de hoje. Ninguém havia ponderado a respeito da questão até Trump perguntar ao grupo, de modo cortês, se queríamos conversar sobre nossos pontos de vista. Mergulhamos a fundo nos detalhes importantes. E, quando o fizemos, ele afirmou que não tínhamos nada com que nos preocupar. "Apenas as pessoas ruins terão que ir embora. Todas as pessoas de bem podem ficar e continuar a entrar nos Estados Unidos", disse ele. Quem discordaria disso? Mas quem entendia o que isso realmente significava?

A FALTA DE TALENTOS

Nos bastidores da reunião, conversamos com os funcionários da Casa Branca a respeito das questões de imigração e educação. Isso nos deu certa esperança. Mas em fevereiro de 2017, um mês após a posse, essa esperança foi por água abaixo. O novo presidente proibiu completamente as viagens de indivíduos de sete países muçulmanos. Em toda a nação, pessoas se reuniram nos aeroportos para protestar contra a segregação de países com base na religião. Na Microsoft, a proibição impactou 140 funcionários e seus familiares, incluindo uma dúzia de pessoas que estavam fora do país e não conseguiram retornar.

Em todo o setor tecnológico, não restavam dúvidas de que lado estávamos. Ficamos do lado da nossa equipe. Tínhamos funcionários e famílias em risco, e os veríamos passar por essa crise.

Dentro de horas, o procurador-geral da justiça de Washington, Bob Ferguson, decidiu entrar com uma ação. O ponderado advogado-geral da Amazon, David Zapolsky, desempenhou um papel decisivo nos primeiros dias, quando procurávamos definir um caminho estratégico.[4] Organizei uma videochamada no domingo seguinte à tarde, e, com Apple, Amazon, Facebook e Google, decidimos trabalhar em colaboração para estruturar um amplo apoio ao setor de tecnologia em uma petição.

Apesar da confusão instaurada pela proibição de viajar, esperávamos que a questão se resolvesse e que todos se comprometessem com a causa. Em junho de 2017, Satya e eu viajamos para a Casa Branca a fim de nos reunirmos, mais uma vez, com os líderes de tecnologia. O conjunto abrangente das reuniões foi planejado por Chris Liddell, o ex-CFO da Microsoft, que, sob as ordens de Jared Kushner, encabeçava uma série de iniciativas para modernizar o governo federal. Participei de uma discussão honesta e abrangente, que explorou a possibilidade de existir um pacote mais amplo de imigração. Ainda que houvesse um claro antagonismo entre os funcionários da Casa Branca, ficamos um pouco esperançosos.

Todavia, no início de setembro, ficou evidente que a Casa Branca — e a nação — estava se aproximando da próxima cruzada de imigração. A questão era se o presidente suspenderia o Deferred Action for Childhood

ARMAS E FERRAMENTAS

Arrivals [Ação Diferida para Chegadas na Infância], ou o programa DACA, deixando a vida de mais de 800 mil jovens DREAMers[1] em uma situação incerta, incluindo alguns de nossos funcionários. Insistimos em favor de um compromisso que tratasse da segurança nas fronteiras, mantendo incólume o DACA e outras medidas importantes de imigração.

Tudo que fizemos não deu em nada. À medida que eu conversava com as pessoas na Casa Branca, nos últimos momentos antes de uma decisão ser anunciada, a situação parecia cada vez mais desoladora. Debati com Amy Hood, nossa CFO, a respeito do que poderíamos fazer para proteger nossos funcionários do DACA. Desenvolvemos um plano e Satya o aprovou. Quando o presidente anunciou a decisão de rescindir o DACA, estávamos prontos. A Microsoft se tornou a primeira empresa a se comprometer a fornecer defesa legal para os funcionários afetados. Conforme eu disse a um repórter da NPR, se o governo federal quisesse deportar qualquer um de nossos funcionários impactados pelo DACA, "ele teria que passar por nós primeiro".[5] Depois, nos unimos à Universidade de Princeton e a um de seus alunos com o objetivo de entrar com um processo judicial para contestar a rescisão do DACA.[6]

Em muitos aspectos, a decisão do DACA estabeleceu os parâmetros para cada discussão posterior sobre imigração. Surgiram conversas a respeito de um meio-termo e depois desapareceram. No entanto, elas também faziam parte de um padrão que perdurou por uma década. O ex-presidente George W. Bush tentou acabar com o impasse da imigração com uma legislação abrangente, em seu segundo mandato. O ex-presidente Obama também tentou em seu segundo mandato, com o Senado aprovando um projeto abrangente em 2013. Mas, por fim, o único vencedor foi o impasse.

Agora, porém, o debate era ainda mais inflamado. Cada partido mais do que depressa voltou ao beco sem saída político. Cada qual dobraria a aposta de apelos à sua base, que não era difícil de arquitetar. A única coisa sacrificada era a oportunidade de fazer alguma coisa — seja lá o que fosse.

---

1 N. da T.: Em 2012, o então presidente Barack Obama inaugurou o programa DACA, depois que a Development, Relief and Education for Alien Minors Act [Lei de Desenvolvimento, Ajuda e Educação para Menores Estrangeiros], ou Lei DREAM, não foi aprovada no Congresso. Os jovens assistidos pelo DACA e pela Lei DREAM, que chegaram ilegalmente aos EUA durante a infância, são chamados de "Dreamers" [Sonhadores].

A FALTA DE TALENTOS

Longe do brilho da notoriedade pública da política, às vezes nos deparamos com uma situação parecida. Uma disputa acirrada surge em torno de uma única questão no mundo dos negócios ou da regulamentação. Acaba se transformando em uma competição que inevitavelmente terá um vencedor e um perdedor. É a receita para o impasse contínuo, em que não se consegue fazer absolutamente nada.

Por ironia do destino, muitas vezes a resposta para esses problemas é aumentar o desafio. Um dos princípios que sempre empreguei nas negociações era simples: nunca permita que uma negociação fique restrita a uma única questão e chegue a um ponto em que somente se tenha um vencedor, mesmo que isso signifique abordar outros tópicos sobre os quais aparentemente seja possível chegar a um acordo. Ao contrário, estenda a discussão para que mais questões venham à tona. Crie a oportunidade de concessão mútua e uma série de meios-termos, de modo que se tenha um cenário que possibilite a todos clamar vitória na reta final. Era uma abordagem que se revelou indispensável à nossa capacidade de lidar com as difíceis situações de antitruste e de propriedade intelectual, com governos e empresas em todo o mundo.

Isso nos levou a acreditar que também poderíamos atuar na abordagem das questões de imigração. Afinal das contas, era preciso existir um equilíbrio real e justo entre imigrantes conseguirem empregos novos nos Estados Unidos e criar ainda mais empregos que seriam ocupados pelos cidadãos norte-americanos.

Era uma questão que tinha a ver com princípios e política pragmática. Passamos tempo o bastante trabalhando na imigração para entender que o maior desafio político era que as pessoas se sentiam ameaçadas por conta das oportunidades para aqueles que nasciam nos Estados Unidos. Víamos isso acontecer também em outros países onde tínhamos funcionários. Assim como nos negócios, o crescimento da imigração pode ser visto como ameaça aos empregos para a população local. No entanto, a imigração em geral é ainda mais controversa politicamente, porque também pode ser entendida como uma cultura local, dada a entrada de pessoas e costumes de outros países.

ARMAS E FERRAMENTAS

Tínhamos proposto o que supostamente era a nossa melhor ideia em 2010, quando defendemos uma "estratégia nacional de talentos" para os Estados Unidos.[7] Procuramos estender a questão e promover a imigração de uma forma que isso também gerasse mais oportunidades para os norte-americanos. A ideia era aumentar, com limites, os vistos e os green cards, e ampliar as taxas de serviços de imigração, usando essa receita adicional para financiar oportunidades mais abrangentes de educação e treinamento em habilidades que os novos empregos exigem.

Logicamente, havia uma série de detalhes a serem trabalhados. Um grupo de senadores aceitou esse desafio em 2013, quando Orrin Hatch e Amy Klobuchar encabeçaram uma iniciativa bipartidária que introduziu o que eles chamaram de Immigration Innovation Act [Lei de Inovação da Imigração].[8] Conhecido como I-Squared, o projeto de lei adotou a fórmula básica que propusemos e, ao mesmo tempo, direcionava os green cards, escassos, a imigrantes de determinados países-chave e propunha outras reformas que há tempos eram aguardadas. Boa parte das disposições chegou ao projeto de lei de imigração abrangente aprovado pelo Senado em 2013, e acabou definhando no caminho para a Câmara dos Deputados. Quando discutimos a imigração na Trump Tower em dezembro de 2016, levantei mais uma vez essa abordagem. A maioria dos líderes de tecnologia a apoiava, mas a equipe do presidente eleito estava claramente dividida.

Parte do apelo do I-Squared era que o projeto levantaria dinheiro em prol de uma causa cuja importância crescia nitidamente. Cada país enfrenta uma nova exigência — a de viabilizar que as pessoas desenvolvam habilidades necessárias para alcançar as melhores oportunidades de emprego em uma economia baseada em IA e tecnologia. Como empresa tecnológica, tínhamos que encarar essa questão, devido à nossa própria contratação. E, além disso, as dificuldades legais antitruste que enfrentamos na década de 1990 nos levaram a nos envolver ainda mais, de uma forma que isso proporcionou alguns insights sobre o problema.

Um de nossos momentos decisivos aconteceu no início de janeiro de 2003, quando todo mundo retornava de férias. Nossa equipe de contencioso

A FALTA DE TALENTOS

havia elaborado um acordo de princípio, a fim de solucionar o que sabíamos que seria o maior processo de ação coletiva resultante de nossa perda antitruste perante o tribunal federal de apelações em Washington, D.C. O processo englobou todos os consumidores na Califórnia. O preço era de US$1,1 bilhão. Seria o maior acordo de litígio na história da Microsoft. Enviei um e-mail a Steve Ballmer, o então CEO da Microsoft, para que ele soubesse que eu queria prosseguir, e fiquei apreensivo esperando a reação dele.

Naquela mesma manhã, Steve atravessou o corredor e entrou em meu escritório para conversar a respeito do acordo proposto. Ele entendia, como quase todos os executivos de negócios, que os advogados que instauravam ações coletivas sempre garantiam que se sairiam dessas conciliações. Mas Steve se questionava o que mais isso envolveria. Ele andava pelo meu escritório, conforme costumava fazer. Então se sentou, mas não em uma cadeira. Ao contrário, sentou-se em cima da minha mesa, de pernas cruzadas — o tipo de coisa que eu nunca tinha visto antes. Ele me olhou diretamente nos olhos e disse: "Se vamos gastar essa montanha de dinheiro, quero que você garanta que algumas pessoas se beneficiem disso." Eu prometi que o faria.

A reconciliação satisfazia o pedido de Steve. A Microsoft concordou em fornecer vouchers para as escolas, de modo que pudessem comprar novas tecnologias para seus computadores. Não apenas *nossa* tecnologia, mas software, hardware e serviços de qualquer empresa, incluindo nossos concorrentes. O acordo fornecia um modelo que adotaríamos em todo o país, proporcionando mais de US$3 bilhões em vouchers para escolas ao redor do país.

Entretanto, com o passar do tempo, esse acordo logo nos forneceu uma percepção valiosa, que o resto do país também aprendeu: apesar de gastar bilhões de dólares, o maior desafio tecnológico para as escolas não era disponibilizar mais computadores nas salas de aula. Era capacitar os professores com as habilidades necessárias para usar essa tecnologia. E mal sabíamos que o maior desafio de capacitar os professores com essa habilidade ainda estava por vir: oferecer a oportunidade para eles aprenderem ciência da computação, um campo que ainda estava engatinhando quando muitos deles estudaram no ensino médio ou na faculdade. Só então eles poderiam

ARMAS E FERRAMENTAS

ministrar os cursos de programação e ciência da computação que definiriam o futuro de uma nova geração de estudantes.

A ciência da computação se tornou, mais do que depressa, um campo-chave do século XXI. Os empregos se tornaram gradualmente mais digitais quanto à sua estrutura, e, como um estudo da Brookings Institution concluiu em 2017,[9] empregos com mais conteúdo digital pagam melhor do que empregos com menos.[10] Como observou o principal professor Ed Lazowska na Universidade de Washington, a ciência da computação se tornou "essencial para tudo". Ele explica que "não se trata apenas de software, é uma questão de biologia, escolha qualquer campo de atuação e a ciência da computação faz parte dele".[11]

Mas existe uma grande escassez de professores para ensinar ciência da computação. Menos de 20% das escolas secundárias do país oferecem o curso Advanced Placement no campo.[12] Em 2017, o número de jovens que fizeram o curso AP foi menor do que em quinze outras disciplinas, incluindo história europeia. Um dos desafios é o alto custo da formação de professores para que possam lecionar ciência da computação.[13]

Ainda que os governos tenham demorado para solucionar o problema, a filantropia caminhou a passos rápidos. Uma das pessoas que fizeram a diferença foi Kevin Wang. Ele se formou em ciência da computação e educação e lecionou no ensino médio, antes de se tornar engenheiro de software. Depois de uma carreira de três anos na Microsoft, uma escola local de Seattle ficou sabendo de sua formação e perguntou se ele poderia se voluntariar para lecionar ciência da computação. Ele aceitou, e logo outras escolas locais estavam perguntando se ele poderia ensinar lá também.

Kevin explicou que ele tinha um emprego fixo e, obviamente, não podia lecionar em cinco lugares ao mesmo tempo. No entanto, se eles estivessem interessados, ele conhecia outros desenvolvedores da Microsoft que poderiam fazer um bom trabalho em equipe, ensinando junto com um professor de matemática da escola, por exemplo. O voluntário forneceria os conhecimentos em ciência da computação, enquanto o professor de matemática sabia lecionar, gerenciar uma sala de aula e atuar com sucesso

A FALTA DE TALENTOS

junto aos alunos. Ao trabalhar com o voluntário, o professor de matemática, ao longo do tempo, também aprenderia ciência da computação e poderia ensiná-la. Nascia uma nova abordagem para a formação de professores.

A Microsoft Philanthropies fez disso um novo programa — Technology Education and Literacy in Schools [Educação Tecnológica e Alfabetização nas Escolas, em tradução livre], ou TEALS —, uma pedra angular de sua missão educacional. Anualmente, são recrutados 1.450 voluntários da Microsoft e de 500 outras empresas e organizações, com o objetivo de ensinar ciência da computação em quase 500 escolas de ensino médio, em 27 estados dos EUA, além do Distrito de Columbia e British Columbia, no Canadá.

Uma segunda pessoa deu um passo adiante e teve um impacto ainda maior. Hadi Partovi havia fundado e financiado com sucesso uma variedade de novas empresas de tecnologia na Costa Oeste. Seus pais são iranianos que fugiram de seu país e emigraram para os Estados Unidos, após a Revolução Iraniana. Apesar de Hadi ser bem-sucedido, seu pai se perguntava quando ele conquistaria algo ainda mais importante. A resposta de Hadi foi usar parte do próprio dinheiro para fundar um novo grupo, o Code.org, que mudaria a face da educação em ciência da computação.[14]

Do ponto de vista de uma organização sem fins lucrativos tradicional, o alcance do Code.org é inspirador. Com o intuito de apresentar uma nova geração à programação, Hadi criou um programa anual chamado Hour of Code [Hora do Código, no Brasil], inspirando os alunos a tentarem programar por meio de tutoriais online de uma hora. Ele colocou suas habilidades de marketing viral em prática e, até o momento, centenas de milhões de estudantes ao redor do globo participaram.[15] A Microsoft se tornou a maior entidade patrocinadora do Code.org, e incentivamos a organização ao expandir o treinamento e o apoio de professores em todo o país.

O problema é que ainda é necessário muito mais apoio para estender o alcance a alunos de todas as origens. Embora seja extremamente difícil afirmar que todo aluno deve estudar ciência da computação, você pode dizer que todo aluno merece a oportunidade. Isso significa incluir a ciência da computação em todas as escolas secundárias e também nas séries anteriores. A única maneira de capacitar os professores em escala é o financiamento federal para ajudar a preencher a lacuna.

Após anos de lobby, houve uma conquista no âmbito federal em 2016. Em janeiro, o presidente Obama anunciou uma proposta ousada de investir US$4 bilhões em recursos federais a fim de levar a ciência da computação às escolas do país. Ainda que a proposta despertasse entusiasmo, não estimulou o Congresso a angariar os recursos.[16]

No ano seguinte, Ivanka Trump teve mais sucesso. Antes mesmo de seu pai se mudar para a Casa Branca, ela tinha interesse em investimentos federais para levar a ciência da computação às escolas. Ela estava confiante de que conseguiria persuadir o presidente a abraçar a ideia, mas também acreditava que a função das verbas públicas era garantir financiamento privado substancial das principais empresas de tecnologia. Ivanka alegou que trabalharia para assegurar US$1 bilhão em recursos federais, em cinco anos, se o setor tecnológico se comprometesse com US$300 milhões durante o mesmo período.

Como de costume, quem abraçaria essa causa primeiro? A Casa Branca estava procurando uma empresa para fazer as coisas acontecerem e que se comprometesse a disponibilizar US$50 milhões, em cinco anos. Dado o envolvimento de longa data da Microsoft, o apoio financeiro e a advocacia anterior na Casa Branca de Obama, éramos uma escolha natural. Concordamos em assumir o compromisso, outras empresas nos seguiram e, em setembro de 2017, Mary Snapp, presidente da Microsoft Philanthropies, juntou-se à Ivanka em Detroit para fazer o anúncio.

A necessidade do ensino de ciência da computação nas escolas norte-americanas é um fator determinante para as oportunidades de uma nova geração em uma economia crescente. Contudo, isso é somente parte da equação. Cada vez mais, grupos sem fins lucrativos e governos estaduais estão desenvolvendo programas inovadores com o intuito de alimentar o crescimento nas escolas locais, investir em faculdades comunitárias, melhorar a aprendizagem contínua e explorar novas trajetórias de carreira para indivíduos que precisarão mudar de emprego ou carreira, à medida que suas vidas progridem. Grupos

A FALTA DE TALENTOS

de todo o país estão viajando para o exterior para questionar se o modelo de aprendizagem e formação profissional suíço ou o sistema financeiro referente à aprendizagem contínua de Singapura pode ser adotado com sucesso nos Estados Unidos. É um desafio nacional e, longe do impasse em Washington, D.C., o progresso está florescendo em toda a nação.

O setor tecnológico também está investindo em ferramentas de aprendizado e busca de emprego, incluindo o trabalho da Microsoft no LinkedIn. O LinkedIn criou o Economic Graph,[17] que identifica quais tipos de empregos as empresas estão criando por região e por país, e quais habilidades são necessárias para preencher essas vagas de empregos. A partir das informações de mais de 600 milhões de membros em todo o mundo, o Economic Graph fornece uma ferramenta para ajudar os responsáveis pelo planejamento público a direcionarem seus programas de educação e qualificação. Do Colorado à Austrália e até ao Banco Mundial, a ferramenta está sendo utilizada por organizações governamentais e sem fins lucrativos.[18]

Como os dados do LinkedIn deixam claro, as habilidades que têm como base a ciência da computação e de dados se tornaram cada vez mais essenciais para quem procura emprego. Em maio de 2019, as quatro principais competências buscadas pelos recém-formados no LinkedIn Learning — visualização de dados, modelagem de dados, linguagens de programação e web analytics — refletiram essa ênfase.[19] Os dois principais líderes de vendas da Microsoft, Jean-Philippe Courtois e Judson Althoff, reconheceram que a adoção de novas tecnologias exige cada vez mais que a empresa invista em programas de desenvolvimento de habilidades, não somente para nossos próprios funcionários, como também para os funcionários de nossos clientes. Isso resultou na criação de um programa que levará a IA e outras habilidades tecnológicas para clientes em escala global.

À medida que progredimos, novas lições e desafios continuam a surgir. Um desafio constante é garantir que as pessoas consigam adquirir as novas competências de forma acessível, inclusive passando das aulas de ciência da computação no ensino médio rumo aos diplomas universitários ou outra cre-

ARMAS E FERRAMENTAS

dencial de nível superior. É um desafio que o setor tecnológico e os governos podem enfrentar juntos por meio de formas novas de parceria.

Em Washington, podemos constatar isso em primeira mão, onde o Washington State Opportunity Scholarship Program [Programa de Bolsas de Estudo para Oportunidades do Estado de Washington, em tradução livre], criado pela Assembleia Legislativa do Estado, combina verbas públicas com recursos privados, a fim de ajudar os estudantes locais a obter um diploma universitário nos campos de atuação de saúde, ciência, tecnologia, engenharia e matemática.[20] Desde 2011, essa combinação arrecadou quase US$200 milhões, fornecendo auxílio anual para cerca de 5 mil estudantes universitários, e cada um deles pode receber até US$22.500 em bolsas de estudo. O programa ampliou o acesso à faculdade, com quase dois terços dos beneficiários sendo os primeiros da família a frequentar uma universidade, e a maioria composta de mulheres e pessoas de diversas etnias.[21]

Embora tudo isso fosse uma excelente notícia para os principais patrocinadores e empregadores do setor privado, como a Microsoft e a Boeing, o mais estimulante é a abordagem ampla do programa e os resultados gerados. Ao começar a participar dessa iniciativa, há cinco anos, a diretora-executiva Naria Santa Lucia se concentrou em fornecer aos alunos mentores, estágios e contatos com possíveis empregadores. Isso atribuiu papéis para empresas e indivíduos desempenharem na comunidade como um todo. A combinação não somente resultou em altos índices de graduação entre os estudantes, como também traçou um caminho claro para empregos bem-remunerados. Uma análise recente constatou que, somente cinco anos após a graduação, a renda média dos participantes era quase 50% maior que a renda de toda a família, em comparação ao período em que eles ingressaram na faculdade. É nesse momento que, geralmente em todo o país, as chances de os norte-americanos de 30 anos ganharem mais do que seus pais na mesma idade "caiu de 86% há 40 anos para 51% hoje".[22]

Tamanho sucesso nos inspirou a empreender uma iniciativa ainda maior, a fim de aumentar o acesso às novas habilidades e ao ensino superior. No início de 2019, os dirigentes locais perguntaram se eu gostaria de me unir à

A FALTA DE TALENTOS

presidente da Universidade de Washington, Ana Mari Cauce, no incentivo à criação de um novo fundo de educação que seria pago mediante um aumento no imposto para uma série de empresas que dependem do sistema de ensino superior.

Ainda que o convite fosse tentador, ele vinha acompanhado de desafios. Eu queria assegurar que os fundos chegassem não apenas aos cursos de graduação de quatro anos nas instituições, mas que ajudassem os alunos de escolas técnicas e faculdades comunitárias. Queria também ter certeza de que haveria um conselho administrativo independente para avaliar se o dinheiro estava sendo gasto com responsabilidade, além de disposições que protegeriam os fundos contra desvios durante uma recessão.

Embora essas questões se mostrassem relativamente fáceis de resolver, era meio desagradável defender que outras empresas pagassem mais impostos. Amy Hood e eu nos reunimos para refletir sobre o que a defesa de um imposto por parte da Microsoft significaria para a empresa, tanto financeira quanto politicamente. Concluímos que, se fôssemos colocar a reputação da empresa em risco por defender o pagamento de um imposto, deveríamos propor uma estrutura que exigisse que a Microsoft e a Amazon, como as duas maiores empresas tecnológicas do estado, pagassem uma taxa de imposto mais alta que todas as outras.

Foi isso que propusemos e, como se verificou, foi o que a Assembleia Legislativa promulgou. Iniciamos nossa defesa pública em um artigo do *Seattle Times*,[23] propondo uma cobrança adicional sobre o imposto das empresas e sobre serviços do estado. Escrevemos no artigo de opinião que "Pediríamos às maiores empresas do setor tecnológico, aos maiores empregadores de talentos extremamente qualificados, que fizessem um pouco mais".[24] Embora inicialmente a proposta tenha causado certo atrito com outras empresas,[25] os parlamentares chegaram a um acordo que limitava a nova sobretaxa de impostos a US$7 milhões anuais por empresa. Apenas seis semanas depois, a Assembleia Legislativa aprovou um novo orçamento com um fundo dedicado que arrecadaria cerca de US$250 milhões anuais para o ensino superior.

ARMAS E FERRAMENTAS

A nova Workforce Education Investment Act [Lei de Investimento em Educação da Mão de Obra, em tradução livre] de Washington foi aclamada tanto local como nacionalmente, em virtude de seu compromisso em "oferecer mensalidades gratuitas ou desconto nas mensalidades para estudantes de baixa e média renda que frequentam faculdades comunitárias e instituições públicas, fornecer novos fundos para faculdades comunitárias sem recursos e eliminar as listas de espera de auxílio financeiro, a partir de 2020".[26] Conforme descrito por um professor da Temple University, era "basicamente a lei de financiamento mais avançada do estado", promulgada em anos.[27] A meu ver, era a prova de que, se o setor de tecnologia pudesse se sentir à vontade com uma abordagem mais focada na comunidade e talvez até pagar um pouco mais do que sua parte, poderíamos ter um impacto concreto e positivo.

Infelizmente, esse tipo de progresso continua sendo extremamente raro. Nos Estados Unidos, o acesso às competências tecnológicas está longe de ser distribuído igualmente. Tal como o deficit de banda larga, o gargalo de habilidades atinge alguns grupos bem mais do que outros. Isso agrava profundamente quase todas as outras divisões que afligem a nação norte-americana.

Ao observar os estudantes que aprenderam ciência da computação, você enxerga claramente o impacto discrepante. Em uma época em que a tecnologia sofre a falta de mulheres, apenas 28% dos estudantes que fizeram o exame de ciência da computação AP em 2018 eram meninas.[28] Você vê essa mesma tendência se reproduzir com as minorias raciais pouco representadas. Esses grupos representavam apenas 21% dos estudantes que realizavam esses exames, comparados à sua representação de 43% no país.[29] E, no momento em que o país se preocupa com oportunidades econômicas nas comunidades rurais, somente 10% dos estudantes que realizaram os exames de ciência da computação AP em 2018 faziam parte dessas comunidades.[30]

Em síntese, os estudantes que participam das aulas de ciência da computação AP são, em sua maioria, homens, brancos, abastados, urbanos, em oposição ao restante dos Estados Unidos como um todo. Essa parte do problema tem diversas causas. Mas o setor de tecnologia precisa aceitar sua

A FALTA DE TALENTOS

parcela de responsabilidade. Nem sempre o setor foi um lugar fácil para mulheres ou para minorias construírem uma carreira.

A ciência e a tecnologia há muito tempo tem pioneiras proeminentes, incluindo Marie Curie, que continua a ser a única pessoa a ganhar duas vezes o mesmo Prêmio Nobel, e Bertha Benz, a primeira pessoa a mostrar ao mundo o potencial do automóvel.[31] E, quando os homens estavam preparados para reconhecer as contribuições dessas mulheres como indivíduos, o mundo tecnológico permaneceu resolutamente em marcha lenta, evitando reconhecer e criar oportunidades mais amplas para as mulheres. Na maioria das empresas de tecnologia, as mulheres ainda representam menos de 30% do efetivo de trabalho, e esse percentual é ainda menor quando se trata de funções técnicas. Do mesmo modo, os afro-americanos, hispânicos e latinos geralmente representam menos da metade do que se esperaria com base em sua representatividade na população dos Estados Unidos.

Ainda bem que nos últimos anos essa visão finalmente começou a mudar. Em todo o setor, as empresas tecnológicas fomentaram novos programas em favor de contratações diversificadas, visando promover uma cultura mais inclusiva no local de trabalho. Alguns desses novos avanços são oriundos de práticas empresariais básicas, que muitos outros setores econômicos adotaram há muito tempo. Seria como fundamentar parte dos salários dos executivos seniores no progresso concreto da diversidade, em vez de simplesmente falar sobre o problema. Ou mobilizar um grupo de recrutadores para ajudar a identificar uma gama diversificada de bons candidatos e redobrar os empenhos para visitar faculdades historicamente negras e as universidades cujas comunidades hispânicas são grandes e bem-sucedidas.

Não é nenhum bicho de sete cabeças. Tampouco é ciência da computação. Trata-se de senso comum. A boa notícia é que, finalmente, as engrenagens começaram a funcionar. Mas, sem dúvida, quando se trata de inclusão, é necessário que o setor de tecnologia progrida muito mais.

Talvez um foco mais orientado possa ajudar as empresas tecnológicas a pensar mais amplamente na dimensão final dessa equação, que envolve

ARMAS E FERRAMENTAS

pessoas. Este é o impacto que essas empresas estão provocando nas comunidades em que prosperam tão rápido.

Empresas de tecnologia que crescem exponencialmente levam empregos bem-remunerados para uma comunidade. Qual comunidade não almejaria isso? A competição para atrair o HQ2 da Amazon revelou essa dimensão mais do que nunca. Uma cidade após a outra competia entre si, ansiosas para bajular a empresa e suas demandas de isenções e outros incentivos fiscais.

Todavia, o crescimento carrega seus próprios desafios. Embora seja um belo de um problema, ele precisa ser solucionado. E, em muitas regiões, as coisas pioraram.

O primeiro lugar onde você pode constatar os problemas é nas rodovias. O tráfego empaca, os deslocamentos aumentam e as empresas de tecnologia começam a fornecer serviços de ônibus para seus funcionários. No Vale do Silício, nas tardes de segunda a sexta-feira, a rodovia parece um estacionamento — exceto pelo fato de que você consegue dirigir um pouco mais rápido em um estacionamento. As sobrecargas de trânsito nas rodovias são só a ponta do iceberg. É o mais fácil de ver, mas o crescimento impõe as mesmas demandas em todas as partes da infraestrutura de uma região, dos sistemas de trânsito às escolas.

Ao longo dos últimos anos, o problema atingiu um nível mais profundo. À medida que os empregos crescem, a oferta de moradias não acompanha o ritmo. A economia básica deve funcionar. Quando as pessoas trocam de empregos que pagam mais, e a construção de moradias não consegue acompanhar esse ritmo, os preços dos imóveis aumentam, e muitas pessoas de baixa e média renda são forçadas a se mudar. Os professores, enfermeiros e equipes de socorristas da comunidade — bem como a equipe de suporte das próprias empresas de tecnologia — são, muitas vezes, compelidos para áreas mais remotas e passam a ter que enfrentar longas viagens diárias.

Em junho de 2018, Satya e eu estávamos conversamos sobre esse assunto em uma pequena reunião em Seattle. Durante anos, incentivamos os líderes empresariais locais a levarem a educação e o transporte muito a sério, em toda a região. Agora, estávamos tomando café da manhã com outros dez

A FALTA DE TALENTOS

líderes locais do Challenge Seattle, um grupo cívico e empresarial local que ajudamos a fundar, liderado pela ex-governadora de Washington, Christine Gregoire, a CEO. Naquela manhã, os questionamentos eram a respeito das prioridades do grupo para o futuro.

O café da manhã resultou em uma epifania. Conforme a discussão circundava a mesa, todos os participantes conversavam sobre como a região estava mudando de formas que não eram totalmente positivas. Em Seattle, nos orgulhávamos de evitar o pior dos desafios habitacionais que afetavam São Francisco e o norte da Califórnia. Até percebermos que não era mais o caso. À medida que empresas como Amazon e Microsoft continuavam a crescer, firmamos parcerias com postos avançados de engenharia em expansão de mais de oitenta empresas com sede no Vale do Silício. De repente, a área de Seattle evoluiu de "cidade das árvores" para "cidade da nuvem". Entre 2011 e 2018, os preços médios das residências aumentaram 96%, ao passo que a renda média das famílias teve aumento de somente 34%.[32]

No início do ano, essas questões atingiram em cheio o centro de Seattle. Afligido pela escassez de moradia persistente e gradativa, o conselho da cidade respondeu propondo arrecadar US$75 milhões anualmente, com o objetivo de solucionar o problema por meio de um imposto sobre os empregos.[33] A comunidade empresarial ficou tão decepcionada que a Amazon paralisou o planejamento da obra de um novo prédio em Seattle, ameaçando diminuir o crescimento de emprego caso a decisão não fosse revertida.[34] Vimos a questão se desenrolar do outro lado do Lago Washington, que separa Seattle das outras cidades da região, incluindo Redmond, onde a Microsoft está sediada. Apesar de não estarmos envolvidos no debate de Seattle, lhe assistimos meio confusos. Compartilhamos nossa desconfiança em relação à tributação dos empregos, mas sentimos que a comunidade empresarial precisava fazer mais do que criticar a medida. Era necessário dar um passo adiante, um passo grande. O prefeito e o conselho da cidade desistiram do imposto, mas não havia nenhuma alternativa eficaz.[35]

ARMAS E FERRAMENTAS

No café da manhã, Satya mencionou as apreensões em relação à habitação e logo outras pessoas se juntaram a ele. Comentei que há pouco tempo havia tomado um cafezinho em uma manhã de sábado com Steve Mylett, delegado de polícia de Bellevue, a maior cidade nos arredores de Seattle. Eu havia marcado nossa reunião a fim de compartilhar as preocupações levantadas por alguns de nossos funcionários sobre os desafios raciais que eles às vezes enfrentam na comunidade, incluindo suas percepções da polícia local. Ele foi aberto e receptivo ao ouvir minhas opiniões e compartilhou um fato que era novo para mim: os preços das moradias aumentaram tanto que os novos policiais de Bellevue não podiam mais comprar uma casa na própria cidade que patrulhavam. Até mesmo o delegado de polícia tinha que enfrentar um trajeto de uma hora para ir trabalhar. E tanto a minha questão quanto a dele estavam relacionadas: é difícil construir um vínculo mais forte entre uma comunidade e sua força policial quando os policiais não podem se dar ao luxo de morar na região.

Compartilhei a história com o grupo Challenge Seattle e mencionei que havia solicitado à nossa equipe da Microsoft que desenvolvesse ideias visando uma iniciativa nova. Quando Satya e eu saímos juntos do café da manhã, as descrevi mais detalhadamente. Ao alcançar o elevador, tínhamos decidido priorizar a iniciativa.

De volta a Redmond, colocamos uma equipe de data science para trabalhar com o intuito de entender melhor o problema. A equipe colaborou com a Zillow para incluir dados imobiliários, criando um conjunto de dados maior do que o disponível antes. Os insights foram esclarecedores, não apenas para nós, mas para toda a região. Os dados revelaram que não tínhamos somente o problema de escassez de moradia, mas uma crise em plena expansão referente a moradias mais acessíveis. Os empregos na região cresceram 21%, ao passo que o crescimento na construção de moradias ficou abaixo dos 13%.[36] A lacuna era ainda maior nas cidadezinhas nos arredores de Seattle, onde a construção de moradias de baixa e média renda estagnara. As famílias de baixa e média renda estavam cada vez mais sendo forçadas a morar em cidades e subúrbios bem mais distantes de seus empregos. Atualmente,

A FALTA DE TALENTOS

a região está entre as piores do país em relação ao percentual de pessoas que diariamente enfrentam deslocamentos acima de noventa minutos.[37] Decidimos que algo precisava ser feito a fim de aumentar a oferta de moradia para famílias de média e baixa renda. Passamos meses consultando pessoas e grupos em toda a região, e colhendo o máximo de informações possível, em todo o país e no mundo todo. Com o apoio de Satya, Amy Hood e eu decidimos patrocinar internamente um projeto maior, e ela colocou sua equipe financeira para trabalhar no desenvolvimento de alternativas. Reconhecemos rapidamente que a Microsoft, como algumas outras grandes empresas tecnológicas, estava na posição privilegiada de ter um poderoso balanço patrimonial com ativos líquidos que poderíamos usar. Em janeiro de 2019, Amy e eu anunciamos que a Microsoft direcionaria US$500 milhões em uma combinação de empréstimos, investimentos e doações filantrópicas para resolver o problema.[38]

Nosso trabalho resultou em duas descobertas repentinas que pareciam importantes. Primeiro, era bastante óbvio que o dinheiro sozinho nunca poderia solucionar o problema. Conforme estudávamos a questão em todo o mundo, ficou claro que o único caminho efetivo rumo ao progresso era combinar mais capital com iniciativas de políticas públicas. Tão importante quanto o nosso financiamento, foi o pronunciamento realizado pelos prefeitos de nove cidades locais considerando reformas a fim de aumentar a oferta de moradias às famílias de baixa e média renda. Nos dias que antecederam o nosso anúncio, Christine Gregoire havia elaborado com os prefeitos um conjunto de recomendações específicas para doação de terras públicas, adaptação dos requisitos de zoneamento e para efetuar outras mudanças a fim de acelerar novas construções. Eram questões espinhosas, e as medidas adicionais exigiam mais do que uma dose de coragem política.[39] Esperávamos que, como todo o resto, nosso financiamento pudesse servir como um catalisador para empenhos mais amplos e necessários que unissem a comunidade.[40]

A segunda descoberta veio da reação ao nosso compromisso. Logo ficou claro que a questão pôs o dedo na ferida, não apenas local, mas nacional e até internacionalmente. Os resultados das eleições presidenciais de 2016 re-

ARMAS E FERRAMENTAS

fletiram uma preocupação crescente em muitas comunidades rurais de que, em uma era definida pela prosperidade ocasionada pela tecnologia, as pessoas nessas áreas estavam sendo deixadas de lado. No entanto, agora, essa preocupação estava sendo compartilhada pelas pessoas das áreas urbanas, mesmo que de forma diferente. As pessoas podiam caminhar pela cidade à sombra de novos edifícios cintilantes construídos para abrigar funcionários do setor tecnológico, mas não podiam bancar o custo de viver nas proximidades.

Isso estava gerando uma frustração compreensível que talvez acrescentasse uma nova dimensão à política norte-americana. Mais do que depressa, vimos as coisas degringolarem na cidade de Nova York, onde alguns políticos locais se arrependiam, pois haviam atraído a Amazon para gerar empregos por meio de subsídios e incentivos fiscais. Não conseguíamos ajudar, mas entendíamos o problema, dado o impacto causado pelo crescimento da empresa nas necessidades habitacionais da nossa região.

Em alguns aspectos, a questão do acesso à habitação ressalta a natureza interconectada de todas as questões relevantes para o setor tecnológico. Para construir um negócio saudável, é essencial se ater à diversidade dos funcionários e fazer parte de uma comunidade próspera. Ainda que seja aceitável que as empresas de tecnologia perguntem o que suas comunidades farão por elas, o setor chegou ao ponto em que essa pergunta precisa ser mais abrangente. A responsabilidade está atrelada à dimensão do sucesso, E o setor tecnológico precisa cada vez mais se perguntar o que mais poderá fazer para ajudar as comunidades em que se instalam. Precisamos ter acesso a grandes talentos, não apenas do outro lado da rua, mas de todo o mundo. No entanto, também precisamos fazer mais, com o objetivo de promover oportunidades para as pessoas ao nosso redor.

Todos esses desafios exigem que medidas sejam tomadas. Ao começar um projeto novo na Microsoft, costumo dizer que a primeira recompensa é fazer alguma coisa importante. A segunda é fazer alguma coisa.

As pessoas que ficam de braços cruzados dificilmente alcançam o sucesso.

Capítulo 11 〉〉〉 # IA E ÉTICA: Não Pergunte o que os Computadores Podem Fazer, Pergunte o que Eles Devem Fazer

Em janeiro de 2017, quando cheguei em Davos, na Suíça, para o Fórum Econômico Mundial, o evento anual de discussão de tendências globais, a IA era o assunto do momento. Todas as empresas tecnológicas estavam se promovendo como uma empresa de IA. Uma noite, após o jantar, resolvi apelar às minhas raízes do nordeste de Wisconsin e encarei a neve e o gelo para percorrer os 3,5km de comprimento da alameda principal de Davos. Parecia mais um pedaço de Las Vegas do que um vilarejo alpino. Além de um grupo de bancos, a cidade de esqui foi dominada por letreiros luminosos e sinalização de empresas de tecnologia, cada uma (inclusive a Microsoft) promovendo sua estratégia de IA para os líderes empresariais, governamentais e de pensamento que passariam a semana nos Alpes Suíços. Duas coisas eram perfeitamente claras: a IA era a novidade e as empresas tecnológicas têm orçamentos gigantes para fazer marketing.

ARMAS E FERRAMENTAS

Após inúmeras discussões sobre as vantagens da IA, percebi que ninguém dedicava tempo a explicar o que de fato ela é ou como funciona. Presumia-se que todos no fórum já sabiam. A partir das minhas próprias conversas em Davos, eu sabia que esse não era bem o caso, mas as pessoas estavam compreensivelmente relutantes em levantar a mão e perguntar o básico. Ninguém queria ser o primeiro a admitir que não entendia (assim como metade do auditório, praticamente) o que a outra metade estava falando.

Além do caráter ambíguo e vago no que diz respeito à IA, percebi outra coisa. Ninguém queria falar na possibilidade de regulamentação dessa nova tecnologia.

Durante um webcast sobre IA organizado por David Kirkpatrick, da Techonomy, me perguntaram se a Microsoft achava que o governo poderia regulamentar a IA. Afirmei que, provavelmente, em cinco anos estaríamos discutindo propostas dos governos focadas em novas regulamentações da IA. Um executivo da IBM discordou e falou: "Você não consegue prever o futuro. Não sei se podemos ter uma política justa. Eu ficaria preocupado que isso tivesse repercussões negativas."[1]

A semana em Davos abordava assuntos que eram constantes no setor tecnológico, e que nem sempre eram positivos. Como a maioria dos setores, a indústria tecnológica avança geralmente mais rápido por conta da inovação, sem ajudar as pessoas a entender completamente o que é ou como funciona essa inovação. Desde muito tempo, isso esteve associado a uma crença quase teológica de que a nova tecnologia será integralmente benéfica. No Vale do Silício, muitas pessoas sempre acreditaram que os órgãos governamentais de regulamentação não conseguiriam acompanhar a tecnologia.

Ainda que essa perspectiva idealista da tecnologia fosse bem-intencionada, ela não é realista. Até as tecnologias de ponta têm consequências indesejadas, e os frutos tecnológicos raramente são distribuídos de maneira igual. Sem contar que a nova tecnologia pode ser utilizada para fins prejudiciais, como inevitavelmente será.

Em 1700, logo após Ben Franklin criar o serviço postal nos Estados Unidos, os criminosos inventaram a fraude postal. Em 1800, com o advento do telégrafo e do telefone, os criminosos tramaram a fraude eletrônica. No século XX, quando os tecnólogos conceberam a internet, era óbvio para quem conhecia a história que a invenção de novas formas de fraude era inevitável.

Mas o desafio é que o setor tecnológico sempre procura avançar. A questão era que, para prejuízo de muitos, poucas pessoas dedicavam tempo ou tinham a decência de analisar suficientemente o passado para usar o conhecimento pretérito a fim de prever os problemas que já estavam à porta.

Após um ano da festa da IA em Davos, a inteligência artificial começou a suscitar um conjunto mais amplo de perguntas para a sociedade. Até então, a confiança pública, no que diz respeito à tecnologia, se concentrava na privacidade e na segurança, mas, agora, a inteligência artificial também fazia as pessoas se sentirem inquietas e estava rapidamente se tornando o assunto central do debate público.

Os computadores estavam ficando dotados da capacidade de aprendizado e de tomada de decisões, e dependiam cada vez menos da intervenção humana. Mas como eles tomariam essas decisões? Elas refletiriam o melhor da humanidade? Ou algo bem menos inspirador? Estava cada vez mais claro que as tecnologias de IA precisavam urgentemente de diretrizes com base em princípios éticos sólidos para servir melhor a sociedade.

No entanto, esse dia já havia sido previsto há muito tempo. Anos antes de os pesquisadores do Dartmouth College realizarem um estudo de verão, em 1956, com o objetivo de explorar o desenvolvimento de computadores que poderiam aprender — caracterizado por alguns como o nascimento da discussão acadêmica sobre IA —, Isaac Asimov havia escrito suas famosas "Três Leis da Robótica", no conto chamado "Runaround".[2] Era um relato de ficção científica sobre a tentativa da humanidade de criar regras éticas

ARMAS E FERRAMENTAS

que norteariam a tomada de decisão autônoma baseada nas IAs dos robôs. Como ilustrado de forma dramática no filme de 2004, *Eu, Robô,* estrelado por Will Smith, as coisas não deram muito certo.

Desde o final da década de 1950, a IA se desenvolveu aos trancos e barrancos, sobretudo por um curto espaço de tempo em meados da década de 1980, devido às ondas de empolgação exagerada, investimentos, startups e interesse midiático nos "sistemas especializados".[3] Mas por que a IA entrou em cena tão de repente e em grande estilo em 2017, 60 anos depois? Não era uma questão de modismo. Pelo contrário, espelhava as tendências e questões mais amplas e há muito convergentes.

Em todo o setor tecnológico, não existe uma definição universalmente estabelecida da IA, e os tecnólogos compreensivelmente fazem valer seus próprios pontos de vista. Em 2016, passei um tempo com Dave Heiner, da Microsoft; na época, ele trabalhava com Eric Horvitz, que havia conduzido muitas de nossas pesquisas básicas em campo, analisando as novas questões que surgiam a respeito da IA. Ao pressionar Dave, ele me respondeu de uma forma que considero útil quando pensamos no assunto: "A IA é um sistema computacional que pode aprender com a experiência, ao discernir os padrões nos dados que lhe são fornecidos e, assim, tomar decisões." Eric usa uma definição um pouco mais ampla, sugerindo que a "IA é o estudo de mecanismos computacionais inerentes ao pensamento e ao comportamento inteligente". Via de regra, ainda que isso envolva dados, também pode envolver experiências como jogar, entender idiomas naturais e afins. A competência de um computador aprender com dados e experiências e tomar decisões — o cerne dessas definições de IA — baseia-se em duas habilidades tecnológicas fundamentais: percepção e cognição humana.

A percepção humana é a habilidade dos computadores de *perceber* o que está acontecendo no mundo da forma como os humanos percebem por intermédio da visão e da audição. Por um lado, as máquinas conseguem "ver" o mundo, desde que a câmera foi inventada na década de 1830. Mas sempre era necessário um ser humano para compreender o que estava sendo retratado em uma fotografia. Da mesma forma, as máquinas podem

IA E ÉTICA

ouvir desde que Thomas Edison inventou o fonógrafo, em 1877. Contudo, nenhuma máquina poderia entender e transcrever com a mesma precisão que um ser humano.

Em ciência de computação, o reconhecimento de visão e de voz, há muito tempo, são o Santo Graal entre os pesquisadores. Em 1995, quando Bill Gates fundou a Microsoft Research, um dos primeiros objetivos de Nathan Myhrvold, que encabeçou o empreendimento, era recrutar os principais acadêmicos em reconhecimento de visão e voz. Ainda me recordo de quando a equipe de pesquisa básica da Microsoft previu de maneira otimista, na década de 1990, que um computador logo seria capaz de entender a fala como um ser humano.

O otimismo dos pesquisadores da Microsoft foi compartilhado por especialistas das instituições acadêmicas e do setor de tecnologia. A realidade era que o reconhecimento de voz demorou mais tempo para melhorar do que os especialistas haviam previsto. O objetivo da visão e da linguagem era possibilitar que os computadores percebessem o mundo com uma taxa de precisão que correspondesse à dos seres humanos, inferior a 100%. Todos cometemos erros, incluindo nossa capacidade de discernir o que os outros estão nos dizendo. Os especialistas estimam que nossa taxa de precisão no quesito compreensão da linguagem é de aproximadamente 96%, com nosso cérebro preenchendo as lacunas tão rápido que nem pensamos nisso.[4] Porém, até os sistemas de IA atingirem esse nível, é mais provável que nos incomodemos com os erros que os computadores cometem do que com uma taxa de sucesso de 90%.

No ano de 2000, os computadores atingiram o patamar de 90% de visão e linguagem, mas o progresso estagnou por uma década. Após 2010, ele voltou a crescer. Daqui a cem anos, quando as pessoas relembrarem a história do século XXI, provavelmente concluirão que o período de 2010 a 2020 foi a década em que a IA deu certo.

Três avanços tecnológicos recentes foram a plataforma de lançamento para que a IA decolasse. Primeiro, a capacidade computacional finalmente

ARMAS E FERRAMENTAS

evoluiu ao nível necessário para executar o volume gigantesco de cálculos necessários. Segundo, a computação em nuvem disponibilizou um grande volume dessa capacidade de processamento e armazenamento às pessoas e organizações, sem a necessidade de fazer investimentos de capital enormes em grandes quantidades de hardware. E, por último, a explosão dos dados digitais possibilitou a construção de conjuntos de dados substancialmente maiores para treinar sistemas baseados em IA. Sem esses elementos constitutivos, é pouco provável que a IA tivesse evoluído tão rápido.

Mas foi necessário um quarto alicerce fundamental, determinante para ajudar os cientistas de computação e de dados a fazer com que a inteligência artificial fosse eficaz. A segunda e ainda mais importante capacidade tecnológica necessária para o funcionamento da IA: a cognição — em outras palavras, a capacidade de um computador de raciocinar e aprender.

Durante décadas, houve um debate intenso sobre a melhor abordagem tecnológica que permitisse aos computadores pensar. Uma abordagem tinha como base o que chamamos "sistemas especialistas". Bastante popular no final dos anos 1970 e 1980, ela envolvia a coleta de grandes quantidades de informações e a criação de regras que os computadores poderiam aplicar à cadeia de raciocínio lógico para a tomada de decisões. Como observou um tecnólogo, essa abordagem baseada em regras não podia ser dimensionada para atender à complexidade dos problemas do mundo real. "Em domínios complexos, o número de regras pode ser enorme e, à medida que informações novas são manualmente adicionadas, não é possível acompanhar as exceções, e as interações com outras regras se torna impraticável."[5] Em muitos aspectos, lidamos com nossas vidas humanas não raciocinando regras, e sim reconhecendo padrões baseados na experiência.[6] Em retrospectiva, um sistema baseado em regras tão detalhadas talvez fosse uma abordagem que agradasse apenas os advogados.

A partir de 1980, uma abordagem alternativa à IA se revelou superior. Ela utiliza métodos estatísticos para reconhecimento de padrões, previsão e raciocínio, na construção de sistemas por meio de algoritmos que aprendem com os dados. Na década passada, os avanços na ciência da computação e de

IA E ÉTICA

dados resultaram na maior utilização da chamada aprendizagem profunda ou redes neurais. O cérebro humano tem neurônios com conexões sinápticas que possibilitam nossa capacidade de discernir padrões no mundo à nossa volta.[7] As redes neurais computadorizadas têm unidades computacionais, conhecidas como neurônios, que são conectadas artificialmente para que os sistemas de IA consigam raciocinar.[8] Essencialmente, a abordagem de aprendizado profundo fornece volumes enormes de dados relevantes para treinar um computador a reconhecer um padrão, usando diversas camadas desses neurônios artificiais. Em razão de ser um processo de dados computacional e intensivo, exigiu outros avanços mencionados anteriormente. Exigiu também avanços novos em relação às técnicas necessárias para treinar as redes neurais multicamadas,[9] que começaram a se tornar realidade cerca de uma década atrás.[10]

O impacto coletivo dessas mudanças resultou em avanços vertiginosos e impressionantes nos sistemas baseados em IA. Em 2016, a equipe do sistema de reconhecimento de visão da Microsoft Research se igualou ao desempenho humano, em um desafio específico para identificar um grande número de objetos em um arquivo chamado ImageNet. O mesmo aconteceu com o reconhecimento de voz, em um desafio específico chamado Switchboard data set, alcançando uma taxa de precisão de 94,1%.[11] Grosso modo, os computadores estavam começando a perceber o mundo como os seres humanos. O mesmo fenômeno ocorreu com a tradução de idiomas, que requer, em parte, que os computadores entendam o significado de palavras diferentes, incluindo nuances e gírias.

Mais do que depressa, o público começou a se preocupar quando artigos aparentemente questionavam se um computador baseado em IA conseguiria pensar sozinho e raciocinar a uma velocidade sobre-humana e, consequentemente, levar as máquinas a dominar o mundo. É o que os tecnólogos chamam de superinteligência ou, como alguns dizem, "singularidade".[12] Conforme Dave Heiner argumentou quando nos concentramos na questão em 2016, o problema estava consumindo muito tempo e atenção — possivelmente nos desviando dos problemas urgentes e importantes. "Claro que

ARMAS E FERRAMENTAS

isso é muito ficção científica e está ofuscando as questões mais urgentes que a IA tem a criado."

Tais questões urgentes vieram à tona no mesmo ano, em uma conferência patrocinada pela Casa Branca. A palestra da conferência era proveniente de artigo publicado no site *ProPublica*, intitulado "Machine Bias" [O Viés das Máquinas, em tradução livre].[13] A legenda do artigo já dizia tudo: "Existem softwares usados em todo o país para prever futuros criminosos. E eles são tendenciosos contra os negros." A IA estava sendo cada vez mais utilizada para efetuar previsões em uma ampla variedade de cenários, e existia uma preocupação crescente em relação aos sistemas serem tendenciosos contra determinados grupos em vários cenários, incluindo pessoas não brancas.[14]

O problema do viés tendencioso descrito no *ProPublica* em 2016 era real. Ele retratava concretamente as duas causas que precisam ser enfrentadas para que a IA tivesse o desempenho, justificadamente, esperado pelo público. A primeira tinha a ver com um trabalho que incluía conjuntos de dados tendenciosos. Por exemplo, um conjunto de dados de reconhecimento facial com fotografias dos rostos das pessoas pode ter fotos suficientes de homens brancos, visando prever com alta precisão os rostos dos homens brancos. No entanto, se houver conjuntos de dados menores com fotos de mulheres ou negros, é provável que haja uma taxa de erro mais alta em relação a esses grupos.

Na verdade, é justamente isso que duas estudantes de doutorado descobriram com suas pesquisas, em um projeto chamado "Gender Shades".[15] A pesquisadora do MIT Joy Buolamwini, bolsista Rhodes e poeta, e Timnet Gebru, pesquisadora da Universidade de Stanford, se comprometeram com um trabalho com o intuito de promover o entendimento público relacionado ao viés da IA, ao comparar as taxas de precisão do reconhecimento facial de pessoas de diferentes gêneros e etnias. As duas pesquisadoras documentaram taxas de erro mais altas, por exemplo, na identificação de gênero para os rostos dos políticos negros na África, em comparação com os políticos brancos no norte da Europa. Como uma mulher afro-ameri-

IA E ÉTICA

cana, Buolamwini chegou até mesmo a descobrir que alguns sistemas a identificavam como homem.

O trabalho de Buolamwini e Gebru ajudou a evidenciar uma segunda dimensão do viés que também precisamos levar em consideração. É difícil desenvolver uma tecnologia a serviço do mundo sem antes montar uma equipe que reflita a diversidade global. Conforme elas descobriram, provavelmente um grupo mais diversificado de pesquisadores e engenheiros reconheça e reflita mais a respeito dos problemas de preconceito, que podem inclusive impactá-los pessoalmente.

Se a IA faculta aos computadores a capacidade de aprender com a experiência e de tomar decisões, que tipos de experiências queremos que as IAs tenham e quais decisões tomadas pelas IAs nos deixam à vontade?

No final de 2015, na Microsoft, Eric Horvitz levantou essas preocupações na comunidade de ciência da computação. Em um trecho de um artigo de sua coautoria para uma revista acadêmica, ele reconheceu que a maioria dos cientistas da computação considerava os riscos apocalípticos da singularidade remotos, na melhor das hipóteses, mas afirmou que chegara a hora de examinar com mais seriedade uma gama crescente de outras questões.[16] No ano seguinte, Satya assumiu o lugar e escreveu um artigo para *Slate* sugerindo que "o debate tem que ser sobre os valores incutidos nas pessoas e nas instituições que desenvolvem essa tecnologia".[17] Ele propôs alguns valores iniciais que precisavam ser incorporados, entre eles privacidade, transparência e responsabilidade.

No final de 2017, concluímos que estávamos falando da necessidade de uma abordagem mais autêntica referente à ética na IA. Estava longe de ser uma proposta simples. À medida que os computadores adquiriam a capacidade de tomar decisões, antes só reservadas aos seres humanos, praticamente todas as questões éticas da humanidade estavam se tornando uma questão ética para a computação. Se milênios de debate entre filósofos não conceberam respostas inequívocas e universais, era impro-

ARMAS E FERRAMENTAS

vável que surgisse um consenso da noite para o dia simplesmente porque precisávamos empregá-las nos computadores.

Em 2018, empresas como Microsoft e Google, que estavam na vanguarda da IA, começaram a encarar esse novo desafio. Junto com especialistas das instituições acadêmicas e de outros lugares, reconhecemos que precisávamos de um conjunto de princípios éticos para nortear nosso desenvolvimento de IA. Na Microsoft, finalmente estabelecemos seis princípios éticos para esses campos de atuação.

O primeiro princípio nos convidava a abordar a necessidade de *equidade*, ou seja, o problema de viés. Passamos então para outras duas áreas, em que já havia pelo menos algum consenso — a importância da *confiabilidade e segurança,* e a necessidade *de privacidade e de proteção* sólidas. Em aspectos importantes, esses conceitos haviam progredido por meio da lei e dos órgãos de regulamentação em resposta a revoluções tecnológicas anteriores. A responsabilidade pelo produto e leis semelhantes determinaram padrões de confiabilidade e segurança em resposta à ferrovia e ao automóvel. De igual modo, surgiram normas de privacidade e segurança em resposta às revoluções das comunicações e da tecnologia da informação. Enquanto a IA estivesse suscitando novos desafios nessas áreas, poderíamos usar esses conceitos legais anteriores.

Nosso quarto princípio tratava de uma questão pela qual nossos funcionários se mobilizavam desde que Satya se tornou CEO em 2014. Era a importância de desenvolver tecnologia *inclusiva,* que atendesse às necessidades das pessoas com deficiência. O foco da empresa em tecnologia inclusiva naturalmente englobaria a IA. Afinal, se os computadores conseguem enxergar, imagine o que eles podem fazer em prol das pessoas cegas. E, se os computadores conseguem ouvir, imagine o que podem representar para as pessoas com deficiência auditiva. E não precisamos necessariamente inventar e distribuir dispositivos totalmente novos para aproveitar essas oportunidades. As pessoas já se deslocavam por aí com smartphones que tinham câmeras que podiam ver e microfones que podiam ouvir. A partir

IA E ÉTICA

do quarto princípio ético e inclusivo, o caminho rumo ao progresso nesta área já estava traçado.

Ainda que cada um desses quatro princípios fosse importante, percebemos que todos dependiam de dois princípios fundamentais para que os outros fossem bem-sucedidos. O primeiro era a *transparência*. Para nós, significava assegurar que as informações sobre como os sistemas de IA estavam tomando decisões relevantes fossem públicas e compreensíveis. Além do mais, como o público poderia confiar na IA, e como os futuros órgãos de regulamentação conseguiriam avaliar a adesão aos quatro primeiros princípios, se o funcionamento interno da IA fosse mantido em segredo?

Algumas pessoas defendem que os desenvolvedores de IA devem publicar os algoritmos que usam, mas concluímos que eles provavelmente não seriam tão esclarecedores, na maioria das circunstâncias, ou revelariam segredos comerciais valiosos que prejudicariam a concorrência no setor tecnológico. Já estávamos trabalhando na Partnership on AI com acadêmicos e outras empresas tecnológicas, a fim de elaborar abordagens melhores. O foco se tornou fazer com que a IA seja explicável, por exemplo, descrevendo os principais elementos utilizados para tomar as decisões.

O último princípio ético da IA seria o alicerce de tudo: a *prestação de contas*. O mundo criaria um futuro no qual os computadores teriam que continuamente prestar contas às pessoas, e as pessoas que projetam essas máquinas teriam que prestar contas a todo mundo? Talvez esta seja uma das questões definidoras da nossa geração.

Esse último princípio exige que os humanos permaneçam informados, para que os sistemas baseados em IA não fiquem à mercê da desonestidade sem análise, julgamento e intervenção humana. Em outras palavras, as decisões baseadas em IA que afetam os direitos das pessoas de forma significativa precisam ser submetidas à análise e ao controle humanos necessários. E isso requer pessoas treinadas a fim de avaliar as decisões que a IA está tomando.

ARMAS E FERRAMENTAS

Significa também, concluímos, que processos mais abrangentes de governança são fundamentais. Toda instituição que desenvolve ou usa IA precisa de novas políticas, processos, programas de treinamento, sistemas de conformidade e pessoas, para analisar e fornecer conselhos sobre o desenvolvimento e a implementação de sistemas de IA.

Em janeiro de 2018, divulgamos nossos princípios e rapidamente percebemos que isso ocasionou uma reação profunda.[18] Os clientes solicitavam informações não apenas sobre nossa tecnologia de IA, mas também sobre nossa abordagem em relação às questões e práticas éticas. Fazia bastante sentido. A estratégia da empresa como um todo era "democratizar a IA", fornecendo acesso aos elementos constitutivos da tecnologia — ferramentas para reconhecimento de visão e voz e aprendizado de máquina, por exemplo —, de modo que os clientes pudessem criar seus próprios serviços personalizados de IA. Contudo, isso significava que uma abordagem sofisticada referente à ética da IA precisava ser desenvolvida e compartilhada de forma tão abrangente quanto a própria tecnologia.

Essa ampla disseminação da IA também significava que a regulamentação da tecnologia não era somente algo provável, como também essencial. Um entendimento geral sobre a ética da IA poderia incentivar as pessoas honestas a agirem de forma ética. Mas e quanto às pessoas que não estavam interessadas no caminho ético? A única maneira de garantir que todos os sistemas de IA funcionassem conforme determinados padrões éticos era exigir que as pessoas fizessem o mesmo. E isso significava recorrer ao cumprimento da lei e à regulamentação nos padrões éticos adotados pelas sociedades.

Estava claro que os empenhos rumo à regulamentação prosseguiriam em um ritmo bem mais rápido do que o período de cinco anos que eu havia previsto no ano anterior, em Davos. Percebemos isso em abril de 2018, quando estávamos em Singapura e nos reunimos com autoridades governamentais responsáveis pelas questões de IA. "Essas questões não podem esperar. Precisamos estar um passo à frente da tecnologia", disseram-nos. "Queremos publicar nossas primeiras propostas em meses, e não em anos."

IA E ÉTICA

Inevitavelmente, os problemas éticos da IA passarão da conversa geral para discussões mais concretas. E é bem provável que eles não fugirão às controvérsias específicas. Embora seja impossível prever com exatidão o assunto que todos estaremos discutindo daqui a cinco ou dez anos, podemos identificar alguns insights a partir das questões que já estão surgindo.

Em 2018, uma das primeiras controvérsias envolvia o uso ameaçador da IA em armas militares. À medida que as discussões públicas se popularizavam, a questão versava sobre "robôs assassinos", frase que evoca imagens da ficção científica. É uma representação que as pessoas podem entender com facilidade, talvez espelhando o fato de que a franquia de filmes *O Exterminador do Futuro* produziu não apenas cinco sequências, mas pelo menos um filme a cada década, desde que o original foi lançado, em 1984. Em outras palavras, caso você seja adolescente ou mais velho, há uma boa chance de ter assistido aos perigos das armas autônomas nos cinemas.

Uma das primeiras lições que podemos aprender a partir dessa discussão sobre políticas públicas é a necessidade de elaborar uma compreensão ou classificação mais diferenciada dos tipos de tecnologia envolvidos. Quando conversei com os líderes militares de todo o mundo, todos tinham uma coisa em comum: ninguém quer acordar de manhã e descobrir que as máquinas começaram uma guerra enquanto eles dormiam. A tomada de decisões a respeito da guerra e da paz precisa estar restrita aos seres humanos.

Entretanto, isso não quer dizer que as autoridades militares mundiais concordem em tudo. É neste ponto que as distinções entram em cena. Paul Scharre, um ex-funcionário de defesa dos EUA que trabalha em um *think tank*, traz à baila questões cada vez mais pertinentes em seu livro, *Army of None: Autonomous weapons and the future of war* ["O Exército de Ninguém: Armas autônomas e o futuro da guerra", em tradução livre].[19] Como ele ilustra, o X da questão não é apenas quando, mas como os computadores devem ser autorizados a lançar uma arma sem qualquer interferência humana. Por um lado, ainda que um drone com visão computacional e reconhecimento facial possa, de longe, superar a precisão humana na identificação de um terrorista *in loco*, isso não significa que as autoridades mi-

ARMAS E FERRAMENTAS

litares precisam ou devem deixar de lado o efetivo humano e o bom senso. Por outro lado, se dezenas de mísseis são lançados em uma frota naval, as defesas antimísseis do Aegis Combat System precisam responder de acordo com a tomada de decisões do computador. No entanto, os cenários são variados e o uso do sistema de armas é personalizável.[20] Um ser humano normalmente deve tomar a decisão inicial de lançamento, mas não há tempo para os humanos aprovarem cada alvo individual.

Levando em consideração as possíveis preocupações com as armas autônomas, algumas pessoas defendem que as empresas tecnológicas devem se recusar a trabalhar com qualquer tecnologia militar baseada em IA. Por exemplo, o Google renunciou um contrato de IA com o Pentágono depois que seus funcionários protestaram.[21] Na Microsoft, enfrentamos o mesmo problema quando alguns de nossos funcionários levantaram preocupações semelhantes. Faz muito tempo que trabalhamos para os EUA e as Forças Armadas de diversos países, fato conhecido quando visitei o porta-aviões *USS Nimitz* há alguns anos, em seu porto de origem em Everett, Washington, ao norte de Seattle. O porta-aviões tem mais de 4 mil computadores rodando nosso sistema operacional Windows, fornecendo uma ampla variedade de funções à embarcação.

Contudo, para muitas pessoas, os sistemas baseados em IA compreensivelmente se encaixam em uma categoria diferente desse tipo de tecnologia de plataforma. Reconhecemos que a nova tecnologia suscitou uma nova geração de questões complicadas, e, como tínhamos em vista um contrato em potencial para fornecer tecnologia de realidade aumentada e nossos dispositivos HoloLens aos soldados do Exército dos EUA, conversamos sobre o que deveríamos fazer.

Diferentemente do Google, concluímos que era importante continuarmos fornecendo nossa melhor tecnologia para as Forças Armadas dos EUA e para outros governos aliados, pois confiamos em processos democráticos e no bom senso fundamental referente aos direitos humanos. As defesas militares norte-americanas e a OTAN dependem há muito do acesso à tecnologia de ponta. Como afirmamos em particular e em público: "Acreditamos nas Forças Armadas dos EUA e queremos que as pessoas que a protegem tenham acesso à melhor tecnologia do país, inclusive da Microsoft."[22]

Ao mesmo tempo, reconhecíamos que alguns de nossos funcionários não se sentiam à vontade trabalhando em prol de contratos de defesa para os EUA ou para outras organizações militares. Alguns eram cidadãos de outros países, outros tinham perspectivas éticas distintas ou eram pacifistas, e outros simplesmente queriam dedicar sua energia a aplicações alternativas de tecnologia. Respeitamos essas opiniões e mais do que depressa afirmamos que faríamos de tudo para permitir que essas pessoas trabalhassem em outros projetos. Dado o tamanho e o portfólio diversificado de tecnologia da Microsoft, sentimos que provavelmente poderíamos atender a essas solicitações.

Mas também sentimos que nada disso nos isentava da necessidade de refletir e de nos envolvermos nas complexas questões éticas levantadas quando se combina inteligência artificial com armas. Ao discutirmos esse aspecto com nossa hierarquia de liderança sênior, ressaltei que as questões éticas eram importantes para o desenvolvimento de armas desde o século XIX, quando os projéteis expansivos e, depois, a dinamite apareceram no campo de batalha. Satya lembrou-me de que, de fato, as questões éticas referentes à guerra remontam aos escritos romanos de Cícero. Mais tarde, ele me enviou um e-mail contando que sua mãe não ficaria nada feliz por ele ter se lembrado de Cícero, mas ter se esquecido do épico hindu indiano, *Mahabharata*. (Felizmente, ele me mandou um link da Wikipedia, então pude ler mais a respeito.)[23]

Esses tipos de discussões nos levaram a concluir que precisávamos nos envolver nas questões éticas como cidadãos corporativos atuantes. E acreditávamos que nossa presença poderia ajudar a solucionar as questões urgentes sobre políticas públicas.[24] Conforme dissemos a nossos funcionários, sentimos que nenhuma empresa tecnológica havia sido mais ativa no tratamento das questões políticas suscitadas pelas novas tecnologias, principalmente em relação à vigilância governamental e às armas ciberné-

ARMAS E FERRAMENTAS

ticas.[25] Da mesma forma, pensamos que a melhor abordagem era defender políticas e leis responsáveis no que dizia respeito à IA e às Forças Armadas.

Arregaçamos as mangas para aprender mais e melhorar nossas perspectivas. Isso nos levou de volta aos nossos seis princípios éticos, que informavam os problemas éticos pertinentes à IA e às armas. Concluímos que três deles estavam em risco — confiabilidade e segurança, transparência e, o mais importante, prestação de contas. Abordar apenas os três poderia manter a confiança por parte da sociedade civil de que a IA seria implementada de uma forma que não fugiria ao controle dos seres humanos.

Identificamos também algumas semelhanças importantes com as questões que abordamos no contexto dos ataques cibernéticos de segurança e de Estado-nação. Nessa esfera, há diversas regras nacionais e internacionais que já se aplicam a novas formas de tecnologia, como armas autônomas letais.

Aparentemente, muitas outras dinâmicas também são familiares aos problemas de segurança que envolvem armas cibernéticas. Em 2018, o secretário-geral da ONU, António Guterres, não fez rodeios quando exigiu a proibição de "robôs assassinos", alegando: "Vamos colocar os pingos nos is: a perspectiva de máquinas com a liberdade e o poder de tirar a vida humana é moralmente repugnante."[26] No entanto, como é o caso das armas cibernéticas, as principais potências militares do mundo resistiram às novas regras internacionais que colocariam freio ao seu desenvolvimento tecnológico.[27]

Isso está levando à discussão cenários específicos que estão no âmago das preocupações em potencial — na esperança de que isso ajude a sair do imbróglio. A Human Rights Watch, por exemplo, pediu que os governos "proibissem sistemas de armas que pudessem selecionar e deflagrar alvos sem controle humano significativo".[28] Ainda que provavelmente existam nuances adicionais a serem abordadas, esse tipo de defesa internacional, com foco em termos específicos, como "controle humano significativo", representa um aspecto fundamental do que o mundo possivelmente abordará nesta nova geração de desafios éticos.

É imprescindível que esse trabalho tenha como base as tradições éticas e os direitos humanos já existentes. Fiquei atônito com o foco impassível e de longa data das Forças Armadas dos EUA na tomada de decisões éticas. Isso não as isentava dos deslizes éticos ou, vez ou outra, de erros crassos, mas, conforme aprendi com indivíduos que variam de generais a cadetes da academia West Point, é impossível se formar em uma academia militar norte-americana sem fazer um curso de ética.[29] Isso ainda não se aplica aos cursos de ciência da computação em muitas universidades norte-americanas.

À medida que discutimos essas e outras questões emergentes parecidas com os líderes de outros países, passamos a entender que as perspectivas éticas se baseiam em direitos humanos e parâmetros filosóficos mais amplos. Por isso, é essencial relacionar esses tópicos ao entendimento das diversas culturas ao redor do mundo, bem como às diversas leis e abordagens dos órgãos de regulamentação que essa diversidade cria.

A inteligência artificial, como toda tecnologia da informação, é desenvolvida para ter caráter global. Os tecnólogos que a projetam querem que ela funcione da mesma forma em todos os lugares. Entretanto, as leis e a regulamentação podem divergir entre os países, resultando em desafios para diplomatas e tecnólogos. Vivenciamos essa divergência de modo recorrente, primeiro com as leis de propriedade intelectual, depois com regras de concorrência e, mais recentemente, com regulamentos de privacidade. No entanto, em alguns aspectos, essas diferenças são simples quando comparadas à complexidade das leis que abordam as questões éticas, que fundamentalmente têm a filosofia como base.

Nos dias de hoje, a inteligência artificial impõe ao mundo, como nenhuma tecnologia anterior, que enfrente as semelhanças e as divergências entre essas e outras tradições filosóficas. As questões suscitadas pela IA abordam tópicos como o papel da responsabilidade pessoal, a importân-

ARMAS E FERRAMENTAS

cia da transparência pública, os conceitos de privacidade individual e os conceitos fundamentais de justiça. Como o mundo pode caminhar rumo a uma abordagem ética e ímpar para computadores se não chegamos a um acordo sobre as questões filosóficas pessoais? É um importante dilema para o futuro.

Mais do que no passado, isso exigirá que as pessoas que criam tecnologia venham não somente de áreas como a ciência da computação e de dados, mas também das ciências sociais, naturais e humanas. Para garantir que a inteligência artificial tome decisões com base no melhor que a humanidade tem a oferecer, seu desenvolvimento deve resultar de um processo multidisciplinar. E, ao pensarmos no futuro do ensino superior, precisaremos assegurar que todo cientista da computação e de dados seja exposto às artes liberais, assim como todos os que se especializem em artes liberais precisarão de uma dose de ciência da computação e de dados.

Precisamos também de mais foco na ética nos próprios cursos de ciência da computação e dados. Isso pode assumir a forma de um curso específico ou pode se tornar um elemento em quase todos os cursos. Ou ambos.

Podemos estar otimistas de que uma nova geração de estudantes abraçará essa causa com entusiasmo. No início de 2018, perguntei publicamente a Harry Shum, vice-presidente-executivo da Microsoft, responsável por grande parte do nosso trabalho em relação à IA e que tem doutorado em robótica: "Poderíamos ter um juramento de Hipócrates para programadores, como temos para os médicos?" Nós nos unimos a outras pessoas ao sugerir que esse juramento poderia fazer sentido.[30] Em questão de semanas, um professor de ciência da computação da Universidade de Washington havia tentado editar o juramento tradicional, com objetivo de sugerir uma nova conduta para aqueles que criavam inteligência artificial.[31] Enquanto Harry e eu conversávamos nos campi universitários de todo o mundo, descobrimos que tal pergunta despertava preocupação na próxima geração.

Por fim, uma conversa global a respeito dos princípios éticos para a inteligência artificial exigirá partidos ou grupos políticos que incluam um

IA E ÉTICA

espectro mais amplo de ideias. Terá de haver espaço para a tomada de decisões não apenas para tecnólogos, governos, ONGs e educadores, mas para filósofos e representantes das muitas religiões do mundo.

A necessidade dessa conversa global nos levou a um dos últimos lugares que eu esperaria falar sobre tecnologia: o Vaticano.

A visita teve sua parcela de ironias. Em fevereiro de 2019, paramos em Roma, alguns dias antes de irmos à Alemanha para a Conferência de Segurança anual de Munique, onde estaríamos rodeados pelos líderes militares do mundo. E estávamos na Itália a fim de conversar sobre ética para computadores com os líderes do Vaticano, uma semana antes de eles organizarem sua própria reunião para enfrentar as questões éticas dos padres e do abuso infantil nas igrejas. O momento frisava as aspirações e os desafios da humanidade.

Assim que pisamos no Vaticano, fomos recebidos pelo sorridente Monsenhor Vincenzo Paglia, um arcebispo jovial de cabelos brancos da Igreja Católica Italiana. Autor de inúmeros livros, ele lidera o trabalho do Vaticano que aborda uma diversidade de questões éticas, incluindo novos desafios relacionados à inteligência artificial. A Microsoft e o Vaticano decidiram copatrocinar um prêmio de tese de doutorado para explorar a confluência entre essa tecnologia emergente e as questões éticas tradicionais.

A tarde nos lembrava do vigoroso confronto histórico entre a ciência e a tecnologia de um lado, e a filosofia e a religião do outro. Uma vez no Vaticano, Monsenhor Paglia nos acompanhou pelo salão Sistino da Biblioteca do Vaticano, onde folheamos cuidadosamente uma das primeiras bíblias que Johannes Gutenberg havia produzido com a prensa com os tipos móveis de metal, que ele inventou e começou a usar em meados de 1450. Foi um avanço tecnológico que revolucionou as comunicações e impactou todas as partes da sociedade europeia, inclusive a Igreja.

Em seguida, nos voltamos para um volume de cartas escritas 150 anos depois. Os documentos preservavam a correspondência de Galileu com o Papa, central na disputa entre Galileu e a Igreja em relação ao respectivo

ARMAS E FERRAMENTAS

lugar da Terra e do Sol nos céus. Como o volume evidenciava, no início dos anos 1600, Galileu havia usado seu telescópio para documentar a mudança de posição das manchas solares, o que mostrava que existia a rotação do Sol. Era parte da disputa acirrada sobre a interpretação da Bíblia que resultou na inquisição de Galileu em Roma e sua prisão domiciliar até sua morte.

Juntos, os dois livros ilustram como a ciência e a tecnologia podem se relacionar ou entrar em confronto em questões de fé, religião e filosofia. Assim como as invenções da prensa e do telescópio, é praticamente impossível imaginar que a IA não causará impacto nesses campos. A questão é como promover uma conversa global ponderada, respeitosa e inclusiva.

Foi um dos assuntos que discutimos em uma reunião com o Papa Francisco e o Monsenhor Paglia. Conversamos a respeito do desenvolvimento da tecnologia no contexto de nações cada vez mais introspectivas, às vezes virando as costas para seus próprios vizinhos e outras pessoas necessitadas. Mencionei os alertas funestos de Albert Einstein sobre os perigos da tecnologia, na década de 1930. O Papa então me lembrou do que Einstein havia dito após a Segunda Guerra Mundial: "Não sei com quais armas a Terceira Guerra Mundial será travada, mas a Quarta Guerra Mundial será lutada com paus e pedras."[32]. O argumento de Einstein era que a tecnologia, sobretudo a nuclear, havia evoluído ao ponto de poder aniquilar toda a civilização.

Ao sairmos da reunião, o Papa Francisco apertou minha mão com sua mão direita e segurou meu pulso com sua mão esquerda. "Nunca perca sua humanidade", insistiu.

Quando pensamos no futuro da inteligência artificial, esse é um bom conselho, que vale para todos nós.

Capítulo 12   # IA E RECONHECIMENTO FACIAL: Nossos Rostos Merecem a Mesma Proteção que Nossos Celulares?

Em junho de 2002, Steven Spielberg estreou um novo filme que havia dirigido, *Minority Report*, baseado em um famoso conto de 1956 do escritor de ficção científica Philip K. Dick. O filme se passa no ano de 2054, em uma Washington, D.C., livre de crimes, e o protagonista é Tom Cruise, interpretando o chefe da Precrime, uma unidade policial de elite que prende assassinos antes mesmo de eles cometerem seus crimes. A equipe tem autoridade de prender as pessoas com base nas visões de três indivíduos clarividentes, que podem prever o futuro. Mas logo Cruise está fugindo de sua própria unidade — em uma cidade onde tudo e todos são rastreados — quando os paranormais preveem que ele próprio cometerá um assassinato.[1]

Quinze anos mais tarde, essa abordagem de cumprimento da lei felizmente parece um tanto exagerada. Contudo, nos dias de hoje, um aspecto do *Minority Report* aparentemente está no rumo certo e talvez se materialize bem antes de 2054. Enquanto foge, Cruise entra na loja da Gap. As varejistas usam uma tecnologia que reconhece cada cliente que entra em uma loja

ARMAS E FERRAMENTAS

e começam imediatamente a exibir, em uma banca, as imagens de roupas que acredita que o cliente gostará. Talvez algumas pessoas achem as ofertas atraentes. Outras podem considerá-las irritantes ou até esquisitas. Resumindo, entrar em uma loja é como a experiência de navegar na internet, e depois, ao acessarmos nosso feed nas mídias sociais, nos depararmos com uma série de anúncios novos promovendo os produtos que justamente acabamos de visualizar em um site qualquer.

Em *Minority Report*, Spielberg pediu aos espectadores que pensassem em como a tecnologia poderia ser usada tanto para o bem quanto para o mal — a fim de prevenir crimes, mas também para desrespeitar os direitos das pessoas quando as coisas saem errado. A tecnologia que reconhece Cruise na loja da Gap é transmitida por um chip acoplado em seu próprio corpo. No entanto, os avanços tecnológicos do mundo real pertinentes às duas primeiras décadas do século XXI superaram até mesmo a imaginação de Spielberg; nos dias atuais, não se precisa de nenhum chip para tal. A tecnologia de reconhecimento facial, que utiliza visão computacional baseada em IA com câmeras e dados na nuvem, consegue identificar os rostos dos clientes quando entram em uma loja, tomando como base suas visitas da semana passada — ou de uma hora atrás. Essa tecnologia está criando uma das primeiras oportunidades para o setor tecnológico e para os governos confrontarem as questões éticas e os direitos humanos no que diz respeito à inteligência artificial, de modo focado e concreto, decidindo como o reconhecimento facial deve ser regulado.

O que começou para boa parte das pessoas como um cenário simples, como catalogar e pesquisar fotos, rapidamente se tornou mais sofisticado. Muitos já se acostumaram a confiar no reconhecimento facial, em vez de em uma senha, para desbloquear um iPhone ou um notebook Windows. E a coisa não para por aí.

Atualmente, um computador consegue fazer basicamente tudo o que nós, seres humanos, fazemos desde o nascimento — reconhecer o rosto das pessoas. Para a maioria de nós, isso provavelmente teve início quando fomos capazes de reconhecer a nossa mãe. Uma das alegrias em ter filhos ocorre

IA E RECONHECIMENTO FACIAL

ao presenciar um dos pequeninos pular de entusiasmo quando um dos pais volta para casa. Essa reação, que dura até o início da adolescência, depende da capacidade inata de reconhecimento facial dos seres humanos. Embora seja fundamental em nossas vidas cotidianas, nunca paramos para refletir o que a possibilita.

Acontece que nossos rostos são tão únicos quanto nossas impressões digitais. Nossas características faciais abrangem a distância entre nossas pupilas, o tamanho do nariz, o formato do sorriso ou da mandíbula. Ao usarem fotografias para mapear essas características e concatená-las, os computadores estabelecem os alicerces para uma equação matemática que pode ser acessada pelos algoritmos.

Pessoas de todo o mundo estão recorrendo a essa tecnologia com o intuito de melhorar a vida. Em alguns casos, trata-se de uma questão de conveniência para o consumidor. O National Australia Bank, que utiliza a tecnologia de reconhecimento facial da Microsoft, está desenvolvendo um recurso para que você se dirija até um caixa eletrônico e consiga sacar dinheiro com segurança sem usar seu cartão bancário. O caixa eletrônico reconhecerá seu rosto, e você digitará um PIN para concluir a transação.[2]

Em outros cenários, os benefícios são mais abrangentes. Em Washington, D.C., o National Human Genome Research Institute [Instituto Nacional de Pesquisa do Genoma Humano, em tradução livre] está usando o reconhecimento facial para ajudar os médicos a diagnosticar uma doença conhecida como síndrome de DiGeorge (SDG) ou síndrome da deleção 22q11.2. É uma doença que afeta com mais frequência afro-americanos, asiático-americanos e latino-americanos, e que pode ocasionar uma variedade de problemas graves de saúde, incluindo danos ao coração e rins. No entanto, muitas vezes, ela também se manifesta por meio de características faciais sutis, que podem ser identificadas por computadores usando sistemas de reconhecimento facial, que podem ajudar um médico a diagnosticar um paciente que precise disso.[3]

ARMAS E FERRAMENTAS

Esses cenários exemplificam maneiras importantes e concretas de como o reconhecimento facial pode ser utilizado em prol da sociedade. É uma ferramenta nova para o século XXI.

Mas, como tantas outras ferramentas, ela também pode ser transformada em arma. Um governo pode utilizar o reconhecimento facial com o intuito de identificar todos os indivíduos que participam de uma manifestação pacífica, monitorando-os de forma a tolher a liberdade de expressão e a possibilidade de se unirem. E, até mesmo em uma sociedade democrática, a polícia pode confiar demasiadamente nessa ferramenta para identificar um suspeito, sem perceber que o reconhecimento facial, como qualquer tecnologia, nem sempre funciona perfeitamente.

À vista de todos esses motivos, o reconhecimento facial está facilmente entrelaçado com os imbróglios políticos e sociais mais amplos, e levanta uma questão essencial: que papel queremos que essa forma de inteligência artificial desempenhe em nossa sociedade?

Em meados de 2018, um vislumbre do que nos esperava surgiu de repente, e estava relacionado a um dos assuntos políticos mais controversos do momento. Em junho, um homem na Virgínia, que se intitulava como uma espécie de "MacGyver do software livre", claramente demonstrava um forte interesse pelas questões políticas. Ele postou uma série de tuítes sobre um contrato que a Microsoft tinha com o Serviço de Imigração e Controle de Aduanas dos Estados Unidos da América (ICE), com base em uma história publicada no blog de marketing da empresa, em janeiro.[4] Era um post que, honestamente, todos na empresa já haviam esquecido. No entanto, o homem alegava que a tecnologia da Microsoft fornecida para o ICE excedia os altos limites de segurança e seria implementada pela agência. Afirmava também que a empresa estava orgulhosa de apoiar o trabalho da agência e destacava uma frase sobre o possível resultado do ICE usar o reconhecimento facial.[5]

Em junho de 2018, a decisão do governo Trump de separar os filhos dos pais na fronteira sul dos EUA se tornou uma questão bombástica. Parecia um acordo bastante diferente da declaração de marketing político feita al-

IA E RECONHECIMENTO FACIAL

guns meses antes. O uso da tecnologia de reconhecimento facial também parecia diferente. As pessoas estavam apreensivas com a forma que o ICE e outras autoridades da imigração o usariam. Isso significava que as câmeras conectadas à nuvem poderiam ser utilizadas para identificar imigrantes enquanto eles caminhassem pelas ruas da cidade? Tendo em conta o estágio atual da tecnologia e seu risco de viés tendencioso, isso poderia acarretar a identificação errônea de indivíduos ou levar à detenção de pessoas inocentes? Eram somente duas das inúmeras perguntas.

Na hora do jantar em Seattle, os tuítes sobre o blog de marketing estavam viralizando na internet, e nossa equipe de comunicação estava trabalhando para responder. Alguns funcionários das equipes de engenharia e de marketing sugeriram que deveríamos tirar o post do ar, dizendo: "É um post antigo e, no momento, não impacta a nossa empresa."

Frank Shaw, chefe de comunicações da Microsoft, nos aconselhou por três vezes a não retirar o post do ar. "Isso só vai piorar a situação", afirmou. No entanto, alguém não resistiu à tentação e deletou parte do post. Como seria de esperar, as coisas pioraram, e seguiu-se uma série de reportagens negativas. Na manhã seguinte, as pessoas haviam aprendido a lição, e o post estava no ar novamente, igual antes.

Como sempre acontece, tivemos que analisar o que de fato o contrato com o ICE cobria.

À medida que investigávamos o documento a fundo, descobrimos que o contrato não previa o uso do reconhecimento facial. Graças aos céus, a Microsoft não estava trabalhando em nenhum projeto para separar crianças de suas famílias na fronteira. O contrato estava ajudando a ICE a efetuar a migração de seus serviços de e-mail, calendário, mensagens e gestão de documentos para a nuvem. Era semelhante aos projetos em que estávamos trabalhando com outros clientes, incluindo outras agências governamentais, nos Estados Unidos e ao redor do mundo.

Apesar disso, uma nova controvérsia aflorava.

ARMAS E FERRAMENTAS

Naquele verão, visto que o uso da tecnologia pelo governo era um assunto recorrente, algumas pessoas sugeriram que a Microsoft rescindisse o contrato e parasse de trabalhar com o ICE. Um grupo de funcionários pedia a suspensão do contrato. A questão começou a inquietar o setor tecnológico de maneira mais ampla. Um ativismo semelhante passou a se manifestar entre os funcionários da empresa de software em nuvem Salesforce, em razão do contrato com a Alfândega e Proteção de Fronteiras dos EUA. E foi seguido pelo ativismo dos funcionários do Google, que levou a empresa a cancelar um projeto de desenvolvimento de inteligência artificial para as Forças Armadas dos Estados Unidos. E a União Americana pelas Liberdades Civis (CALU) se voltou contra a Amazon, endossando apoio aos funcionários da empresa quando estes expressaram preocupação com o Amazon Rekognition, seu serviço de reconhecimento facial.[6]

Em termos gerais, para o setor de tecnologia e para a comunidade empresarial, esse tipo de ativismo dos funcionários era novo. Alguns enxergavam um vínculo com o papel que os sindicatos desempenharam em determinados setores por mais de um século. Mas os sindicatos se concentravam principalmente nas condições econômicas e de trabalho de seus membros. No verão de 2018, o ativismo dos funcionários era diferente. Era o tipo de movimento que incitava os empregadores a assumirem um posicionamento em relação a questões sociais específicas. Os funcionários não ganhavam nada com isso. Pelo contrário, eles queriam que seus empregadores defendessem valores e posições sociais que consideravam importantes.

Para nós, foi proveitoso examinar minuciosamente as diferentes reações a essa nova onda de ativismo dos funcionários. A apenas alguns quilômetros de Seattle, os líderes da Amazon aparentemente se envolviam menos com os funcionários para discutir esse tipo de questão.[7] Ao que tudo indica, essa reação esmoreceu parte do interesse dos funcionários em questionar — na realidade, incentivou as pessoas a ficarem em silêncio e a se concentrarem no trabalho. No Vale do Silício, os líderes do Google adotaram uma abordagem um tanto diferente, respondendo rapidamente às reclamações dos funcionários e desviaram o curso das coisas que estavam fazendo, inclusive desistindo

IA E RECONHECIMENTO FACIAL

de um contrato militar cujo foco era a IA.[8] Logo ficou claro que não havia uma abordagem única, e cada empresa precisava levar em consideração sua própria cultura e o que queria em termos de relação com seus funcionários. Ao pensarmos em nossa cultura, decidimos seguir um caminho entre as abordagens que estávamos observando em outros lugares.

À primeira vista, esses episódios refletiam diversos acontecimentos importantes. O primeiro, e talvez o mais importante, era a crescente expectativa que os funcionários tinham em relação aos empregadores. Isso já havia sido identificado alguns meses antes, quando o Edelman Trust Barometer detectou essa mudança.[9] A empresa de comunicações Edelman publica seu Trust Barometer desde 2001, identificando mudanças na opinião pública em todo o mundo, à medida que a confiança das pessoas nas instituições aumenta e diminui. No início de 2018, o relatório mostrou que, embora a confiança em muitas instituições estivesse em queda livre, a confiança dos funcionários nos empregadores era bem grande. Constatou-se que 72% das pessoas confiam no empregador "para fazer o que é certo"; nos Estados Unidos, esse percentual sobe para 79%.[10] Em contrapartida, apenas um terço dos norte-americanos se sentia assim em relação ao governo.

O que estávamos vivenciando refletia essa perspectiva e ia mais além. No setor tecnológico, alguns funcionários queriam desempenhar um papel ativo na tomada das decisões e no engajamento de suas empresas no que dizia respeito às questões relevantes do momento. Talvez não seja de se surpreender que essa perspectiva fosse mais evidenciada no momento em que as pessoas confiavam menos nos governos. Os funcionários depositavam suas esperanças em outra instituição, na expectativa de que elas fizessem a coisa certa e conseguissem influenciar os resultados públicos.

A mudança colocou os líderes empresariais em um novo terreno. Em um simples jantar de que participei em Seattle, o CEO de uma empresa de tecnologia resumiu a angústia coletiva. "Eu me sinto bem preparado para boa parte do meu trabalho", afirmou, ao descrever como subiria aos altos escalões. "Só que agora estou sendo levado para uma situação totalmente diferente. Eu nem sei como responder aos funcionários que querem que

ARMAS E FERRAMENTAS

eu considere suas preocupações sobre imigração, questões climáticas e uma série de outros problemas."

Talvez não cause espanto que esse fenômeno fosse mais presente em nossa geração nova de funcionários. Afinal de contas, existe uma tradição consolidada de estudantes que exige mudanças sociais nos campi das universidades, às vezes pressionando suas instituições a abrir o caminho mudando suas próprias políticas. Como era verão, tínhamos cerca de 3 mil estagiários trabalhando no campus da Microsoft. Não é de se admirar que eles tenham um forte interesse no assunto. Alguns queriam ter um impacto direto no posicionamento da empresa, mesmo que estivessem somente passando o verão conosco.

Conversamos sobre como raciocinar a respeito do assunto e responder. À medida que eu e Satya compartilhávamos nossas opiniões, refleti acerca do que havia aprendido na comissão de curadoria da Universidade de Princeton. "Acho que liderar uma empresa tecnológica está se tornando mais como liderar uma universidade. Temos pesquisadores doutores que são como um corpo docente. Temos estagiários e jovens funcionários que, não raro, têm opiniões semelhantes a estudantes universitários. Todo mundo quer ser ouvido, e alguns querem que boicotemos uma agência governamental, assim como querem que uma universidade boicote a compra de ações de uma empresa que está fazendo alguma coisa questionável", disse eu.

Por causa da minha experiência como curador, aprendi algumas lições importantes. Acho que a mais importante delas era que os alunos com boas intenções talvez não tenham todas as respostas, mas podem estar fazendo as perguntas certas. E esses questionamentos podem abrir um caminho que tivesse escapado aos especialistas e líderes seniores. Eu sempre gosto de dizer às nossas equipes que a melhor resposta para uma ideia imatura geralmente não é cortá-la pela raiz, e sim contribuir para seu amadurecimento. Algumas de nossas melhores iniciativas surgiram justamente dessa maneira. E foram elaboradas levando em consideração a cultura que Satya havia fomentado na Microsoft, que tinha como base uma mentalidade de crescimento e aprendizado constante. Em suma, se uma nova era de ativis-

IA E RECONHECIMENTO FACIAL

mo estiver raiando no horizonte, é fundamental identificar novos meios de nos envolver com nossos funcionários, entender suas preocupações e tentar respondê-las ponderadamente.

Aprendi também, com minha experiência em Princeton, que as universidades haviam desenvolvido alguns processos sólidos para atender a essa necessidade. Elas criaram oportunidades para que todos pudessem contribuir e ter uma discussão mais colaborativa. Isso possibilitava que os ânimos se acalmassem e incentivava que a razão prevalecesse, ajudando um grupo a refletir e a tomar uma decisão difícil, tendo tempo necessário para fazer as coisas certas. Seguimos esse caminho, e Eric Horvitz, Frank Shaw e Rich Sauer, nosso advogado sênior responsável por questões de ética em IA, começaram a realizar uma série de mesas-redondas nas quais os funcionários podiam participar.

Tornou-se cada vez mais importante esclarecer quando fazia sentido para a empresa assumir um posicionamento a respeito de uma questão pública e quando não deveríamos tomar nenhum partido. Não enxergávamos a liderança corporativa como um subterfúgio para usar o nome da empresa a fim de resolver os mais variados tipos de problemas. Era necessário que as coisas tivessem algum vínculo nato conosco. Sentimos que nossa responsabilidade era indispensável para abordar questões públicas que impactavam nossos clientes e o uso de nossa tecnologia, bem como nossos funcionários, no trabalho e na comunidade, nossos negócios e as necessidades de nossos acionistas e parceiros. Isso não respondia a todas as perguntas, mas fornecia um bom referencial para levantar discussões com nossa equipe.

As perguntas dos funcionários também nos forçaram, de maneira construtiva, a pensar mais em nosso relacionamento com o governo e a respeito dos desafios impostos pelas novas tecnologias, como o reconhecimento facial.

Por um lado, não estávamos à vontade com a ideia de responder aos acontecimentos do momento boicotando as agências governamentais, principalmente em sociedades democráticas governadas pelo Estado de Direito. Em parte, era uma resposta fundamentada em princípios. Conforme eu costu-

ARMAS E FERRAMENTAS

mava lembrar às pessoas, ninguém nos elegeu. Parecia não apenas insólito, como também antidemocrático, querer que empresas tecnológicas fiscalizassem o governo. Como princípio geral, aparentemente, era mais racional pedir a um governo eleito que regulasse as empresas do que pedir a empresas não eleitas que regulassem qualquer governo. Eu e Satya analisávamos esse ponto com frequência, pois acreditávamos que era importante.

Havia um aspecto pragmático também. Reconhecíamos a enorme dependência que organizações e indivíduos tinham de nossa tecnologia. Caso simplesmente desativássemos a tecnologia com base em objeções a quaisquer agências governamentais, isso facilmente desencadearia o caos e consequências indesejadas.

Em agosto de 2018, essa dimensão pragmática assumiu a forma de um corajoso apoio humanitário. Em uma manhã de sexta-feira, enquanto dirigia para o trabalho, eu ouvia o podcast *The Daily* do *New York Times*, que abordou o X da questão. O ponto era a incapacidade do governo em cumprir um prazo no tribunal para reunir as crianças imigrantes com suas famílias. Conforme ouvia, reconheci a voz de Wendy Young, que lidera o Kids in Need of Defense (KIND), uma organização *pro bono* que liderei por mais de uma década.[11] Como explicou Wendy, a administração implementou a política inicial de separação familiar "sem pensar em como reuniria as famílias" posteriormente.[12]

Embora eu estivesse familiarizado com essa situação, devido a diversas conversas que tive com Wendy, fiquei perplexo com um detalhe adicional relatado pelas jornalistas do *New York Times* Caitlin Dickerson e Annie Correal. Elas explicaram que o efetivo da Alfândega e Proteção de Fronteiras dos EUA usava um sistema de computador com um menu suspenso, quando as pessoas inicialmente atravessavam a fronteira. Os agentes classificavam as pessoas como menor desacompanhado, adulto individual ou adulto com filhos, o que significa uma unidade familiar. Mais tarde, quando as crianças foram separadas dos pais, a estrutura do sistema de computador obrigou os agentes a retroceder e alterar essa classificação, por exemplo, inserindo o nome de uma criança como menor não acompanhado e o nome

IA E RECONHECIMENTO FACIAL

dos pais como adulto individual. Perigosamente, isso sobrescreveu os dados anteriores, o que significa que o sistema não recebia mais a classificação de família que anteriormente listava todos juntos. Como resultado, o governo não tinha mais nenhum registro da conexão entre familiares.

Não era apenas uma história sobre imigração e famílias. Era também uma história sobre tecnologia. O governo estava usando um banco de dados estruturado que funcionava para um processo, mas não para outro. Em vez de atualizar o sistema de TI para dar suporte às novas etapas envolvidas na separação de famílias, o governo avançou sem ao menos considerar a arquitetura computacional que seria necessária. Tendo visto os sistemas da Alfândega e Proteção de Fronteiras dos EUA, em um centro de comando perto da fronteira mexicana, em uma visita que fiz com Wendy alguns meses antes, não fiquei surpreso que seus sistemas fossem obsoletos. Contudo, eu ainda estava horrorizado com o fato de um governo não ter pensado nas consequências do que era necessário em termos de infraestrutura básica de tecnologia.

Naquela manhã, ao entrar na sala de conferências onde a equipe de liderança sênior de Satya estava se reunindo para a reunião de sexta-feira, compartilhei o que havia ouvido. Enquanto conversávamos a respeito, reconhecemos que a situação estava relacionada às nossas preocupações quanto à premissa defendida por algumas pessoas, de que as empresas tecnológicas poderiam desativar todos os serviços de cunho político das agências governamentais às quais se opusessem. A tecnologia se tornou uma infraestrutura indispensável em nossas vidas, e o fiasco em atualizá-la — ou pior, uma simples decisão de conectá-la — pode resultar em todos os tipos de consequências indesejadas e inesperadas. Como Satya mencionou diversas vezes em nossas conversas internas, o governo estava usando o e-mail como uma ferramenta para reunir as famílias. Se desabilitássemos o serviço, o que mais poderia acontecer?

E chegamos à conclusão de que boicotar uma agência governamental nos Estados Unidos não era a abordagem certa. Mas as pessoas que defendiam essa ação, incluindo alguns de nossos próprios funcionários, estavam fazen-

ARMAS E FERRAMENTAS

do as perguntas certas. A tecnologia de reconhecimento facial, por exemplo, instaurou desafios que precisavam de mais atenção.

À medida que pensávamos em tudo, concluímos que essa nova tecnologia deveria ser regida por novas leis e regulamentos. É a única forma de proteger a necessidade de privacidade do público e abordar os riscos de preconceitos e discriminação, possibilitando que a inovação continue.

Para muitos, era esquisito uma empresa pedir ao governo que regulamentasse seus produtos. John Thompson, nosso presidente do conselho, afirmou que algumas pessoas no Vale do Silício lhe disseram que, a seu ver, estávamos perdendo mercado para outras empresas e que nosso intuito era que a regulamentação desacelerasse nossa concorrência. Isso me deixou possesso. Pelo contrário, em 2018, o National Institute of Standards and Technology [Instituto Nacional de Padrões e Tecnologia, em tradução livre] finalizou outra rodada de testes de reconhecimento facial, determinando que nossos algoritmos eram de primeira linha, ou próximos disso, em todas as categorias.[13] Ao passo que 44 outras empresas forneceram sua tecnologia para ser testada, muitas outras, inclusive a Amazon, não o fizeram.

Nosso interesse pela regulamentação se originava de nossa percepção crescente do rumo que o mercado estava tomando. Alguns meses antes, uma de nossas equipes de vendas queria vender uma solução de IA que incluísse serviços de reconhecimento facial ao governo de um país que não dispunha de um sistema judiciário independente, e que tinha um histórico nada exemplar de respeito aos direitos humanos. Ele queria implementar o serviço de câmeras em toda a sua capital. Nossa inquietação era que um governo que desrespeita os direitos humanos pudesse usar a tecnologia para rastrear alguém em qualquer lugar — ou em todos os lugares.

Decidimos, junto ao nosso comitê interno de ética em IA, que não prosseguiríamos com o acordo proposto. O comitê recomendou que estabelecêssemos um limite e não disponibilizássemos serviços de reconhecimento facial para uso generalizado em países que a Freedom House, um órgão de vigilância independente que fiscaliza a liberdade e a democracia

IA E RECONHECIMENTO FACIAL

em todo o mundo, determinasse que não eram livres. A equipe local não ficou nada feliz. Como responsável pela decisão final, recebi um e-mail acalorado da chefe da equipe de vendas que estava trabalhando no negócio. Ela escreveu que, "como mãe e profissional", ela teria se "sentido muito mais segura" se tivéssemos disponibilizado o serviço para combater riscos de violência e atos de terror.

Eu entendia o ponto dela. Isso salientava os dilemas que caracterizaram as tensões de longa data entre segurança pública e direitos humanos. Ilustrava também a natureza subjetiva de muitas das novas decisões éticas que serão tomadas envolvendo a inteligência artificial. E, obviamente, continuávamos preocupados com o fato de que, como ela e outras pessoas destacaram, caso nos recusássemos a prestar esse serviço, alguma outra empresa avançaria. Neste caso, perderíamos o negócio e seríamos como meros observadores, quando alguém facilitaria o uso prejudicial, a despeito de nossa posição.

Todavia, à medida que colocávamos na balança todos esses fatores, concluímos que precisávamos estimular o desenvolvimento dessa tecnologia nova rumo a algum tipo de fundamentação ética. E a única maneira de fazer isso era dizer não a determinados usos e insistir em uma discussão pública mais ampla.

Essa necessidade de uma abordagem baseada em princípios foi reforçada quando uma força policial local na Califórnia nos contatou e disse que queria equipar todos os carros e câmeras corporais para que tirassem uma foto quando eles abordassem alguém, ainda que fosse somente rotina, com o objetivo de verificar se havia alguma correspondência no banco de dados de suspeitos por outros crimes. Entendíamos a lógica, mas advertimos que a tecnologia de reconhecimento facial ainda era bastante imatura para ser implementada nesse tipo de contexto. Pelo menos em 2018, o uso dessa natureza resultou em muitos falsos positivos e identificou as pessoas erroneamente, ainda mais se fossem negras ou mulheres, para as quais as taxas de erro eram mais altas. Recusamos o acordo e convencemos a polícia a desistir do reconhecimento facial para esse fim.

ARMAS E FERRAMENTAS

Esses acontecimentos geraram algumas descobertas repentinas acerca dos princípios que poderíamos aplicar ao reconhecimento facial. Todavia, receávamos que isso tivesse pouco impacto, caso optássemos por seguir o caminho mais ético para depois sermos prejudicados pelas empresas que não impunham medidas de segurança ou nenhuma restrição, quer elas estivessem do outro lado de Seattle ou do outro lado do Pacífico. O reconhecimento facial, como muitas tecnologias baseadas em IA, progride com grandes quantidades de dados. Isso incentiva que se feche o maior número de negócios possível e, consequentemente, gera o risco de uma guerra fiscal, e as empresas tecnológicas são forçadas a escolher entre responsabilidade social e sucesso no mercado.

O único modo de se proteger disso é pavimentar um caminho de responsabilidade, que estimule uma concorrência saudável. E um caminho sólido requer a garantia de que essa tecnologia e as organizações que a desenvolvem e a usam sejam norteadas pelo Estado de Direito.

Recorremos ao histórico das regulamentações de outras tecnologias para termos alguns insights. Existem muitos segmentos de mercados em que uma abordagem equilibrada da regulamentação criou uma dinâmica mais saudável, tanto para consumidores quanto para fabricantes. No século XX, a indústria automobilística passou décadas resistindo às solicitações de regulamentação, mas hoje existe um amplo entendimento do papel essencial que as leis têm desempenhado para garantir cintos de segurança, airbags onipresentes e maior eficiência de combustível. O mesmo vale para a segurança dos setores de transporte aéreo, alimentício e farmacêutico.

Óbvio que uma coisa era falar da necessidade de regulamentação e outra era definir que tipo de regulamentação seria mais razoável. Em julho de 2018, publicamos uma lista de perguntas que achamos que deveriam ser consideradas[14] e pedimos conselhos às pessoas sobre possíveis respostas. As discussões começaram com funcionários e especialistas em tecnologia, mas se estenderam rapidamente para todo o país e todo o mundo, incluindo grupos de liberdades civis, como a ACLU, que estava desempenhando um papel ativo na questão.

IA E RECONHECIMENTO FACIAL

Fiquei particularmente atônito com a reação dos legisladores que encontrei na Assembleia Nacional em Paris. Um membro disse: "Nenhuma outra empresa tecnológica está nos perguntando essas coisas. Por que vocês são diferentes?" O reconhecimento facial era o tipo de problema em que às vezes divergíamos de outras empresas no setor de tecnologia. Talvez, antes de mais nada, isso refletisse o que havíamos aprendido com nossas batalhas antitruste na década de 1990. Naquela época, defendíamos, como muitas empresas e indústrias, que a regulamentação era desnecessária e, provavelmente, prejudicial. No entanto, uma das muitas lições que aprendemos com essa experiência foi que tal abordagem não necessariamente funcionava — ou seria considerada inaceitável — para produtos que têm um impacto abrangente na sociedade ou que combinam usos benéficos e outros potencialmente nocivos.

Não compartilhávamos mais a resistência que a maioria das empresas de tecnologia tradicionalmente demonstrara no que dizia respeito à intervenção do governo. Já tínhamos travado essa batalha. Longe disso, havíamos endossado o que pensávamos ser uma abordagem mais ativa, porém equilibrada, da regulamentação. Este foi um dos motivos pelos quais exigíamos uma legislação federal sobre privacidade nos Estados Unidos desde 2005. Sabíamos que o governo provavelmente deixaria a desejar quanto aos detalhes e o quanto poderíamos nos arrepender de defender o seu envolvimento. Mas acreditávamos que essa abordagem geral seria melhor para a tecnologia e para a sociedade do que uma prática que dependesse exclusivamente do setor tecnológico para resolver tudo por conta própria.

O segredo era se atentar aos detalhes. Um artigo de Nitasha Tiku na revista *Wired* retrata a importância dessa dinâmica. Como ela observou no final de 2018, "depois de um ano infernal de escândalos na indústria tecnológica, até os executivos avessos ao governo começaram a declarar publicamente receptividade à legislação".[15] Mas, como ela reconheceu, nosso objetivo era "dar um passo de cada vez", ao apresentar uma proposta específica para os governos regulamentarem a tecnologia de reconhecimento facial.

ARMAS E FERRAMENTAS

Em dezembro, sentimos que tínhamos conhecimento o bastante para sugerir uma legislação nova. Sabíamos que não tínhamos as respostas para todas as questões em potencial, mas acreditávamos que havia respostas suficientes rumo a uma boa legislação inicial no setor, que permitiria que a tecnologia continuasse avançando, ao mesmo tempo em que protegeria o interesse público. Achávamos fundamental que os governos acompanhassem o ritmo dessa tecnologia, e uma abordagem incremental possibilitaria um aprendizado mais rápido e melhor no setor público.

Basicamente, tomamos emprestado um conceito defendido para as startups e para o desenvolvimento de software, conhecido como "produto mínimo viável" (MVP). O empresário e autor Eric Ries determina e advoga em prol da criação de "uma versão inicial de um produto novo que permita a uma equipe coletar a quantidade máxima de aprendizado validado (aprendizado baseado em coleta de dados reais, em vez de suposições sobre o futuro) a respeito dos clientes".[16] Em outras palavras, não espere até ter a resposta perfeita para todas as perguntas possíveis. Se você tem certeza de que tem respostas confiáveis para perguntas críticas, atue nelas, construa seu produto e o disponibilize no mercado, a fim de aprender com os comentários do mundo real. É uma abordagem que possibilita que não somente as empresas, como também a tecnologia, avancem mais rápido e com mais sucesso.

Ainda que se avance mais rapidamente, é fundamental ser cuidadoso e confiar que as etapas iniciais serão positivas. Neste caso, acreditávamos que tínhamos um conjunto sólido de ideias para abordar o reconhecimento facial. Argumentei publicamente a favor de uma nova legislação na Instituição Brookings em Washington, D.C.,[17] e divulguei mais detalhes sobre a nossa proposta.[18] Em seguida, iniciamos nossa jornada, apresentando nossa causa nos seis meses seguintes, em eventos públicos e audiências legislativas nos Estados Unidos, e em oito outros países ao redor do mundo.

Acreditávamos que a legislação poderia solucionar os três principais problemas — o risco do viés tendencioso, a privacidade e a proteção das liberdades democráticas. Confiávamos que um mercado que funcionasse bem poderia ajudar a acelerar o progresso com o objetivo de reduzir o viés. Ne-

IA E RECONHECIMENTO FACIAL

nhum cliente que encontramos estava interessado em comprar um serviço de reconhecimento facial que apresentasse altas taxas de erros e resultava em discriminação. No entanto, o mercado não funcionaria bem se os clientes não tivessem informações. Da mesma forma que grupos como o Consumer Reports informavam o público sobre questões como segurança automobilística, acreditávamos que os grupos acadêmicos e outros poderiam testar e fornecer informações acerca da precisão dos serviços concorrentes de reconhecimento facial. Isso possibilitou que pesquisadores, como Joy Buolamwini, do Instituto de Tecnologia de Massachusetts, realizassem pesquisas que incentivavam nossos esforços. O segredo era exigir que as empresas atuantes do mercado permitissem que seus produtos fossem testados. Na prática, foi o que propusemos, apelando para a regulamentação com o intuito de fortalecer o mercado.[19]

Para restringir o risco de discriminação, acreditávamos que uma nova lei também deveria exigir que as organizações que implementam o reconhecimento facial treinassem os funcionários para analisar os resultados antes de tomar as decisões importantes — em vez de apenas delegar a decisão aos computadores.[20] Entre outras coisas, nos preocupava que os riscos de viés tendencioso fossem ainda mais acentuados conforme as organizações implementassem o reconhecimento facial de uma maneira diferente da qual a tecnologia foi destinada. Um efetivo treinado poderia ajudar a resolver esse problema.

Em certos aspectos, umas das questões mais espinhosas era autorizar as agências de cumprimento da lei a usar o reconhecimento fácil para se envolverem na vigilância contínua de determinados indivíduos em seu cotidiano.

A democracia sempre dependeu da capacidade das pessoas de se reunir e conversar umas com as outras, e até de discutir suas respectivas opiniões, tanto em privado quanto em público. E tudo isso depende de as pessoas terem o direito de ir e vir, sem a vigilância constante do governo.

Há muitos usos governamentais da tecnologia de reconhecimento facial que protegem a segurança pública e promovem melhores serviços para a

ARMAS E FERRAMENTAS

população, sem suscitar esse tipo de preocupação.[21] Mas, quando combinados com câmeras onipresentes, grande capacidade de processamento computacional e armazenamento na nuvem, a tecnologia de reconhecimento facial pode ser usada por um governo para autorizar a vigilância contínua de indivíduos específicos. E isso poderia ser feito a qualquer momento ou até o tempo todo. Esse tipo de uso dessa tecnologia poderia desencadear a vigilância em massa, em uma escala sem precedentes.

Como George Orwell descreveu em seu livro *1984*, uma perspectiva de um futuro exigiria que os cidadãos fugissem à vigilância do governo encontrando, em segredo, um caminho para uma sala escura, onde pudessem se comunicar por meio de um código, tocando nos braços uns dos outros — caso contrário, as câmeras e os microfones capturariam e gravariam seus rostos, vozes e todas as palavras. Essa perspectiva de Orwell tem quase setenta anos. Estávamos preocupados que a tecnologia atual possibilitasse esse tipo de futuro.

A nosso ver, a resposta ideal seria uma legislação que permitisse às agências de cumprimento da lei usar o reconhecimento facial para se envolver na vigilância contínua de indivíduos específicos, e somente mediante uma ordem judicial, como um mandado de busca e apreensão para esse monitoramento, ou quando houvesse uma emergência envolvendo perigo iminente à vida humana. Isso estabeleceria regras para serviços de reconhecimento facial comparáveis às que vigoram, nos Estados Unidos, para o rastreamento de indivíduos por meio da localização em GPS gerada por seus celulares. Conforme a Suprema Corte decidiu em 2018, a polícia não pode obter, sem um mandado de busca, os registros de telefones celulares que mostram a transmissão dos sinais celulares e, portanto, dos locais físicos, por onde alguém viajou.[22] Afirmamos: "Nossos rostos merecem a mesma proteção que nossos celulares? De nossa perspectiva, a resposta é um retumbante sim."[23]

Por fim, era evidente que a regulamentação do reconhecimento facial também deveria proteger a privacidade do consumidor. Estamos entrando vertiginosamente em uma era na qual todas as lojas podem instalar câmeras conectadas à nuvem com serviços de reconhecimento facial em tempo

IA E RECONHECIMENTO FACIAL

real. A partir do momento em que você entra em um shopping, é possível não apenas ser fotografado, mas reconhecido por um computador, não importando para onde você vá. O proprietário de um shopping center pode compartilhar essas informações com todas as lojas. De posse desses dados, os lojistas podem saber quando você os visitou pela última vez e o que olhou ou comprou e, ao compartilhar essas informações com outras lojas, podem prever qual será a sua próxima compra.

Nosso ponto não era que as novas regulamentações deveriam proibir essa tecnologia. Pelo contrário, estamos entre as empresas que trabalham para ajudar as lojas a usar a tecnologia com responsabilidade, visando melhorar a experiência de compra. Acreditamos que muitos consumidores aceitarão de bom grado o atendimento resultante. No entanto, também sentimos que as pessoas merecem saber quando o reconhecimento facial está sendo utilizado, fazer perguntas e ter poder de escolha.[24]

Recomendamos que as novas leis exijam que as organizações que utilizam o reconhecimento facial forneçam "notificações chamativas", para que as pessoas saibam o que está acontecendo. [25] E alegamos que era necessário haver novas regras para decidir quando e como as pessoas podem exercer controle significativo e consentir nesses contextos. Claramente, essa última questão exigirá mais trabalho nos próximos anos, a fim de definir a abordagem jurídica correta, sobretudo nos Estados Unidos, onde as leis de privacidade são menos desenvolvidas do que na Europa.

Foi bastante útil pensar a respeito do alcance da nova lei. Em certos aspectos, não precisamos incentivar a aprovação de leis em todos os lugares. Por exemplo, se um estado ou país expressivo exigir que as empresas disponibilizem seus serviços de reconhecimento facial para testes públicos e acadêmicos, os resultados poderão ser publicados e divulgados em todos os outros lugares. Ao adotar essa perspectiva, incentivamos os legisladores estaduais a considerarem uma nova lei, ao mesmo tempo em que se preparavam para se reunir, nos Estados Unidos, no início de 2019.[26]

ARMAS E FERRAMENTAS

No entanto, quando se trata de proteção da privacidade do consumidor e das liberdades democráticas, é necessário que se promulguem leis novas em todas as jurisdições. Admitimos que isso não é nada realista, dadas as diferentes opiniões dos governos ao redor do mundo. Por essa razão, um mero apelo solicitando que o governo tomasse medidas nunca seria o bastante. Ainda que o governo norte-americano colaborasse, vivemos em um mundo grande. As pessoas nunca poderiam ter certeza de que todos os governos ao redor do globo usariam essa tecnologia de forma condizente com as garantias dos direitos humanos.

A necessidade de liderança do governo não isenta as empresas tecnológicas de nossas responsabilidades éticas. O reconhecimento facial deve ser desenvolvido e empregado de maneira coerente com os valores sociais amplamente aceitos. Publicamos seis princípios correspondentes às nossas propostas legislativas, que aplicamos à nossa tecnologia de reconhecimento facial, e criamos sistemas e ferramentas para implementá-los.[27] Outras empresas de tecnologia e grupos de defesa começaram a adotar abordagens semelhantes.

O imbróglio do reconhecimento facial nos proporciona um vislumbre dos acontecimentos futuros associados aos desafios éticos para a inteligência artificial. Embora seja necessário começar de algum lugar, como fizemos, com princípios amplos que sejam aplicados em todos os campos de atuação, esses princípios passam pela prova de fogo quando colocados em prática nas tecnologias de IA e em cenários específicos. É também quando os usos controversos da IA têm maior probabilidade de virem à tona.

E muitos problemas ainda estão por vir. E, como no reconhecimento facial, cada um exigirá um trabalho minucioso, com o objetivo de analisar os possíveis meios pelos quais a tecnologia será usada. Muitos passarão a exigir uma combinação entre uma nova regulamentação e uma espécie de autorregulamentação por parte das empresas de tecnologia. E muitos apresentarão perspectivas diferentes, e importantes, entre países e culturas. Precisamos aprimorar a capacidade dos países de avançar mais rápido no progresso e na colaboração, de modo a solucionar essas questões de forma recorrente. É a única forma de assegurar que as máquinas permaneçam submissas às pessoas.

Capítulo 13 ⟩⟩ IA E MÃO DE OBRA: O Dia em que o Cavalo Perdeu Seu Posto de Trabalho

Em 20 de dezembro de 1922, o som de cascos ecoavam pelas ruas do bairro de Brooklyn Heights, ao passo que os bombeiros, nas melhores viaturas 205 da época, controlavam os arreios dos cavalos. Naquela manhã fria de inverno, eles estavam impacientes e com pressa. O assistente do comandante dos bombeiros, "Joe Martin, o Fumaça", tocou a campainha da estação, estalou o chicote, gritou um "Rá!" e conduziu a ávida equipe de cavalos bombeiros pelas ruas de Nova York.

Todavia, não existia nenhum incêndio para combater. O motor que os cavalos puxavam estava a caminho do Brooklyn Borough Hall, onde as rédeas seriam passadas a um ônibus motorizado que estava à espera.

Enquanto o motor a vapor puxado pelos cavalos e a carroça com a mangueira saíam do quartel dos bombeiros em meio ao clamor da multidão, os nova-iorquinos se enfileiravam ao longo das calçadas para aplaudir e correr atrás da equipe que atravessava a cidade com vigor. Cidadãos, autoridades locais e bombeiros, incluindo o amado dálmata Jiggs, compa-

ARMAS E FERRAMENTAS

receram em peso para prestar homenagem aos últimos "fiéis e verdadeiros" cavalos do corpo de bombeiros que puxavam a viatura 205.[1]

Ao passo que a equipe, encharcada e ofegante, estacionava, Jiggs circundava, agitado, o carro de bombeiros, incitando os homens a prenderem a mangueira a um hidrante.[2] Mas, em vez disso, os bombeiros cobriam os cavalos com grinaldas de flores. Seria o último chamado da equipe — e a última vez que os cavalos dos bombeiros trotariam pela cidade de Nova York.

Embora colocar os lendários cavalos de bombeiros no pasto fosse uma questão prática e um progresso, conforme o jornal *Brooklyn Eagle* escreveu, isso impactou profundamente a cultura da cidade. "Para três gerações de crianças, o cavalo dos bombeiros era sinônimo de alegria, pois o bombeiro era uma inspiração. Hoje não temos mais cavalos de bombeiros na cidade de Nova York e, provavelmente, nunca mais teremos."[3]

Após mais de 50 anos de serviço, os cavalos de bombeiros haviam perdido o emprego. Tratava-se da história da mudança tecnológica e seu impacto na mão de obra. Os próprios cavalos de bombeiros já haviam substituído os homens que puxavam as viaturas. Inicialmente, as equipes voluntárias de homens e meninos eram quem puxava as viaturas de bombeiros, mas, em 1832, quando o departamento de bombeiros de Nova York foi reduzido a pó pela epidemia de cólera da cidade, os cavalos vieram acudir. "Não temos homens suficientes… para serem agrupados e puxar o carro de bombeiros até o local da conflagração." A necessidade, mãe da invenção, forçou o Corpo de Bombeiros de Nova York a gastar uma quantia considerável de US$864 para adquirir uma frota de cavalos para substituir os bombeiros doentes e moribundos.[4]

Foi necessário esperar até a década de 1860 para que o efetivo humano fosse oficialmente substituído pela mão de obra equina nos postos de bombeiros. Mas a transição não foi nada fácil. Um dos obstáculos era o orgulho que os bombeiros sentiam por trabalhar como transportadores. Em 1887, Abraham Purdy, conhecido na época como um dos bombeiros

IA E MÃO DE OBRA

vivos mais velhos, disse que a introdução de cavalos gerava tantas brigas no corpo de bombeiros que os membros pediam demissão.[5]

Mas nada poderia deter a maré do progresso. Os avanços contínuos no equipamento, incluindo arreios de surke de engate rápido, mais dia, menos dia, permitiram que os cavalos aliviassem a carga das tarefas dos voluntários de transportar as mangueiras manualmente. Em 1869, cavalos e homens bem treinados poderiam sair do posto de bombeiros em menos de um minuto.[6] No século XX, no entanto, os cavalos enfrentaram o mesmo destino que as pessoas que puxavam os carros de bombeiro no século anterior: eles foram substituídos em seus empregos. Desta vez, a substituição era uma máquina alimentada por um motor de combustão.

Isso representava uma pequena fatia de um grande bolo econômico. As mudanças tecnológicas de quase três séculos alteraram insistentemente a natureza do trabalho e, sem sombra de dúvidas, elevaram os padrões de vida no geral. Contudo, a verdade nua e crua é que sempre houve vencedores e perdedores. Não raro, esses vencedores ou perdedores são indivíduos e famílias. Na maioria das vezes, são comunidades, estados e até países.

Nos dias de hoje, o mundo compreensivelmente enxerga a inteligência artificial com um misto parecido de esperança e inquietude. Os computadores farão conosco o que as máquinas fizeram com os cavalos? Até que ponto nossos empregos estão em risco?

Essas são as perguntas que as pessoas nos fazem em todos os lugares aonde vamos. Elas foram a primeira coisa que veio à mente das pessoas quando nosso voo desceu em meio a rajadas de ventos, em uma tarde de domingo, rumo à pista do deserto em El Paso, a cidade do oeste do Texas que fica na fronteira com o México. O avião sacudia contra o vento cruzado, balançando intensamente à medida que aterrissava. A cidade se localiza nas escarpadas Montanhas Franklin, servindo como um cruzamento de dois estados e duas nações ao longo do Rio Grande. Tínhamos visto grande parte dessa ampla paisagem pela janela do avião.

ARMAS E FERRAMENTAS

Nossa aterrissagem inóspita logo foi compensada pela calorosa recepção. El Paso é uma cidade viva, bilíngue e bicultural, parte de uma comunidade internacional singular, que inclui uma das maiores cidades mexicanas, Ciudad Juarez, do outro lado da fronteira.

Tínhamos viajado para a região como parte do programa TechSpark da Microsoft, uma iniciativa que criamos em 2017 para firmar parcerias com meia dúzia de comunidades nos Estados Unidos.[7] Nosso objetivo era trabalhar de maneiras novas com empresas, governos e líderes locais de organizações sem fins lucrativos para avaliar melhor o impacto que a tecnologia teve em comunidades fora das maiores cidades do país. Isso incluía uma parceria tecnológica inovadora com os Green Bay Packers, próximo de onde eu havia crescido. Em todo o país, também criava uma oportunidade para aprender sobre os novos desafios que a tecnologia estava gerando, e as perspectivas mais animadoras que poderiam surgir se explorássemos a tecnologia de formas novas.[8]

Conforme dirigíamos pelo corredor da Interstate 10, uma aquisição recente à economia de El Paso chamou nossa atenção. Enormes call centers brotavam no deserto, um setor que cresce rapidamente, à vista da capacidade da região de recrutar trabalhadores que falam inglês e espanhol. Esses call centers, que empregam milhares de cidadãos de El Paso, conseguem atender uma população de quase 1 bilhão de pessoas em todo o hemisfério ocidental. Mas, enquanto visitávamos a área, um pensamento martelava na minha cabeça, e não era nada bom. Muitos dos empregos nesses call centers poderiam desaparecer daqui a uma década, talvez antes, e serem substituídos pela inteligência artificial.

Ao nos reunirmos com os líderes da região para dialogar sobre como a IA provavelmente impactaria a economia local, ao que tudo indicava era importante começar com uma advertência. Não existe bola de cristal. Quando muito, é relativamente fácil para um líder técnico se intitular como um ótimo "futurista" e apresentar previsões aparentemente seguras e até pomposas de como será o mundo em uma década ou duas. Sem dúvidas as pessoas ouvirão, e o bom de adotar essa abordagem é que, daqui

IA E MÃO DE OBRA

a uma década, pouquíssimas pessoas se lembrarão do que você disse. E ainda que você esteja completamente equivocado, há muitas opções para tomar o caminho certo.

Mas, apesar da advertência, existe a oportunidade importante de elaborar ideias que ajudem a prever o rumo que o futuro está tomando. Ao nos reunirmos com pessoas em El Paso e discutirmos o que a IA pode significar para os empregos na região, conversamos sobre dois lugares em que poderíamos buscar alguns insights.

A primeira coisa é compreender o que a IA consegue ou não fazer bem, e avaliar como isso impactará os empregos e o trabalho. Para afirmar o óbvio, a IA substituirá prontamente os trabalhos que envolvem funções nas quais ela pode ter bom desempenho. Precisamos levar em consideração os recentes avanços que possibilitaram à IA entender a fala humana, reconhecer imagens, traduzir idiomas e chegar a novas conclusões com base na capacidade de discernir padrões. Se grande parte de um trabalho envolve tarefas que podem ser concluídas pela IA — de forma mais rápida —, esse trabalho provavelmente corre o risco de ser substituído por um computador.

Caso fôssemos prever um trabalho que deixaria de existir bem antes do que a maioria por causa da IA, sugeriríamos a função de receber os pedidos dos clientes na janela de um drive-thru, em restaurantes de fast-food. Atualmente, um ser humano escuta o que dizemos e entra com um pedido no computador. Mas, com microfones externos aprimorados, a inteligência artificial consegue apreender e entender a palavra falada, assim como uma pessoa, o que significa que essa tarefa poderá, em breve, ser realizada inteiramente por uma máquina. Antes que percebamos, iremos a um drive-thru e falaremos com um computador, e não com uma pessoa. O computador pode não ser 100% exato, mas os humanos também não são. Por isso, haverá uma oportunidade de verificar e corrigir nosso pedido.

ARMAS E FERRAMENTAS

Por esse motivo, analisamos o crescente setor de call centers em El Paso com um misto de admiração e preocupação. Muitas das conversas que tivemos por telefone com os clientes envolvia entender o que eles queriam e solucionar seus problemas. No entanto, os computadores já estão lidando com solicitações simples de atendimento ao cliente. Não raro, a coisa mais difícil de fazer quando se solicita atendimento ao cliente é falar com uma pessoa de verdade. Isso ocorre porque os computadores estão atendendo o telefone, pedindo que digitemos um número como comando e decifrando nossas palavras faladas na forma de frases simples. À medida que a IA continua a evoluir, mais tarefas desse tipo serão automatizadas.

Isso também chama a atenção para outras categorias de empregos que podem estar em risco. Boa parte da condução envolve o reconhecimento visual de imagens por meio das janelas de um carro, a análise dessas informações e a tomada de decisões. À medida que os computadores progridem nessas áreas, a IA pode assumir a função de dirigir um carro ou um caminhão. Em meados do século XX, era comum as pessoas serem pagas para sentar e operar elevadores em edifícios altos. Hoje, isso não parece somente curioso, mas retrógrado. Em meados do século XXI, será que as pessoas se sentirão da mesma forma em relação a um táxi humano ou motorista de Uber?

Um fenômeno análogo já está impactando a inspeção de máquinas. Na Microsoft, temos mais 3.500 extintores de incêndio em nosso campus em Redmond. Costumávamos empregar pessoas para inspecionar a pressão de cada extintor todos os meses, a fim de assegurar que ela não excedesse um limite aceitável. Hoje, todos os extintores estão conectados a pequenos sensores na rede da empresa. Sempre que a pressão cai abaixo de um certo nível, um dashboard centralizado sinaliza imediatamente para que alguém possa repará-la. Temos uma segurança maior e os custos diminuem muito. O problema é que não empregamos mais as pessoas para inspecionar esses 3.500 extintores todo mês.

À medida que as máquinas e a automação substituem há muito tempo trabalhos que envolvem tarefas rotineiras ou trabalho manual repetiti-

IA E MÃO DE OBRA

vo, a capacidade dos computadores de pensar significa que os trabalhos envolvendo cérebros e força bruta estão em risco. Por exemplo, visto a capacidade cada vez maior da IA de traduzir idiomas, parece inevitável que os trabalhos de intérpretes humanos estejam cada vez mais em risco.

Do mesmo modo, pense no trabalho de um assistente jurídico. Os serviços baseados em tecnologia têm impactado essa função há muito tempo. Quinze anos atrás, todos os advogados da Microsoft tinham um assistente jurídico. Mas a capacidade de oferecer assistência com base no autoatendimento em uma rede interna contribuiu para a necessidade atual de apenas um assistente jurídico para cada quatro advogados. E, devido à capacidade evolutiva dos sistemas baseados em IA de dominar o reconhecimento de padrões por meio do aprendizado de máquina, há boas razões para esperar que a tecnologia continue absorvendo tarefas efetuadas não somente pelos assistentes jurídicos, como também pelos advogados juniores que fazem pesquisas legais.

Até mesmo um grau avançado ou um conjunto sofisticado de habilidades não impede que os trabalhadores sejam privados de seus empregos. A IA afetará todos os níveis da escala salarial. Tomemos como exemplo os radiologistas, que hoje ganham em média 400 mil dólares por ano, nos Estados Unidos.[9] Eles passam a maior parte do dia escaneando tomografias computadorizadas (TC) e imagens por ressonâncias magnéticas (IRM) procurando anomalias. Se você fornecer imagens suficientes para uma máquina com inteligência artificial, ela poderá ser treinada para identificar raios X normais e anormais, se existem ossos quebrados, hemorragias ou tumores cancerígenos.[10]

Em certos aspectos, o desaparecimento de alguns empregos por causa da IA é claramente desalentador, mas há males que vêm para o bem. Tendo começado como advogado júnior, entendo por que muitos graduados em direito defendem que boa parte do trabalho jurídico no início da carreira é totalmente enfadonha. Ainda me recordo da minha própria reação em 1986, quando uma das minhas primeiras tarefas em um grande escritório de advocacia envolvia ler e ditar resumos de mais de 100 mil páginas de documentos — trabalho já automatizado hoje. Via de regra, os momentos estimulantes não vinham da busca de respostas em volumes de documentos ou processos legais, mas, acima de tudo, das perguntas criativas. Em alguns casos, a IA substituirá as atividades e tarefas rotineiras do mundo, permitindo elevar nosso pensamento e focar as tarefas mais edificantes.

De certo modo, os seres humanos têm sido incrivelmente flexíveis no que diz respeito à criação de tarefas novas, que exigem mais tempo e atenção. O advento dos carros, calculadoras, correio de voz, processamento de texto e software de design gráfico pode ter eliminado e modificado muitos trabalhos ao longo das décadas; no entanto, temos muito trabalho pela frente. Como alguns observaram, os trabalhos são um conjunto de tarefas. Algumas tarefas podem ser automatizadas, ao passo que outras não.[11]

Depois de tantas ondas de industrialização e automação, qual é o imperativo de nosso tempo? Como Rick Rashid, ex-diretor da Microsoft Research, observou há alguns anos, quase de brincadeira, mais pessoas passam muito tempo em reuniões atualmente. E não são apenas reuniões que tomam o nosso tempo. Todos concentramos bem mais energia na comunicação uns com os outros, de muitas outras formas, também. Nos escritórios, o trabalhador médio recebe e envia 122 e-mails comerciais por dia.[12] Em 2018, as pessoas do planeta estavam criando a quantidade colossal de 281 bilhões de e-mails de negócios e destinados aos consumidores todos os dias.[13] Contudo, isso é somente uma parcela das comunicações pessoais. Diariamente, pessoas de todo o mundo também enviam 145 bilhões de SMS e mensagens via aplicativos.[14]

De maneira significativa, é o outro lado da moeda. Existem determinadas tarefas em que a IA, provavelmente, não terá um bom desempenho. Muitas delas envolvem habilidades sociais, como a colaboração com outras pessoas, que continuarão sendo fundamentais em organizações grandes e pequenas. Conforme Rick reconheceu, geralmente isso exige reuniões (espero que sejam bem planejadas). É improvável que a IA se

IA E MÃO DE OBRA

sobressaia em relação à empatia exigida por enfermeiros, conselheiros, professores e terapeutas. É bem provável que cada um desses indivíduos usará a IA para algumas tarefas, no entanto parece hipotético que ela faça todo o trabalho.

Como todas as novas tecnologias, a IA não somente eliminará e fará com que os empregos tomem novos rumos, como também criará novos segmentos de atuação no mercado e carreiras. Mas saber quais empregos novos ela criará é bem mais difícil do que analisar seu impacto em potencial na atual mão de obra. Mesmo assim, empregos novos envolvendo a própria IA já estão começando a surgir.

Ao discutirmos sobre IA com alguns líderes políticos ao redor do globo, nos deparamos com algumas dessas descobertas repentinas.

No primeiro semestre de 2017, uma dessas oportunidades surgiu, quando visitamos a filial da Microsoft no Reino Unido e recebemos a visita da então primeira-ministra Theresa May. Enquanto eu estava ao lado de Cindy Rose, CEO de nossas empresas no Reino Unido, nós dois ficamos apreensivos enquanto assistíamos a um jovem aprendiz colocar um fone de ouvido HoloLens na cabeça da primeira-ministra. Ficamos aliviados quando a primeira-ministra fez uma demonstração de realidade aumentada de como o dispositivo poderia ser utilizado para identificar falhas em máquinas sofisticadas. (Conforme se constatou, o HoloLens era muito mais fácil de usar do que elaborar uma estratégia de negociação para o Brexit.)

Após a demonstração, a primeira-ministra May tirou o fone de ouvido, virou-se para o nosso aprendiz e perguntou sobre seu trabalho. Ele orgulhosamente respondeu: "Sou um consultor visionário. Ajudo os clientes a imaginar como eles podem usar as novas tecnologias, como a realidade aumentada, dentro de suas empresas."

"Um consultor visionário", repetiu May, "está aí um emprego que eu nunca tinha ouvido falar".

ARMAS E FERRAMENTAS

Haverá muitos empregos novos cujos nomes não soam familiares hoje. Nossos amigos — ou amigos de nossos filhos — aparecerão nas festas e descreverão suas funções como especialistas em reconhecimento facial, arquitetos de realidade aumentada e analistas IoT de dados. Como foi o caso das gerações passadas, haverá dias em que sentiremos a necessidade de um dicionário atualizado, para entender o que as pessoas estão descrevendo.

Em última instância, todos gostariam de ver uma previsão exata sobre esses empregos novos. Mas, infelizmente, o futuro, assim como o passado, é confuso. E ninguém é clarividente.

No segundo semestre de 2016, esse ponto veio à tona, quando eu e Satya nos reunimos com a chanceler alemã Angela Merkel, em seu escritório na chancelaria de aço polido e vidro em Berlim. O edifício foi inaugurado em 2001, perto do Reichstag — bem mais antigo —, um símbolo da nação alemã que remonta ao final do século XIX.

Com o retrato do famoso chanceler da Alemanha no pós-guerra, Konrad Adenauer, nos encarando, fomos acompanhados à mesa por uma intérprete cujo domínio exímio dos idiomas alemão e inglês, que logo percebemos, era mais do que compatível com seu profissionalismo diplomático. Apesar de Merkel falar inglês muito bem, e melhor do que nosso limitado alemão, algumas das conversas eram bastante técnicas e precisavam da ajuda da intérprete. Em determinado momento, Satya falou sobre IA e que rumo ela estava tomando, mencionando a capacidade de traduzir idiomas. Quando ele disse que a IA em breve substituiria os intérpretes humanos, ele parou por um instante, percebeu o que havia dito e se voltou para a intérprete, dizendo "Desculpe".

A intérprete nem sequer titubeou. "Não se preocupe" respondeu ela, calmamente. "Há 20 anos, alguém da IBM me disse a mesma coisa, e ainda estou aqui."

Essa conversa ilustra um ponto importante. Uma coisa é prever com precisão os empregos que a IA pode substituir, outra é estimar quais des-

IA E MÃO DE OBRA

sas substituições se concretizarão. Repetidas vezes, em mais de 25 anos na Microsoft, fiquei impressionado com a capacidade dos líderes de engenharia de prever grande parte do destino da computação. Mas suas previsões a respeito dos períodos de tempo variam bastante. De qualquer forma, as pessoas costumam ser otimistas demais, prevendo que as mudanças chegarão mais rápido do que realmente o farão; no entanto, conforme Bill Gates observou: "Sempre superestimamos a mudança que ocorrerá nos próximos dois anos e subestimamos a mudança que ocorrerá nos próximos dez anos."[15]

Este não é um fenômeno recente. As campanhas publicitárias exageradas sobre os automóveis chegaram ao ápice em 1888, ano em que Bertha Benz — a esposa do inventor Karl Benz, da renomada Mercedes-Benz — pegou a invenção do marido e demonstrou à imprensa que o carro seria capaz de percorrer 60km até a casa da mãe dela.[16] Todavia, quando você olha uma foto da Broadway em Nova York, tirada 17 anos depois, em 1905, você vê uma rua repleta de cavalos e bondes, sem um único automóvel. Leva-se tempo para a nova tecnologia amadurecer ao ponto de ser amplamente adotada. No entanto, uma fotografia tirada no mesmo cruzamento 15 anos depois, em 1920, mostra a rua lotada de carros e bondes, sem um único cavalo.

A disseminação das novas tecnologias raramente ocorre em ritmo constante. De início, a propaganda exagerada ultrapassa o progresso, e os desenvolvedores de tecnologia precisam de uma dose saudável de paciência e persistência. Então, a tecnologia atinge um ponto decisivo, não raro envolvendo a convergência de diversas mudanças e a capacidade de alguém reuni-las, de modo a tornar a experiência geral do produto mais atraente do que antes. O sucesso de Steve Jobs com o lançamento do iPhone em 2007 ilustra o que acabei de mencionar. Os telefones celulares e os assistentes pessoas (PDAs) estavam em processo de aprimoramento há uma década. Porém foi um avanço tecnológico nas telas sensíveis ao toque, somado à visão de Jobs de integrar tudo em um design simples, que resultou na rápida disseminação dos smartphones em todo o globo.

ARMAS E FERRAMENTAS

Possivelmente, com a IA ocorrerá situação parecida e, ao mesmo tempo, diferente. Existem boas razões para acreditar que estamos quase decolando em muitos cenários de IA, como o uso de um computador para fazer um pedido em um drive-thru. Contudo, tarefas mais complexas, nas quais erros podem resultar em ferimentos ou morte — como um carro autônomo —, talvez exijam bem mais tempo. Como resultado, é provável que não vejamos uma única transição na economia como um todo ou mesmo em uma única tecnologia, e sim ondas e oscilações sucessivas em diferentes setores. Isso pode definir a tecnologia e a mudança social nas próximas duas ou três décadas.

Ainda mais importante é pensar no efeito cumulativo dessas mudanças nos postos de trabalho e na economia. Devemos ser otimistas ou pessimistas em relação ao futuro? Se o passado nos brinda com ideias, devemos ser ambos.

Leve em consideração um estudo do McKinsey Global Institute, de 2017, sobre a transição para o automóvel. Estima-se que a "introdução do automóvel criou 6,9 milhões de novos empregos efetivos nos Estados Unidos entre 1910 e 1950".[17] Segundo o estudo, a transição da economia do uso do cavalo para o uso do automóvel, durante essas quatro décadas, criou dez vezes mais empregos do que destruiu. Esses postos de trabalho representavam as novas profissões que atenderam à indústria automobilística e as que usavam veículos motorizados para transporte e entrega.[18] Aparentemente, existe uma boa razão para ser otimista.

No entanto, vejamos uma referência oposta. Um relatório de 1933 do Departamento do Censo dos EUA, realizado durante a Grande Depressão, sugeria que a transição do uso dos cavalos para o dos carros era "um dos principais fatores que contribuíam para a atual situação econômica" que afetava todo o país.[19]

Como explicar essas conclusões tão opostas? De certo modo, ambas estão corretas. Ao longo do tempo, as coisas acabam dando certo. Após quarenta anos, a economia havia passado por uma transição, e o automóvel, assim como o crescimento econômico do pós-guerra, estava a todo vapor. Mas em apenas duas décadas nessa transição, a economia já estava em uma situação desesperadora, como consequência.

Tendo em conta a perspectiva do século XXI, parece difícil imaginar que a transição do uso de cavalos para o uso dos automóveis poderia ter tido tamanho impacto negativo. Mas isso fornece informações valiosas para os nossos dias atuais a partir dos bastidores — importantes e até dramáticos — mostrados pelo Departamento do Censo, uma instituição que sempre fora alimentada por dados.

Em 1933, um estatístico agrícola desse departamento chamado Zellmer Pettet começou a trabalhar com esses dados. Ele iniciou sua carreira no cultivo de frutas na Geórgia, onde, mais tarde, ingressou no Departamento do Censo como agente de campo. Enquanto estudava para se formar em filosofia, passou a dominar a confluência entre a agricultura e o que hoje chamaríamos de big data. Desenvolveu 115 estudos[20] e, por fim, se aposentou como chefe do Departamento de Censo Agrícola.[21] Ele se beneficiou porque os recenseadores dos Estados Unidos não contavam apenas o número de pessoas vivendo em todo o país — eles também contabilizavam o número de cavalos.

Pettet elaborou um relatório sobre o primo do cavalo bombeiro intitulado "The Farm Horse" [O Cavalo da Fazenda]. Apesar de volumoso, o documento retrata uma história convincente, que está para a Grande Depressão como o musical da Broadway de 2003, *Wicked*, está para o filme clássico de 1939, *O Mágico de Oz* — explica muitos dos eventos que levaram à Depressão.

A história começa com o extraordinário grau de dependência da economia norte-americana em relação aos cavalos, antes do advento do automóvel. Um historiador comentou certa vez: "Em 1879, toda família nos Estados Unidos dependia direta ou indiretamente do cavalo."[22] Em todo o país, existia um cavalo para cada cinco pessoas.[23] Em razão de um cavalo consumir dez vezes mais calorias diárias que uma pessoa,[24] um grande nú-

ARMAS E FERRAMENTAS

mero de agricultores dependia mais do cultivo de alimentos para os cavalos do que para alimentar as pessoas.

Pettet foi trabalhar com o grande volume de dados do Departamento do Censo e documentou o que aconteceu após a adoção do motor de combustão. Entre os anos de 1920 e de 1930, a combinação de carros, caminhões e máquinas agrícolas levou a uma redução acentuada na população de cavalos do país — de 19,8 milhões documentados no censo de 1920 para 13,5 milhões, após uma década.[25] Era um baixa de quase um terço. À medida que a população de cavalos diminuía, a mesma coisa acontecia com a demanda dos alimentos que os animais consumiam, principalmente feno, aveia e milho.

A resposta óbvia seria os agricultares começarem a cultivar o alimento consumido pelas pessoas, em vez de cultivar para os cavalos. Foi justamente o que ocorreu. Conforme Pettet relatou, os agricultores tomaram 18 milhões de acres de terra que haviam sido dedicados à alimentação de cavalos e os empregaram na produção de algodão, trigo e tabaco.[26] Eles inundaram o mercado com suas safras, depreciando os preços. Conforme os preços despencavam, o mesmo ocorria com a renda dos agricultores. O faturamento total obtido pelos agricultores dessas três safras caiu de US$4,9 bilhões em 1919, para US$2,6 bilhões em 1929 e, em seguida, para somente US$857 milhões em 1932.[27] No início da década de 1930, fatores adicionais contribuíram para o declínio da receita agrícola, mas o impacto do declínio da população de cavalos, embora indireto, foi ao mesmo tempo doloroso e incontestável.

Em pouco tempo, as famílias norte-americanas de camponeses tiveram dificuldade de pagar as hipotecas de suas fazendas, levando os bancos rurais a executar a dívida imobiliária. Mas as instituições financeiras não davam conta de acompanhar essas execuções e logo tiveram seus próprios problemas em pagar o que deviam aos bancos maiores, nos centros financeiros do país. Além do mais, como Pettet descobriu, muitos empregos nas cidades dependiam do setor agrícola, como nos setores de embalagem, manufatura e máquinas agrícolas.[28] A situação afetou o país

IA E MÃO DE OBRA

inteiro. Em 1933, não era somente o cavalo que havia perdido o emprego, mas quase 13 milhões de pessoas, ou um quarto da mão de obra do país.[29]

Ao pensarmos no impacto da IA nos empregos, quais foram as lições que aprendemos há quase um século? Inevitavelmente, precisamos estar preparados para uma montanha-russa. Há muitas razões para se acreditar que a transição de uma nova era da IA será tão tumultuosa quanto foi a transição para o automóvel. O desaparecimento dos postos de trabalho dos cavalos ilustra a importância dos efeitos econômicos indiretos, que são difíceis de prever. E fatalmente, como no século XX, haverá uma transição que exigirá inovação não apenas tecnológica, como também por parte dos governos e do setor público. Considere duas das inovações resultantes da Grande Depressão: políticas governamentais voltadas a pagar os agricultores para não produzirem em excesso determinadas safras, e seguro de depósito bancário e regulamentos para garantir a integridade dos bancos.

Embora não possamos prever todos os setores em que novas inovações públicas serão necessárias, devemos partir do princípio de que essas necessidades virão à tona. Nesse âmbito, nossa maior preocupação talvez não deva ser a rapidez da inovação tecnológica, e sim a lentidão das medidas governamentais. Os governos democráticos seriam capazes de responder a novas necessidades e a crises, em uma era de impasse político e polarização? Independentemente do lado no espectro político, essa é uma das questões primordiais de nosso tempo.

Há um segundo desdobramento com o qual podemos aprender a partir dessa história. É o impacto dos valores culturais e das escolhas sociais mais abrangentes na evolução tecnológica. Hoje, parece-nos inevitável que os carros substituam os cavalos, e essa afirmação faz todo o sentido, se partimos de uma perspectiva de longo prazo. Mas, como uma autora observou, muitos avanços específicos foram menos do que inevitáveis. Ela ressalta: "A substituição do uso de animais assumiu uma forma particular, resultante de escolhas culturais feitas sobre o consumo de energia na virada do século."[30] O movimento progressista nos Estados Unidos defendia melhorias na produtividade, no saneamento e na segurança das

ARMAS E FERRAMENTAS

cidades, encorajando não apenas a rápida adoção de automóveis, que pareciam simbolizar esses benefícios, como também a rejeição das carruagens puxadas pelos cavalos, que geravam problemas bastante conhecidos pelos moradores urbanos em todas essas três áreas.

Seguindo essa mesma linha, seria um erro supor que as tendências tecnológicas, como a automação e o uso da inteligência artificial, serão impulsionadas apenas pela tecnologia e pela economia. Indivíduos, empresas e até países farão escolhas com base em valores culturais que se manifestarão em tudo, desde as preferências individuais dos consumidores até as tendências políticas mais amplas, que resultam em leis e regulamentos novos. E tudo isso pode divergir em diferentes partes do mundo.

E podemos aprender uma lição final com essa transição — e talvez seja a mais alentadora. Assim como é impossível prever o impacto negativo indireto das mudanças tecnológicas profundas, haverá muitas surpresas positivas quanto às forças indiretas que ajudarão a criar empregos que não existem hoje.

Considere os impactos diretos e indiretos do automóvel em um lugar como Nova York. Em 1917, cinco anos antes do último dia de trabalho do cavalo bombeiro no Brooklyn, a cidade de Nova York era o epicentro das vendas de automóveis do país. As lojas que vendiam carruagens e arreios na Broadway foram substituídas por autopeças que vendiam pneus e baterias. Onde ficava a American Horse Exchange, surgiram altas torres de escritórios da Benz, Ford e General Motors. Oficinas, estacionamentos, postos de gasolina e empresas de táxi estavam desesperadas por novos talentos qualificados que preenchessem suas vagas e dessem suporte à crescente obsessão dos Estados Unidos.

Nenhum desses impactos diretos parece tão surpreendente. O mais impressionante, mesmo em retrospecto, é o aparecimento de novos setores que, à primeira vista, pareciam distantes.

Temos como exemplo o setor financeiro, que cresceu rapidamente com o intuito de oferecer crédito ao consumidor. Em 1924, 75% dos carros

IA E MÃO DE OBRA

eram pagos gradualmente. Logo, o papel do parcelamento de veículos representava mais da metade do crédito de varejo do país. Desse modo, como agora, os carros normalmente eram o segundo bem mais caro de uma família, após a aquisição de uma casa. As pessoas precisavam pegar dinheiro emprestado para pagar por eles. Como observou um historiador econômico, "o crédito parcelado e o automóvel foram causa e consequência do sucesso um do outro".[31]

Tudo isso leva a uma pergunta interessante. Quando os nova-iorquinos viram o primeiro automóvel descer pelas ruas da capital financeira do país, quantos deles previram que a invenção resultaria na criação de novos empregos no setor financeiro? A rota do motor de combustão para o crédito ao consumidor foi indireta e se desenrolou ao longo do tempo, grande parte impulsionada por outras invenções e processos comerciais intermediários, como a linha de montagem de Henry Ford, que possibilitou a produção em massa e, consequentemente, a disponibilidade mais barata e mais ampla de automóveis.

De maneira similar, os carros transformaram o mundo da publicidade. Como os passageiros dirigiam um carro a 48km/h ou mais, "as pessoas tiveram que entender alguns sinais instantaneamente ou não entenderiam absolutamente nada", dando origem à criação de logotipos corporativos que pudessem ser reconhecidos imediatamente, onde quer que aparecessem.[32] No entanto, é pouco provável que os primeiros compradores de automóveis imaginassem que contribuiriam para novos empregos na Madison Avenue.

Surge uma perspectiva que é, ao mesmo tempo, animadora e preocupante. A tecnologia nos tornará mais produtivos, aliviará as tarefas cotidianas enfadonhas e gerará novas empresas e postos de trabalho empolgantes, que a geração futura tomará como certos. Será uma época que recompensará as pessoas que tenham determinação (e possibilidade financeira) para desenvolver novas habilidades e correr riscos para criar novas empresas. Mas, como o impacto econômico do automóvel e a perda cultural dos cavalos de bombeiros, não restam dúvidas de que enfrenta-

ARMAS E FERRAMENTAS

remos obstáculos e perderemos coisas importantes no processo. Aqueles que querem reduzir o ritmo da tecnologia ou simplesmente impedir seus impactos negativos provavelmente ficarão decepcionados. O segredo, em vez disso, será encontrar um equilíbrio entre as novas oportunidades e desafios, valorizando a adaptabilidade, tanto individual quanto social.

Em muitos aspectos, isso não é nenhuma novidade. As pessoas estão se adaptando às novas tecnologias e ao seu impacto nos empregos desde o início da Primeira Revolução Industrial. Quando olhamos o passado, podemos considerar que sempre exigiu-se adaptabilidade das pessoas, ao longo de sucessivas gerações. À medida que pensávamos no que isso significava para os nossos produtos e para o futuro na Microsoft, concluímos que o sucesso sempre determinava que as pessoas dominassem quatro habilidades: aprendizagem sobre novos assuntos e áreas de atuação; análise e resolução de novos problemas; disseminação de ideias e compartilhamento de informações com outras pessoas; e colaboração efetiva, como parte de uma equipe.

Um objetivo é aproveitar a IA e criar novas tecnologias que ajudem as pessoas a trabalhar melhor em cada uma dessas áreas. Se formos bem-sucedidos, forneceremos às pessoas uma capacidade cada vez maior não apenas de enfrentar, como também de se beneficiar da próxima onda de mudanças. A partir dessa perspectiva, talvez exista algum espaço não apenas para otimismo, mas até para um pouco de fé de que a criatividade humana encontrará novas formas de gerar benefícios da tecnologia do amanhã.

Capítulo 14

ESTADOS UNIDOS E CHINA: Um Mundo Tecnológico e Polarizado

Em uma noite amena de setembro de 2015, uma reunião com os nomes mais importantes do setor de negócios e do governo aconteceu no Westin Seattle, com direito a um banquete majestoso. À medida que o jantar transcorria no salão principal, as 750 pessoas que atravessaram o país naquela noite fizeram uma pausa, quando o convidado de honra, vestido com um elegante terno preto e uma gravata escarlate, subiu ao púlpito.[1] O salão ouvia atentamente enquanto o orador recordava de sua juventude, relembrava a história norte-americana e mencionava a cultura pop ocidental. Ele compartilhou histórias de sua origem humilde e de seu grande amor pelas obras de Ernest Hemingway, Mark Twain e Henry David Thoreau. Contou à plateia como, quando estudante, lia a obra de Alexander Hamilton, *Os Artigos Federalistas*, uma coleção de artigos que passou por uma espécie de renascimento graças ao musical de grande sucesso *Hamilton*, que estreou apenas um mês antes na Broadway.

O orador encerrou sua abertura descontraída com uma menção ao seu desejo de proporcionar uma vida melhor aos seus eleitores — "o sonho",

ARMAS E FERRAMENTAS

afirmou. Mas o orador não era um típico político dos Estados Unidos. Ele nem era norte-americano. Tratava-se de Xi Jinping, o presidente da China. E o sonho a que ele estava se referindo era "o sonho chinês".[2]

Ao lado do ex-secretário de Estado, Henry Kissinger, e da então secretária de comércio, Penny Pritzker, o presidente chinês prosseguia com seu singelo relato, ressaltando os aspectos mais fundamentais que esperávamos de seu discurso após o jantar, incluindo o compromisso de pôr fim aos ciber-roubos chineses às empresas norte-americanas e de manter o mercado chinês de "portas abertas".

No início daquele dia, o avião do presidente Xi aterrissou em Paine Field, uma pista de pouso particular ao lado da maior fábrica do mundo — as instalações da Boeing, localizadas a 35km ao norte de Seattle, em Everett, Washington. Foi a primeira visita de Xi Jinping aos Estados Unidos desde que ele se tornara o líder do país mais populoso e da segunda maior economia do mundo. Sua parada na "porta de entrada dos Estados Unidos para a Ásia"[3] era a primeira, em sua visita turbulenta aos EUA, que também incluía viagens a Nova York e Washington, D.C. A visita histórica levou meses para ser planejada.

No dia seguinte, eu estava presente em um evento suntuoso com outros executivos da Microsoft, enquanto aguardávamos na entrada do Executive Briefing Center da Microsoft. Endireitamos nossas gravatas, conferimos novamente nossos lugares na fila da recepção e espiamos a delegação presidencial chinesa pelas portas de vidro. Todos os detalhes da visita ao campus foram minuciosamente negociados e coreografados.

O governo chinês enviou quatro equipes de preparação, dois meses antes, com o objetivo de organizar a viagem de Xi Jinping. A cada visita, o grupo de planejadores chineses parecia dobrar de tamanho. Como participei da reunião inicial, não participei das três outras que se seguiram. Uma semana antes da visita, passei pelo corredor do meu escritório quando a reunião final de planejamento havia terminado. Ao cumprimentar cada visitante, logo percebi que estava prestes a cumprimentar mais de quarenta pessoas.

ESTADOS UNIDOS E CHINA

Ao mesmo tempo em que a logística importava, ela era trivial se comparada aos problemas que precisavam ser solucionados. Todo mundo sabia que a tecnologia era a prioridade na agenda. As empresas norte-americanas, incluindo a Microsoft, estavam focadas, por um lado, em obter um acesso maior ao mercado chinês. Em meados de 2015, viajamos a Pequim para nos reunirmos com autoridades chinesas do alto escalão, a fim de apresentar nosso argumento para o que acreditávamos ser um acesso mais aberto e justo, que beneficiaria tanto os fornecedores norte-americanos quanto os clientes chineses. Aos poucos, começamos a enxergar uma porta aberta. Pela primeira vez em muito tempo, havia esperança.

Contudo, apenas um mês depois, no início de julho, surgiram informações de que hackers chineses haviam obtido do US Office of Personnel [Gabinete de Gestão de Pessoal dos Estados Unidos, em tradução livre] (OPM) os números da previdência social e outras informações pessoais de mais de 21 milhões de norte-americanos.[4] Os hackers haviam invadido o banco de dados que armazenava os detalhes de todos os norte-americanos em posse do *national security clearances* [uma espécie de autorização para acessar informações governamentais ou privadas de caráter sigiloso ou confidencial]. O incidente trouxe à tona as habilidades chinesas em ciber-roubos e a desastrosa falta de proteção de segurança do OPM.

Na semana seguinte, a Casa Branca reuniu um pequeno grupo para conversar com as autoridades administrativas do alto escalão a respeito do incidente, em meio ao planejamento da próxima visita de setembro. Estava mais do que claro que o ciberataque havia despertado a ira em Washington. As autoridades não estavam apenas furiosas com o roubo de dados, também estavam constrangidas por ter sido tão fácil de invadi-los. Esse misto de emoções raramente contribui para uma boa tomada de decisão.

No final de agosto, a equipe da Casa Branca, em seu abono, estava prestes a fechar um acordo novo de segurança cibernética entre os dois governos, mas a situação ainda era um tanto perigosa. À medida que o planejamento da visita progredia, estava claro que faria mais sentido para o presidente Xi começar sua viagem não em Washington, D.C., e sim em algum outro

ARMAS E FERRAMENTAS

lugar do país, criando a oportunidade para um momento propício antes de sua chegada na Casa Branca. Outro lugar que não fosse Washington era a escolha lógica.

Nove anos antes, o então presidente Hu Jintao parou primeiramente em Seattle, em sua primeira visita oficial aos Estados Unidos. Bill e Melinda Gates haviam organizado um jantar solene em sua casa, em Lake Washington, e os dois governos pareciam satisfeitos com o resultado. Já fomos anfitriões antes e nos oferecemos para sermos novamente, incluindo uma visita à Microsoft. Pensávamos que isso poderia incentivar um acordo de segurança cibernética e criar um suporte diplomático, caso algo não desse certo.

Naquela tarde, enquanto esperávamos a enorme comitiva chegar à Microsoft, estávamos cuidadosamente organizados. Satya cumprimentaria o presidente Xi primeiro, seguido por Bill Gates e John Thompson, presidente do conselho diretor. Em seguida, o presidente se reuniria comigo e com Qi Lu, vice-presidente-executivo que gerencia nosso segmento de mecanismos de busca e que havia crescido na China. Satya guiou, com sucesso, o presidente em um tour e fez um discurso de boas-vindas, enquanto Harry Shum demonstrava o nosso HoloLens.

Depois, entramos em uma grande sala, para o que os repórteres chamariam de "o momento mais inesquecível" da visita de Estado — não somente na Microsoft ou em Seattle, mas durante os seis dias em todo o país.[5] Os líderes de 28 empresas tecnológicas dos Estados Unidos e da China se reuniram para uma sessão de fotos. O presidente Xi estava rodeado de um grupo que incluía Tim Cook, Jeff Bezos, Ginni Rometty, Mark Zuckerberg e os CEOs de basicamente todas as empresas de tecnologia nos Estados Unidos. Era uma foto que ratificava o pronunciamento de segurança cibernética do presidente Xi durante o jantar da noite anterior, o que a tornava uma imagem mais significativa, em comparação às outras fotos da viagem. Somente um presidente de um país que não era os Estados Unidos conseguiu conquistar a multidão. Claramente, o presidente

ESTADOS UNIDOS E CHINA

Xi — e a nação chinesa — assumiram uma posição central não apenas na economia global, mas também no cenário tecnológico mundial.

Em alguns aspectos, a ascensão da China como superpotência tecnológica assinala que atualmente vivemos em um mundo tecnológico cada vez mais polarizado. China e Estados Unidos são os dois maiores consumidores mundiais de tecnologia da informação. Eles também se tornaram os dois maiores fornecedores dessa tecnologia para o restante do mundo. Não raro, se analisarmos as listagens das bolsas de valores, veremos que sete das dez empresas mais valiosas do mundo são empresas de tecnologia. Cinco dessas sete são norte-americanas, ao passo que as outras duas são chinesas. No espaço de uma década, é provável que apareçam mais empresas chinesas no topo dessa lista.

Mas o relacionamento tecnológico entre os Estados Unidos e a China é diferente de tudo o que se possa imaginar, agora ou mesmo antes. Apesar de o mundo já presenciar a competição tecnológica internacional — na década de 1970, os Estados Unidos e o Japão competiam pela liderança na era do mainframe —, desta vez, a dinâmica é diferente. Em parte, isso ocorre porque a China usou seu tamanho para controlar o acesso ao seu mercado e beneficiar os fornecedores locais de um modo que nenhum outro governo conseguiu. O resultado é que empresas como Google e Facebook, nomes onipresentes, são praticamente desconhecidas na China.

A despeito de outras empresas norte-americanas estarem presentes na China, somente a Apple, com seu iPhone, obteve sucesso no país em um nível comparável à sua liderança no resto do mundo. Nos últimos anos, a receita da Apple foi três vezes maior que a Intel, a segunda maior empresa norte-americana de tecnologia na China.[6]

Quando se trata de lucros, a situação é provavelmente mais gritante. A Apple lucra bem mais na China do que o resto do setor tecnológico norte--americano. É uma conquista e tanto, como também um desafio para a empresa, haja vista a grande contribuição da China para a lucratividade global da Apple. Conforme descobrimos na Microsoft, com o passar do tempo e

ARMAS E FERRAMENTAS

em escala global com produtos Windows e Office, sempre que uma grande parte da sua receita ou de sua lucratividade depende de uma fonte específica de renda, fica difícil considerar mudanças nessa área. Explica também por que os líderes da Apple visitam assiduamente Pequim.

E, o mais importante, o sucesso *sui generis* da Apple ressalta as limitações de todas as outras empresas. Por que é tão difícil para as empresas tecnológicas norte-americanas serem bem-sucedidas na China em comparação com o resto do mundo? Há mais de uma década, essa tem sido a principal pergunta em todo o setor tecnológico. E cada vez mais em Washington, D.C., os políticos de ambos os partidos estão perguntando se querem que as empresas de tecnologia dos EUA tenham sucesso na China, devido à possível movimentação de tecnologia envolvida.

O relacionamento tecnológico entre os Estados Unidos e a China se tornou um dos mais complexos do mundo — e provavelmente da história.

À medida que a concorrência aumenta, é fundamental que cada nação tente entender a outra. Quase sempre, a história das relações internacionais tem sido assinalada pelas perspectivas de outros países que se baseiam mais em distorções exageradas do que em compreensão verdadeira. Há diversos motivos pelos quais as empresas norte-americanas encontraram mais obstáculos na China do que em outros lugares. É importante contextualizar as coisas.

Um aspecto cada vez mais evidente é que alguns consumidores chineses têm necessidades e interesses em tecnologia da informação distintos dos consumidores nos Estados Unidos, na Europa e em outros lugares. As empresas tecnológicas norte-americanas, incluindo a Microsoft, normalmente levavam, para o mercado chinês, produtos projetados inicialmente para usuários nos Estados Unidos. Às vezes, esses produtos atendem às necessidades e satisfazem os gostos dos chineses. Dispositivos como o iPhone e a linha Microsoft Surface, e softwares de produtividade como o Microsoft Office são bons exemplos. No entanto, outras vezes, os usuários chineses são atraídos por abordagens completamente novas e diferentes.

Há mais de duas décadas, Bill Gates previu e reconheceu que a China despontaria não somente como grande potência de mercado, mas também como um país importante no que diz respeito aos talentos em tecnologia. Em novembro de 1998, inauguramos o Microsoft Research Asia (MSRA), atualmente localizado em duas torres em Pequim, perto de duas instituições acadêmicas de peso — as universidades de Tsinghua e Pequim. Em suas duas primeiras décadas, a pesquisa pioneira do MSRA se concentrou não apenas nos fundamentos da ciência da computação, como também na diversidade abrangente dos campos de atuação, incluindo linguagem natural e interfaces naturais de usuário, computação intensiva em dados e tecnologias de pesquisa.[7] Os pesquisadores publicaram mais de quinhentos artigos acadêmicos, em segmentos que contribuíram para os avanços da ciência da computação em todo o mundo. O MSRA é símbolo da crescente base de talentos em tecnologia da China.

Vez ou outra, o MSRA ultrapassa os limites do desenvolvimento de pesquisa básica e testa novos produtos desenvolvidos especificamente para o mercado chinês. Da perspectiva norte-americana, isso às vezes é surpreendente. Um exemplo é um produto chamado XiaoIce, um chatbot social feminino baseado em IA, desenvolvido para ter conversas com adolescentes e pessoas na faixa dos 20 e poucos anos.[8] Ao que tudo indica, o chatbot atendeu a uma necessidade social na China, onde os usuários passam normalmente de quinze a vinte minutos conversando com a XiaoIce sobre seus dias, problemas, esperanças e sonhos. A XiaoIce estaria atendendo a uma necessidade em uma sociedade cujas crianças não têm irmãos? Esse chatbot social foi desenvolvido para atender mais de 600 milhões de usuários e suas capacidades estão aumentando, incluindo aplicativos baseados em IA que compõem poemas e músicas. A XiaoIce se tornou uma espécie de celebridade; ela fez uma participação especial em um programa de previsão de tempo na televisão e é regularmente convidada para programas de TV e de rádio.[9]

ARMAS E FERRAMENTAS

Em meados de 2016, quando trouxemos a XiaoIce para os Estados Unidos, os diferentes interesses relacionados à tecnologia ao redor do mundo vieram à tona. Nós a lançamos no mercado norte-americano com o nome Tay. O novo nome acabou sendo apenas o começo de uma série de problemas que tivemos com a versão norte-americana da XiaoIce.

Eu estava de férias quando cometi o erro de olhar meu celular durante o jantar. Tinha acabado de chegar um e-mail de um advogado de Beverly Hills que se apresentou me dizendo: "Representamos Taylor Swift, em nome da qual estamos contatando-o." Só essa apresentação fez com que o e-mail se destacasse do resto da minha caixa de entrada. O advogado continuou afirmando que "o nome 'Tay', como você deve saber, está intimamente associado à nossa cliente". Não, eu nem sequer sabia disso, no entanto o e-mail chamou minha atenção.

O advogado prosseguiu argumentando que o uso do nome Tay criava uma associação falsa e equívoca entre a popular cantora e o nosso chatbot, e que ainda violava as leis federais e estaduais. Nossos advogados de marcas registradas tinham uma visão diferente, mas não era a nossa intenção arrumar briga, muito menos ofender a cantora Taylor Swift. Existiam muitos outros nomes por aí que poderíamos escolher e mais do que depressa conversamos sobre encontrar um substituto.

Mas, quase imediatamente, tivemos problemas maiores com os quais deveríamos nos preocupar. Tay, como XiaoIce, poderia ser treinada para interagir com as pessoas tomando como base o feedback das conversas. Um pequeno grupo de norte-americanos mal-intencionados havia organizado uma efetiva campanha, usando tuítes com o objetivo de treinar Tay para fazer comentários racistas. Em pouco mais de um dia, tivemos que retirar Tay do mercado para solucionar o problema e aprendemos uma lição não apenas a respeito das normas interculturais, como também sobre a necessidade de medidas de segurança mais rígidas em relação à IA.[10]

Tay foi somente um exemplo das diferentes práticas culturais no Pacífico. Os serviços desenvolvidos nos Estados Unidos são totalmente ineficazes porque os usuários chineses preferem produtos diferentes, com abordagens distintas, desenvolvidas dentro e para seu próprio país. Mais impressionante ainda era o sucesso dos serviços chineses, como o Alibaba superando a Amazon no comércio eletrônico; o WeChat, da Tencent, superando os serviços norte-americanos de mensagens; e o Baidu, que desbancava o Google em relação aos mecanismos de busca. Em aspectos importantes e devidamente comprovados, esses serviços inovaram com o intuito de satisfazer as preferências chinesas de maneiras que seus equivalentes norte-americanos não conseguiram.

Isso ressalta uma particularidade tecnológica encontrada mais e mais em todo o mundo, sobretudo na China. Existem pessoas inteligentes em todos os lugares, e as empresas chinesas estão inovando, trabalhando arduamente e alcançando sucesso substancial, com base no compromisso com a inovação e a forte ética de trabalho, valorizada há muito tempo por aqueles que defendem o livre empreendedorismo, inclusive nos Estados Unidos. Você vê isso não somente nas empresas chinesas que criam ferramentas de tecnologia, como também nas instituições da sociedade chinesa, que agora estão implementando os avanços baseados em IA a um ritmo espantoso. Esse rápido crescimento de implementação de estratégias voltadas ao mercado está alimentando a extraordinária força motriz da economia chinesa. Tudo isso está ajudando o setor tecnológico da China a criar uma concorrência local imensa, maior do que as empresas norte-americanas de tecnologia já se deparam em qualquer outro lugar.

Todavia, outros fatores que dificultam nosso sucesso são ainda mais desafiadores. Eles começam com os obstáculos para acessar o mercado chinês — cada vez maiores para os Estados Unidos.

Na disputa para instaurar barreiras ao acesso ao mercado tecnológico, a China foi incontestavelmente a primeira líder global. Não é que outros países não tenham se sentido tentados. Mas o preço da participação no sistema de comércio mundial, especialmente por meio da Organização Mundial do Comércio, impossibilitou essa estratégia. Somada ao foco contínuo e determinado dos representantes do Departamento Comercial dos EUA, uma

ARMAS E FERRAMENTAS

combinação de negociações multilaterais e bilaterais abriu os mercados para o setor de tecnologia norte-americano em todo o mundo.

A China sozinha tem volume de mercado e estratégias determinadas para fazer frente a essa abordagem. Os produtos que poderiam ser importados livremente em qualquer outro lugar exigiam uma ou mais licenças governamentais complicadas, antes de serem disponibilizadas na China. Em geral, mesmo quando licenciadas, as empresas tecnológicas norte-americanas descobrem que o setor governamental chinês e outros clientes de peso compram e usam a tecnologia somente se ela for oferecida por meio de uma joint venture com um parceiro chinês.

Na melhor das hipóteses, as joint ventures no setor tecnológico têm sido extremamente difíceis de trabalhar. A tecnologia da informação muda a todo momento e, muitas vezes, envolve uma complexidade de engenharia substancial. Os modelos de negócios costumam evoluir também, e tudo isso cria a necessidade de mudanças contínuas nas áreas de marketing, vendas e atendimento. Em um setor no qual grandes aquisições em geral não dão certo, as joint ventures são ainda piores. A isso soma-se a complexidade de trabalhar com países, culturas e idiomas diferentes.

A obrigação informal de entrar no mercado por meio de uma joint venture é como exigir que um corredor de cross-country corra com uma mochila cheia de pedras. Raramente se vence uma corrida desse jeito, e as chances são ainda mais desanimadoras quando se concorre com grandes empresas locais sem impedimentos semelhantes. Resumindo, a obrigação de trabalhar na China por meio de uma joint venture funciona como um obstáculo concreto e normalmente eficaz no acesso ao mercado.

Mas os contratempos tecnológicos entre a China e os Estados Unidos vão muito além do acesso ao mercado. Dado o papel que a tecnologia da informação desempenha na comunicação como um todo, na livre expressão e nos movimentos sociais, o governo chinês tem regulamentado seu uso de uma forma diferente do Ocidente. Para qualquer empresa de tecnologia norte-americana, a entrada no mercado chinês requer o que muitas vezes

ESTADOS UNIDOS E CHINA

parece um conjunto perturbador de regulamentos em constante evolução de inúmeras agências governamentais, em escala nacional e provincial. E ainda existem os momentos difíceis que transformam essas questões espinhosas em dilemas entre o foco chinês na ordem pública e o compromisso ocidental com os direitos humanos.

Em alguns aspectos, essas diferenças estão enraizadas em contrastes ainda mais profundos no que diz respeito à filosofia e às visões de mundo. É fundamental compreender todas essas questões e como todas as peças se encaixam.

Como observou Richard Nisbett, professor da Universidade de Michigan, em seu livro de 2003, *The Geography of Thought* ["Geografia do Pensamento", em tradução livre],[11] essas questões retratam tradições filosóficas diferentes e profundas que remontam a mais de 2 mil anos. Via de regra, o pensamento norte-americano se baseia em parte nas filosofias desenvolvidas na Grécia Antiga, enquanto o pensamento chinês tem como base os ensinamentos de Confúcio e seus seguidores. Ao longo de dois milênios, essas duas correntes despontaram como as duas formas de pensamento mais dominantes e influentes — e também distintas — do mundo.

Passei décadas participando de reuniões mundo afora, e Pequim permanece como uma capital em que as discussões do governo não raro remetem explicitamente a experiências históricas que datam de mais de dois milênios. Para ser mais específico, remontam à data de 221 a.C., ano em que a dinastia Qin unificou a China.

Como Henry Kissinger mencionou, a China deve sua sobrevivência milenar à "comunidade de valores promovidos entre sua população e seu governo de autoridades acadêmicas".[12] Kissinger provavelmente passou mais tempo focado na China do que qualquer outra autoridade norte-americana do século passado. Conforme ele observa, os valores que norteiam o modo de pensar na China hoje derivam dos ensinamentos de Confúcio, que morreu há mais de dois séculos antes do nascimento da dinastia Qin. Os ensinamentos de Confúcio incluíam o compromisso com regras compassivas,

ARMAS E FERRAMENTAS

devoção ao aprendizado e busca por harmonia com base em um código hierárquico de conduta social, que abrange o dever fundamental de "conhecer o seu lugar".[13]

Segundo Nisbett, a filosofia grega, que continua sendo a base do pensamento político ocidental, compartilhava um forte senso de curiosidade em relação à devoção de Confúcio à aprendizagem, no entanto era fundamentada em um senso diferente de ação pessoal — um sentimento de que as pessoas "eram responsáveis por suas próprias vidas e livres para agir como quisessem".[14] De acordo com Aristóteles e Sócrates, a própria definição da felicidade para os gregos antigos "consistia em ser capaz de exercer seu arbítrio em busca da excelência em uma vida livre de obrigações".[15]

Como empresa fundada e sediada nos Estados Unidos, não duvidamos de nossas próprias raízes históricas ou da importância de proteger os direitos humanos em todo o mundo. Há uma década, decidimos por bem não hospedar nossos e-mails de consumidores em servidores na China, devido aos riscos que isso representaria aos direitos humanos, mesmo que o governo chinês tenha deixado claro que isso significava que nosso serviço não estaria mais disponível para os consumidores do país. E sempre me lembrarei das ligações telefônicas tarde da noite, quando insisti que os funcionários da linha de frente na China se mantivessem firmes perante o que concluímos ser demandas ilícitas de censura em nosso serviço de mecanismo de busca — enquanto, apreensivo, estava sentado no conforto de minha casa, ciente de que eles estavam sentados e nada à vontade em transmitir minha resposta às autoridades locais. Há pouco tempo, restringimos o acesso aos nossos serviços de reconhecimento facial, dado o potencial para vigilância em massa.

Episódios como esse efetivamente põem em cheque a questão no que diz respeito ao nosso compromisso com os direitos humanos. Ao mesmo tempo em que nos dedicávamos, há muito, a apoiar nossos clientes e crescer na China, também chegamos à conclusão de que era essencial abordar o problema de uma maneira baseada em princípios. De modo que ficava cada vez mais evidente com o passar do tempo, tem sido crucial se manter fiel a uma abordagem que priorize os valores fundamentais, incluindo os direi-

ESTADOS UNIDOS E CHINA

tos humanos universais, em detrimento do aumento de receita e resultados financeiros.[16]

De nosso ponto de vista, essas divergências fundamentais também evidenciam a importância das pessoas que vivem nas duas maiores economias do mundo aprenderem mais sobre as culturas e tradições históricas umas das outras. Embora seja fácil para um dos países virarem as coisas, isso não fará com que nenhuma dessas divergências desapareça.

No verão de 2018, tivemos a oportunidade de aprender mais sobre essas divergências em Pequim. Chegamos com uma semana de antecedência na Ásia, e passaríamos o domingo escaldante investigando a fundo a relação e os contrastes entre as tecnologias mais modernas — IA — e as tradições filosóficas e religiosas que surgiram ao longo de milhares de anos.

Eu e a equipe da Microsoft começamos nossa manhã no Templo Longquan, um complexo de edifícios de pedra e de madeira, com vários andares e com um telhado ao estilo budista. Situado no local em que os moradores chamam de pulmão da cidade — uma paisagem exuberante do Phoenix Mountain, parque natural nos arredores ocidentais de Pequim —, o mosteiro foi fundado durante a Dinastia Liao. É um local tranquilo, ladeado por um riacho entre as colinas e lar de milhares de cigarras que cantarolavam. Percorremos as trilhas sinuosas e os jardins com interesse, no entanto, o que mais nos deixou contentes foi quando nosso anfitrião nos mostrou os projetos de IA em que estava trabalhando.

Como o Mestre Xianxin nos explicou, o mosteiro se dedicava a incorporar os ensinamentos e as tradições budistas com o mundo moderno. Ele se formou na Universidade de Tecnologia de Pequim. Sim, um monge budista formado em ciência da computação. Ele ostentava milhares de volumes da literatura budista antiga que o templo estava digitalizando com o auxílio da IA. O mestre passou a compartilhar como os monges estavam usando técnicas de tradução baseadas em máquina para divulgar seu trabalho em dezesseis idiomas para as pessoas ao redor do globo. A tecnologia moderna estava promovendo alguns dos ensinamentos mais antigos do mundo.

ARMAS E FERRAMENTAS

No final daquela tarde, viajamos ao centro de Pequim para nos encontrarmos com um professor chamado He Huaihong, um dos principais filósofos e especialistas em ética do país. O professor He lecionava na Universidade de Pequim e publicou um livro sobre a mudança ética social na China.[17] Até mesmo uma leitura superficial da obra desmente a ideia de que, pelo menos em algumas áreas, a China contemporânea carece de discussões intensas.

Conversamos a respeito das questões éticas e filosóficas suscitadas pela IA e como elas podem ser enxergadas de formas diferentes em várias partes do mundo. Foi surpreendente que um dos primeiros comentários do professor He reiterava algumas das palavras da abertura do livro de Nisbett, escrito quinze anos antes. "No Ocidente, acredita-se que o progresso é um *continuum*, com a tecnologia avançando de um lado e otimismo em relação à melhoria constante do outro."

Como Nisbett havia observado, as pessoas no Ocidente tinham a propensão a se concentrar em um objetivo específico e acreditavam que, se você se empenhasse em promovê-lo, poderia mudar o mundo à sua volta. Foi parte do empreendedorismo que fez do Vale do Silício não somente mais um local, mas também combustível à inovação.

"Na China", disse o professor He, "enxergamos as coisas como se fossem cíclicas. Como os signos do zodíaco, acreditamos que a vida é um ciclo e que tudo voltará ao seu ponto original, em algum momento no futuro". Isso levou os chineses a olharem para o passado e para o futuro e se concentrarem mais no panorama como um todo, em vez de em uma coisa de cada vez.

Segundo a explicação de Nisbett, o Pacífico é de fato uma imensidão, se pararmos para analisar como as pessoas de ambos os lados do oceano enxergam a mesma coisa. Tire uma foto de um tigre na selva. É mais provável que os norte-americanos se concentrem no tigre e no que ele pode fazer. Em contrapartida, é mais provável que os chineses se concentrem na selva e na maneira como ela influencia todos os aspectos da vida do tigre. Nenhuma das abordagens está errada e, sem dúvida, uma combinação das duas poderia ser bem valiosa. Mas as diferenças são claras.

ESTADOS UNIDOS E CHINA

Essas diferentes tradições também condizem com o modo pelo qual cada sociedade pensa nas novas tecnologias e na sua regulamentação. O instinto dos norte-americanos é se manter distanciado do governo, para que um jovem "tigre tecnológico" consiga prosperar, mudar e se tornar mais forte, otimista do que pode alcançar. Os chineses mais do que depressa se atentam à "selva social" que o tigre tecnológico habita, impondo inclusive uma série de regulamentos governamentais que comandam as atividades do tigre.

Essa é outra dimensão que ajuda a explicar o relacionamento complexo entre empresas de tecnologia e o governo na China. É necessário ultrapassar mais do que uma barreira linguística. As empresas tecnológicas trabalharam juntas, e com a comunidade global de direitos humanos, a fim de incentivar a adesão aos princípios globais relacionados à privacidade e à liberdade de expressão. Mas, em determinados momentos, esses princípios são menos endossados em escala global do que eram antes por parte dos governos mundiais, incluindo os chineses, logo após o final da Segunda Guerra Mundial. Existem ocasiões que envolvem debates complicados que, em sua essência, parecem não somente uma negociação em relação às abordagens políticas, mas também uma discussão a respeito das visões de mundo alternativas de Aristóteles e Confúcio.

Como se não bastasse a complexidades imposta pelas diferentes convicções filosóficas, os problemas de segurança cibernética da década passada trazem ainda mais desafios. O governo dos EUA naturalmente reagiu de forma enérgica não apenas contra os incidentes de invasão do OPM, mas também contra informações de que o fabricante chinês de hardware Huawei havia desenvolvido roteadores que possibilitavam ao governo chinês monitorar as comunicações dos clientes que os usavam.[18] No entanto, a situação mudou rapidamente quando Snowden divulgou uma foto de militares norte-americanos adulterando os roteadores da Cisco para fazer a mesma coisa.[19] Ambas as empresas vêm trabalhando desde então — longe de serem bem-sucedidas — para recuperar a reputação no mercado uma da outra.

Cada vez mais, em Washington, D.C., ambos os partidos políticos têm visto a ascensão da influência chinesa com preocupação. Embora o pre-

263

ARMAS E FERRAMENTAS

sidente Trump tenha pressionado a China a comprar mais os produtos norte-americanos, uma categoria inquieta ambos os lados: a tecnologia da informação. Ao acreditar que a tecnologia será cada vez mais importante para a força econômica e o poder militar, os responsáveis pela definição das políticas norte-americanas manifestaram crescente inquietação com as perspectivas de movimentações contínuas de tecnologia para a China.

Ainda que essas preocupações sejam importantes e abrangentes, existe um risco de ambos os lados do Pacífico quando se trata de aplicar respostas simples a perguntas complexas. Nos dois países, precisamos levar em consideração nuances fundamentais.

Para início de conversa, existem algumas tecnologias da informação que são sigilosas do ponto de vista da segurança nacional ou militar; contudo, existem muitas outras que não o são. E a ideia de que alguma dessas tecnologias poderia ser vantajosa para fins tanto militares quanto pacíficos não é nenhuma novidade. Esses produtos de "usos duplos" existem há décadas, e há uma regulamentação consolidada de exportação para controlá-los. No entanto, existe um risco iminente de que os responsáveis pela definição das políticas norte-americanas deixem de considerar algumas das diferenças primordiais entre a tecnologia da informação e outras tecnologias importantes à segurança nacional, no tocante à contínua ascensão da China.

Além do mais, mesmo que existam tecnologias da informação confidenciais, muitas não são. Ao contrário de muitas tecnologias militares, os avanços na ciência da computação e de dados ocorrem, em geral, no âmbito da pesquisa básica e são publicados inicialmente na forma de artigos acadêmicos. Eles estão disponíveis para o mundo. E mais, o software quase sempre é um código-fonte publicado na forma de open-source, o que significa que qualquer pessoa, independentemente da sua localização, não apenas pode lê-lo como também integrá-lo a seus próprios produtos. Embora a preocupação referente à proteção de segredos comerciais seja importante e pertinente em alguns campos da ciência da computação, em algumas áreas de software os segredos comerciais têm pouca aplicação prática.

ESTADOS UNIDOS E CHINA

Há também alguns cenários tecnológicos que evidentemente levantam preocupações a respeito dos direitos humanos, ao passo que outros não. Os serviços de reconhecimento facial e dados de cidadãos e consumidores armazenados na nuvem são dois desses cenários. Em contrapartida, desde a década de 1980, distribuímos o Microsoft Word para que os usuários possam rodá-lo em seus computadores, sem que mais ninguém soubesse o que estavam escrevendo. Como o Word Online agora roda na nuvem, as pessoas podem escolher qual versão querem utilizar e como querem usá-la. Mas, quanto se trata do contexto dos direitos humanos, o mesmo software pode ter impactos extremamente diferentes em cenários distintos.

Por fim, a própria China é uma parte essencial da cadeia de suprimentos para produtos de tecnologia norte-americanos. Em relação à fabricação de componentes para hardware de computador, isso é de conhecimento de todos. No entanto, o papel da China vai mais além. O número crescente de engenheiros do país é integrado a um processo global de pesquisa e desenvolvimento. A maioria das empresas tecnológicas incorpora os avanços de pesquisa desenvolvidos por engenheiros chineses, junto com avanços de engenheiros nos Estados Unidos, Reino Unido, Índia e muitos outros lugares ao redor do mundo. Embora os responsáveis pela elaboração de políticas possam até visualizar uma nova Cortina de Ferro no meio do Oceano Pacífico, a fim de separar o desenvolvimento de tecnologia em diversos continentes, sua natureza global torna isso difícil de ocorrer. E, mesmo que essa barreira seja construída, não está claro se um país que adotar essa abordagem beneficiará ou simplesmente retardará o desenvolvimento de sua própria tecnologia.

Tudo isso indica que os Estados Unidos e a China enfrentam um crescente dilema sobre como pensar a respeito do comércio de tecnologia. É necessário considerar três dimensões de longo prazo.

A primeira delas, no que se refere às importações, é que hoje é difícil afirmar que empresas tecnológicas norte-americanas ou chinesas têm acesso irrestrito aos mercados umas das outras. Pelo contrário, surgiu uma vantagem para os líderes de TI em seus próprios países. Um dos resultados é que

ARMAS E FERRAMENTAS

as empresas norte-americanas e chinesas obtêm cada vez mais sucesso em casa e concorrem com o resto do mundo.

Da perspectiva econômica internacional, vale lembrar que, para as empresas envolvidas, essa proteção dos mercados internos é uma bênção que tem lá sua parcela de maldições. Até mesmo para a China, com sua população na casa dos bilhões, mais de 80% dos consumidores do mundo vivem e trabalham em outro lugar. A única maneira de obter sucesso em escala global como líder em tecnologia é ser respeitado em todo o mundo. As empresas tecnológicas norte-americanas e chinesas compartilham a necessidade de conquistar clientes fora de suas fronteiras, quando buscam crescer na Europa, América Latina ou em todo o resto da Ásia, ou em outras partes do mundo. Se os governos dos EUA e da China alegam que não se pode confiar na tecnologia de outro país, existe o risco de o resto do mundo concluir que ambos estão certos e procurarem outras fontes.

Em determinado aspecto, temos vulnerabilidades claras em relação aos componentes de rede, como produtos 5G, fundamentais para a infraestrutura nacional em épocas de paz e de guerra. Tendo em vista não somente o potencial como também o histórico de adulteração e pirataria dos ataques Estado-nação, é compreensível focar mais essa área. Contudo, mesmo nesse período, é essencial que as políticas nacionais estejam baseadas em fatos objetivos e análise lógica. Os governos devem ser ainda mais atentos e cuidadosos ao considerar estratégias que comprovem pontos de vista por meio de processos criminais ou outras ações legais sérias contra empresas ou indivíduos específicos.

Para além do 5G, possivelmente as etapas para se livrar das extensas listas de serviços de tecnologia em muitas outras áreas serão desnecessárias e contraproducentes. Há diversas formas de se regulamentar a maioria dos serviços de tecnologia de modo confiável e neutro no que diz respeito ao país, assumindo que essa regulamentação seja necessária. Quando muito, é do interesse econômico dos dois líderes mundiais em tecnologia manter boa parte de seus mercados tecnológicos abertos a outras nações, sendo um exemplo para o resto do mundo seguir.

ESTADOS UNIDOS E CHINA

Segundo, há um foco crescente nas exportações no que diz respeito à balança comercial, sobretudo em Washington, D.C. E isso tem aumentado a chance de que as autoridades norte-americanas bloqueiem a exportação de um número maior de produtos tecnológicos vitais, não da China, mas de um conjunto crescente de outros países.

Corre-se o risco de que as autoridades norte-americanas não consigam entender que o sucesso da tecnologia quase sempre requer sucesso em escala global. A economia da tecnologia da informação dissolve os custos com pesquisa e desenvolvimento e infraestrutura entre o maior número de usuários possível. É justamente isso que diminui os preços e cria a rede necessária para transformar novos aplicativos em líderes de mercado. Como o cofundador do LinkedIn (e membro do conselho da Microsoft) Reid Hoffman demonstrou, a capacidade de "*blitzscaling*" [escalonar rapidamente] a liderança global é fundamental para o sucesso tecnológico.[20] Mas é impossível buscar a liderança global se os produtos não puderem sair das fronteiras dos Estados Unidos.

Mais do que no passado, tudo isso dificulta uma nova geração de controles de exportação nos EUA. Argumenta-se tanto em relação a proceder com cautela quanto a considerar novas abordagens de exportação. Antes, as autoridades de controle de exportação trabalhavam com listas de produtos que às vezes eram completamente proibidos no mercado de exportação. Para muitas tecnologias emergentes, da IA à computação quântica, faz mais sentido permitir que determinadas tecnologias sejam exportadas, mas com limitações que restrinjam sua disponibilidade para determinadas finalidades e usuários. Apesar de isso tornar a gestão da exportação para governos e empresas mais complexa, pode ser a única forma de proteger a segurança nacional e, ao mesmo tempo, fomentar o crescimento econômico.

Por último, é necessário considerar dimensões mais abrangentes, não apenas em relação aos Estados Unidos e à China, mas ao mundo. As duas nações estão cada vez mais segmentando a internet, quando se trata do uso de tecnologia pela população global. De uma perspectiva ainda mais ampla, é quase impossível imaginar que este século termine em uma situação me-

ARMAS E FERRAMENTAS

lhor do que começou sem um bom relacionamento em todo o Pacífico. Simplificando, o mundo precisa de um relacionamento estável entre os Estados Unidos e a China, inclusive em questões de tecnologia.

Isso requer o estabelecimento contínuo de uma base educacional e cultural mais sólida para conectar os Estados Unidos e a China. Os problemas tecnológicos dos dois países exigem uma compreensão em comum, não apenas da ciência e engenharia, mas também da linguagem, das ciências sociais e até das ciências humanas. Hoje, o entendimento que cada nação tem uma da outra, não raro, é mais limitado do que deveria ser.

Na maioria dos aspectos, essa limitação é mais forte nos Estados Unidos. Considere o fato de que a educação do presidente Xi incluiu a leitura de autores norte-americanos, de Alexander Hamilton até Ernest Hemingway. Quantos políticos norte-americanos leram autores chineses semelhantes? Com uma rica história de mais de 2.500 anos, a questão não é a falta de informações, mas a falta de interesse. Conforme a história tem mostrado vezes sem fim, se os Estados Unidos enfrentarão os desafios globais, precisarão de líderes que entendam o mundo.

Em última análise, os Estados Unidos e a China precisam de um relacionamento bilateral que atenda aos interesses de cada país. Os líderes de cada nação se concentrarão oportunamente em seus próprios interesses, cientes das dificuldades e problemas, sendo inflexíveis. Todavia, sempre que os governos das duas maiores economias mundiais se reúnem, eles têm a responsabilidade de pensar não somente em seus próprios interesses individuais e coletivos, mas também no impacto de seu relacionamento no resto do mundo. Cada vez mais, o restante do mundo — 80% da população global — depende disso.

Capítulo 15 ⟩⟩ DEMOCRATIZANDO O FUTURO: A Necessidade de Uma Revolução Open Data

Qual impacto os dados e a IA terão na distribuição do poder geopolítico e da riqueza econômica? Trata-se de uma outra dinâmica que se concentra em parte nos Estados Unidos e na China, mas com repercussões ainda mais amplas no resto do mundo. É uma das principais questões de nossa era e, no segundo semestre de 2018, uma perspectiva pessimista veio à tona.

Ao nos reunirmos com membros do Congresso em Washington, D.C., alguns senadores mencionaram ter lido provas para correção incontestáveis de um livro que lhes foi enviado chamado *Inteligência Artificial*. O autor da obra, Kai-Fu Lee, é um ex-executivo da Apple, Microsoft e Google. Nascido em Taiwan, ele agora é um dos principais capitalistas de risco de Pequim. Suas alegações são desalentadoras. Ele afirma que "a ordem mundial da IA combinará a economia do 'vencedor leva tudo' com uma concentração sem precedentes de riqueza nas mãos de algumas empresas na China e nos Estados Unidos".[1] Segundo suas afirmações "outros países serão deixados com as migalhas".[2]

Qual é a base dessa perspectiva? Quase sempre, tudo se resume à capacidade dos dados. A alegação é que a empresa que obtiver mais usuários

ARMAS E FERRAMENTAS

obterá mais dados, e, como os dados são o combustível que fazem a IA decolar, o produto decorrente da IA se tornará mais forte, como resultado. Com um produto de IA mais forte, a empresa conquistará ainda mais usuários e, assim, mais dados. O ciclo persistirá em escala, de modo que, em algum momento, essa empresa impossibilite o sucesso de todas as outras no mercado. Segundo Kai-Fu, "a IA normalmente caminha em direção a monopólios... Uma vez que uma empresa tenha assumido a liderança inicial, a repetição desse ciclo contínuo pode transformar essa liderança em uma barreira intransponível para a entrada de outras empresas".[3]

O conceito é comum nos mercados de tecnologia da informação e é conhecido como "efeito de redes". Há muito tempo, ele é aplicado ao desenvolvimento de aplicativos para um sistema operacional, por exemplo. Quando um sistema operacional assume uma posição de liderança no mercado, todo mundo quer desenvolver aplicativos para ele. Ainda que um novo sistema operacional com funcionalidades superiores apareça, é difícil convencer os desenvolvedores de apps a considerá-lo. Nós nos beneficiamos desse fenômeno na década de 1990 com o Windows e, vinte anos depois, rompemos as barreiras ao concorrer com o iPhone e com o Android por meio do nosso Windows Phone. Seja lá qual for a nova plataforma de mídia social que queira enfrentar o Facebook, ela se depara hoje com o mesmo problema. É parte do que desbancou o Google Plus.

De acordo com Kai-Fu, a IA se beneficiará de um efeito de rede semelhante aos anabolizantes, e levará ao aumento da concentração de poder em praticamente todos os setores da economia. A empresa que, independentemente do setor, implemente a IA de modo mais efetivo, obterá mais dados de seus clientes e instaurará um ciclo de realimentação mais sólido. Dependendo do cenário, o resultado pode ser ainda pior. Os dados podem ser bloqueados e processados por alguns gigantes da tecnologia, ao passo que os outros setores econômicos dependem dessas empresas para seus serviços de IA. Ao longo do tempo, isso provavelmente resultaria em uma transferência gigantesca de riqueza econômica de outros setores industriais para esses líderes de IA. E se, conforme Kai-Fu estima, essas empresas estão localizadas

DEMOCRATIZANDO O FUTURO

principalmente na Costa Leste da China e na Costa Oeste dos Estados Unidos, essas duas áreas serão privilegiadas à custa de todas as demais regiões.

O que devemos fazer com essas previsões? Como tantas outras coisas, elas têm um fundo de verdade. E, neste caso, talvez mais de um.

A IA depende do poder do processamento computacional baseado em nuvem, do desenvolvimento de algoritmos e de quantidades colossais de dados. Essas três premissas são essenciais; no entanto, a mais importante são os dados — as informações sobre o mundo físico e sobre a economia, e como vivemos nossas vidas cotidianas. À medida que o aprendizado de máquina evoluiu rapidamente na última década, ficou mais do que claro que não existe excesso de dados para um desenvolvedor de IA.

Os efeitos dos dados em um mundo orientado pela IA excedem e muito o impacto do setor tecnológico. Imagine como será um automóvel novo em 2030. Há pouco tempo, um estudo estimou que metade do custo de um carro consistia em componentes eletrônicos e computadorizados, superando os 20% dos anos 2000.[4] Obviamente, até 2030, os carros estarão sempre conectados à internet para navegação e direção autônoma ou semiautônoma, e também a funcionalidades de comunicação, entretenimento, manutenção e segurança. É possível que tudo isso envolva inteligência artificial e enormes quantidades de dados com base na computação em nuvem.

Esse cenário levanta uma questão importante: quais setores e empresas colherão os frutos da lucratividade gerada por um enorme computador de IA que roda aplicativos para automóveis? Serão as montadoras tradicionais de automóveis ou as empresas tecnológicas?

Essa questão tem consequências profundas. Como o valor econômico é retido pelas montadoras, podemos ser mais otimistas quanto ao futuro em longo prazo de empresas automotivas como General Motors, BMW, Toyota e outras. E, obviamente, é provável que isso favoreça melhores perspectivas quanto aos salários e empregos nessas empresas e para as pessoas que os exercem. Nesse contexto, fica claro que essa questão também é importante para os acionistas, para as comunidades e até para os países onde essas em-

ARMAS E FERRAMENTAS

presas estão localizadas. Não é exagero afirmar que o futuro econômico de lugares como Michigan, Alemanha e Japão dependem desse prognóstico.

Se isso lhe parece um contrassenso, pense no impacto que a Amazon teve na publicação de livros — e, hoje em dia, em tantos outros setores do varejo —, ou o impacto que o Google e o Facebook tiveram na publicidade. A IA pode impactar tudo, desde as companhias aéreas, os produtos farmacêuticos e até as entregas. Esse é o panorama do futuro retratado por Kai-Fu Lee. Sendo assim, é plausível concluir que o futuro pode implicar uma transferência de riqueza cada vez maior para as mãos de um pequeno grupo de organizações que detêm os maiores conjuntos de dados e para as regiões onde estão localizadas.

No entanto, como muitas vezes acontece, não existe um caminho único e inevitável rumo ao futuro. Apesar de haver um risco de o futuro se desenrolar assim, podemos traçar um caminho alternativo e segui-lo. Precisamos capacitar as pessoas por meio de amplo acesso às ferramentas que dependem de dados para funcionar. É necessário também desenvolver abordagens de compartilhamento de dados que criem oportunidades tangíveis a empresas, comunidades e aos países grandes e pequenos, de modo que todos consigam colher os benefícios dos dados. Resumindo, precisamos democratizar a IA e os dados em que ela se baseia.

Logo, como criamos uma oportunidade maior para atores sem protagonismo, em um mundo onde enormes quantidades de dados são importantes?

Uma das pessoas que talvez consigam responder a essa pergunta seja Matthew Trunnell.

Trunnell é o superintendente de dados do Fred Hutchinson Cancer Research Center, um importante centro de pesquisa de câncer em Seattle, nomeado em homenagem ao herói da cidade natal, jogador de beisebol que atuou como arremessador do time Detroit Tigers durante dez temporadas e administrou três equipes de beisebol da liga principal. Em 1961, Fred Hutchinson levou o Cincinnati Reds ao campeonato mundial da Major League Baseball.

DEMOCRATIZANDO O FUTURO

Infelizmente, a vida e carreira de sucesso de Fred no beisebol foram interrompidas quando ele morreu de câncer em 1964, aos 45 anos.[5] Seu irmão, Bill Hutchinson, foi o cirurgião que tratou o câncer de Fred. Após a morte de seu irmão mais novo, Bill fundou o "Fred Hutch", um centro de pesquisa dedicado à cura do câncer.

Em 2016, Trunnell foi a Seattle para trabalhar no Hutch. O Instituto tem 2.700 funcionários que trabalham em 13 edifícios, localizados na margem sul do Lago Union. De longe, é possível ver a icônica torre Space Needle de Seattle.

A missão do Hutch é ambiciosa: erradicar o câncer, e as mortes relacionadas a ele, como uma causa do sofrimento humano.[6] O centro reúne cientistas, três dos quais ganharam prêmios Nobel, médicos e outros pesquisadores que estudam e buscam tratamentos inovadores. Firmou parceria com sua vizinha, a Universidade de Washington, que tem centros de ciência médica e de computação reconhecidos mundialmente. O Hutch tem uma trajetória impressionante que inclui tratamentos inovadores para leucemia e outros cânceres de sangue, transplantes de medula óssea e agora novos tratamentos de imunoterapia.

O Hutch se transformou como todas as instituições e empresas, em quase todos os ramos de atuação do planeta: seu futuro depende dos dados. O presidente do Hutch, Gary Gilliland, concluiu que os dados "transformarão a prevenção, o diagnóstico e o tratamento do câncer".[7] Ele observa que os pesquisadores estão transformando dados em um "novo microscópio fantástico" que mostra "como nosso sistema imunológico responde a doenças como o câncer".[8] Como resultado, o futuro da ciência biomédica não se assenta apenas na biologia, mas também na confluência entre a ciência da computação e a ciência de dados.

Apesar de Trunnell nunca ter conhecido Kai-Fu Lee, tamanho reconhecimento o colocou em uma posição que, na verdade, contesta a tese do autor de que o futuro pertence somente àqueles que controlam o maior suprimento de dados do mundo. Se fosse assim, seria difícil até mesmo para uma equipe de cientistas de renome mundial, em uma cidade de médio porte situada em

ARMAS E FERRAMENTAS

região remota da América do Norte, almejar estar entre os primeiros a encontrar a cura para uma das doenças mais desafiadoras do mundo. O motivo é claro. Ainda que o Hutch tenha acesso a coleções massivas de dados de prontuários médicos que o ajudam a realizar pesquisas sobre câncer tendo como base a IA, de forma alguma o centro detém os maiores conjuntos de dados do globo. Igual à maioria das organizações e empresas, para que o Hutch continue a inovar no futuro, ele deve concorrer com outras empresas, sem ter em mãos todos os dados de que precisará.

O bom é que existe um caminho evidente rumo ao sucesso. E ele tem como base dois recursos que diferenciam os dados da maioria dos outros recursos importantes.

Em primeiro lugar, diferentemente dos recursos naturais tradicionais, como petróleo ou gás, os humanos criam os próprios dados. De acordo com Satya, durante uma das reuniões de sexta-feira da equipe de liderança sênior da Microsoft, os dados são provavelmente "o recurso mais renovável do mundo". Qual outro recurso valioso criamos tantas vezes acidentalmente? Os seres humanos estão criando dados em um ritmo crescente. Ao contrário dos recursos para os quais existe uma oferta finita ou até uma escassez, o mundo é banhado por um oceano de dados que não para de crescer.

Isso não significa que o escalonamento não importa e que os protagonistas não tenham vantagem. Eles têm. A população da China é enorme e, portanto, a nação tem mais capacidade de criar dados do que qualquer outra. Mas, ao contrário, digamos, do Oriente Médio — que tem mais da metade das reservas comprovadas de petróleo do mundo[9] —, será difícil para qualquer país dominar o mercado mundial de dados. Pessoas de todos os lugares criam dados, e ao longo deste século, aparentemente, faz sentido esperar que as nações de todos os lugares criem dados, de certa forma, proporcionalmente ao tamanho da população e da atividade econômica.

Talvez a China e os Estados Unidos sejam os primeiros líderes da IA. Porém a China, apesar do seu tamanho, representa somente 18% da população mundial.[10] E os Estados Unidos, apenas 4,3%.[11] Quando se trata do tamanho de suas economias, os Estados Unidos e a China têm mais

DEMOCRATIZANDO O FUTURO

vantagens. Os EUA representam 23% do PIB mundial, ao passo que a China representa 16%.[12] No entanto, como é mais provável que as duas nações passem a competir entre si do que juntem forças, a pergunta que não quer calar é se uma nação pode dominar os dados em escala mundial com menos de um quarto da oferta global.

Ainda que não se tenha nenhum desfecho garantido, existe uma boa oportunidade para os atores que não protagonizam a cena, quando se trata do segundo recurso de dados, que, como se verifica, é ainda mais crítico. Os dados, na visão dos economistas, "não competem entre si". Quando uma fábrica usa um barril de petróleo, esse barril não pode ser reutilizado por outra fábrica. Contudo, os dados podem ser utilizados repetidamente, e dezenas de organizações podem aproveitar esse conhecimento e aprender com os mesmos dados sem colocar em risco sua utilização. O segredo é garantir que os dados possam ser compartilhados e usados por inúmeros atores.

Talvez não seja impressionante que a academia seja pioneira no uso de dados. Tendo em conta a natureza e o papel da pesquisa acadêmica, as universidades começaram a criar repositórios de dados, em que as informações podem ser compartilhadas para múltiplos usos. A Microsoft Research também está adotando essa abordagem de compartilhamento de dados, disponibilizando uma coleção de dados gratuitos, com o intuito de fazer progressos na pesquisa em áreas como processamento de linguagem natural e visão computacional, bem como nas ciências físicas e sociais.

Foi essa habilidade de compartilhar dados que inspirou Matthew Trunnell. Ele reconheceu que a melhor forma de impulsionar a corrida para curar o câncer é viabilizar que diversas organizações de pesquisa compartilhem seus dados de formas novas.

Embora a teoria seja simples, a implementação desse modelo é complicada. Para começar, mesmo em uma única organização, as informações costumam estar escondidas em silos de dados que precisam ser integrados — um desafio ainda maior quando esses silos ficam em instituições diferentes. Os dados não podem ser armazenados nas máquinas em formato legível. Ainda que possam, é possível que diferentes conjuntos de dados sejam formatados,

ARMAS E FERRAMENTAS

rotulados e estruturados de formas distintas, que dificultem o compartilhamento e o uso em comum. Caso a fonte dos dados seja individual, será necessário resolver questões jurídicas relacionadas à privacidade. E ainda que os dados não sejam informações pessoais, é necessário chegar a um consenso no que se refere ao processo de governança entre as organizações e o direito de propriedade dos dados à medida que eles aumentam e são refinados.

Esses desafios não são apenas de natureza técnica, mas também são organizacionais, legais, sociais e até culturais. Segundo Trunnell, eles resultam em parte do fato de a maioria dos institutos de pesquisa ter efetuado boa parte do trabalho tecnológico por meio de ferramentas desenvolvidas internamente. Ele afirma: "Além de os dados ficarem em silos em uma organização, essa abordagem normalmente gera a coleta duplicada de dados, a perda do histórico e dos resultados de pacientes, e também do conhecimento em potencial que pode existir em outros lugares. Juntos, esses problemas impõem obstáculos às descobertas, desaceleram o ritmo da pesquisa de dados do atendimento médico e aumentam os custos."[13]

Trunnell constatou que o impacto coletivo de todos esses impedimentos dificulta a parceria entre as instituições de pesquisa e as empresas tecnológicas. E isso também prejudica a integração de conjuntos de dados grandes o suficiente que suportem o aprendizado de máquina. Na verdade, a falta de capacidade de superar esses obstáculos é compatível com a perspectiva do domínio da IA previsto por Kai-Fu Lee.

Assim como Trunnell, outras pessoas no Hutch identificaram esse problema de dados e decidiram resolvê-lo. Em agosto de 2018, Satya, membro do conselho do Hutch, convidou um grupo de funcionários seniores da Microsoft para um jantar a fim de que todos ficassem cientes do trabalho do Hutch. Trunnell falou a respeito da possibilidade de uso dos data commons, que permitiriam o compartilhamento de seus dados entre diversos institutos de pesquisa de câncer. Sua ideia era fazer uma parceria entre várias organizações e uma empresa tecnológica para reunir seus respectivos dados.

Fiquei cada vez mais entusiasmado ao ouvir sua apresentação. Em muitos aspectos, o desafio era semelhante a tantos outros que tínha-

DEMOCRATIZANDO O FUTURO

mos vivenciados e com os quais tínhamos aprendido. À medida que Trunnell descrevia seus planos, me lembrei da evolução do desenvolvimento de software. Quando a Microsoft ainda estava engatinhando, os desenvolvedores escondiam seu código-fonte a sete chaves, e a maioria das empresas tecnológicas e outras organizações desenvolviam seu código por conta própria. No entanto, o open source [código aberto] revolucionou a criação e o uso de software. Cada vez mais os desenvolvedores de software publicavam seu código por meio de uma diversidade de plataformas open source, permitindo que outros profissionais incorporassem, usassem e contribuíssem com melhorias. Isso estimulou a colaboração em massa entre desenvolvedores, que, por sua vez, ajudaram a fomentar a inovação de software.

Quando o desenvolvimento open source começou, a Microsoft não somente demorou para abraçar a mudança, como também resistiu e muito, inclusive reivindicando nossas patentes contra as empresas que nos enviavam produtos com código open source. Eu participei ativamente nesse último quesito. Mas, com o passar do tempo, e sobretudo depois que Satya se tornou CEO da empresa em 2014, começamos a reconhecer que nossa atitude era um erro. Em 2016, adquirimos a Xamarin, uma startup que apoia a comunidade open source. Seu CEO, Nat Friedman, se juntou à Microsoft e trouxe uma importante perspectiva de fora aos nossos escalões de liderança.

No início de 2018, a Microsoft estava usando mais de 1,4 milhão de componentes de código open source em seus produtos, passando a contribuir bastante com esses e outros projetos open source, e até disponibilizando o código de muitas de nossas tecnologias de base. A Microsoft chegou tão longe que se tornou a maior colaboradora open source no GitHub,[14] uma plataforma que abriga desenvolvedores de software em todo o mundo, a casa da comunidade open source. Em maio, decidimos desembolsar US$7,5 bilhões para comprar o GitHub.

Decidimos que Nat conduziria o negócio e, ao analisarmos o acordo, concluímos que deveríamos unir forças com os principais grupos open source e fazer o oposto do que havíamos feito uma década antes. Ofereceríamos

ARMAS E FERRAMENTAS

nossas patentes em garantia, com o intuito de defender os desenvolvedores open source que haviam criado o Linux e outros componentes-chave do open source. Enquanto conversava a respeito disso com Satya, Bill Gates e outros membros do conselho, eu disse que era hora "de tomar uma decisão irrevogável". Estávamos do lado errado da história e, como todos nós concluímos, era o momento de mudar de rumo e apostar no open source.

Lembrei-me dessas lições ao ouvir Trunnell descrever os data commons. Os desafios, ainda que espinhosos, eram como muitos que a comunidade open source havia superado. Na Microsoft, nosso crescente uso de software open source nos levou a refletir sobre os desafios técnicos, organizacionais e jurídicos envolvidos em sua criação. Recentemente, criamos umas das principais iniciativas do setor tecnológico para enfrentar os obstáculos legais e de privacidade no que se refere ao uso de dados compartilhados. Contudo, mais surpreendente do que esses obstáculos era a promessa descrita por Trunnell. E se pudéssemos criar uma revolução open source que faria pelos dados o que o código open source havia ocasionado no software? E se essa abordagem conseguisse ser mais bem-sucedida do que o trabalho de qualquer outra instituição autocentrada que contasse com um conjunto maior de dados proprietários?

A discussão me lembrou de uma reunião da qual participei alguns anos antes, que inesperadamente acabou tendo como foco o impacto do compartilhamento de dados no mundo.

No início de dezembro de 2016, um mês após a eleição presidencial, tivemos uma reunião nos escritórios da Microsoft em Washington, D.C., a fim de examinar o impacto da tecnologia na corrida presidencial. Os dois partidos políticos e diversas campanhas usaram nossos produtos, bem como a tecnologia de outras empresas. Os grupos de democratas e republicanos concordaram em se reunir conosco, separadamente, para conversar sobre como eles utilizaram a tecnologia e o que aprenderam.

Primeiro nos reunimos com os assessores de equipe da campanha de Hillary Clinton. No período da campanha de 2016, eles foram considerados a força motriz de dados do país. Eles haviam instituído um grande gabinete de data analytics que se baseava no sucesso do Comitê Nacional Democrata (DNC) e na bem-sucedida campanha de Barack Obama para a reeleição em 2012.

A campanha de Clinton contou com os principais especialistas em tecnologia que desenvolveram o que foi considerado as soluções de tecnologia de campanha mais avançadas do mundo, com o intuito de aprimorar o que talvez fosse o melhor conjunto de dados políticos do país. Como afirmaram os consultores de tecnologia e os assessores da campanha, Robby Mook, o inteligente e amável gerente de campanha de Clinton, eles basearam a maior parte de suas tomadas de decisão nas informações úteis geradas pelo gabinete de data analytics. Segundo consta, quando o sol se pôs no dia das eleições na Costa Leste, toda a organização da campanha acreditava ter vencido a corrida eleitoral, graças, em boa parte, às suas capacidades de data analysis. Na hora do jantar, os analistas saíram de perto de seus computadores e receberam os aplausos e o reconhecimento da equipe de campanha.

Após um mês, esses aplausos iniciais deram lugar ao crescente silêncio dos analistas da derrotada campanha Clinton. A equipe da campanha fora publicamente criticada por ter deixado passar a crescente reviravolta republicana em Michigan, uma semana antes da eleição, e em Wisconsin, e até a noite que ocorreu a contagem de votos. Mas ainda havia uma grande confiança em relação aos dados da campanha. Ao finalizarmos nossa reunião de análise, perguntei à equipe democrata reunida o seguinte: "Vocês acreditam que perderam por causa da operação de dados ou apesar dela?"

A equipe reagiu imediatamente e demonstrou total confiança. "Sem sombra de dúvidas, tivemos a melhor operação de dados. Mas, apesar disso, perdemos."

Fizemos uma pausa quando a equipe democrata saiu, e a principal equipe republicana se reuniu conosco para trocar ideias.

À medida que eles descreviam o curso da campanha, as surpreendentes reviravoltas que culminaram na eleição de Donald Trump tiveram um impacto decisivo na estratégia de dados de sua campanha. Logo após a reeleição de Barack Obama em 2012, Reince Priebus foi reeleito para um segundo

ARMAS E FERRAMENTAS

mandato a fim de encabeçar o Comitê Nacional Republicano (RNC). Ele e seu novo chefe de equipe, Mike Shields, empreenderam uma análise radical e passaram o pente fino nas operações do RNC, após a derrota de 2012, inclusive na estratégia de tecnologia. E, como costuma ocorrer no mundo dinâmico da tecnologia, surgiu uma oportunidade de superar radicalmente a concorrência usando modelos alheios.

Priebus e Shields utilizaram modelos de dados de três empresas de consultoria em tecnologia republicanas e os integraram *in loco* ao RNC. Embora não tivessem fácil acesso ao conjunto de talentos majoritariamente democrata no Vale do Silício, eles recorreram a um novo diretor de tecnologia da Universidade de Michigan e a um jovem tecnólogo do Departamento de Transportes da Virgínia, com o objetivo de criar algoritmos novos para o mundo político. Os dois líderes da RNC acreditavam — e provaram — que existe grandes talentos em ciência de dados em todos os lugares.

Naquela manhã, o mais importante na visão dos estrategistas republicanos de tecnologia foram as medidas que Preibus e sua equipe tomaram. Eles conseguiram instituir um modelo de compartilhamento de dados que convenceu não somente os candidatos republicanos em todo o país, mas também uma série de Comitês de Ação Política e outras organizações conservadoras, a contribuir com informações em prol de um grande arquivo compartilhado de base de dados. Shields acreditava que era fundamental reunir o máximo de dados possíveis, de tantas fontes quanto possível, em parte porque o RNC não tinha ideia de quem seria o candidato presidencial final. Até então, eles não sabiam quais tipos de questões ou eleitores o candidato abordaria como mais importantes. Desse modo, a equipe do RNC trabalhou para se relacionar com o maior número de organizações e reunir o máximo de dados possível. Isso criou um conjunto de dados total bem mais rico do que o DNC ou a campanha de Clinton tinham em mãos.

Quando Donald Trump assegurou sua nomeação republicana em meados de 2016, faltava à sua operação a intensa infraestrutura tecnológica da campanha de Clinton. Com o intuito de suprir esse deficit, o genro de Trump, Jared Kushner, trabalhou com o diretor de campanha digital, Brad Parscale,

DEMOCRATIZANDO O FUTURO

em uma estratégia digital que se basearia no que o RNC já tinha, em vez de criar sua própria. Com base nos conjuntos de dados da RNC, eles identificaram um grupo de 14 milhões de republicanos que alegavam não gostar de Donald Trump. Para transformar esse grupo de céticos em apoiadores, a equipe de Trump criou o Projeto Alamo na cidade natal de Parscale, em San Antonio, para consolidar a angariação de fundos, mensagens e direcionamento, sobretudo no Facebook. Eles se comunicavam com os eleitores incessantemente, com mensagens sobre tópicos que, segundo os dados, era provável que fossem importantes para eles, como a epidemia de opioides e a Affordable Care Act [Lei de Cuidado Acessível, em tradução livre].

A equipe republicana descreveu o que sua operação de dados revelou à medida que a eleição se aproximava. Dez dias antes da eleição, estimaram a queda de dois pontos em relação a Clinton nos principais estados do campo de batalha. No entanto, eles haviam identificado que 7% da população ainda estava indecisa sobre se votaria ou não. E a campanha tinha os endereços de e-mail de 700 mil pessoas que, segundo a equipe, provavelmente votariam em Trump, caso fossem às urnas. Eles fizeram de tudo e mais um pouco para convencer esse grupo a mudar de ideia.

Perguntamos à equipe republicana quais lições de tecnologia haviam aprendido com essa experiência. A lição era clara: não gaste toda a sua energia, como a equipe de Hillary, no desenvolvimento de uma operação de dados a partir do zero. Ao contrário, use uma das principais plataformas de tecnologia comercial e se concentre em fazê-la trabalhar para seu intento. Elabore um ecossistema compartilhado mais abrangente que reúna o maior número de parceiros possíveis, visando contribuir com dados de compartilhamento de anúncios, como o RNC havia feito. Empregue essa abordagem a fim de concentrar os recursos em diferentes estratégias que podem ser implementadas em uma plataforma comercial, como aquelas desenvolvidas por Parscale. E nunca presuma que seus algoritmos são tão bons quanto você acredita que são. Em vez disso, teste-os e refine-os constantemente.

No final da reunião, fiz uma pergunta semelhante à que havia feito aos democratas. "Vocês venceram porque tiveram a melhor operação de dados

ARMAS E FERRAMENTAS

ou venceram devido ao fato de a campanha Clinton ter a melhor operação de dados?"

A resposta da equipe foi tão rápida quanto a que ouvimos dos democratas no início do dia. "Não restam dúvidas de que tivemos a melhor operação de dados. Vimos o estado de Michigan se render a Trump, antes da campanha Clinton. E vimos outra coisa que a equipe de Clinton nunca viu. Vimos Wisconsin apoiar Trump no fim de semana que antecedeu o dia das eleições."

Depois que as duas equipes foram embora, me virei para a equipe da Microsoft e pedi que fizéssemos uma votação simbólica. Quem achava que a equipe de Clinton teve a melhor operação de dados e quem achava que a equipe do RNC/Trump teve a melhor operação? A votação foi unânime. Todo mundo chegou à conclusão de que a abordagem utilizada por Reince Priebus e pela campanha de Trump era superior.

A campanha Clinton contou com suas habilidades técnicas e com sua vantagem inicial. A campanha Trump, em contraste e por necessidade, se baseou em algo mais próximo da abordagem de dados compartilhados descrita por Matthew Trunnell.

Haverá sempre oportunidade de sobra para discutir os muitos fatores que definiram o resultado da corrida presidencial de 2016, ainda mais nos estados em que a votação foi apertada, como Michigan, Wisconsin e Pensilvânia. Mas, como concluímos naquele dia, Reince Priebus e o modelo de dados da RNC possivelmente ajudaram a mudar o curso da história norte-americana.

Se uma abordagem de dados mais flexível conseguiu fazer isso, imagine o que mais ela poderia fazer.

O segredo para esse tipo de colaboração tecnológica reside nos valores e processos humanos, e não apenas no foco em tecnologia. As organizações precisam decidir se e como compartilhar os dados e, em caso afirmativo, em quais condições. Alguns princípios serão os alicerces.

O primeiro são medidas concretas para proteger a privacidade. Devido às crescentes preocupações com privacidade, esse é um pré-requisito que tem

DEMOCRATIZANDO O FUTURO

como objetivo possibilitar que as organizações compartilhem dados sobre as pessoas, e que essas pessoas se sintam à vontade para compartilhar seus próprios dados. O principal desafio é o desenvolvimento e a seleção de técnicas para compartilhamento de dados, ao mesmo tempo em que se protege a privacidade. Provavelmente isso englobará novas técnicas de "privacidade diferencial", que são formas novas de proteger a privacidade, além de fornecer acesso a dados agregados ou desidentificados, ou permitir somente a consulta a um conjunto de dados. Isso pode envolver o uso de aprendizado de máquina treinado com dados criptografados. Talvez surjam novos modelos que permitam às pessoas decidir se compartilham seus dados coletivamente para esse fim.

Uma segunda necessidade essencial será a segurança. Obviamente, se os dados são alimentados e acessados por mais de uma organização, os desafios de segurança cibernética dos últimos anos assumem outra dimensão. Ainda que, em parte, isso exija melhorias contínuas na segurança, também precisaremos de melhorias na segurança operacional que viabilizem o gerenciamento conjunto de segurança por diversas organizações.

Precisaremos também de medidas práticas para solucionar questões fundamentais referentes à propriedade de dados. É necessário possibilitar que os grupos compartilhem dados sem abrir mão do controle de propriedade e dos dados que compartilham. Assim como os proprietários de terras às vezes concedem licenças de uso ou fecham acordos permitindo que outras pessoas entrem em suas propriedades, mas sem perder seus direitos, precisamos elaborar novas abordagens para gerenciar o acesso aos dados. Isso deve permitir que os grupos escolham colaborativamente as condições nas quais desejam compartilhá-los, incluindo como eles podem ser usados.

Ao abordar todas essas questões, o movimento open source, no âmbito dos dados, pode seguir os passos das tendências do movimento open source de software. A princípio, essa iniciativa passou por dificuldades por conta das questões sobre direitos de licença. Mas, com o passar do tempo, surgiram licenças-padrão de open source. Podemos esperar iniciativas parecidas para os dados.

ARMAS E FERRAMENTAS

As políticas governamentais também podem ajudar a promover o movimento open source. Tudo pode começar com a disponibilização de mais dados por parte do governo para uso público, reduzindo, assim, o deficit de dados para organizações menores. Um bom exemplo disso foi a decisão do Congresso dos EUA em 2014 de aprovar a Digital Accountability and Transparency Act [Lei de Responsabilidade Digital e Transparência, em tradução livre], que disponibiliza publicamente mais informações sobre o orçamento de maneira padronizada. Em 2016, a administração Obama fomentou isso por meio do uso de dados abertos para a IA, e a administração Trump seguiu esses passos ao propor uma estratégia compartilhada de dados integrada, a fim de "alavancar os dados como um ativo estratégico" para agências governamentais.[15] O Reino Unido e a União Europeia empreendem iniciativas parecidas. No entanto, atualmente, apenas um em cada cinco conjuntos de dados governamentais está aberto. É necessário fazer muito mais.[16]

Os dados abertos também levantam questões importantes quanto à elaboração das leis de privacidade. A legislação atual foi escrita em sua maior parte antes da evolução vertiginosa da IA, e existem conflitos entre as leis atuais e os dados abertos que merecem uma séria reflexão. Por exemplo, as leis de privacidade europeias se concentram nas chamadas restrições de uso, que limitam a utilização de informações somente para finalidades especificadas quando os dados forem coletados. Entretanto, muitas vezes surgem novas oportunidades para compartilhar dados de maneira a impulsionar os objetivos da sociedade — como curar o câncer. Felizmente, essa lei permite que os dados sejam reestruturados quando forem imparciais e compatíveis com a finalidade original. Mas existem questões seríssimas a respeito de como interpretar essa concessão.

Haverá também questões significativas quanto à propriedade intelectual, sobretudo referente aos direitos autorais. Há muito tempo, qualquer pessoa pode aprender por meio de uma obra protegida por direitos autorais, como ler um livro. Mas agora alguns questionam se essa regra deve ser aplicada quando o aprendizado é conduzido por máquinas. Se queremos incentivar o uso mais amplo de dados, será fundamental que as máquinas consigam fazer isso.

DEMOCRATIZANDO O FUTURO

Depois de criar medidas práticas para os proprietários de dados e adotar políticas governamentais, mais uma necessidade será vital. É o desenvolvimento de plataformas e ferramentas tecnológicas que possibilitem o fácil compartilhamento de dados e tenham um custo baixo.

Essa é uma das necessidades que Trunnell identificou no Hutch. Ele prestou atenção na diferença entre o trabalho realizado pela comunidade de pesquisa de câncer e pelas empresas tecnológicas. O setor de tecnologia está desenvolvendo ferramentas de última geração para gerenciar, integrar e analisar diversos conjuntos de dados. Mas, como Trunnell reconheceu, "o abismo entre os que produzem os dados e os que desenvolvem as novas ferramentas é uma oportunidade desperdiçada, no que diz respeito a descobertas impactantes que podem mudar a vida — e possivelmente salvar vidas — e o uso da enorme quantidade de dados científicos, educacionais e de ensaios clínicos gerados todos os dias".[17]

Mas, para que isso seja viável, os usuários de dados precisam de uma plataforma tecnológica robusta e otimizada para uso de dados open source. O mercado já começou a funcionar. Como diferentes empresas de tecnologia levam em conta modelos distintos de negócios, elas têm opções de escolha. Algumas podem optar por coletar e consolidar os dados em sua própria plataforma, e oferecer acesso a suas informações como um serviço de tecnologia ou consultoria. Em muitos aspectos, é isso que a IBM fez com o Watson, e o que o Facebook e o Google fizeram no mundo da publicidade online.

Curiosamente, naquela noite de agosto, enquanto ouvia Matthew Trunnel, uma equipe da Microsoft, da SAP e da Adobe já estava trabalhando em uma iniciativa diferente, mas complementar. As três empresas anunciaram a Open Data Initiative, lançada um mês depois, desenvolvida para fornecer uma plataforma de tecnologia e ferramentas, permitindo que as organizações reúnam seus dados, ao mesmo tempo em que são proprietárias e controlam os dados que compartilham. A iniciativa dispõe de ferramentas técnicas que as organizações podem usar para identificar e avaliar os dados úteis que já têm, e colocá-los em um formato estruturado e legível para as máquinas, adequado ao compartilhamento.

ARMAS E FERRAMENTAS

Talvez, como todo o resto, a revolução open source de dados exija um espaço de experimentação para ser efetiva. Antes de terminar o jantar, puxei uma cadeira ao lado de Trunnell e perguntei o que poderíamos fazer juntos. Fiquei muito intrigado com a oportunidade de promover um trabalho que já estávamos fazendo na Microsoft com outros institutos de câncer, nos rincões da América do Norte, inclusive com as organizações importantes em Vancouver, na Colúmbia Britânica.

Em dezembro, esse trabalho rendeu frutos, e a Microsoft se comprometeu com US$4 milhões em apoio ao projeto do Hutch. Formalmente chamado de Cascadia Data Discovery Initiative, o trabalho foi desenvolvido com o objetivo de ajudar a identificar e facilitar o compartilhamento de dados de maneiras protegidas pela privacidade entre o Hutch, a Universidade de Washington, a Universidade da Colúmbia Britânica e a BC Cancer Agency, ambas com sede em Vancouver. Este é somente um mero exemplo do que está começando a ser difundido, que inclui o California Data Collaborative, em que cidades, companhias de saneamento básico e de água e agências de planejamento urbano estão reunindo os dados a fim de viabilizar soluções orientadas por análises para enfrentar a escassez de água.[18]

Tudo isso é motivo para ser otimista quanto ao futuro do open source de dados — pelo menos, se aproveitarmos o momento. Apesar de algumas tecnologias beneficiarem mais empresas e países do que outras, nem sempre é esse o caso. Por exemplo, as nações nunca teriam que se debater com questões espinhosas sobre quem seria o líder mundial na indústria da eletricidade. Qualquer país poderia usar a invenção, e o ponto seria quem teria a presciência de disponibilizá-la em escala global.

Socialmente, devemos ter como objetivo tornar o uso efetivo de dados tão acessível quanto a eletricidade. Não será uma tarefa fácil. No entanto, com a abordagem certa para compartilhar dados e o apoio adequado dos governos, é mais do que possível para o mundo criar um modelo que garanta que os dados não se tornem território de poucas empresas e grandes países. Ao contrário, podem se tornar o que o mundo precisa ser — a principal força motriz para uma nova geração de crescimento econômico.

Capítulo 16 >> # CONCLUSÃO:
Lidando com uma Tecnologia Maior do que Nós

Quando Anne Taylor era uma adolescente na Escola para Cegos de Kentucky, ela explorou uma paixão que acabou se transformando em uma carreira. Hoje, Anne ajuda a tornar nossos produtos mais acessíveis às pessoas com deficiência. Ela ama seu trabalho. No entanto, fica ainda mais contente ao falar sobre o que faz em seu tempo livre. "Sou hacker", afirma.

Em 2016, Anne foi a segunda hacker recrutada para um projeto de IA, com visão computacional e uma câmera de smartphone. Uma de suas tarefas era testar o aplicativo caminhando pelo campus da Microsoft de posse de um celular. A vida de inventor às vezes não acompanha modismos. Mas, quando se trata de tendências, aparentemente tudo pode acontecer na Microsoft.

O trabalho de nossa equipe resultou em uma inovação revolucionária — um app baseado em IA que ajuda pessoas cegas a "enxergarem" o mundo, à medida que o aplicativo descreve a realidade por meio de seus smartphones. Com a Seeing AI, Anne, que é cega, agora pode ler um bi-

ARMAS E FERRAMENTAS

lhete escrito pela sua família sem precisar de ninguém. Segundo o relato de Anne: "Esta é uma tarefa simples para vocês, já que todos estão acostumados a fazer isso há bastante tempo. Mas, quando alguém me escreve algo pessoal ou que seja particular, sempre tive que pedir a outra pessoa que lesse para mim. Agora, não preciso mais. Isso significa muito."[1]

O reconhecimento de texto não é importante somente para a leitura de um bilhete cotidiano. Em Nova Jersey, a IA mudou o rumo da pesquisa de Marina Rustow, docente da área de Estudos do Oriente Médio, no Laboratório Geniza da Universidade de Princeton, onde ela interpreta e traduz uma enorme coletânea valiosa de 400 mil documentos provenientes da Sinagoga Ben Ezra, do Cairo, o maior depósito registrado de manuscritos judeus.

Estudar esses documentos é um desafio e tanto. Muitos deles estão fragmentados e espalhados em bibliotecas e museus ao redor do mundo. Devido ao imenso volume e à localização do material, é quase impossível reunir os documentos fisicamente. Por meio da IA, a equipe de Rustow conseguiu analisar os fragmentos digitais e fazer a correspondência de fragmentos armazenados a milhares de quilômetros de distância, retratando um panorama, antes incompleto, de como judeus e muçulmanos conviviam na Idade Média.[2]

Se um algoritmo de IA pode ajudar Rustow a preservar o passado longínquo, o que ele poderia fazer para proteger a história viva do mundo?

Na África, a caça predatória é um problema constante que pode exterminar espécies ameaçadas, inclusive alguns dos animais mais emblemáticos e reconhecidos do mundo. A equipe da Microsoft's AI for Earth está trabalhando junto aos pesquisadores da Universidade Carnegie Mellon, com o objetivo de ajudar os guardas florestais do Uganda Wildlife Authority [Instituto da Vida Selvagem de Uganda, em tradução livre] a estarem um passo à frente dos caçadores. Ao usar um algoritmo para averiguar quatorze anos de dados históricos de fiscalização em parques nacionais, e o app Protection Assistant for

CONCLUSÃO

Wildlife Security [Assistente de Proteção à Segurança da Vida Selvagem, em tradução livre] (PAWS), usa a teoria computacional dos jogos para aprender e prever o comportamento da caça ilegal, possibilitando que as autoridades identifiquem proativamente os pontos críticos da caça predatória e modifiquem o patrulhamento.[3]

Como esses exemplos ilustram, o poder tecnológico pode ajudar os cegos a enxergar o mundo de maneiras novas, os historiadores a descortinarem o passado, e os cientistas a buscarem novas estratégias para um planeta doente. As possibilidades em potencial têm um alcance basicamente ilimitado.

A IA é diferente das invenções peculiares do passado, como o automóvel, o telefone ou mesmo o computador pessoal. Seu comportamento é semelhante à eletricidade, pois fornece ferramentas e dispositivos que permeiam quase todos os aspectos da sociedade e de nossas vidas. Como a eletricidade, a IA será executada em segundo plano e de muitas formas; nos esqueceremos de sua presença, até o dia em que ela acabar.

Satya batizou essa nova realidade de "intensidade tecnológica", um termo que descreve o enraizamento da tecnologia no mundo ao seu redor.[4] Esta nova era representa uma oportunidade para empresas, organizações e até países impulsionarem seu crescimento, não apenas adotando a tecnologia, mas também desenvolvendo a sua própria, o que obriga as organizações a capacitar seus funcionários com as novas habilidades, a fim de colocar essa tecnologia em funcionamento.

É um momento altamente promissor, e de novos desafios. As tecnologias digitais literalmente se converteram em ARMAS E FERRAMEN-TAS. Isso nos remete às palavras de Albert Einstein em 1932, lembrando as pessoas dos benefícios criados pela Era das Máquinas, mas alertando a humanidade a assegurar que os poderes constitucionais acompanhassem os avanços técnicos.[5] À medida que continuamos trabalhando para trazer mais tecnologia à humanidade, também precisamos trazer mais humanidade à tecnologia.

ARMAS E FERRAMENTAS

Conforme descrito ao longo dos capítulos, a tecnologia de hoje tem um impacto econômico extremamente desigual, proporcionando enormes avanços e riqueza para alguns e deixando outros para trás, visto que substitui os postos de trabalho e não chega às comunidades sem conexão banda larga. A tecnologia está revolucionando a guerra e a paz ao instituir uma nova arena bélica no ciberespaço e novas ameaças à democracia, por meio de ciberataques e desinformação patrocinados pelos Estados-nação. Ela está aumentando a polarização de comunidades locais ao minar a privacidade e ajudar regimes autoritários a exercerem uma vigilância sem precedentes contra seus cidadãos. Uma vez que a IA progride, todos esses acontecimentos se consolidarão ainda mais.

Vemos essas dinâmicas entrarem em cena nas questões políticas de nossa época. As pessoas discutem sobre imigração, comércio e taxas de impostos para indivíduos e empresas ricas, mas dificilmente vemos os políticos levarem isso em consideração, ou o setor tecnológico admitir o papel que a tecnologia está desempenhando na criação desses desafios. É como se todos estivéssemos tão absortos pelos sintomas decorrentes que não temos tempo nem energia para focar algumas das causas estruturais mais importantes. Sobretudo quando o impacto da tecnologia não para de aumentar, corre-se o risco de promover uma compreensão distorcida.

É pouco realista esperar que o ritmo das mudanças tecnológicas desacelere. Contudo, não é nada demais pedir que façamos algo em relação a essa mudança. Em contraste com as eras e invenções tecnológicas anteriores, como ferrovias, telefone, automóvel e televisão, a tecnologia digital progrediu ao longo das décadas inexplicavelmente quase sem regulamentação — ou mesmo autorregulação. É hora de reconhecer que essa postura deliberada precisa dar lugar a uma abordagem mais ativista, que lide com os desafios em evolução de forma mais assertiva.

Quando me refiro a uma abordagem mais atuante, não significa deixar tudo nas mãos dos governos e dos órgãos de regulamentação. Seria tão imediatista e infrutífero quanto pedir aos governos que não fizessem

CONCLUSÃO

absolutamente nada. Pelo contrário, isso precisa começar com as próprias empresas, por meio de um empenho mais colaborativo em todo o setor.

Quando a Microsoft estava em uma situação difícil, há duas décadas, reconhecemos que precisávamos mudar. Com as nossas batalhas, aprendemos três lições e prosseguimos aprendendo. Ao considerarmos o papel atual da tecnologia no mundo, tais lições parecem pertinentes a todo o setor tecnológico de hoje, como foram à nossa empresa no passado.

A primeira é que precisamos aceitar as altas expectativas que os representantes do governo e da indústria, os nossos clientes e a sociedade em geral tinham em relação a nós. Tivemos que assumir mais responsabilidade, fosse exigida por lei ou não. Não éramos mais um concorrente. Precisávamos nos empenhar para dar o exemplo, em vez de afirmar que poderíamos fazer o que bem entendêssemos.

Em segundo lugar, era necessário sair e ouvir o que as pessoas tinham a dizer, e fazer mais com o intuito de ajudar a solucionar os problemas tecnológicos que fossem necessários. Isso começou com relações de trabalhos mais construtivas. E era apenas o início. Precisávamos compreender melhor os pontos de vista e as preocupações que as pessoas tinham a nosso respeito. Tínhamos que trabalhar melhor para resolver os pequenos problemas, antes que eles fugissem do controle. Isso exigia que nos reuníssemos com mais frequência com os governos e até com nossos concorrentes para encontrar pontos em comum. Reconhecemos que, sem dúvidas, enfrentaríamos alguns obstáculos espinhosos e precisaríamos reunir coragem para chegar a um meio-termo.

Havia dias em que alguns engenheiros defendiam que deveríamos continuar lutando. Não raro, eu sentia que eles estavam questionando minha coragem. Embora houvesse momentos em que precisávamos nos manter firmes, houve muitos outros em que defendi que era preciso mais coragem para chegar a um meio-termo do que para continuar lutando. E exigiu persistência também. A jornada até o consenso, muitas vezes, resultava em negociações que acabavam em um impasse, ou iam por água

ARMAS E FERRAMENTAS

abaixo antes mesmo que pudéssemos retroceder e chegar a um acordo. Foi necessário cultivarmos a habilidade de fracassar dignamente, elogiando o outro lado — ainda que as coisas caíssem por terra —, de modo que conseguíssemos preservar a capacidade de solucionar os problemas espinhosos novamente, quando chegasse o momento certo. E quase sempre esse momento chegava.

E, por último, precisávamos elaborar uma abordagem mais fundamentada em princípios para o nosso trabalho. Precisávamos sustentar uma cultura empreendedora e, ao mesmo tempo, incorporá-la aos princípios sobre os quais poderíamos falar interna e externamente. Começamos a desenvolver a capacidade de elaborar esses princípios, primeiro no que dizia respeito às questões antitruste e, depois, em relação às questões de interoperabilidade e direitos humanos. De acordo com o que Satya sugeriu em 2015 para os problemas de vigilância, abordados no Capítulo 2, desenvolvemos princípios para nortear nossa tomada de decisão. Os compromissos provenientes da nuvem ainda servem de modelo para outras áreas. Entre outras coisas, essa abordagem nos ajuda e nos obriga a pensar nas responsabilidades que assumimos e nas melhores formas de enfrentá-las.

Em muitos aspectos, essas abordagens exigem uma mudança cultural no setor de tecnologia. Por razões compreensíveis, as empresas tecnológicas tradicionalmente se concentram primeiro no desenvolvimento de um produto ou serviço empolgante e, depois, na conquista do maior número possível de usuários, o quanto antes. Além do mais, o tempo e a atenção são escassos. Como Reid Hoffman expressou com precisão em seu termo *blitzscaling*, um "caminho extremamente rápido" que prioriza velocidade em detrimento da eficiência, fornecendo a melhor abordagem para o desenvolvimento de tecnologia líder de mercado em escala global.[6] Mesmo quando as empresas alcançam esse tipo de posição de liderança, ainda existe a necessidade contínua de avançar rapidamente. Não é difícil imaginar as apreensões que surgiram no Vale do Silício quando as demandas pesadas ameaçaram desacelerar a inovação.

CONCLUSÃO

São preocupações importantes. Mas, dado o papel que a tecnologia desempenha atualmente no mundo, é demasiado perigoso para uma empresa tecnológica avançar mais rápido do que a velocidade do pensamento, ou simplesmente deixar de refletir sobre as consequências mais abrangentes de seus serviços e produtos. Uma das premissas deste livro reside no fato de que é possível que as empresas sejam bem-sucedidas ao mesmo tempo em que assumem suas responsabilidades sociais. Quando esses problemas vêm à tona, Satya imediatamente ressalta que precisamos agir depressa, mas também proteger nossa tecnologia. A capacidade de prever os problemas, e de definir uma abordagem fundamentada em princípios com o objetivo de solucioná-los, tem mais probabilidade de manter "o carro na estrada" à medida que ele ganha velocidade. Isso ajuda a evitar pelo menos algumas controvérsias públicas e possíveis danos à reputação, que impelem os executivos a dedicarem mais tempo a lidar com esses problemas do que com o desenvolvimento de produtos e o crescimento dos usuários.

Apesar disso, mesmo com a melhor das intenções, esse empenho não é nada fácil. O caminho mais natural é seguir desenvolvendo um produto e vendê-lo para quem deseje comprar. Ao discutirmos a autorregulamentação, quase sempre surgem objeções internas. (Falo isso por experiência própria.) Portanto, o compromisso da empresa de regular sua própria conduta deve partir da liderança do alto escalão. Os líderes seniores precisam ter pensamento global e incentivar suas equipes a fazer mais do que simplesmente identificar problemas para cada solução possível — é preciso encontrar soluções para todos os problemas possíveis.

Parte da resposta exige que as empresas tecnológicas desenvolvam maiores habilidades em áreas além do desenvolvimento, marketing e vendas tradicionais de produtos. À medida que a tecnologia entra em conflito com as questões mundiais, não existe substituto para líderes fortes nas áreas de finanças, jurídica e de recursos humanos. Antigamente, essas funções no setor de tecnologia eram, muitas vezes, consideradas importantes, especialmente para mobilização e abertura de

ARMAS E FERRAMENTAS

capital ou vender uma empresa. As questões e necessidades de hoje são bem mais abrangentes.

Um dos motivos pelos quais essas áreas são importantes é que não é nada fácil definir princípios gerais para nortear o caminho de um produto. Exige raciocínio e um profundo entendimento das expectativas da sociedade, dos cenários do mundo real e das necessidades práticas de desenvolvimento, que dependem da estreita colaboração entre as equipes de engenharia e vendas. Durante uma típica semana de trabalho na Microsoft, é comum encontrar Dev Stahlkopf, nossa diretora jurídica, passando parte de seu tempo trabalhando em projetos com diversas pessoas, a fim de prever os problemas e as controvérsias iminentes.

Outro desafio é que esse trabalho não acaba quando os novos princípios são adotados. Conforme o conselho que nossa equipe de auditoria interna forneceu para mim e Amy Hood, era imprescindível que construíssemos nossa identificação sobre as questões éticas para a IA, discutidas no Capítulo 11, não apenas definindo princípios novos, como também instituindo políticas concretas, uma estrutura de governança e prestação de contas, e treinamento de funcionários para efetivar esse compromisso ético. Isso assinala um dos maiores desafios para grandes e consagradas empresas tecnológicas que atendem a centenas de milhões de clientes em todo o mundo. Os princípios precisam ser operacionalizados e implementados em escala global, tal como nosso trabalho realizado para implementar o RGPD, ilustrado no Capítulo 8. É o tipo de trabalho que requer amplo apoio de todas as áreas que contribuem para o funcionamento de uma empresa global contemporânea.[7]

Por último, uma liderança bem fundamentada e de mente aberta precisa se converter em etapas mais proativas em empresas de tecnologia, e também em mais colaboração na indústria tecnológica como um todo. Quando comparado a muitos outros setores, hoje, o setor tecnológico é muitas vezes dividido, e até mesmo polarizado, quando se trata de associações comerciais e iniciativas voluntárias. Em razão da natureza diversificada da tecnologia e dos modelos de negócios concorrentes,

CONCLUSÃO

isso não é nenhuma surpresa. No entanto, mesmo com essas diferenças permanentes, existe espaço para que o setor de tecnologia, de forma colaborativa, faça mais.

Essa necessidade é ainda mais acentuada quando se trata de prioridades, como o fortalecimento da segurança cibernética e o combate à desinformação. Houve iniciativas recentes importantes, como a resposta ao WannaCry, descrita no Capítulo 4, a Charter of Trust da Siemens e o Cybersecurity Tech Accord, descritos no Capítulo 7. Mas, de certa forma, isso é somente uma gota no oceano em termos do que é possível fazer e da expectativa cada vez maior da sociedade e dos governos.

É necessária também uma mudança cultural. Ainda hoje, com muita frequência, as principais empresas tecnológicas pensam que é mais fácil analisar um problema como a segurança cibernética e concluir que não precisam trabalhar em estreita colaboração com o restante do setor. Ou decidem que não participarão de coisa alguma, a menos que consigam liderá-la. Ou ainda decidem que não farão parte de algo caso esteja presente outra empresa de tecnologia que atualmente passa por uma situação difícil, com medo de "manchar a reputação" por ficar perto de quem está enfrentando críticas públicas. Embora essas preocupações, até certo ponto, sejam compreensíveis, é importante que os líderes resistam a elas. Coletivamente, essas visões dificultam que o setor tecnológico lide com as responsabilidades que o mundo espera.

Ainda que existam grandes oportunidades para empresas individuais e para a indústria tecnológica, coletivamente, avançar com suas ações, não se pode concluir se isso abrandará os governos de sua responsabilidade de fazer mais também. O setor de tecnologia está repleto de pessoas boas e idealistas, mas, em três séculos, desde o início da Revolução Industrial, não vimos nenhum setor importante que se autorregule com êxito. Seria ingênuo pensar que o primeiro caso de sucesso apareceria agora.

Mesmo que seja possível, devemos questionar se esse seria o melhor caminho a seguir. O alcance das questões tecnológicas afeta praticamente

ARMAS E FERRAMENTAS

todos os aspectos de nossas economias, sociedades e vidas pessoais. Nas democracias do mundo, um dos nossos valores mais estimados reside no fato de a sociedade civil determinar seu curso elegendo quem redige as leis que governam todos nós. Os líderes tecnológicos podem ser escolhidos via conselhos de administração selecionados pelos acionistas, mas não são escolhidos pela sociedade civil. Os países democráticos não devem deixar o futuro nas mãos de líderes que a sociedade não elegeu.

Tudo isso evidencia ainda mais a importância de os governos adotarem uma abordagem mais ativa e assertiva para regulamentar a tecnologia digital. Como todas as outras coisas descritas nesta obra, é mais fácil falar do que fazer. No entanto, existem algumas lições importantes que vale a pena pôr em prática.

Por exemplo, existe um forte apelo para que os governos inovem os órgãos de regulamentação de uma maneira semelhante à inovação no próprio setor tecnológico. Em vez de esperar que cada problema amadureça, os governos podem agir de forma mais rápida e gradativamente com as etapas iniciais de regulamentação limitadas — e depois aprender e fazer um balanço da experiência resultante. Em outras palavras, pegue o conceito de "produto mínimo viável" e considere o tipo de abordagem que defendemos para a IA e para o reconhecimento facial, descrito no Capítulo 12. Reconhecemos que, assim como um novo negócio ou produto de software, a primeira etapa de regulamentação não seria a última; acreditamos que seria mais prudente os governos executarem uma série de etapas mais limitadas, porém mais rápido.

Essa abordagem funcionaria em determinadas áreas para a regulamentação da tecnologia? Neste caso, ela poderia se tornar uma nova ferramenta reguladora para nossa época. Se os governos puderem adotar regras limitadas, aprender com a experiência e, posteriormente, empregar esse aprendizado com o objetivo de acrescentar novas disposições de regulamentação, do mesmo modo que as empresas adicionam funcionalidades novas aos produtos, isso pode contribuir para que as leis avancem mais rápido. Para esclarecer, as autoridades devem considerar as amplas pers-

CONCLUSÃO

pectivas, ser ponderadas e ter certeza de que têm as respostas certas para pelo menos um conjunto limitado de perguntas importantes. Todavia, ao acatar algumas das regras culturais desenvolvidas no setor de tecnologia para a regulamentação da própria tecnologia, os governos podem fazer mais para acompanhar o ritmo das mudanças tecnológicas.

Os governos também podem ter um impacto mais positivo e prático, caso se esforcem mais para fazer um balanço das tendências tecnológicas em mudança e buscar oportunidades com o intuito de estimular soluções de mercado de forma mais abrangente. Nossa abordagem à banda larga rural, conforme descrito no Capítulo 9, tomou como base esse conceito. Em vez de investimentos públicos elevados em cabos de fibra óptica onerosos que levarão décadas para chegar às residências rurais, é mais lógico que o financiamento governamental estimule novas tecnologias sem fio, de modo a potencializar as forças do mercado para que alcancem um ponto crítico de evolução e progridam sozinhas.

Mais do que nunca, os governos têm diversas oportunidades para estimular as forças do mercado tecnológico por meio de suas ações. Em geral, eles estão entre os maiores compradores de tecnologia de um país, e suas decisões de compra podem impactar e muito as tendências gerais do mercado. Ainda mais importante, os governos dispõem de repositórios de dados enormes e valiosos. Ao disponibilizar esses dados para uso público de maneira adequada e delimitada, podem influenciar de maneira decisiva os mercados de tecnologia que colocarão esses dados em uso. Por exemplo, eles podem ajudar a promover iniciativas civis e públicas mais fundamentadas, com o objetivo de combinar as habilidades necessárias aos novos empregos para as pessoas que desejem se capacitar, como descrito no Capítulo 10. E isso viabiliza uma ferramenta poderosa que os governos podem utilizar para acelerar a adoção de modelos de dados abertos, como discutido no Capítulo 15.

Uma abordagem de regulamentação mais ativa exigirá que as autoridades governamentais passem a compreender melhor as tendências tecnológicas. Isso, por sua vez, exigirá um diálogo maior entre quem desenvol-

ARMAS E FERRAMENTAS

ve a tecnologia e quem deve regulamentá-la. E instaura uma boa parcela de desafios. Historicamente, nunca houve um centro de negócios ou de tecnologia nacional tão distante da capital de um país quanto o Vale do Silício é de Washington, D.C. E esse fato ainda não consegue expressar a distância entre as capitais políticas e tecnológicas dos Estados Unidos. De acordo com Margaret O'Mara, historiadora da Universidade de Washington: "Ao operar de longe dos centros de poder político e financeiro, em uma região agradável e pacata do norte da Califórnia, eles criaram a Galápagos empreendedora, lar de novas espécies de empresas, linhagens distintas de cultura corporativa e tolerância a certa dose de esquisitice."[8]

Um abismo geográfico de mais de 4500km ofusca uma coisa que os dois lugares têm em comum. Ao viajar para ambos os locais, partindo de uma cidade como Seattle (que tem sua própria dose de tolerância a esquisitices), tendo em conta a agitação e as atividades em cada localidade, é fácil sentir, estando lá, que tanto o Vale do Silício quanto Washington, D.C., ficam no centro do mundo. Porém, mais do que nunca, é necessário construir uma ponte mais sólida que transpasse essa divisão geográfica.

Um dos desafios é que muitas pessoas dos círculos de tecnologia há muito tempo pensam que aqueles que estão no governo não entendem o bastante de tecnologia para regulamentá-la apropriadamente — ainda que as empresas tecnológicas se beneficiem de todos os tipos de financiamento e apoio do governo.[9] E a mídia, mais do que depressa, reforça essa opinião — ora destaca os erros que os legisladores às vezes cometem, ora faz uma pergunta errada a um executivo de tecnologia, ou mesmo a pergunta certa de forma errada. Mas, em minha experiência, as autoridades governamentais progrediram muito, desde a manhã de quinze anos atrás, quando eu estava falando a respeito da publicidade digital com um senador dos EUA que não sabia que poderia ler o *Washington Post* na internet.

Tendo trabalhado no setor de tecnologia por mais de um quarto de século, me dei conta de que os produtos são complexos. No entanto, o mesmo acontece com os aviões comerciais modernos, automóveis, arranha-

CONCLUSÃO

-céus, produtos farmacêuticos e até com os produtos alimentícios. Você não ouve por aí nenhuma sugestão de que a Administração Federal de Aviação deveria abrir mão de regular as aeronaves, pois são muito complicadas para que as pessoas no governo as entendam.[10] Os passageiros nunca aceitariam isso. Por que as coisas são diferentes com a tecnologia, ainda mais quando a maioria dos componentes de um avião agora a usam como base?

A verdade é que as agências governamentais provaram há muito tempo serem competentes quando se trata da capacidade de entender os produtos que regulam. Isso não significa que o processo esteja isento de frustrações ou que todos realizem um bom trabalho. Tampouco significa que todas as abordagens de regulamentação são boas ou mesmo fazem sentido. Entretanto, o setor tecnológico precisa esquecer essa ilusão de que só ele é capaz de entender a tecnologia da informação e seus meandros. Ao contrário, precisará fazer mais para compartilhar informações sobre essas nuances, de modo que a sociedade e os governos possam compreendê-las melhor.

De certo modo, um segundo desafio para os governos é mais do que evidente. A tecnologia da informação e as empresas que a criaram se tornaram globais. A internet foi projetada para ser uma rede global e muitos de seus benefícios provêm de sua natureza conectada. Talvez mais do que qualquer outra tecnologia na história, sua influência e seu alcance geográfico extrapolam qualquer governo. Isso a diferencia das invenções anteriores, como telefone, televisão e eletricidade, que são baseadas em redes que normalmente se restringem às fronteiras nacionais ou estaduais.

Talvez uma forma de entender esse desafio seja traçar um paralelo de que a tecnologia é semelhante à tecnologia digital em termos de impacto da regulamentação. À medida que o século XIX progredia, as ferrovias desempenhavam um papel sem dúvida maior do que qualquer outra invenção na redefinição dos Estados Unidos. Elas se estendiam para além das fronteiras dos governos estaduais, que, a princípio, tiveram maior autoridade para regular a economia. Nas décadas que se seguiram à Guerra

ARMAS E FERRAMENTAS

Civil, as empresas ferroviárias do país se tornaram, de muitas formas, maiores e mais poderosas do que muitos governos estaduais.

Na década de 1880, as coisas atingiram um ponto crítico. Não havia praticamente nenhum costume de regular a economia em âmbito federal, exceto em tempos de guerra, e as propostas em Washington, D.C., de regular as ferrovias eram repetidamente eliminadas. Os governos estaduais reagiram promulgando leis para regulamentar as taxas de ferrovias que impactavam viagens para além de suas fronteiras. Em 1886, a Suprema Corte as derrubou, decidindo que somente o governo federal tinha essa autoridade.[11] De repente, a sociedade encarou uma dura realidade: os estados "não podiam, e o governo federal não regulava as ferrovias".[12] Essa nova dinâmica política rompeu o impasse e, no ano seguinte, o Congresso instaurou a Interstate Commerce Commission [Comissão Interestadual do Comércio, em tradução livre] para regular as ferrovias.[13] Nascia o governo federal moderno.

O alcance global da tecnologia da informação contemporânea é semelhante aos trilhos da ferrovia da década de 1880, que continuavam progredindo para além das linhas jurisdicionais. Hoje, porém, não existe contrapartida global como a Interstate Commerce Commission. E, compreensivelmente, não existe vontade para criar uma.

Como os governos podem regular uma tecnologia maior do que eles mesmos? Talvez este seja o maior dilema enfrentado pelo futuro da regulamentação tecnológica. Contudo, uma vez que essa pergunta é feita, parte da resposta fica clara: os governos precisarão trabalhar juntos.

Existem muitas barreiras que precisam ser ultrapassadas. Vivemos em uma época em que as turbulências geopolíticas em ebulição estão fazendo com que muitos governos se fechem. É difícil esperar grandes avanços ao reunir as nações, uma vez que as principais manchetes diárias falam de países que deixam blocos comerciais ou abandonam tratados de longa data. Além disso, é um momento em que muitos governos acham difícil até tomar decisões importantes em âmbito local.

CONCLUSÃO

No entanto, em meio a essas pressões, o curso inexorável da tecnologia está ditando mais colaboração internacional. Como este livro ilustrou, questões como reforma da vigilância, proteção da privacidade e garantias de segurança cibernética exigiram que os governos lidassem entre si de novas maneiras. Este é um dos motivos pelos quais muitas de nossas iniciativas na Microsoft se concentraram em apoiar ações basilares necessárias para o progresso internacional. Desde o início de 2016, elas incluíram a resposta coordenada ao WannaCry, o apoio ao Cybersecurity Tech Accord, às Christchurch Call e Paris Call, ao Privacy Shield dos Estados Unidos e da Europa, à autorização da Lei CLOUD para acordos internacionais e à visão de longo prazo para uma Convenção Digital de Genebra. Nestes mesmos anos, uma forte proteção de privacidade atravessou o Atlântico, e uma nova conversa global sobre IA e ética veio à tona. Se esse tipo de progresso é possível em um momento de crescente nacionalismo, há esperança de ainda mais avanços quando o equilíbrio internacional se restabelecer.

Para começar, precisaremos continuar construindo alianças de voluntários. Seis governos e duas empresas se uniram publicamente com o objetivo de enfrentar o WannaCry. Um grupo de 34 empresas firmou um acordo tecnológico, e um grupo inicial de 51 governos apoiou a Paris Call. Em cada caso, houve negligências importantes e até críticas. Mas o progresso não se deteve em quem estava ausente, e sim em quem poderia ser convencido a ajudar. Por sua vez, isso resultou em um ímpeto contínuo e, mais tarde, em um crescimento adicional.

Precisamos também reconhecer que alguns problemas talvez levem ao consenso global e outros não. Muitos dos problemas tecnológicos de hoje envolvem as questões de privacidade, liberdade de expressão e direitos humanos que carecem de apoio global. Uma aliança de voluntários talvez exija que os países democráticos do mundo juntem forças. E não é um grupo pequeno. Atualmente existem cerca de 75 nações democráticas com uma população total aproximada de 4 bilhões de pessoas.[14] Isso significa que existem mais pessoas vivendo em uma democracia do que em

ARMAS E FERRAMENTAS

qualquer outro momento da história. Mas, recentemente, as democracias do mundo se tornaram menos íntegras. Talvez mais do que qualquer grupo de sociedades, o bem-estar democrático em longo prazo exige uma nova colaboração, para lidar com a tecnologia e seu impacto.

Isso ressalta ainda mais a importância de manter o ímpeto, até o dia em que o governo dos Estados Unidos reassumir seu papel diplomático de longa data, ao apoiar e prover liderança a esses tipos de iniciativas multilaterais. Não há dúvida de que as democracias do mundo são mais fracas quando os Estados Unidos não se envolvem mais.

O progresso constante também exige que os governos admitam que, além de regulamentar a tecnologia, eles precisam se regular. Questões como segurança cibernética e desinformação definirão o futuro da guerra e a garantia de nossos processos democráticos. Assim como nenhuma indústria da história se envolveu completamente em uma autorregulamentação bem-sucedida, não existem precedentes para uma nação se proteger dependendo apenas do setor privado ou somente regulando-o. Os governos precisarão agir em conjunto, e parte disso exigirá novas normas e regras internacionais que restrinjam a conduta nacional e responsabilizem os países que as infringirem.

Inevitavelmente, isso resultará em novos debates sobre a conduta das regras internacionais. Já podemos imaginar as preocupações que serão levantadas a respeito da probabilidade de alguns países seguirem tais regras e outros não. O mundo tem proibições e restrições de controle de armas desde o final da década de 1800, e, por mais de um século, sempre houve controvérsias sobre os mesmos pontos. A dura realidade é que alguns países violam esses acordos. No entanto, é mais fácil para o resto do mundo responder efetivamente quando existe uma norma ou regra internacional.

Os novos desafios das tecnologias digitais também demandam uma colaboração mais ativa entre as fronteiras institucionais tradicionais. Pode-se constatar isso, por exemplo, em projetos bem-sucedidos para ajudar a gerenciar o amplo impacto social da tecnologia, reunindo governos,

CONCLUSÃO

grupos sem fins lucrativos e empresas para abordar os empregos e a necessidade de as pessoas desenvolverem novas habilidades, conforme descrito nos Capítulos 10 e 13. Esse tipo de combinação também pode ajudar a solucionar outros desafios da comunidade, como moradias acessíveis, refletidas em iniciativas recentes na área de Seattle.

Todavia, a oportunidade e a necessidade de novas formas de colaboração não acabam nesses problemas sociais. Mais do que nunca, a proteção dos direitos humanos fundamentais se apoiam em medidas que governos, ONGs e empresas devem tomar juntos. E isso se acentuará ainda mais, conforme mais dados forem transferidos para a nuvem e mais governos pressionarem para que os data centers sejam construídos dentro de suas fronteiras. As questões do século XXI exigem iniciativas de escopo multilateral e multissetorial.

Uma das soluções para a colaboração multissetorial é reconhecer os papéis que cada grupo precisa desempenhar. As autoridades governamentais têm um papel específico de liderança, especialmente nas sociedades democráticas, na condição de eleitas pelo povo para tomar decisões sociais. Só elas têm autoridade e responsabilidade para planejar o curso da educação pública, e elaborar e aplicar as leis sob as quais todos vivemos. Empresas e grupos sem fins lucrativos podem contribuir com o espírito cívico, complementar e fazer parceria com governos, dispor de recursos, conhecimentos ou dados adicionais que o setor público geralmente precisa. E empresas e organizações não governamentais podem testar ideias novas por meio de experiências e progredir mais rápido, sobretudo além-fronteiras. Todos nós precisamos entender e respeitar os papéis um do outro.

Muitas questões também exigirão o meio-termo. Para líderes de negócios bem-sucedidos que ajudaram a construir algumas das empresas mais valiosas do mundo, isso nem sempre é fácil de cogitar. Normalmente eles ascenderam ao sucesso contra todas as probabilidades, fazendo as coisas do seu jeito; a regulamentação limitará sua liberdade no futuro.

ARMAS E FERRAMENTAS

Talvez isso explique por que alguns líderes tecnológicos defendem em público, e reafirmam ainda mais em particular, que o maior risco para a inovação seria os governos exagerarem ou regularem a tecnologia de modo excessivo. É um risco claro, mas atualmente estamos longe de cair nessa. Políticos e autoridades começaram a exigir a regulamentação, mas até agora tem havido muito mais conversa do que ação. Em vez de se preocupar tanto com os malefícios da regulamentação excessiva, o setor de tecnologia se beneficiaria mais se pensasse em como a regulamentação poderia ser colocada em prática de forma inteligente.

Por fim, existe uma consideração final, a mais importante de todas. Esses problemas são maiores do que qualquer pessoa, empresa, setor ou até a própria tecnologia. Envolvem os valores fundamentais das liberdades democráticas e dos direitos humanos. O setor tecnológico nasceu e germinou porque se beneficiou dessas liberdades. É nosso dever com o futuro ajudar a garantir que esses valores sobrevivam e até floresçam muito tempo depois que nós e nossos produtos tivermos saído de cena.

E essa perspectiva elucida muita coisa. O maior risco não é o mundo fazer demais para solucionar esses problemas. É o mundo fazer de menos. Não é os governos avançarem rápido demais. É os governos avançarem de menos.

A inovação tecnológica não desacelerará. O trabalho para conduzi-la é que precisa ganhar velocidade.

Notas

INTRODUÇÃO: A NUVEM

1. Os primeiros arquivos tinham dados que ficariam comodamente armazenados em um data center moderno. Por exemplo, os arqueólogos descobriram no local da antiga Ebla, na Síria, os resquícios de um arquivo real que foi destruído por volta de 2300 a.C. Além dos documentos de mitologia suméria e de outros usados pelos escribas do palácio, havia 2 mil tábuas de barro repletas de registros administrativos. Elas registravam detalhes sobre a distribuição de tecidos e metais, além de cereais, azeite, terra e animais. Lionel Casson, *Libraries in the Ancient World* (New Haven, CT: Yale University Press, 2001), 3-4. É fácil imaginar uma equipe contemporânea de data analytics trabalhando com conjuntos de dados semelhantes nos dias de hoje.

    Nos séculos seguintes, as bibliotecas se espalharam pelo Mediterrâneo Antigo nos prósperos estados da Grécia, depois para Alexandria e, finalmente, para Roma. As coleções se diversificaram à medida que a humanidade descobria como expressar sua voz e melhorava a habilidade de armazenar trabalhos escritos em rolos de papiro, em vez de tábuas de barro. A principal biblioteca de Alexandria, fundada por volta de 300 a.C., tinha 490.000 rolos de documentos. Casson, *Libraries*, 36. Ao mesmo tempo, surgiram bibliotecas particulares no leste da Ásia, com coleções armazenadas em arcas de bambu. A invenção do papel na China, em 121 d.C., representou um grande avanço e "permitiu que o Oriente ficasse séculos à frente do Ocidente, possibilitando a criação de elaborados sistemas administrativos e burocráticos". James WP Campbell, *The Library: A world history* (Chicago: The University of Chicago Press, 2013), 95.

2. A história da invenção do arquivo exemplifica as mudanças nas necessidades ao longo do tempo quanto ao armazenamento de dados. Em 1898, Edwin Siebel, um corretor de seguros norte-americano, ficou frustrado com as técnicas de armazenamento de informações da época. Siebel morava na Carolina do Sul e trabalhava com seguros de algodão desde a saída do produto das lavouras, sua travessia pelo Atlântico, até chegarem às fábricas têxteis na Europa. Isso exigia uma enorme papelada burocrática que precisava ser armazenada e protegida. Na época de Siebel, as empresas arquivavam seus registros em "compartimentos" de madeira, que ficavam empilhados do chão até o teto ao longo das paredes. Os papéis eram normalmente dobrados, colocados em envelopes e armazenados em cubículos, e em geral era necessário uma escada para acessá-los. Não era uma maneira fácil ou eficiente de armazenar informações, ainda mais quando alguém tinha que procurar um documento e não tinha certeza de em que local estava armazenado.

    Como qualquer bom inventor, Siebel identificou um problema que precisava ser resolvido. Ele teve uma ideia simples, porém inteligente: um sistema de arquivamento vertical armazenado em uma caixa de madeira. Ele trabalhou com um fabricante em Cincinnati para construir cinco caixas

NOTAS

com gavetas que armazenavam papéis, permitindo que um atendente rapidamente folheasse e lesse arquivos, sem abrir um único envelope. Posteriormente, esses papéis eram dobrados e colocados em pastas, separadas por abas rotuladas. Nascia o armazenamento de arquivos moderno. James Ward, *The Perfection of the Paper Clip: Curious tales of invention, accidental genius, and stationery obsession* (Nova York: Atria Books, 2015), 255–56.

3. David Reinsel, John Gantz e John Rydning, *Data Age 2025: The digitization of the world from edge to core* (IDC White Paper — #US44413318, apoiado pela Seagate), 6 de novembro de 2018: https://www.seagate.com/files/www-content/our-story/trends/files/idc-seagate-dataage-whitepaper.pdf.

4. João Marques Lima, "Data centres of the world will consume 1/5 of Earth's power by 2025", *Data Economy*, 12 de dezembro de 2017: https://data-economy.com/data-centres-world-will-consume-1-5-earths-power-2025/.

5. Ryan Naraine, "Microsoft Makes Giant Anti-Spyware Acquisition", *eWEEK*, 16 de dezembro de 2004: http://www.eweek.com/news/microsoft-makes-giant-anti-spyware-acquisition.

6. A saga antitruste da Microsoft ilustra muitas coisas, incluindo o tempo dispendioso que esse tipo de escrutínio e fiscalização podem levar, caso uma empresa não consiga enfrentar as preocupações que despertam a atenção das autoridades governamentais. Depois de resolver os problemas nos Estados Unidos no início dos anos 2000, demorou até dezembro de 2009 para chegar ao último grande acordo em Bruxelas com a Comissão Europeia. Comissão Europeia, "Antitrust: Commission Accepts Microsoft Commitments to Give Users Browser Choice", 16 de dezembro de 2009: http://europa.eu/rapid/press-release_IP-09-1941_en.htm.

Do início ao fim, as muitas investigações e os processos judiciais contra a Microsoft duraram quase três décadas. Os problemas antitruste da empresa começaram em junho de 1990, quando a Federal Trade Commission divulgou o que se tornou a publicação de uma ampla análise das práticas de marketing, licenciamento e distribuição do sistema operacional Windows. Andrew I. Gavil e Harry First, *The Microsoft Antitrust Cases: Competition policy for the twenty-first century* (Cambridge, MA: The MIT Press, 2014.) Os casos sofreram muitas reviravoltas, e as últimas demandas judiciais foram solucionadas mais de 28 anos depois, em 21 de dezembro de 2018. Ao refletir sobre o alcance que isso tomaria e que, de certa forma, se tornou a primeira controvérsia antitruste global, incluindo investigações e procedimentos em 27 países, os últimos casos representavam a ação coletiva de consumidores em três províncias canadenses — Quebec, Ontário e Colúmbia Britânica.

Embora, à primeira vista, três décadas pareçam um tempo demasiadamente longo para uma questão política tecnológica, no que diz respeito às importantes questões antitruste, isso é mais comum do que a maioria das pessoas imaginam. Em 1999, quando a Microsoft estava no auge de seu maior caso, passei um tempo estudando as grandes disputas antitruste do século XX, incluindo como as empresas e seus CEOs as enfrentaram. Estudei a Standard Oil, US Steel, IBM e AT&T, empresas que haviam definido as principais tecnologias de sua época. O governo dos EUA apresentou seu primeiro processo antitruste contra a AT&T em 1913 e, apesar das tréguas entre os principais processos, os problemas não terminariam até 1982, quando a empresa concordou em ser desmembrada, a fim de solucionar a terceira grande ação antitruste contra ela. Do mesmo modo, a IBM enfrentou o governo em seu primeiro grande processo em 1932, e as disputas sobre seu domínio no mainframe continuaram até que a empresa chegasse a um importante acordo com a Comissão Europeia em 1984. Levou mais uma década para que o domínio de mainframe da IBM diminuísse a ponto de entrarem com uma apelação contra as autoridades de Washington, D.C., e Bruxelas que terminassem em uma perspectiva de conciliação. Tom Buerkle, "IBM Moves to Defend Mainframe Business in EU", *The New York Times*, 8 de julho de 1994: https://www.nytimes.com/1994/07/08/business/worldbusiness/IHT-ibm-moves-to-defend-mainframe-business-in-eu.html.

A duração dessas disputas me serviu como lição e moldou meu pensamento em relação ao modo como as empresas tecnológicas precisaram abordar as questões antitruste e outras questões de regulamentação. Isso me levou a concluir, na época, que as empresas de tecnologia de sucesso precisavam traçar um curso proativo para se envolver com as autoridades, fortalecer relacionamentos e, finalmente, estabelecer acordos mais estáveis com os governos.

NOTAS

CAPÍTULO 1: VIGILÂNCIA

1. Glenn Greenwald, "NSA Collecting Phone Records of Millions of Verizon Customers Daily", *Guardian*, 6 de junho de 2014: https://www.theguardian.com/world/2013/jun/06/nsa-phone-records-verizon-court-order.

2. Glenn Greenwald e Ewen MacAskill, "NSA Prism Program Taps In to User Data of Apple, Google and Others", *Guardian*, 7 de junho de 2013: https://www.theguardian.com/world/2013/jun/06/us-tech-giants-nsa-data.

3. Benjamin Dreyfuss e Emily Dreyfuss, "What Is the NSA's PRISM Program? (FAQ)", CNET, 7 de junho de 2013: https://www.cnet.com/news/what-is-the-nsas-prism-program-faq/.

4. James Clapper, que era o diretor nacional de inteligência na época, descreveria o programa mais tarde como um "sistema de computador interno do governo usado para facilitar a coleta autorizada e legal de informações da inteligência estrangeira por meio dos prestadores de serviços de comunicação eletrônica sob supervisão judicial". Robert O'Harrow Jr., Ellen Nakashima e Barton Gellman, "U.S., Company Officials: Internet Surveillance Does Not Indiscriminately Mine Data", *Washington Post*, 8 de junho de 2013: https://www.washingtonpost.com/world/national-security/us-company-officials-internet-surveillance-does-not-indiscriminately-mine-data/2013/06/08/5b-3bb234-d07d-11e2-9f1a-1a7cdee20287_story.html?utm_term=.b5761610edb1.

5. Glenn Greenwald, Ewen MacAskill e Laura Poitras, "Edward Snowden: The Whistleblower Behind the NSA Surveillance Revelations", *Guardian*, 11 de junho de 2013: https://www.theguardian.com/world/2013/jun/09/edward-snowden-nsa-whistleblower-surveillance.

6. Michael B. Kelley, "NSA: Snowden Stole 1.7 Million Classified Documents and Still Has Access to Most of Them", *Business Insider*, 13 de dezembro de 2013: https://www.businessinsider.com/how-many-docs-did-snowden-take-2013-12.

7. Ken Dilanian, Richard A. Serrano e Michael A. Memoli, "Snowden Smuggled Out Data on Thumb Drive, Officials Say", *Los Angeles Times*, 13 de junho de 2013: http://articles.latimes.com/2013/jun/13/nation/la-na-nsa-leaks-20130614.

8. Nick Hopkins, "UK Gathering Secret Intelligence Via Covert NSA Operation", *Guardian*, 7 de junho de 2013: https://www.theguardian.com/technology/2013/jun/07/uk-gathering-secret-intelligence-nsa-prism. Veja também Mirren Gidda, "Edward Snowden and the NSA Files — Timeline", *Guardian*, 21 de agosto de 2013: https://www.theguardian.com/world/2013/jun/23/edward-snowden-nsa-files-timeline.

9. William J. Cuddihy, *The Fourth Amendment: Origins and meaning, 1602–1791* (Oxford: Oxford University Press, 2009), 441.

10. Ibid., 442.

11. Ibid., 459.

12. Frederick S. Lane, *American Privacy: The 400-year history of our most contested right* (Boston: Beacon Press, 2009), 11.

13. David Fellman, *The Defendant's Rights Today* (Madison: University of Wisconsin Press, 1976), 258.

14. William Tudor, *The Life of James Otis, of Massachusetts: Containing also, notices of some contemporary characters and events, from the year 1760 to 1775* (Boston: Wells and Lilly, 1823), 87–88. Adams relembrou o impacto que as palavras de Otis geraram no povo de Massachusetts no dia seguinte ao voto pela independência na Filadélfia por parte dos fundadores do país, em 2 de julho de 1776. Adams acordou cedo para escrever uma carta para sua esposa, Abigail, relembrando a importância de Otis. Brad Smith, "Remembering the Third of July", *Microsoft on the Issues* (blog). Microsoft, 3 de julho de 2014: https://blogs.microsoft.com/on-the-issues/2014/07/03/remembering-the-third-of-july/.

15. David McCullough, *John Adams* (Nova York: Simon & Schuster, 2001), 62. William Cranch, *Memoir of the Life, Character, and Writings of John Adams* (Washington, D.C.: Columbian Institute, 1827), 15. Curiosamente, a defesa de Otis e o reconhecimento de Adams sobre sua importância continuaram a influenciar as políticas e leis públicas norte-americanas em nossos dias atuais. O presidente do tribunal dos Estados Unidos, John Roberts, citou suas palavras pela primeira vez em 2014, quando escreveu a opinião unânime da Suprema Corte exigindo que a polícia tivesse um mandado de busca e apreensão antes de inspecionar o conteúdo do smartphone de um suspeito.

NOTAS

Riley v. California, 573 U.S. (2014): https://www.supremecourt.gov/opinions/13pdf/13-132_8l9c.pdf, em 27–28. Roberts fez isso novamente em 2018, quando escreveu para a maioria do tribunal que a polícia também precisava de um mandado de busca e apreensão para acessar os registros de localização de telefones celulares. *Carpenter v. United States*, No. 16-402, 585 U.S. (2017): https://www.supremecourt.gov/opinions/17pdf/16-402_h315.pdf, em 5.

16. Thomas K, Clancy, *The Fourth Amendment: Its history and interpretation* (Durham, NC: Carolina Academic Press, 2014), 69–74.

17. US Constitution, emenda IV.

18. Brent E. Turvey e Stan Crowder, *Ethical Justice: Applied issues for criminal justice students and professionals* (Oxford: Academic Press, 2013), 182–83.

19. Ex parte Jackson, 96 U.S. 727 (1878).

20. Cliff Roberson, *Constitutional Law and Criminal Justice*, segunda edição (Boca Raton, FL: CRC Press, 2016), 50; Clancy, *The Fourth Amendment*, 91–104.

21. Charlie Savage, "Government Releases Once-Secret Report on Post-9/11 Surveillance", *The New York Times*, 24 de abril de 2015: https://www.nytimes.com/interactive/2015/04/25/us/25stellar-wind-ig-report.html.

22. Terri Diane Halperin, *The Alien and Sedition Acts of 1798: Testing the Constitution* (Baltimore: John Hopkins University Press, 2016), 42–43.

23. Ibid., 59–60.

24. David Greenberg, "Lincoln's Crackdown", *Slate*, 30 de novembro de 2001: https://slate.com/news-and-politics/2001/11/lincoln-s-suspension-of-habeas-corpus.html.

25. T. A. Frail, "The Injustice of Japanese-American Internment Camps Resonates Strongly to This Day", *Smithsonian*, janeiro de 2017: https://www.smithsonianmag.com/history/injustice-japanese-americans-internment-camps-resonates-strongly-180961422/.

26. Barton Gellman e Ashkan Soltani, "NSA Infiltrates Links to Yahoo, Google Data Centers Worldwide, Snowden Documents Say", *Washington Post*, 30 de outubro de 2013: https://www.washingtonpost.com/world/national-security/nsa-infiltrates-links-to-yahoo-google-data-centers-worldwide-snowden-documents-say/2013/10/30/e51d661e-4166-11e3-8b74-d89d714ca4dd_story.html.

27. "Evidence of Microsoft's Vulnerability", *Washington Post*, 26 de novembro 2013: https://www.washingtonpost.com/apps/g/page/world/evidence-of-microsofts-vulnerability/621/.

28. Craig Timberg, Barton Gellman e Ashkan Soltani, "Microsoft, Suspecting NSA Spying, to Ramp Up Efforts to Encrypt Its Internet Traffic", *Washington Post*, 26 de novembro 2013: https://www.washingtonpost.com/business/technology/microsoft-suspecting-nsa-spying-to-ramp-up-efforts-to-encrypt-its-internet-traffic/2013/11/26/44236b48-56a9-11e3-8304-caf30787c0a9_story.html.

29. "Roosevelt Room", White House Museum, acessado em 20 de fevereiro de 2019: http://www.whitehousemuseum.org/west-wing/roosevelt-room.htm.

30. Algumas reportagens da imprensa se concentraram na sugestão de Pincus de que Obama perdoasse Snowden. Seth Rosenblatt, "'Pardon Snowden,' One Tech Exec Tells Obama, Report Says", Cnet, 18 de dezembro de 2013: https://www.cnet.com/news/pardon-snowden-one-tech-exec-tells-obama-report-says/. Dean Takahashi, "Zynga's Mark Pincus Asked Obama to Pardon NSA Leaker Edward Snowden", *VentureBeat*, 19 de dezembro de 2013: https://venturebeat.com/2013/12/19/zyngas-mark-pincus-asked-president-obama-to-pardon-nsa-leaker-edward-snowden/.

31. "Transcript of President Obama's Jan. 17 Speech on NSA Reform", *Washington Post*, 17 de janeiro de 2014: https://www.washingtonpost.com/politics/full-text-of-president-obamas-jan-17-speech-on-nsa-reforms/2014/01/17/fa33590a-7f8c-11e3-9556-4a4bf7bcbd84_story.html?utm_term=.c8d2871c4f72.

CAPÍTULO 2: TECNOLOGIA E SEGURANÇA PÚBLICA

1. "Reporter Daniel Pearl Is Dead, Killed by His Captors in Pakistan", *Wall Street Journal*, 24 de fevereiro de 2002: http://online.wsj.com/public/resources/documents/pearl-022102.htm.

2. Electronic Communications Privacy Act of 1986, Public Law 99-508, 99th Cong., 2d sess. (21 de outubro de 1986), 18 U.S.C. § 2702.b.

NOTAS

3. Electronic Communications Privacy Act of 1986, Public Law 99-508, 99th Cong., 2d sess. (21 de outubro de 1986), 18 U.S.C. Chapter 121 §§ 2701 et seq.

4. Electronic Communicanions Privacy Act of 1986, Public Law 99-508, 99th Cong., 2d sess. (21 de outubro de 1986), 18 U.S.C. § 2705.b.

5. "Law Enforcement Requests Report", Corporate Social Responsibility, Microsoft, modificado pela última vez em junho de 2018: https://www.microsoft.com/en-us/about/corporate-responsibility/lerr/.

6. "Charlie Hebdo Attack: Three Days of Terror", *BBC News*, 14 de janeiro de 2015: https://www.bbc.com/news/world-europe-30708237.

7. "Al-Qaeda in Yemen Claims Charlie Hebdo Attack", *Al Jezeera*, 14 de janeiro de 2015: https://www.aljazeera.com/news/middleeast/2015/01/al-qaeda-yemen-charlie-hebdo-paris-attacks-201511410323361511.html.

8. Ibid.

9. "Paris Attacks: Millions Rally for Unity in France", *BBC News*, 11 de janeiro de 2015: https://www.bbc.com/news/world-europe-30765824.

10. Alissa J. Rubin, "Paris One Year On", *The New York Times*, 12 de novembro de 2016, https://www.nytimes.com/2016/11/13/world/europe/paris-one-year-on.html.

11. "Brad Smith: New America Foundation: 'Windows Principles,'" *Stories* (blog), Microsoft, 19 de julho de 2006: https://news.microsoft.com/speeches/brad-smith-new-america-foundation-windows-principles/.

12. Levou diversos meses para elaborar um conjunto claro de princípios. O empenho foi liderado por Horacio Gutiérrez, na época o advogado de produtos mais sênior da Microsoft e agora o consultor jurídico com responsabilidades comerciais enormes no Spotify. Ele fez uma parceria com Mark Penn, um ex-funcionário de Clinton com grande experiência em marketing. Horacio montou uma equipe interna que incluía muitos departamentos da empresa e contratou uma equipe do Boston Consulting Group para nos ajudar a pesquisar clientes a fim de descobrir o que eles mais valorizavam. Horacio e a equipe desenvolveram os quatro princípios, que eu revelei publicamente como nossos compromissos com a nuvem, em julho de 2015. Brad Smith, "Building a Trusted Cloud in an Uncertain World", Microsoft Worldwide Partner Conference, Orlando, 15 de julho de 2015, https://www.youtube.com/watch?v=RkAwAj1Z9rg.

13. "Responding to Government Legal Demands for Customer Data", *Microsoft on the Issues* (blog), Microsoft, 16 de julho de 2013: https://blogs.microsoft.com/on-the-issues/2013/07/16/responding-to-government-legal-demands-for-customer-data/.

14. *United States v. Jones*, 565 U.S. 400 (2012): https://www.law.cornell.edu/supremecourt/text/10-1259.

15. Ibid., 4.

16. *Riley v. California*, 573 U.S. (2014).

17. Ibid., 20.

18. Ibid., 21.

19. Steve Lohr, "Microsoft Sues Justice Department to Protest Electronic Gag Order Statute", *The New York Times*, 14 de abril de 2016: https://www.nytimes.com/2016/04/15/technology/microsoft-sues-us-over-orders-barring-it-from-revealing-surveillance.html.

20. Brad Smith, "Keeping Secrecy the Exception, Not the Rule: An Issue for Both Consumers and Businesses", *Microsoft on the Issues* (blog), Microsoft, 14 de abril de 2016: https://blogs.microsoft.com/on-the-issues/2016/04/14/keeping-secrecy-exception-not-rule-issue-consumers-businesses/.

21. Rachel Lerman, "Long List of Groups Backs Microsoft in Case Involving Digital-Data Privacy", *Seattle Times*, 2 de setembro de 2016: https://www.seattletimes.com/business/microsoft/ex-federal-law-officials-back-microsoft-in-case-involving-digital-data-privacy/?utm_source=RSS &utm_medium=Referral&utm_campaign=RSS_all.

22. Cyrus Farivar, "Judge Sides with Microsoft, Allows 'Gag Order' Challenge to Advance", *Ars Technica*, 9 de fevereiro de 2017: https://arstechnica.com/tech-policy/2017/02/judge-sides-with-microsoft-allows-gag-order-challenge-to-advance/.

NOTAS

23. Brad Smith, "DOJ Acts to Curb the Overuse of Secrecy Orders. Now It's Congress' Turn", *Microsoft on the Issues* (blog), Microsoft, 23 de outubro de 2016: https://blogs.microsoft.com/on-the-issues/2017/10/23/doj-acts-curb-overuse-secrecy-orders-now-congress-turn/.

CAPÍTULO 3: PRIVACIDADE

1. Tony Judt, *Postwar: A history of Europe since 1945* (Nova York: Penguin, 2006), 697.
2. Anna Funder, *Stasiland: True stories from behind the Berlin Wall* (Londres: Granta, 2003), 57.
3. Brad Smith e Carol Ann Browne, "Lessons on Protecting Privacy", *Today in Technology* (vlog), Microsoft, acessado em 7 de abril de 2019: https://blogs.microsoft.com/today-in-tech/videos/.
4. Jake Brutlag, "Speed Matters", Google AI Blog, 23 de junho de 2009: https://ai.googleblog.com/2009/06/speed-matters.html.
5. A tensão chegou ao ápice em 1807, quando o HMS britânico *Leopard*, navegando por Virginia Capes, exigiu que o USS *Chesapeake* entregasse quatro membros da tripulação *Chesapeake*, acreditando serem desertores britânicos. Quando o *Chesapeake* recusou, o *Leopard* lançou sete ataques, forçando o navio norte-americano a acertar sua bandeira. O *Leopard* recuperou os quatro tripulantes e o *Chesapeake* regressou com dificuldade ao porto. Jefferson fechou os portos norte-americanos aos navios de guerra britânicos e declarou um embargo comercial. Craig L. Symonds, *The U.S. Navy: A concise history* (Oxford: Oxford University Press, 2016), 21.

   Nada surpreendente, o embargo comercial prejudicou tanto os Estados Unidos como a Grã-Bretanha. Como observou um historiador, "o embargo de Jefferson impactou o país a tal ponto que muitos compatriotas concluíram que ele havia declarado guerra contra eles, não contra os britânicos". A.J. Langguth, *Union 1812: The Americans Who Fought the Second War of Independence* (Nova York: Simon & Schuster, 2006), 134. O Congresso revogou o embargo três dias antes de James Madison assumir a presidência em 1809, mas continuou a restringir o comércio com a Grã-Bretanha. Os britânicos persistiam com as presigangas, e, em 1811, uma fragata britânica parou e sequestrou um marinheiro norte-americano de um navio mercante à vista da costa de Nova Jersey. Symonds, 23.
6. "Treaties, Agreements, and Asset Sharing", U.S. Department of State: https://2009-2017.state.gov/j/inl/rls/nrcrpt/2014/vol2/222469.htm.
7. Drew Mitnick, "The urgent need for MLAT reform", *Access Now*, 12 de setembro de 2014: https://www.accessnow.org/the-urgent-needs-for-mlat-reform/.
8. Por coincidência, outro funcionário chegou ao mesmo tempo com um computador pessoal. Seu nome era Eben Moglen e ele trabalhava para um juiz do outro lado do corredor, no vigésimo segundo andar da Praça Foley. Conversávamos sempre sobre nosso interesse comum em PCs. Eben se tornaria um impressionante acadêmico e líder do movimento open source, tornando-se professor de direito na Universidade de Columbia e presidente da Software Freedom Law Center. Às vezes, no início dos anos 2000, nos encontrávamos em lados opostos dos debates jurídicos envolvendo questões de propriedade intelectual de software.
9. O processo legislativo teve início em 2015, quando um grupo bipartidário de três senadores e dois representantes introduziu a LEADS Act, abreviação de Law Enforcement Access to Data Stored Abroad. Foi copatrocinado no Senado por Orrin Hatch, Chris Coons e Dean Heller, e na Câmara por Tom Marino e Suzan DelBene. Patrick Maines, "The LEADS Act and Cloud Computing", *The Hill*, 30 de março de 2015: https://thehill.com/blogs/pun dits-blog/technology/237328-the-leads-act-and-cloud-computing.
10. Naturalmente, havia um longo e sinuoso percurso entre nossa perda inicial perante o juiz Francis, em 2014, e nossa chegada às etapas da Suprema Corte, em 2018. Perdemos a próxima rodada de disputas judiciais do Tribunal Distrital perante a juíza presidente Loretta Preska, que decidiu contra nós em julho de 2014. Foi uma discussão acalorada de duas horas, com o advogado do governo confiando no fato de que o governo dos EUA poderia obrigar as empresas a entregar seus registros comerciais de todo o mundo. Nossa equipe fez o que sempre consideramos um de nossos pontos fundamentais, que os e-mails de outras pessoas não nos pertenciam e não eram registros comerciais para serem tratados como bem entendêssemos. Mas a juíza Preska não comprou a ideia e nos surpreendeu ao dar sua decisão oralmente na sala do tribunal quando a sustentação oral terminou. Ellen Nakashima, "Judge Orders Microsoft to Turn Over Data Held Overseas", *Washington Post*, 21 de

NOTAS

julho de 2014: https://www.washingtonpost.com/world/national-security/judge-orders-microsoft-to-turn-over-data-held-overseas/2014/07/31/b07c4952-18d4-11e4-9e3b-7f2f110c6265_story.html?utm_term=.e913e692474e. Nas palavras do *Post*, "a decisão da juíza provavelmente resultará em ainda mais indignação por parte das autoridades estrangeiras, principalmente na União Europeia, quanto à potencial intromissão de sua soberania". Na verdade, esse foi o caso.

A rodada seguinte nos levou ao Court of Appeals for the Second Circuit, que considera todos os recursos de decisões de tribunais distritais em Nova York, Connecticut e Vermont. Ao nos prepararmos para essa etapa e, em parte, atentos à necessidade absoluta de uma legislação, decidimos tentar fomentar a discussão pública e conquistar mais partidários para a causa. Começamos uma grande iniciativa de recrutar para pedir aos grupos que nos apoiassem apresentando o *amicus* — o chamado "amigo da corte" *brief* [*amicus curiae*]. Rapidamente obtivemos apoio de uma grande variedade de organizações, mas estávamos preocupados em tentar abrir caminho por entre as inúmeras notícias.

Tivemos uma ideia: por que não produzir nosso próprio programa para abordar os problemas e angariar apoio? Poderíamos criar vídeos curtos com o intuito de mostrar um data center e explicar os problemas em termos mais acessíveis. Poderíamos convidar especialistas para diferenciar as questões, explicar por que as pessoas precisavam prestar atenção e pressionar por reformas. Isso poderia ocorrer nos novos escritórios da Microsoft, em Nova York. A imprensa poderia comparecer pessoalmente, enquanto transmitíamos a sessão pela internet ao vivo e também para um público adicional importante em mente: o Congresso dos EUA.

Chegamos à conclusão de que precisávamos de um jornalista respeitado que estivesse a par dessas questões e atuasse como moderador. Eu conhecia Charlie Gibson, o famoso e respeitado ex-apresentador de notícias da ABC, membro do Conselho de Administração da Universidade de Princeton. Felizmente, ele concordou em desempenhar esse papel, desde que pudesse fazer perguntas difíceis às pessoas, como os jornalistas faziam. Concordamos de imediato.

Em uma manhã gélida de dezembro de 2014, transmitimos nosso programa de privacidade eletrônica do escritório da Microsoft em Nova York, na Times Square. Apresentamos nosso protocolo *amicus*, com grupos que incluíam 28 empresas tecnológicas e de mídia, 23 associações comerciais e grupos de defesa e 35 dos principais cientistas de computação. E, para finalizar, tínhamos uma petição de *amicus curiae* com o apoio do próprio governo irlandês. Quando anunciei as petições, brinquei que era a primeira vez que a ACLU e a Fox News haviam trabalhado juntas e estavam do mesmo lado. Vídeo do evento: https://ll.ms-studiosmedia.com/events/2014/1412/ElectronicPrivacy/live/ElectronicPrivacy.html. O evento teve o efeito que desejávamos, e ocasionou a cobertura jornalística em todo o país e em todo o mundo. E, talvez o mais importante, motivou alianças improváveis que se uniram para endossar nossa abordagem, ao ponto de pessoas no Congresso começarem a reparar.

Em julho de 2016, mais de sete meses após a sustentação oral em Nova York, um painel unânime de três juízes no Second Circuit decidiu em nosso favor. Brad Smith, "Our Search Warrant Case: An Important Decision for People Everywhere", *Microsoft on the Issues* (blog), Microsoft, 14 de julho de 2016: https://blogs.microsoft.com/on-the-issues/2016/07/14/search-warrant-case-important-decision-people-everywhere/. O Departamento de Justiça persuadiu com êxito o Supremo Tribunal a considerar o caso, o que nos levou a esse mesmo tribunal em 2018.

11. *Microsoft Corp. v. AT&T Corp.*, 550 U.S. 437 (2007).

12. Official Transcript, *Microsoft Corp. v. AT&T Corp.*, 21 de fevereiro de 2007.

13. Clarifying Lawful Overseas Use of Data Act of 2018, H.R. 4943, 115th Cong. (2018).

14. Brad Smith, "The CLOUD Act Is an Important Step Forward, but Now More Steps Need to Follow", *Microsoft on the Issues* (blog), Microsoft, 3 de abril de 2018: https://blogs.microsoft.com/on-the-issues/2018/04/03/the-cloud-act-is-an-important-step-forward-but-now-more-steps-need-to-follow/.

15. Derek B. Johnson, "The CLOUD Act, One Year On", *FCW: The business of federal technology*, 8 de abril de 2019: https://fcw.com/articles/2019/04/08/cloud-act-turns-one.aspx.

NOTAS

CAPÍTULO 4: SEGURANÇA CIBERNÉTICA

1. "St Bartholomew's Hospital during World War Two", BBC, 10 de dezembro de 2005: https://www. bbc.co.uk/history/ww2peopleswar/stories/10/a7884110.shtml.
2. "What Does NHS England Do?" NHS England, acessado em 14 de novembro 2018: https://www. england.nhs.uk/about/about-nhs-england/.
3. Kim Zetter, "Sony Got Hacked Hard: What We Know and Don't Know So Far", *Wired*, 3 de dezembro de 2014: https://www.wired.com/2014/12/sony-hack-what-we-know/.
4. Bill Chappell, "WannaCry Ransomware: What We Know Monday", NPR, 15 de maio de 2017: https://www.npr.org/sections/thetwo-way/2017/05/15/528451534/wannacry-ransomware-what-we-know-monday.
5. Nicole Perlroth e David E. Sanger, "Hackers Hit Dozens of Countries Exploiting StolenN.S.A. Tool", *The New York Times*, 12 de maio de 2017: https://www.nytimes.com/2017/05/12/world/ europe/uk-national-health-service-cyberattack.html.
6. Bruce Schneier, "Who Are the Shadow Brokers?" *The Atlantic*, 23 de maio de 2017: https://www. theatlantic.com/technology/archive/2017/05/shadow-brokers/527778/.
7. Nicole Perlroth e David E. Sanger, "Hackers Hit Dozens of Countries Exploiting Stolen N.S.A. Tool", *The New York Times*, 12 de maio de 2017: https://www.nytimes.com/2017/05/12/world/ europe/uk-national-health-service-cyberattack.html.
8. Brad Smith, "The Need for Urgent Collective Action to Keep People Safe Online: Lessons from Last Week's Cyberattack", *Microsoft on the Issues* (blog), Microsoft, 14 de maio de 2017: https:// blogs.microsoft.com/on-the-issues/2017/05/14/need-urgent-collective-action-keep-people-safe-online-lessons-last-weeks-cyberattack/.
9. Choe Sang-Hun, David E. Sanger e William J. Broad, "North Korean Missile Launch Fails, and a Show of Strength Fizzles", *The New York Times*, 15 de abril de 2017: https://www.nytimes. com/2017/04/15/world/asia/north-korea-missiles-pyongyang-kim-jong-un.html.
10. Lily Hay Newman, "How an Accidental 'Kill Switch' Slowed Friday's Massive Ransomware Attack", *Wired*, 13 de maio de 2017,: https://www.wired.com/2017/05/accidental-kill-switch-slowed-fridays-massive-ransomware-attack/.
11. Andy Greenberg, "The Untold Story of NotPetya, the Most Devastating Cyberattack in History", *Wired*, 22 de agosto de 2018: https://www.wired.com/story/notpetya-cyberattack-ukraine-russia-code-crashed-the-world/.
12. Ibid.; Stilgherrian, "Blaming Russia for NotPetya Was Coordinated Diplomatic Action", *ZDNet*, 12 de abril de 2018: https://www.zdnet.com/article/blaming-russia-for-notpetya-was-coordinated-diplomatic-action.
13. Josh Fruhlinger, "Petya Ransomware and NotPetya Malware: What You Need to Know Now", 17 de outubro de 2017: https://www.csoonline.com/article/3233210/petya-ransomware-and-notpetya-malware-what-you-need-to-know-now.html.
14. Greenberg, "The Untold Story of NotPetya".
15. Microsoft, "RSA 2018: The Effects of NotPetya", vídeo no YouTube, 1:03, produzido por Brad Smith, Carol Ann Browne e Thanh Tan, 17 de abril de 2018: https://www.youtube.com/ watch?time_continue=1&v=QVhqNNO0DNM.
16. Andy Sharp, David Tweed e Toluse Olorunnipa, "U.S. Says North Korea Was Behind WannaCry Cyberattack", *Bloomberg*, 18 de dezembro de 2017: https://www.bloomberg.com/news/ articles/2017-12-19/u-s-blames-north-korea-for-cowardly-wannacry-cyberattack.

CAPÍTULO 5: PROTEGENDO A DEMOCRACIA

1. Max Farrand, ed., *The Records of the Federal Convention of 1787* (New Haven, CT: Yale University Press, 1911), 3:85.
2. A Unidade de Crimes Digitais evoluiu quase constantemente desde que fomos além do trabalho de combate contra a falsificação, que a princípio nos levou a recrutar investigadores e ex-promotores para enfrentar atividades criminosas envolvendo tecnologias novas. Um momento decisivo importante ocorreu no início dos anos 2000, quando o chefe da força policial de Toronto chegou

NOTAS

a Redmond. Ele estava em uma missão para nos convencer a fazer um grande investimento com o objetivo de ajudar a polícia a combater a pornografia infantil e a exploração em todo o mundo. Ao descer as escadas para me reunir com ele em uma sala de conferências, fiquei convencido de que não tínhamos espaço em nosso orçamento para assumir essa nova missão. Deixei a reunião após noventa minutos, convencido de que não tínhamos escolha a não ser ajudar a fazer frente à exploração online, que continua sendo uma das coisas mais abomináveis da era da internet. Reduzimos outras despesas em outros lugares, e surgiu uma nova equipe da DCU que, desde então, usa uma combinação de tecnologia e estratégias jurídicas para ajudar a proteger as crianças.

Outro momento ocorreu em 2008, quando alguns de nós visitamos Seul, e o governo sul-coreano me levou em um tour por sua sede nacional de crimes cibernéticos. Ficamos atônitos com sua equipe e ainda mais impressionados com suas instalações de última geração, que eram melhores do que qualquer coisa em nossa sede. Retornamos para casa e decidimos criar para a DCU um Cybercrime Center dedicado, com as principais ferramentas e recursos do mundo para seu trabalho, em nosso campus de Redmond. Incluía espaço de escritório dedicado e separado que pode ser usado por investigadores e advogados visitantes, quando a DCU realiza operações conjuntas com policiais ou outros grupos.

Até 2012, o DCU inovou as formas de abordar o uso de "botnets" pelos cibercriminosos para infectar e controlar os PCs em todo o mundo. Nick Wingfield e Nicole Perlroth, "Microsoft Raids Tackle Internet Crime", *The New York Times*, 26 de março de 2012: https://www.nytimes.com/2012/03/26/technology/microsoft-raids-tackle-online-crime.html. O advogado da DCU, Richard Boscovich, desenvolveu uma estratégia jurídica para assumir o controle dos servidores de comando e controle desses grupos, com base em argumentos de violação de marca registrada e no conceito jurídico ainda mais antigo que protege contra a "invasão de bens móveis". Sempre achei um pouco divertido protegermos os computadores com base em uma doutrina legal elaborada pela primeira vez na Inglaterra, em parte para proteger os rebanhos e gado.

Há pouco tempo, o DCU assumiu o desafio de combater as chamadas telefônicas fraudulentas e irritantes e outros golpes tecnológicos que buscam convencer as pessoas em casa de que seu PC ou smartphone está infectado e que precisam gastar dinheiro para instalar um software novo de segurança para consertá-lo. A diretora jurídica assistente da Microsoft, Courtney Gregoire, liderou um trabalho inovador que nos levou à Índia e a outros lugares mundo afora para solucionar as raízes desses problemas. Courtney Gregoire, "New Breakthroughs in Combatting Tech Support Scams", *Microsoft on the Issues* (blog), Microsoft, 29 de novembro de 2018: https://blogs.microsoft.com/on-the-issues/2018/11/29/new-breakthroughs-in-combatting-tech-support-scams/.

3. Brandi Buchman, "Microsoft Turns to Court to Break Hacker Ring", *Courthouse News Service*, 10 de agosto de 2016: https://www.courthousenews.com/microsoft-turns-to-court-to-break-hacker-ring/.

4. April Glaser, "Here Is What We Know About Russia and the DNC Hack", *Wired*, 27 de julho de 2016: https://www.wired.com/2016/07/heres-know-russia-dnc-hack/.

5. Alex Hern, "Macron Hackers Linked to Russian-Affiliated Group Behind US Attack", *Guardian*, 8 de maio de 2017: https://www.theguardian.com/world/2017/may/08/macron-hackers-linked-to-russian-affiliated-group-behind-us-attack.

6. Kevin Poulsen e Andrew Desiderio, "Russian Hackers' New Target: A Vulnerable Democratic Senator", *Daily Beast*, 26 de julho de 2018: https://www.thedailybeast.com/russian-hackers-new-target-a-vulnerable-democratic-senator?ref=scroll.

7. Griffin Connolly, "Claire McCaskill Hackers Left Behind Clumsy Evidence That They Were Russian", *Roll Call*, 23 de agosto de 2018: https://www.rollcall.com/news/politics/mccaskill-hackers-evidence-russian.

8. Tom Burt, "Protecting Democracy with Microsoft AccountGuard", *Microsoft on the Issues* (blog), Microsoft, 20 de agosto de 2018: https://blogs.microsoft.com/on-the-issues/2018/08/20/protecting-democracy-with-microsoft-accountguard/.

9. Brad Smith, "We Are Taking New Steps Against Broadening Threats to Democracy", *Microsoft on the Issues* (blog), Microsoft, 20 de agosto de 2018: https://blogs.microsoft.com/on-the-issues/2018/08/20/we-are-taking-new-steps-against-broadening-threats-to-democracy/.

NOTAS

10. Brad Smith, "Microsoft Sounds Alarm on Russian Hacking Attempts", entrevista por Amna Nawaz, *PBS News Hour*, 22 de agosto de 2018: https://www.pbs.org/newshour/show/microsoft-sounds-alarm-on-russian-hacking-attempts.

11. "Moscow: Microsoft's Claim of Russian Meddling Designed to Exert Political Effect", *Sputnik International*, 21 de agosto de 2018: https://sputniknews.com/us/201808211067354346-us-microsoft-hackers/.

12. Tom Burt, "Protecting Democratic Elections Through Secure, Verifiable Voting", *Microsoft on the Issues* (blog), 6 de mario de 2019: https://blogs.microsoft.com/on-the-issues/2019/05/06/protecting-democratic-elections-through-secure-verifiable-voting/.

CAPÍTULO 6: MÍDIAS SOCIAIS

1. *Freedom Without Borders*, Permanent Exhibition, Vabamu Museum of Occupations and Freedom, Tallinn, Estônia: https://vabamu.ee/plan-your-visit/permanent-exhibitions/freedom-without-borders.

2. Logo após o nascimento dela, o pai de Olga, ansioso por escapar da confusão e da miséria da Ucrânia, aceitou uma nomeação como cirurgião-chefe em um hospital perto da ferrovia de Moscou, com esperanças de um dia emigrar para o norte da Estônia. Eles nunca conseguiram. Os planos da família foram por água abaixo quando a mãe de Olga, debilitada pela desnutrição, morreu repentinamente de meningite. Logo, seu pai viúvo, que havia se esquivado os bolcheviques por vários anos, foi preso em um campo siberiano. Aos 2 anos de idade, Olga e seu irmão mais velho, então com 7 anos, estavam tentando se virar, sobrevivendo de peixes capturados com redes improvisadas em um lago próximo. O caso das crianças abandonadas foi parar em Tallinn, onde um tio usou suas conexões com autoridades ferroviárias e a ajuda da Cruz Vermelha para levar os irmãos em segurança à Estônia. Olga foi levada aos braços de uma família substituta de caridade, que a criou mesmo com as ocupações e em meio a um conflito global, enviando-a, mais tarde, para a Universidade de Tartu, onde obteve um diploma em medicina. No final da Segunda Guerra Mundial, Olga fugiu com soldados alemães em retirada e dirigiu-se à embaixada norte-americana na Alemanha. Mais uma vez, graças à bondade de estranhos, Olga foi levada em segurança — dessa vez, em um trem lotado — e chegou ao seu destino, desceu em uma estação em direção à cidade de Erlangen rumo à sua liberdade. Ede Schank Tamkivi, "The Story of a Museum", Vabamu, Kistler-Ritso Eesti Sihtasutus, 18 de dezembro, 42.

3. Ede Schank Tamkivi, "The Story of a Museum", Vabamu, Kistler-Ritso Eesti Sihtasutus, 10 de dezembro, 42.

4. Damien McGuinness, "How a Cyber Attack Transformed Estonia", *BBC News*, 27 de abril de 2017: https://www.bbc.com/news/39655415.

5. Rudi Volti, *Cars and Culture: The life story of a technology* (Westport, CT: Greenwood Press, 2004), 40.

6. Ibid., 39.

7. Ibid.

8. Sherry Turkle, *Alone Together: Why we expect more from technology and less from each other* (Nova York: Basic Books, 2011), 17.

9. Philip N. Howard, Bharath Ganesh, Dimitra Liotsiou, John Kelly e Camille François, "The IRA, Social Media and Political Polarization in the United States, 2012–2018" (documento, Computational Propaganda Research Project, Universidade de Oxford, 2018): https://fas.org/irp/congress/2018_rpt/ira.pdf.

10. Ibid.

11. Ryan Lucas, "How Russia Used Facebook to Organize 2 Sets of Protesters", NPR, 1 de novembro de 2017: https://www.npr.org/2017/11/01/561427876/how-russia-used-facebook-to-organize-two-sets-of-protesters.

12. Deepa Seetharaman, "Zuckerberg Defends Facebook Against Charges It Harmed Political Discourse", *Wall Street Journal*, 10 de novembro de 2016: https://www.wsj.com/articles/zuckerberg-defends-facebook-against-charges-it-harmed-political-discourse-1478833876.

NOTAS

13. Chloe Watson, "The Key Moments from Mark Zuckerberg's Testimony to Congress", *Guardian*, 11 de abril de 2018: https://www.theguardian.com/technology/2018/apr/11/mark-zuckerbergs-testimony-to-congress-the-key-moments.

14. Mark R. Warner, "Potential Policy Proposals for Regulation of Social Media and Technology Firms" (rascunho de informe, Senate Intelligence Committee, 2018): https://www.scribd.com/document/385137394/MRW-Social-Media-Regulation-Proposals-Developed.

15. Quando o Congresso promulgou a Communications Decency Act em 1996, ela incluiu a seção 230 (c) (1), que afirma que "Nenhum provedor ou usuário de um serviço de computador interativo deve ser tratado como editor ou orador de qualquer informação fornecida por outro provedor de conteúdo informativo". 47 U.S.C. § 230, em: https://www.law.cornell.edu/uscode/text/47/230. Segundo o autor, "Quando promulgada pelo Congresso, a seção 230 pretendia promover a abertura e a inovação na World Wide Web, oferecendo aos sites garantias legais abrangentes e possibilitando que a internet crescesse como um verdadeiro mercado de ideias. Os defensores da liberdade de expressão online na época argumentavam que, se os controles fossem tão rigorosos na comunicação na internet quanto na comunicação offline, a ameaça constante de litígios intimidaria as pessoas a ponderar questões importantes de interesse público". Marie K. Shanahan, *Journalism, Online Comments, and the Future of Public Discourse* (Nova York: Routledge, 2018), 90.

16. Ibid., 8.

17. Kevin Roose, "A Mass Murder of, and for, the Internet", *The New York Times*, 15 de março de 2019: https://www.nytimes.com/2019/03/15/technology/facebook-youtube-christchurch-shooting.html.

18. Ibid.

19. Matt Novak, "New Zealand's Prime Minister Says Social Media Can't Be 'All Profit, No Responsibility'", *Gizmodo*, 19 de março de 2019: https://gizmodo.com/new-zealands-prime-minister-says-social-media-cant-be-a-1833398451.

20. Ibid.

21. Milestones: Westinghouse Radio Station KDKA, 1920, *Engineering and Technology History Wiki*, https://ethw.org/Milestones:Westinghouse_Radio_Station_KDKA,_1920.

22. Stephen Smith, "Radio: The Internet of the 1930s", *American RadioWorks*, 10 de novembro de 2014: http://www.americanradioworks.org/segments/radio-the-internet-of-the-1930s/.

23. Ibid.

24. Vaughan Bell, "Don't Touch That Dial! A History of Media Technology Scares, from the Printing Press to Facebook", *Slate*, 15 de fevereiro de 2010: https://slate.com/technology/2010/02/a-history-of-media-technology-scares-from-the-printing-press-to-facebook.html.

25. Vincent Pickard, "The Revolt Against Radio: Postwar Media Criticism and the Struggle for Broadcast Reform", em *Moment of Danger: Critical studies in the history of U.S. communication since World War II* (Milwaukee: Marquette University Press, 2011), 35–56.

26. Ibid., 36.

27. Vincent Pickard, "The Battle Over the FCC Blue Book: Determining the Role of Broadcast Media in a Democratic Society, 1945–1948", *Media, Culture & Society* 33(2), 171–91: https://doi.org/10.1177/0163443710385504. Como reconhecido por outro estudioso, "O Blue Book não foi simplesmente um momento regulador memorável na história da FCC; também foi o catalisador da discussão pública mais difundida sobre publicidade e transmissão na história norte-americana". Michael Socolow, "Questioning Advertising's Influence over American Radio: The Blue Book Controversy of 1945–1947", *Journal of Radio Studies* 9(2), 282, 287.

28. Conforme Socolow observou, "O Blue Book resultou em uma nova consciência de responsabilidade dentro da indústria". Ibid., 297. Entre os avanços específicos que se seguiram, a CBS e a NBC adotaram códigos rigorosos de autorregulação. A CBS estabeleceu uma unidade documental, o que levou a NBC a lançar uma nova série para competir com ela. Ibid., 297–98.

29. The Parliament of the Commonwealth of Australia, "Criminal Code Amendment (Sharing of Abhorrent Violent Material) Bill 2019, A Bill for an Act to Amend the Criminal Code Act 1995, and for Related Purposes": https://parlinfo.aph.gov.au/parlInfo/download/legislation/bills/s1201_first-senate/toc_pdf/1908121.pdf;fileType=application%2F.pdf; Jonathan Shieber, "Australia Passes Law to Hold Social Media Companies Responsible for 'Abhorrent Violent Material'",

NOTAS

TechCrunch, 4 de abril de 2019: https://techcrunch.com/2019/04/04/australia-passes-law-to-hold-social-media-companies-responsible-for-abhorrent-violent-material/. Passei um dia em Camberra, após meus dois dias em Wellington, somente oito dias antes de a lei australiana ser aprovada. Ao refletir tamanha rapidez, naquela época uma parte da lei não havia sido revelada.

30. Em Camberra, na semana anterior à aprovação da nova lei, procurei defender uma ação forte, mais deliberada. Como afirmei ao *Australian Financial Review*, "Acho que os governos precisam começar a avançar mais rápido no que diz respeito às questões tecnológicas, mas sempre é preciso ter muito cuidado para não avançar mais rápido do que a velocidade do pensamento". Mais do que depressa acrescentei: "Não é de surpreender que não serei defensor ferrenho de mandar eu ou meus colegas de outras empresas para a prisão. Acho que isso pode ter um efeito inibidor no tráfego internacional, que nos ajuda a entender o que as pessoas do mundo precisam de nossos produtos." Paul Smith, "Microsoft President Says Big Tech Regulation Must Learn from History", *The Australian Financial Review*, 2 de abril de 2019: https://www.afr.com/technology/technology-companies/microsoft-president-says-big-tech-regulation-must-learn-from-history-20190329-p518v2.

31. Warner, 9.

32. HM Government, *Online Harms White Paper*, abril de 2019, 7: https://assets.publishing.service.gov.uk/government/uploads/system/uploads/attachment_data/file/793360/Online_Harms_White_Paper.pdf.

33. "Restoring Trust & Accountability", *NewsGuard*, última modificação em 2019: https://www.newsguard tech.com/how-it-works/.

34. Ibid.

35. George C. Herring, *From Colony to Superpower: U.S. Foreign Relations Since 1776* (Oxford: Oxford University Press, 2008), 72.

36. Ironicamente, os jacobinos que ascenderam ao poder durante a Revolução Francesa logo revogaram os documentos de Genêt e pediram sua prisão e execução. "Em uma impressionante demonstração de magnanimidade, Washington concedeu asilo a Genêt, e o francês que estava disposto a derrubar o primeiro governo dos Estados Unidos declarou sua lealdade à bandeira norte-americana, renunciou à cidadania francesa, se casou com a filha do governador de Nova York, George Clinton, e se aposentou em uma fazenda na Jamaica, Long Island. Morreu como um hipócrita que passou a amar a terra que procurara prejudicar quando jovem arrogante. Em outro país, ele teria sido enforcado." John Avalon, *Washington's Farewell: The founding father's warning to future generations* (Nova York: Simon & Schuster, 2017), 66.

37. George Washington, "Washington's Farewell Address of 1796", Avalon Project, Lillian Goldman Law Library, Yale Law School: http://avalon.law.yale.edu/18th_century/washing.asp.

CAPÍTULO 7: DIPLOMACIA DIGITAL

1. Robbie Gramer, "Denmark Creates the World's First Ever Digital Ambassador", *Foreign Policy*, 27 de janeiro de 2017: https://foreignpolicy.com/2017/01/27/denmark-creates-the-worlds-first-ever-digital-ambassador-technology-europe-diplomacy/.

2. Henry V. Poor, *Manual of the Railroads of the United States for 1883* (Nova York: H. V. & H. W. Poor, 1883), iv.

3. James W. Ely Jr., *Railroads & American Law* (Lawrence: University Press of Kansas, 2003). Outro livro muito bom que traça a extensa saga de regulamentação da tecnologia para ferrovias é o de W. Usselman, *Regulating Railroad Innovation* (Cambridge, UK: Cambridge University Press, 2002).

4. Brad Smith, "Trust in the Cloud in Tumultuous Times", 1 de março de 2016, RSA Conference, Moscone Center San Francisco, vídeo, 30:35: https://www.rsaconference.com/industry-topics/video/trust-in-the-cloud-in-tumultuous-times.

5. Siemens AG, *Charter of Trust on Cybersecurity*, julho de 2018: https://assets.new.siemens.com/siemens/assets/api/uuid:85b07318-9789-437a-8fc2-5c50340b59f8/factsheet-charter-of-trust-e.pdf.

6. Brad Smith, "The Need for a Digital Geneva Convention", *Microsoft on the Issues* (blog), Microsoft, 14 de fevereiro e 2017: https://blogs.microsoft.com/on-the-issues/2017/02/14/need-digital-geneva-convention/.

NOTAS

7. Elizabeth Weise, "Microsoft Calls for 'Digital Geneva Convention'", *USA Today*, 14 de fevereiro de 2017: https://www.usatoday.com/story/tech/news/2017/02/14/microsoft-brad-smith-digital-geneva-convention/97883896/.

8. Brad Smith, "We Need to Modernize International Agreements to Create a Safer Digital World", *Microsoft on the Issues* (blog), Microsoft, 10 de novembro de 2017: https://blogs.microsoft.com/on-the-issues/2017/11/10/need-modernize-international-agreements-create-safer-digital-world/.

9. Um bom relato em primeira mão foi de Paul Nitze, em 1989, um dos principais negociadores de armas da era da Guerra Fria. Paul Nitze, *From Hiroshima to Glasnost: At the center of decision, a memoir* (Nova York: Grove Weidenfeld, 1989).

10. David Smith, "Movie Night with the Reagans: WarGames, Red Dawn… and Ferris Bueller's Day Off", *Guardian*, 3 de março de 2018: https://www.theguardian.com/us-news/2018/mar/03/movie-night-with-the-reagans.

11. *WarGames*, dirigido por John Badham (Beverly Hills: United Artists, 1983).

12. Fred Kaplan, *Dark Territory: The secret history of cyber war* (Nova York: Simon & Schuster, 2016), 1–2.

13. Seth Rosenblatt, "Where Did the CFAA Come From, and Where Is It Going?" *The Parallax*, 16 de março de 2016: https://the-parallax.com/2016/03/16/where-did-the-cfaa-come-from-and-where-is-it-going/.

14. Michael McFaul, *From Cold War to Hot Peace: An american ambassador in Putin's Russia* (Boston: Houghton Mifflin Harcourt, 2018).

15. Paul Scharre, *Army of None: Autonomous weapons and the future of war* (Nova York: W. W. Norton, 2018), 251.

16. O Comitê Internacional da Cruz Vermelha (CICV) desempenha hoje um papel vital em todos os aspectos da implementação e promoção do cumprimento das Convenções de Genebra. A despeito do fato de que, como dois estudiosos em direito reconheceram, "uma grande lacuna separa a linguagem que deixa a desejar das disposições das Convenções [de Genebra] que regem as operações do CICV da ampla percepção e exercício na prática dessas atribuições pelo CICV". Rotem Giladi e Steven Ratner, "The Role of the International Committee of the Red Cross", em Andrew Clapham, Paola Gaeta e Marco Sassoli, eds., *The 1949 Geneva Conventions: A commentary* (Oxford: Oxford University Press, 2015). O sucesso do CICV tem a ver com o papel singular que uma organização não governamental pode desempenhar se conseguir estabelecer com êxito sua credibilidade de forma contínua por um longo período de tempo.

17. Jeffrey W. Knopf, "NGOs, Social Movements, and Arms Control", em *Arms Control: History, theory, and policy, Volume 1: Foundations of Arms Control*, ed. Robert E. Williams Jr. e Paul R. Votti (Santa Barbara: Praeger, 2012), 174–75.

18. Bruce D. Berkowitz, *Calculated Risks: A century of arms control, why it has failed, and how it can be made to work* (Nova York: Simon and Schuster, 1987), 156.

19. Provavelmente o empenho mais determinante desse tipo envolveu um grupo internacional de especialistas que se reuniu duas vezes no evento da OTAN, o Cooperative Cyber Defence Centre of Excellence in Tallinn, em Tallinn, Estônia. O trabalho mais recente do grupo resultou em um trabalho decisivo com um título menos dramático, o Tallinn Manual 2.0. O documento abarca 154 regras que os especialistas concluíram que representam "a lei internacional que rege a guerra cibernética". Michael N. Schmitt, ed., *Tallinn Manual 2.0 on the International Law Applicable to Cyber Operations* (Cambridge, UK: Cambridge University Press, 2017), 1.

20. Conforme Sanger descreveu precisamente as armas cibernéticas, "as armas permanecem invisíveis; os ataques, questionáveis; e os resultados, incertos". David Sanger, *The Perfect Weapon: War, sabotage, and fear in the cyber* age (Nova York: Crown, 2018), xiv.

21. Esta não é a primeira vez que atores do Estado-nação desempenham um papel possivelmente importante na inspeção e cumprimento das regras internacionais. Como um autor observou, o "International NGO Landmine Monitor, com membros em 95 países, desempenha um papel essencial na coleta de informações sobre as violações da Convenção de Ottawa. Ainda que o International NGO Landmine Monitor não seja mencionado oficialmente no tratado, suas conclusões são apresentadas na conferência anual dos Estados que são parte no acordo, e foram usadas para apresentar alegações

317

NOTAS

oficiais de violações do tratado". Mark E. Donaldson, "NGOs and Arms Control Processes", em Williams e Votti, 199.

22. "About the Cybersecurity Tech Accord", Tech Accord, acessado em 14 de novembro de 2018: https://cybertechaccord.org/about/.

23. Brad Smith, "The Price of Cyber-Warfare", 17 de abril de 2018, RSA Conference, Moscone Center San Francisco, vídeo, 21:11: https://www.rsaconference.com/events/us18/agenda/sessions/11292-the-price-of-cyber-warfare.

24. "Charter of Trust", Siemens: https://new.siemens.com/global/en/company/topic-areas/digitalization/cybersecurity.html.

25. Emmanuel Macron, "Forum de Paris sur la Paix: Rendez-vous em 11 de novembro de 2018|Emman-uel Macron", vídeo no YouTube, 3:21, 3 de julho de 2018: https://www.youtube.com/watch?v=tc4N8hhdpA.

26. "Cybersecurity: Paris Call of 12 November 2018 for Trust and Security in Cyberspace", France Diplomatie press release, 12 de novembro de 2018: https://www.diplomatie.gouv.fr/en/french-foreign-policy/digital-diplomacy/france-and-cyber-security/article/cybersecurity-paris-call-of-12-november-2018-for-trust-and-security-in.

27. Ibid.

28. Charlotte Graham-McLay e Adam Satariano, "New Zealand Seeks Global Support for Tougher Measures on Online Violence", *The New York Times*, 12 de maio de 2019: https://www.nytimes.com/2019/05/12/technology/ardern-macron-social-media-extremism.html?searchResultPosition=1; Jacinda Ardern, "Jacinda Ardern: How to Stop the Next Christchurch Massacre", *The New York Times*, 11 de maio de 2019: https://www.nytimes.com/2019/05/11/opinion/sunday/jacinda-ardern-social-media.html?searchResultPosition=4.

29. Jeffrey W. Knopf, "NGOs, Social Movements, and Arms Control", em *Arms Control: History, theory, and policy, Volume 1: Foundations of Arms Control*, ed. Robert E. Williams Jr. i Paul R. Votti (Santa Barbara: Praeger, 2012), 174–75. 30. Ibid., 180.

30. Ibid.

31. O ponto aqui não é que o *Tallinn Manual* seja menos importante. Pelo contrário, ele tem sido crucial. Mas ele não tem exatamente um "nome comercial" que passe uma mensagem ampla e concisa em um momento em que a diplomacia pública precisa avançar em uma era dominada pelas mídias sociais.

32. Conta do Twitter de Casper Klynge: CasperKlynge(@DKTechAmb): https//twitter.com/DKTechAmb.

33. Boyd Chan, "Microsoft Kicks Off Digital Peace Now Initiative to #Stopcyberwarfare", *Neowin*, 30 de setembro de 2018: https://www.neowin.net/news/microsoft-kicks-off-digital-peace-now-initiative-to-stopcyberwarfare; Microsoft, Digital Peace Now: https://digitalpeace.microsoft.com/.

34. Albert Einstein, "The 1932 Disarmament Conference", *Nation*, 23 de agosto de 2001: https://www.thenation.com/article/1932-disarmament-conference-0/.

CAPÍTULO 8: PRIVACIDADE DO CONSUMIDOR

1. European Union Agency for Fundamental Rights, *Handbook on European Data Protection Law, 2018 Edition* (Luxemburgo: Publications Office of the European Union, 2018), 29.

2. Ibid., 30.

3. Exigimos uma legislação federal em um discurso no Capitólio, antes do Congressional Internet Caucus. Exigíamos que uma lei federal englobasse quatro fatores: uma base de referência uniforme e em conformidade com as leis de privacidade em todo o mundo que se aplicariam online e offline; maior transparência para a coleta, uso e divulgação de informações pessoais; controle pessoal sobre o uso e divulgação de informações pessoais; e requisitos de segurança mínimos para armazenamento e trânsito de informações pessoais. Jeremy Reimer, "Microsoft Advocates the Need for Comprehensive Federal Data Privacy Legislation", *Ars Technica*, 3 de novembro de 2005: https://arstechnica.com/uncategorized/2005/11/5523-2/. Para consulta dos materiais originais, veja Microsoft Corporation, *Microsoft Advocates Comprehensive Federal Privacy Legislation*, 3 de novembro de 2005: https://news.microsoft.com/2005/11/03/microsoft-advocates-comprehensive-federal-privacy-legislation/; Microsoft PressPass, *Microsoft Addresses Need for Comprehensive Federal Data Privacy Legislation*,

NOTAS

3 de novembro de 2005: https://news.microsoft.com/2005/11/03/microsoft-addresses-need-for-comprehensive-federal-data-privacy-legislation/; vídeo de Brad Smith no Congressional Internet Caucus, 3 de novembro de 2005: https://www.youtube.com/watch?v=Sj10rKDpNHE.

4. Martin A. Weiss e Kristin Archick, *U.S.-EU Data Privacy: From safe harbor to privacy shield* (Washington, D.C.: Congressional Research Service, 2016): https://fas.org/sgp/crs/misc/R44257.pdf.

5. Joseph D. McClendon e Fox Rothschild, "The EU-U.S. Privacy Shield Agreement Is Unveiled, but Its Effects and Future Remain Uncertain", *Safe Harbor* (blog), Fox Rothschild, 2 de março de 2016: https://dataprivacy.foxrothschild.com/tags/safe-harbor/.

6. David M. Andrews, et. al., *The Future of Transatlantic Economic Relations* (Florença, Itália: European University Institute, 2005), 29: https://www.law.uci.edu/faculty/full-time/shaffer/pdfs/2005%20The%20Future%20of%20Transatlantic%20Economic%20Relations.pdf.

7. Daniel Hamilton e Joseph P. Quinlan, *The Transatlantic Economy 2016* (Washington, D.C.: Center for Transatlantic Relations, 2016), v.

8. Para relato contemporâneo interessante de Schrems à medida que seu caso se desenrolava, veja Robert Levine, "Behind the European Privacy Ruling That's Confounding Silicon Valley", *The New York Times*, 9 de outubro de 2015: https://www.nytimes.com/2015/10/11/business/international/behind-the-european-privacy-ruling-thats-confounding-silicon-valley.html.

9. Kashmir Hill, "Max Schrems: The Austrian Thorn in Facebook's Side", *Forbes*, 7 de fevereiro de 2012: https://www.forbes.com/sites/kashmirhill/2012/02/07/the-austrian-thorn-in-facebooks-side/#2d84e427b0b7.

10. Court of Justice of the European Union, "The Court of Justice Declares That the Commission's US Safe Harbour Decision Is Invalid", Press Release No. 117/15, 6 de outubro de 2015: https://curia.europa.eu/jcms/upload/docs/application/pdf/2015-10/cp150117en.pdf.

11. Mark Scott, "Data Transfer Pact Between U.S. and Europe Is Ruled Invalid", *The New York Times*, 6 de outubro de 2015: https://www.nytimes.com/2015/10/07/technology/european-union-us-data-collection.html.

12. John Frank, "Microsoft's Commitments, Including DPA Cooperation, Under the EU-US Privacy Shield", *EU Policy Blog*, Microsoft, 11 de abril de 2016: https://blogs.microsoft.com/eupolicy/2016/04/11/microsofts-commitments-including-dpa-cooperation-under-the-eu-u-s-privacy-shield/.

13. Grace Halden, *Three Mile Island: The meltdown crisis and nuclear power in american popular culture* (Nova York: Routledge, 2017), 65.

14. Julia Carrie Wong, "Mark Zuckerberg Apologises for Facebook's 'Mistak s' over Cambridge Analytica", *Guardian*, 22 de março de 2018: https://www.theguardian.com/technology/2018/mar/21/mark-zuckerberg-response-facebook-cambridge-analytica.

15. Veja Shoshana Zuboff, *The Age of Surveillance Capitalism: The fight for a human future at the new frontier of power* (Nova York: PublicAffairs, 2019).

16. Julie Brill, "Millions Use Microsoft's GDPR Privacy Tools to Control Their Data — Including 2 Million Americans", *Microsoft on the Issues* (blog), Microsoft, 17 de setembro de 2018: https://blogs.microsoft.com/on-the-issues/2018/09/17/millions-use-microsofts-gdpr-privacy-tools-to-control-their-data-including-2-million-american/.

CAPÍTULO 9: BANDA LARGA RURAL

1. "Wildfire Burning in Ferry County at 2500 Acres", *KHQ-Q6*, 2 de agosto de 2016: https://www.khq.com/news/wildfire-burning-in-ferry-county-at-acres/article_95f6e4a2-0aa1-5c6a-8230-9dca430aea2f.html.

2. Federal Communications Commission, *2018 Broadband Deployment Report*, 2 de fevereiro de 2018: https://www.fcc.gov/reports-research/reports/broadband-progress-reports/2018-broadband-deployment-report.

3. Jennifer Levitz e Valerie Bauerlein, "Rural America Is Stranded in the Dial-Up Age", *Wall Street Journal*, 15 de junho de 2017: https://www.wsj.com/articles/rural-america-is-stranded-in-the-dial-up-age-1497535841.

NOTAS

4. Julianne Twining, "A Shared History of Web Browsers and Broadband Speed", NCTA, 10 de abril de 2013: https://www.ncta.com/platform/broadband-internet/a-shared-history-of-web-browsers-and-broadband-speed-slideshow/.

5. Microsoft Corporation, *An Update on Connecting Rural America: The 2018 Microsoft airband initiative*: https://blogs.microsoft.com/uploads/prod/sites/5/2018/12/MSFT-Airband_Interactive PDF_Final_12.3.18.pdf.

6. Outro problema com a abordagem da FCC é que ela é "baseada em blocos de recenseamento, que são a menor unidade geográfica usada pelo Departamento do Censo dos EUA (embora algumas sejam um pouco maiores, a maior de todas, no Alasca, tem mais de 8.500 metros quadrados). Se um provedor de serviços de internet (ISP) vender banda larga para um único cliente em um bloco de recenseamento, a FCC considera o bloco inteiro como tendo acesso ao serviço". Ibid.

7. "Internet/Broadband Fact Sheet", Pew Research Center, 5 de fevereiro de 2018: https://www.pewinternet.org/fact-sheet/internet-broadband/.

8. Industry Analysis and Technology Division, Wireline Competition Bureau, *Internet Access Services: Status as of June 30, 2017* (Washington, D.C.: Federal Communications Commission, 2018): https://docs.fcc.gov/public/attachments/DOC-355166A1.pdf.

9. Em 2018, criamos uma equipe dedicada de data science a fim de nos ajudar a avançar em nosso trabalho referente a questões sociais fundamentais. Recrutamos um dos cientistas de dados mais experientes da Microsoft, John Kahan, para liderar a equipe. Ele cuidava de uma grande equipe que aplicava data analytics para rastrear e analisar as vendas e o uso de produtos da empresa, e eu tinha visto em primeira mão, nas reuniões semanais da equipe de liderança sênior, como isso melhorou nosso desempenho nos negócios. Ele também tinha um conjunto de interesses bastante amplo, principalmente no trabalho que ele e sua equipe haviam realizado usando data science para diagnosticar melhor as causas da Síndrome da Morte Súbita do Bebê (SMSB), para a qual John e sua esposa perderam seu filho bebê Aaron, mais de uma década antes. Dina Bass, "Bereaved Father, Microsoft Data Scientists Crunch Numbers to Combat Infant Deaths", *Seattle Times*, 11 de junho de 2017: https://www.seattletimes.com/business/bereaved-father-microsoft-data-scientists-crunch-numbers-to-combat-infant-deaths/.

   Um dos primeiros projetos que demos à nova equipe foi analisar as preocupações que desenvolvemos em relação ao mapa nacional de dados da FCC a respeito da disponibilidade de banda larga. Em alguns meses, a equipe usou diversos conjuntos de dados com o objetivo de analisar a disparidade de banda larga em todo o país, incluindo dados da FCC e do Pew Research Center, além de dados anônimos da Microsoft coletados como parte do trabalho em andamento para melhorar o desempenho e a segurança do nosso software e serviços. Publicamos nossas conclusões iniciais em dezembro de 2018. Microsoft, "An Update on Connecting Rural America: The 2018 Microsoft Airband Initiative", 9. John e sua equipe compartilharam suas descobertas com a equipe da FCC e com o poder executivo e forneceram demonstrações, ressaltando as discrepâncias de dados em estados individuais, usando um grande Microsoft Surface Hub no Capitol Hill.

   A equipe continuou seu trabalho em 2019, inclusive pedindo à FCC e aos membros do Congresso que se concentrassem mais na questão. Em abril, publicamos recomendações específicas que acreditávamos que melhorariam a precisão dos dados da FCC. John Kahan, "It's Time for a New Approach for Mapping Broadband Data to Better Serve Americans", *Microsoft on the Issues* (blog), Microsoft, 8 de abril de 2019: https://blogs.microsoft.com/on-the-issues/2019/04/08/its-time-for-a-new-approach-for-mapping-broadband-data-to-better-serve-americans/. No mesmo mês, o Senate Committee on Commerce, Science, and Transportation se concentrou no problema em uma audiência. O presidente do comitê, Roger Wicker, salientou a falta de dados atuais e alegou que "para acabar com a disparidade digital, era necessário termos mapas de banda larga precisos, que nos informassem onde a banda larga está disponível e onde não está disponível em determinadas velocidades". Mitchell Schmidt, "FCC Broadband Maps Challenged as Overstating Access", *The Gazette*, 14 de abril de 2019: https://www.thegazette.com/subject/news/government/fcc-broadband-maps-challenged-as-overstating-access-rural-iowans-20190414. Jonathan Spalter, presidente e diretor-executivo da United States Telecom Association, afirmou na audiência que "o critério de avaliação atual, coletando dados por bloco de recenseamento, é insatisfatório. Isso significa que, se um

NOTAS

provedor puder atender um único local dentro desse bloco, todos os locais passam a ser considerados como se tivessem acesso à banda larga". Ibid.

10. Schmidt, "FCC Broadband Map".
11. "November 8, 2016 General Election Results", Washington Office of the Secretary of State, 30 de novembro de 2016: https://results.vote.wa.gov/results/20161108/President-Vice-President_By County.html.
12. "About the Center for Rural Affairs", Center for Rural Affairs, última atualização em 2019: https://www.cfra.org/about.
13. Johnathan Hladik, *Map to Prosperity* (Lyons, NE: Center for Rural Affairs, 2018): https://www.cfra.org/sites/www.cfra.org/files/publications/Map%20to%20Prosperity.pdf, 2, citando Arthur D. Little, "Socioeconomic Effects of Broadband Speed", Ericsson ConsumerLab e Chalmers University of Technology, setembro de 2013: http://nova.ilsole24ore.com/wordpress/wp-content/uploads/2014/02/Ericsson.pdf.
14. Ibid.
15. Jennifer Levitz e Valerie Bauerlein, "Rural America Is Stranded in the Dial-Up Age".
16. Ibid.
17. O mecanismo de serviço universal da FCC fornece aproximadamente US$4 bilhões para operadoras de telefonia fixa por intermédio do Connect America Fund e de programas legados. Por outro lado, existem cerca de US$500 milhões disponíveis para operadoras de telefonia móvel por intermédio do Mobility Fund e de programas legados.
18. Sean Buckley, "Lawmakers Introduce New Bill to Accelerate Rural Broadband Deployments on Highway Rights of Way", Fiercetelecom, 13 de março de 2017: https://www.fiercetelecom.com/telecom/lawmakers-introduce-new-bill-to-accelerate-rural-broadband-deployments-highway-rights-way.
19. Microsoft Corporation, "United States Broadband Availability and Usage Analysis: Power BI Map", *Stories* (blog), Microsoft, 10 de dezembro: https://news.microsoft.com/rural-broadband/.
20. "Voice Voyages by the National Geographic Society", *The National Geographic Magazine*, vol. 29, março de 1916, 312.
21. Ibid., 314.
22. Connie Holland, "Now You're Cooking with Electricity!" *O Say Can You See?* (blog), Smithsonian National Museum of American History, 24 de agosto de 2017: http://americanhistory.si.edu/blog/cooking-electricity.
23. Ibid.
24. "Rural Electrification Administration", Roosevelt Institute, 25 de fevereiro de 2011: https://rooseveltinstitute.org/rural-electrification-administration/.
25. Chris Dobbs, "Rural Electrification Act", *New Georgia Encyclopedia*, 22 de agosto de 2018: http://www.georgiaencyclopedia.org/articles/business-economy/rural-electrification-act.
26. "REA Energy Cooperative Beginnings", REA Energy Cooperative, acessado em 25 de janeiro de 2019: http://www.reaenergy.com/rea-energy-cooperative-beginnings.
27. "Rural Electrification Administration", Roosevelt Institute.
28. Ibid.
29. Rural Cooperatives, "Bringing Light to Rural America", março–abril de 1998, vol. 65, issue 2, 33.
30. "Rural Electrification Administration", Roosevelt Institute.
31. "REA Energy Cooperative Beginnings". REA Energy Cooperative.
32. Ibid.
33. Gina M. Troppa, "The REA Lady: A Shining Example, How One Woman Taught Rural Americans How to Use Electricity", *Illinois Currents*: https://www.lib.niu.edu/2002/ic020506.html.

CAPÍTULO 10: A FALTA DE TALENTOS

1. Jon Gertner, *The Idea Factory: Bell labs and the great age of american innovation* (Nova York: Penguin Press, 2012).

NOTAS

2. Brad Smith e Carol Ann Browne, "High-Skilled Immigration Has Long Been Controversial, but Its Benefits Are Clear", *Today in Technology* (blog), LinkedIn, 7 de dezembro de 2017: https://www.linkedin.com/pulse/dec-7-forces-divide-us-bring-together-brad-smith/.

3. Brad Smith e Carol Ann Brown , "The Beep Heard Around the World", *Today in Technology* (blog), LinkedIn, 4 de outubro de 2017: https://www.linkedin.com/pulse/today-technology-beep-heard-around-world-brad-smith/.

4. Zapolsky agiu rapidamente com o objetivo de mobilizar os recursos da Amazon para apoiar o que se tornou o bem-sucedido desafio legal do procurador-geral de justiça Bob Ferguson até a primeira proibição de viajar. Stephanie Miot, "Amazon, Expedia Back Suit Over Trump Immigration Ban", PCMag.com, 31 de janeiro de 2017: https://www.pcmag.com/news/351453/amazon-expedia-back-suit-over-trump-immigration-ban. Monica Nickelsburg, "Washington AG Explains How Amazon, Expedia, and Microsoft Influenced Crucial Victory Over Trump", *Geekwire*, 3 de fevereiro de 2017: https://www.geekwire.com/2017/washington-ag-explains-amazon-expedia-microsoft-influenced-crucial-victory-trump/.

5. Jeff John Roberts, "Microsoft: Feds Must 'Go Through Us' to Deport Dreamers", *Fortune*, 5 de setembro de 2017: http://fortune.com/2017/09/05/daca-microsoft/.

6. Office of Communications, "Princeton, a Student and Microsoft File Federal Lawsuit to Preserve DACA", Princeton University, 3 de novembro de 2017: https://www.princeton.edu/news/2017/11/03/princeton-student-and-microsoft-file-federal-lawsuit-preserve-daca.

7. Microsoft Corporation, *A National Talent Strategy*, dezembro de 2012: https://news.microsoft.com/download/presskits/citizenship/MSNTS.pdf.

8. Jeff Meisner, "Microsoft Applauds New Bipartisan Immigration and Education Bill", *Microsoft on the Issues* (blog), Microsoft, 29 de janeiro de 2013: https://blogs.microsoft.com/on-the-issues/2013/01/29/microsoft-applauds-new-bipartisan-immigration-and-education-bill/.

9. Mark Muro, Sifan Liu, Jacob Whiton e Siddharth Kulkarni, *Digitalization and the American Workforce* (Washington, D.C.: Brookings Metropolitan Policy Program, 2017): https://www.brookings.edu/wp-content/uploads/2017/11/mpp_2017nov15_digitalization_full_report.pdf.

10. Ibid.

11. Nat Levy, "Q&A: Geek of the Year Ed Lazowska Talks UW's Future in Computer Science and Impact on the Seattle Tech Scene", *Geekwire*, 5 de maio de 2017: https://www.geekwire.com/2017/qa-2017-geek-of-the-year-ed-lazowska-talks-uws-future-in-computer-science-and-impact-on-the-seattle-tech-scene/. Lazowska tem sido um defensor ferrenho e efetivo do amplo acesso à ciência da computação, inclusive no ensino superior. Ele chegou à Universidade de Washington quando tinha apenas doze professores de ciência da computação, e a Microsoft era uma pequena startup. Como Bill Gates e Steve Ballmer levaram a Microsoft a se tornar líder global de tecnologia, Lazowska desempenhou um papel decisivo ao liderar o trabalho da Universidade de Washington, a fim de consolidar um dos principais programas de ciência da computação do mundo. Ambas as instituições se beneficiaram do sucesso uma da outra e também de uma sólida parceria, demonstrando a relação simbiótica que geralmente existe entre o setor tecnológico e as principais universidades. Veja Taylor Soper, "Univ. of Washington Opens New Computer Science Building, Doubling Capacity to Train Future Tech Workers", *Geekwire*, 28 de fevereiro de 2019: https://www.geekwire.com/ 2019/photos-univ-washington-opens-new-computer-science-building-doubling-capacity-train-future-tech-workers/.

12. "AP Program Participation and Performance Data 2018", College Board: https://research.collegeboard.org/programs/ap/data/participation/ap-2018.

13. Ibid.

14. David Gelles, "Hadi Partovi Was Raised in a Revolution. Today He Teaches Kids to Code", *The New York Times*, 17 de janeiro de 2019: https://www.nytimes.com/2019/01/17/business/hadi-partovi-code-org-corner-office.html.

15. "Blurbs and Useful Stats", Hour of Code, acessado em 25 de janeiro de 2019: https://hourofcode.com/us/promote/stats.

16. Megan Smith, "Computer Science for All": https://obamawhitehouse.archives.gov/blog/2016/01/30/computer-science-all.

NOTAS

17. "The Economic Graph", LinkedIn, acessado em 27 de fevereiro de 2019: https://economicgraph.linkedin.com/.

18. A iniciativa Skillful Foundation da Markle Foundation conduziu um trabalho inovador para desenvolver iniciativas de contratação, treinamento e educação orientados para as habilidades, baseados em parte no trabalho com o LinkedIn. Steve Lohr, "A New Kind of Tech Job Emphasizes Skills, Not a College Degree", *The New York Times*, 29 de junho de 2017: https://www.nytimes.com/2017/06/28/technology/tech-jobs-skills-college-degree.html. Após testar e validar as iniciativas bem-sucedidas no Colorado, a Skillful estendeu seu trabalho para Indiana. De modo igual, a subsidiária da Microsoft na Austrália trabalhou com a equipe australiana do LinkedIn e com os governos locais para usar os dados do LinkedIn, a fim de identificar melhor as habilidades que serão mais procuradas, à medida que a economia adota mais a tecnologia digital. Microsoft Australia, *Building Australia's Future-Ready Workforce*, fevereiro de 2018: https://msenterprise.global.ssl.fastly.net/wordpress/2018/02/Building-Australias-Future-Ready-Workforce.pdf. Naturalmente, o Banco Mundial está adotando uma abordagem global, trabalhando com o LinkedIn para construir e validar métricas sobre habilidades, emprego na indústria e migração de talentos em mais de cem países. Tingting Juni Zhu, Alan Fritzler e Jan Orlowski, *Data Insights: Jobs, skills and migration trends methodology & validation results*, novembro de 2018: http://documents.worldbank.org/curated/en/827991542143093021/World-Bank-Group-LinkedIn-Data-Insights-Jobs-Skills-and-Migration-Trends-Methodology-and-Validation-Results.

19. Paul Petrone, "The Skills New Grads Are Learning the Most", *The Learning Blog* (LinkedIn), 9 de maio de 2019: https://learning.linkedin.com/blog/top-skills/the-skills-new-grads-are-learning-the-most.

20. Atuei como presidente do conselho do programa Washington State Opportunity Scholarship, desde que foi criado, depois de ter sido nomeado para o cargo pela governadora Christine Gregoire e depois reconduzido pelo governador Jay Inslee.

21. Katherine Long, "Washington's Most Generous Scholarship for STEM Students Has Helped Thousands. Could You Be Next?" *Seattle Times*, 28 de dezembro de 2018: https://www.seattletimes.com/education-lab/the-states-most-generous-scholarship-for-stem-students-has-helped--thousands-could-you-be-next/; Washington State Opportunity Scholarship, *2018 Legislative Report*, dezembro de 2018: https://www.waopportunityscholarship.org/wp-content/uploads/2018/11/WSOS-2018-Legislative-Report.pdf.

22. Alan Greenspan e Adrian Wooldridge, *Capitalism in America: A history* (Nova York: Penguin Press, 2018), 393, citando Raj Chetty et al., "The Fading American Dream: Trends in Absolute Income Mobility Since 1940", NBER Working Paper No. 22910, National Bureau of Economic Research, March 2017.

23. Brad Smith, Ana Mari Cauce e Wayne Martin, "Here's How Microsoft and UW Leaders Want to Better Fund Higher Education", *Seattle Times*, 20 de março de 2019: https://www.seattletimes.com/opinion/how-the-business-community-can-support-higher-education-funding/.

24. Ibid.

25. Hanna Scott, "Amazon, Microsoft on Opposite Ends of Tax Debate in Olympia", *MyNorthwest*, 5 de abril de 2019: https://mynorthwest.com/1335071/microsoft-amazon-hb-2242-tax/.

26. Emily S. Rueb, "Washington State Moves Toward Free and Reduced College Tuition, With Businesses Footing the Bill", *The New York Times*, 8 de maio de 2019: https://www.nytimes.com/2019/05/08/education/free-college-tuition-washington-state.html.

27. Katherine Long, "110,000 Washington Students a Year Will Get Money for College, Many a Free Ride", *Seattle Times*, 5 de maio de 2019: https://www.seattletimes.com/education-lab/110000-washington-students-a-year-will-get-money-for-college-many-a-free-ride/.

28. College Board, "AP Program Participation and Performance Data 2018": https://www.collegeboard.org/membership/all-access/counseling-admissions-financial-aid-academic/number-girls-and-underrepresented.

29. "Back to School by Statistics", *NCES Fast Facts*, National Institute of Education Sciences, 20 de agosto de 2018: https://nces.ed.gov/fastfacts/display.asp?id=372.

NOTAS

30. Maria Alcon-Heraux, "Number of Girls and Underrepresented Students Taking AP Computer Courses Spikes Again", College Board, 27 de agosto de 2018: https://www.collegeboard.org/membership/all-access/counseling-admissions-financial-aid-academic/number-girls-and-underrepresented).

31. Na manhã de 5 de agosto de 1888, Bertha Benz e seus dois filhos adolescentes, Richard e Eugen, desceram com a primeira carruagem sem cavalo patenteada, ou *Fahrzeug mit Gasmotorenbetrieb*, na entrada da casa de Mannheim, na Alemanha. Sem o conhecimento de seu marido, Karl, Bertha estava viajando até a casa de sua mãe em Pforzheim — uma viagem de noventa quilômetros que mais tarde seria conhecida como a primeira viagem de um automóvel. A viagem não foi nada fácil. Bertha e seus filhos passaram por um terreno íngreme e acidentado. Eles tiveram que empurrar o "monstro que soltava fumaça" pelas colinas lamacentas por meio de Heidelberg até Wieslock e abastecer repetidamente o motor com solvente adquirido nas farmácias locais. Sujos e exaustos, Bertha e seus filhos chegaram à casa de sua mãe naquela noite e telegrafaram para Karl para anunciar seu sucesso. Sua viagem virou manchete, preparando o cenário para uma nova era do transporte motorizado e o futuro sucesso da empresa de automóveis Mercedes-Benz. Brad Smith e Carol Ann Browne, "The Woman Who Showed the World How to Drive", *Today in Technology* (blog), LinkedIn, 5 de agosto de 2017: https://www.linkedin.com/pulse/august-5-automobiles-first-road-trip-great-inventions-brad-smith/.

32. "Ensuring a Healthy Community: The Need for Affordable Housing, Chart 2", *Stories* (blog), Microsoft: https://3er1viui9wo30pkxh1v2nh4w-wpengine.netdna-ssl.com/wp-content/uploads/prod/sites/552/2019/01/Chart-2-Home-Price-vs.-MHI-1000x479.jpg.

33. Daniel Beekman, "Seattle City Council Releases Plan to Tax Businesses, Fund Homelessness Help", *Seattle Times*, 20 de abril de 2018: https://www.seattletimes.com/seattle-news/politics/seattle-city-council-releases-plan-to-tax-businesses-fund-homelessness-help/.

34. Matt Day e Daniel Beekman, "Amazon Issues Threat Over Seattle Head-Tax Plan, Halts Tower Construction Planning", *Seattle Times*, 2 de maio de 2018: https://www.seattletimes.com/business/amazon/amazon-pauses-plans-for-seattle-office-towers-while-city-council-considers-business-tax/.

35. Daniel Beekman, "About-Face: Seattle City Council Repeals Head Tax Amid Pressure From Businesses, Referendum Threat", *Seattle Times*, 12 de junho de 2018: https://www.seattletimes.com/seattle-news/politics/about-face-seattle-city-council-repeals-head-tax-amid-pressure-from-big-businesses/.

36. "Ensuring a Healthy Community: The Need for Affordable Housing", *Stories* (blog), Microsoft: https://news.microsoft.com/affordable-housing/.

37. Em 2015, cerca de 57 mil pessoas na área de Seattle levavam pelo menos 90 minutos até o trabalho, um salto de quase 24 mil desde 2010. Isso equivale a um aumento de 72% em apenas 5 anos, colocando Seattle no terceiro lugar entre os 50 maiores metrôs dos EUA na taxa de crescimento de megapassageiros. Gene Balk, "Seattle's Mega-Commuters: We Spend More Time Than Ever Traveling to Work", *Seattle Times*, 16 de junho de 2017: https://www.seattletimes.com/seattle-news/data/seattles-mega-commuters-we-are-spending-more-time-than-ever-traveling-to-work/.

38. Brad Smith e Amy Hood, "Ensuring a Healthy Community: The Need for Affordable Housing", *Microsoft on the Issues* (blog), Microsoft, 16 de janeiro de 2019: https://blogs.microsoft.com/on-the-issues/2019/01/16/ensuring-a-healthy-community-the-need-for-affordable-housing/.

39. Paige Cornwell e Vernal Coleman, "Eastside Mayors View Microsoft's $500 Million Housing Pledge with Enthusiasm, Caution", *Seattle Times*, 23 de janeiro de 2019: https://www.seattletimes.com/seattle-news/homeless/for-eastside-mayors-microsofts-500-million-pledge-for-affordable-housing-is-tool-to-address-dire-need/.

40. O crescimento das habitações de baixa e média renda na região de Seattle exigirá um empenho de longo prazo, e não faltarão desafios políticos nem econômicos. Levaram-se muitos anos para que existisse esse abismo na habitação e levará outros tantos para se sair dele. Como reconhecemos na Microsoft quando decidimos nos envolver, sem dúvida haverá dias em que precisaremos trabalhar em meio a um pouco de controvérsia, visto a complexidade dos problemas. Mas achamos que era importante se envolver, em vez de ficar nos bastidores e observar a situação piorar ainda mais.

NOTAS

Uma dos motivos pelos quais estávamos preparados para nos envolver foi a liderança da ex-governadora de Washington, Christine Gregoire. Depois de cumprir três mandatos como advogada-geral do estado e dois como governadora, ela teve a oportunidade em 2013 de decidir o que fazer em seguida com seu tempo e energia considerável. Convencemos ela a nos ajudar a fundar e, depois, a atuar como CEO da Challenge Seattle, visando reunir as maiores empresas da região para dar uma contribuição cívica mais sólida. Seu comprometimento com os problemas de moradia, sua credibilidade em toda a região e espectro político foram fundamentais para nos convencer de que era um desafio que poderíamos ajudar a enfrentar de forma substancial. Para saber mais sobre a Challenge Seattle acesse: https://www.challengeseattle.com/.

CAPÍTULO 11: IA E ÉTICA

1. Accenture, "Could AI Be Society's Secret Weapon for Growth? — WEF 2017 Panel Discussion", Fórum Econômico Mundial, Davos, Suíça, vídeo do YouTube, 32:03, 15 de março de 2017: https://www.youtube.com/watch?v=6i_4y4lSC5M.

2. Asimov postulou as Três Leis da Robótica. A primeira: "Um robô não pode machucar um ser humano ou, por omissão, permitir que um ser humano sofra algum mal." A segunda: "Um robô deve obedecer às ordens que lhe são dadas por seres humanos, exceto nos casos em que essas ordens entrem em conflito com a Primeira Lei." E a terceira e última: "Um robô deve proteger sua própria existência desde que essa proteção não entre em conflito com a Primeira e/ou a Segunda Lei." Isaac Asimov, "Runaround", em *I, Robot* (Nova York: Doubleday, 1950).

3. Entre 1984 e 1987, o foco foi nos avanços nos "sistemas especialistas" e na sua aplicação na medicina, engenharia e ciência. Havia até computadores especiais criados e construídos para a IA. Isso foi seguido por um colapso e pelo "inverno da IA" como foi chamado, por vários anos, em meados da década de 1990.

4. W. Xiong, J. Droppo, X. Huang, F. Seide, M. Seltzer, A. Stolcke, D. Yu e G. Zweing, *Achieving Human Parity in Conversational Speech Recognition: Microsoft research technical report MSR-TR-2016-71*, fevereiro de 2017: https://arxiv.org/pdf/1610.05256.pdf.

5. Terrence J. Sejnowski, *The Deep Learning Revolution* (Cambridge, MA: MIT Press, 2018), 31; em 1986, Eric Horvitz foi coautor de um dos principais jornais que defendia que os sistemas especialistas não seriam escaláveis. D.E. Heckerman e E.J. Horvitz, "The Myth of Modularity in Rule-Based Systems for Reasoning with Uncertainty", *Conference on Uncertainty in Artificial Intelligence*, Filadélfia, julho de 1986: https://dl.acm.org/citation.cfm?id=3023728.

6. Ibid.

7. Charu C. Aggarwal, *Neural Networks and Deep Learning: A textbook* (Cham, Suíça: Springer, 2018), 1. A convergência de disciplinas intelectuais envolvidas e afetadas por esses desenvolvimentos nas últimas décadas é descrita em S.J. Gershman, E.J. Horvitz e J.B. Tenenbaum, *Science* 349, 273–78 (2015).

8. Aggarwal, *Neural Networks and Deep Learning*, 1.

9. 9. Ibid., 17–30.

10. Veja Sejnowski para uma história completa dos desenvolvimentos que levaram a avanços nas redes neurais nas últimas duas décadas.

11. Dom Galeon, "Microsoft's Speech Recognition Tech Is Officially as Accurate as Humans", Futurism, 20 de outubro de 2016: https://futurism.com/microsofts-speech-recognition-tech-is-officially-as-accurate-as-humans/; Xuedong Huang, "Microsoft Researchers Achieve New Conversational Speech Recognition Milestone", *Microsoft Research Blog*, Microsoft, 20 de agosto de 2017: https://www.microsoft.com/en-us/research/blog/microsoft-researchers-achieve-new-conversational-speech-recognition-milestone/.

12. A ascensão da superinteligência foi levantada pela primeira vez por IJ Good, um matemático britânico que trabalhou como criptologista em Bletchley Park. Ele tomou como base o trabalho inicial de seu colega Alan Turing e especulou sobre uma "explosão de inteligência" que permitiria que "máquinas ultrainteligentes" desenvolvessem máquinas ainda mais inteligentes. I.J. Good, "Speculations Concerning the First Ultraintelligent Machine", *Advances in Computers* 6, 31–88 (ja-

NOTAS

neiro de 1965). Entre muitas outras coisas, Good consultou o filme de Stanley Kubrick, *2001: Uma Odisseia no Espaço*, que apresentava o HAL 9000, um famoso computador em fuga.

Outros no campo da ciência da computação, inclusive na Microsoft Research, têm sido céticos quanto à perspectiva de os sistemas de IA criarem versões mais inteligentes de si mesmos ou escaparem ao controle humano com base em seus próprios processos de pensamento. Segundo a sugestão de Thomas Dietterich e Eric Horvitz: "Esse processo contraria nossos entendimentos atuais das limitações que a complexidade computacional instaura nos algoritmos de aprendizado e raciocínio." Eles observam que: "No entanto, processos de autodesign e otimização ainda podem resultar em avanços significativos nas capacidade de poder de processamento." T.G. Dietterich e E.J. Horvitz, "Rise of Concerns about AI: Reflections and Directions", *Communications of the ACM*, vol. 58, no. 10, 38–40 (outubro de 2015): http://erichor vitz.com/CACM_Oct_2015-VP.pdf.

Nick Bostrom, professor na Universidade de Oxford, explorou essas questões de maneira mais abrangente em seu livro recente. Nick Bostrom, *Superintelligence: Paths, dangers, strategies* (Oxford: Oxford University Press, 2014).

No campo da ciência da computação, alguns usam o termo "singularidade" de maneira diferente, para descrever o poder de processamento computacional que cresce tão rapidamente que não é possível prever o futuro.

13. Julia Angwin, Jeff Larson, Surya Mattu e Lauren Kirchner, "Machine Bias", *ProPublica*, 23 de maio de 2016: https://www.propublica.org/article/machine-bias-risk-assessments-in-criminal-sentencing.

14. O artigo resultou em um debate caloroso sobre a definição do viés e como avaliar o risco disso nos algoritmos de IA. Veja Matthias Spielkamp, "Inspecting Algorithms for Bias", *MIT Technology Review*, 12 de junho de 2017: https://www.technologyreview.com/s/607955/inspecting-algorithms-for-bias/.

15. Joy Buolamwini, "Gender Shades", Civic Media, MIT Media Lab, acessado em 15 de novembro de 2018: https://www.media.mit.edu/projects/gender-shades/overview/.

16. Thomas G. Dietterich e Eric J. Horvitz, "Rise of Concerns About AI: Reflection and Directions", *Communications of the ACM* 58, no. 10 (2015): http://erichorvitz.com/CACM_Oct_2015-VP.pdf.

17. Satya Nadella, "The Partnership of the Future", *Slate*, 28 de junho de 2016: https://slate.com/technology/2016/06/microsoft-ceo-satya-nadella-humans-and-a-i-can-work-together-to-solve-societys-challenges.html.

18. Microsoft, *The Future Computed: Artificial intelligence and its role in society* (Redmond, WA: Microsoft Corporation, 2018), 53–76.

19. Paul Scharre, *Army of None: Autonomous weapons and the future of war* (Nova York: W. W. Norton, 2018).

20. Ibid., 163–69.

21. Drew Harrell, "Google to Drop Pentagon AI Contract After Employee Objections to the 'Business of War'", *Washington Post*, 1 de junho de 2018: https://www.washingtonpost.com/news/the-switch/wp/2018/06/01/google-to-drop-pentagon-ai-contract-after-employees-called-it-the-business-of-war/?utm_term=.86860b0f5a33.

22. Brad Smith, "Technology and the US Military", *Microsoft on the Issues* (blog), Microsoft, 26 de outubro de 2018: https://blogs.microsoft.com/on-the-issues/2018/10/26/technology-and-the-US-military/.

23. https://en.m.wikipedia.org/wiki/Just_war_theory; https://en.m.wikipedia.org/wiki/Mahabharata.

24. Como dissemos: "Deixar esse mercado é reduzir nossa oportunidade de participar do debate público sobre como as tecnologias novas podem ser melhor utilizadas de maneira responsável. Não vamos abrir mão do futuro. Da maneira mais positiva possível, vamos trabalhar para ajudar a moldá-lo." Smith, "Technology and the US Military".

25. Ibid.

26. Adam Satariano, "Will There Be a Ban on Killer Robots?" *The New York Times*, 19 de outubro de 2018: https://www.nytimes.com/2018/10/19/technology/artificial-intelligence-weapons.html.

27. SwissInfo, "Killer Robots: 'Do Something' or 'Do Nothing'?" *EurAsia Review*, 31 de março de 2019: http://www.eurasiareview.com/31032019-killer-robots-do-something-or-do-nothing/.

NOTAS

28. Mary Wareham, "Statement to the Convention on Conventional Weapons Group of Governmental Experts on Lethal Autonomous Weapons Systems, Geneva", Human Rights Watch, 19 de março de 2019: https://www.hrw.org/news/2019/03/27/statement-convention-conventional-weapons-group-governmental-experts-lethal.

29. O ex-general do Corpo de Fuzileiros Navais dos EUA John Allen, hoje presidente da Brookings Institution, expressou de forma eloquente alguns dos desafios éticos determinantes quando escreveu: "Desde o início, os seres humanos têm procurado reprimir seus instintos mais básicos, tentando controlá-los durante o uso de força: refreando sua destrutividade e, sobretudo, a crueldade de seus efeitos sobre os inocentes. Esses limites foram sistematizados ao longo do tempo em um corpo de direito internacional e conduta militar profissional que busca orientar e limitar o uso da força e da violência. Logo, temos um paradoxo: ao analisarmos a violência e a destruição do inimigo na guerra, devemos fazê-lo com uma moderação que reconheça a necessidade de seu uso, oferecendo as formas de diferenciar entre e em meio aos participantes e nos atentar ao princípio da proporcionalidade." John Allen, prefácio de *Military Ethics: What everyone needs to know* (Oxford: Oxford University Press, 2016), xvi. Veja também Deane-Peter Baker, ed., *Key Concepts in Military Ethics* (Sydney: University of New South Wales, 2015).

30. Brad Smith e Harry Shum, prefácio de *The Future Computed*, 8.

31. Oren Etzioni, "A Hippocratic Oath for Artificial Intelligence Practitioners", Tech Crunch, 14 de março de 2018: https://techcrunch.com/2018/03/14/a-hippocratic-oath-for-artificial-intelligence-practitioners/.

32. Cameron Addis, "Cold War, 1945–53", History Hub, acessado em 27 de fevereiro de 2019: http://sites.austincc.edu/caddis/cold-war-1945-53/.

CAPÍTULO 12: IA E RECONHECIMENTO FACIAL

1. *Minority Report*, dirigido por Steven Spielberg (Universal City, CA: DreamWorks, 2002).

2. Microsoft Corporation, "NAB and Microsoft leverage AI technology to build card-less ATM concept", 23 de outubro de 2018: https://news.microsoft.com/en-au/2018/10/23/nab-and-microsoft-leverage-ai-technology-to-build-card-less-atm-concept/.

3. Jeannine Mjoseth, "Facial recognition software helps diagnose rare genetic disease", National Human Genome Research Institute, 23 de março de 2017: https://www.genome.gov/27568319/facial-recognition-software-helps-diagnose-rare-genetic-disease/.

4. Taotetek (@taotetek), "It looks like Microsoft is making quite a bit of money from their cozy relationship with ICE and DHS", Twitter, 17 de junho de 2018, 09:20h: https://twitter.com/tao tetek/status/1008383982533259269.

5. Tom Keane, "Federal Agencies Continue to Advance Capabilities with Azure Government", *Microsoft Azure Government* (blog), 24 de janeiro de 2018: https://blogs.msdn.microsoft.com/azuregov/2018/01/24/federal-agencies-continue-to-advance-capabilities-with-azure-government/.

6. Elizabeth Weise, "Amazon Should Stop Selling Facial Recognition Software to Police, ACLU and Other Rights Groups Say", *USA Today*, 22 de maio de 2018: https://www.usatoday.com/story/tech/2018/05/22/aclu-wants-amazon-stop-selling-facial-recognition-police/633094002/.

7. Enquanto os funcionários da Amazon levantaram preocupações em junho de 2018, no mesmo mês que os funcionários da Microsoft, a Amazon não respondeu diretamente aos seus funcionários até uma reunião interna, em novembro. Bryan Menegus, "Amazon Breaks Silence on Aiding Law Enforcement Following Employee Backlash", *Gizmodo*, 8 de novembro de 2018: https://gizmodo.com/amazon-breaks-silence-on-aiding-law-enforcement-followi-1830321057.

8. Drew Harwell, "Google to Drop Pentagon AI Contract After Employee Objections to the 'Business of War'", *Washington Post*, 1 de junho de 2018: https://www.washingtonpost.com/news/the-switch/wp/2018/06/01/google-to-drop-pentagon-ai-contract-after-employees-called-it-the-business-of-war/.

9. Edelman, *2018 Edelman Trust Barometer Global Report*: https://www.edelman.com/sites/g/files/aatuss191/files/2018-10/2018_Edelman_Trust_Barometer_Global_Report_FEB.pdf.

10. Ibid., 30.

NOTAS

11. O Kids in Need of Defense foi fundado em 2008 para fornecer aconselhamento jurídico *pro bono* às crianças separadas de seus pais em processos de imigração: https://supportkind.org/ten-years/. Desde a sua fundação, o KIND treinou mais de 42 mil voluntários e agora trabalha com mais de 600 escritórios de advocacia, corporações, escolas de direito e associações de advogados. Tornou-se uma das maiores organizações jurídicas *pro bono* nos Estados Unidos e agora também trabalha no Reino Unido. Wendy Young lidera o KIND desde o primeiro dia em que ofereceu formalmente assistência jurídica aos clientes em 2009.

12. Annie Correal e Caitlin Dickerson, "'Divided', Part 2: The Chaos of Reunification", 24 de agosto de 2018, *The Daily*, produzido por Lynsea Garrison e Rachel Quester, podcast, 31:03: https://www.nytimes.com/2018/0824/podcasts/the-daily/divided-migrant-family-reunification.html.

13. Kate Kaye, "This Little-Known Facial-Recognition Accuracy Test Has Big Influence", International Association of Privacy Professionals, 7 de janeiro de 2019: https://iapp.org/news/a/this-little-known-facial-recognition-accuracy-test-has-big-influence/.

14. Brad Smith, "Facial Recognition Technology: The Need for Public Regulation and Corporate Responsibility", *Microsoft on the Issues* (blog), Microsoft, 13 de julho de 2018: https://blogs.microsoft.com/on-the-issues/2018/07/13/facial-recognition-technology-the-need-for-public-regulation-and-corporate-responsibility/.

15. Nitasha Tiku, "Microsoft Wants to Stop AI's 'Race to the Bottom'", *Wired*, 6 de dezembro de 2018: https://www.wired.com/story/microsoft-wants-stop-ai-facial-recognition-bottom/.

16. Eric Ries, *The Startup Way: How modern companies use entrepreneurial management to transform culture and drive long-term growth* (Nova York: Currency, 2017), 96.

17. Brookings Institution, Facial recognition: Coming to a Street Corner Near You, 6 de dezembro de 2018: https://www.brookings.edu/events/facial-recognition-coming-to-a-street-corner-near-you/.

18. Brad Smith, "Facial Recognition: It's Time for Action", *Microsoft on the Issues* (blog), 6 de dezembro de 2018: https://blogs.microsoft.com/on-the-issues/2018/12/06/facial-recognition-its-time-for-action/.

19. Propusemos que duas etapas fossem combinadas para que isso fosse eficaz. Primeiro, "a legislação deve exigir que as empresas tecnológicas que oferecem serviços de reconhecimento facial forneçam documentação que explique as capacidades e limitações da tecnologia de um modo que os clientes e consumidores possam compreender". E segundo: "Leis novas também devem exigir que os provedores de serviços comerciais de reconhecimento facial permitam que terceiros envolvidos em testes independentes realizem e publiquem testes razoáveis de seus serviços de reconhecimento facial, a fim de analisar a precisão e o viés. Uma abordagem razoável é exigir que as empresas tecnológicas que disponibilizam seus serviços de reconhecimento facial usando a internet também disponibilizem uma interface de programação de aplicativos ou outra capacidade técnica adequada para esse fim." Smith, "Facial Recognition".

20. Conforme descrevemos, a legislação nova deve "exigir que as entidades que implementam o reconhecimento facial realizem uma análise humana substancial dos resultados do reconhecimento facial, antes de tomar decisões finais sobre o que a lei considera serem 'casos de uso consequentes', que afetam os consumidores. Isso inclui em que momento as decisões podem ter um risco de dano corporal ou emocional ao consumidor, quando pode haver consequências nos direitos humanos ou fundamentais, ou quando a liberdade ou a privacidade pessoal de um consumidor pode ser violada". Smith, "Facial Recognition".

21. Uma câmera que usa o reconhecimento facial em um determinado local, como um posto de segurança do aeroporto para ajudar a identificar um suspeito de terrorismo, por exemplo. Mesmo neste caso, no entanto, é importante exigir análise humana significativa por meio de pessoal treinado, antes que seja tomada a decisão de deter alguém.

22. *Carpenter v. United States*, No. 16-402, 585 U.S. (2017): https://www.supremecourt.gov/opinions/17pdf/16-402_h315.pdf.

23. Brad Smith, "Facial Recognition: It's Time for Action", *Microsoft on the Issues* (blog), 6 de dezembro de 2018: https://blogs.microsoft.com/on-the-issues/2018/12/06/facial-recognition-its-time-for-action/.

24. Conforme salientamos: "O movimento pela privacidade nos Estados Unidos nasceu de melhorias na tecnologia de câmeras. Em 1890, o futuro juiz da Suprema Corte, Louis Brandeis, deu o primeiro

NOTAS

passo na defesa da proteção da privacidade quando foi coautor de um artigo com o colega Samuel Warren no *Harvard Law Review* defendendo 'o direito de ser deixado em paz'. Os dois argumentaram que o desenvolvimento de 'fotografias instantâneas' e a respectiva circulação nos jornais para ganho comercial criaram a necessidade de proteger as pessoas com um novo direito à privacidade." Smith, "Facial Recognition", citação de Samuel Warren e Louis Brandeis, "The Right to Privacy", *Harvard Law Review*, IV:5 (1890): http://groups.csail.mit.edu/mac/classes/6.805/articles/privacy/ Privacy_brand_warr2.html. Como ressaltamos, o reconhecimento facial está ressignificando as "fotografias instantâneas" que Brandeis e Warren provavelmente nunca imaginariam. Ibid.

25. Smith, "Facial Recognition".
26. Uma das pessoas que se interessou pela ideia foi Reuven Carlyle, senador do estado de Washington, que mora em Seattle e trabalhou no setor tecnológico, antes de se tornar deputado estadual em 2009: https://en.wikipedia.org/wiki/Reuven_Carlyle. Ele queria defender uma lei abrangente de privacidade e estava interessado em incluir regras de reconhecimento facial. Carlyle passou meses a fio redigindo sua proposta de lei e dialogando com outros senadores estaduais a respeito dos detalhes. Ao refletir em parte sua iniciativa, seu projeto de lei, com novas regras para reconhecimento facial, ganhou o apoio bipartidário necessário para ser promulgado pelo Senado por uma votação de 46 a 1, no início de março de 2019. Joseph O'Sullivan, "Washington Senate Approves Consumer-Privacy Bill to Place Restrictions on Facial Recognition", *Seattle Times*, 6 de março de 2019: https://www.seattletimes.com/seattle-news/politics/senate-passes-bill-to-create-a-european-style-consumer-data-privacy-law-in-washington/.
27. Rich Sauer, "Six Principles to Guide Microsoft's Facial Recognition Work", *Microsoft on the Issues* (blog), 17 de dezembro de 2018: https://blogs.microsoft.com/on-the-issues/2018/12/17/six-principles-to-guide-microsofts-facial-recognition-work/.

CAPÍTULO 13: IA E MÃO DE OBRA

1. "Last of Boro's Fire Horses Retire; 205 Engine Motorized", *Brooklyn Daily Eagle*, 20 de dezembro de 1922, Newspapers.com: https://www.newspapers.com/image/60029538.
2. "1922: Waterboy, Danny Beg, and the Last Horse-Driven Engine of the New York Fire Department", *The Hatching Cat*, 24 de janeiro de 2015: http://hatchingcatnyc.com/2015/01/24/last-horse-driven-engine-of-new-york-fire-department/.
3. "Goodbye, Old Fire Horse; Goodbye!" *Brooklyn Daily Eagle*, 20 de dezembro de 1922.
4. Augustine E. Costello, *Our Firemen: A history of the New York fire departments, volunteer and paid, from 1609 to 1887* (Nova York: Knickerbocker Press, 1997), 94.
5. Ibid., 424.
6. "Heyday of the Horse", American Museum of Natural History: https://www.amnh.org/exhibitions/horse/how-we-shaped-horses-how-horses-shaped-us/work/heyday-of-the-horse.
7. "Microsoft TechSpark: A New Civic Program to Foster Economic Opportunity for all Americans", *Stories* (blog), acessado em 23 de fevereiro de 2019: https://news.microsoft.com/techspark/.
8. Parte da inspiração para o TechSpark foi a polarização política que veio à tona de modo tão radical nas eleições presidenciais de 2016 nos EUA. No dia seguinte à eleição, em resposta às perguntas e solicitações dos funcionários, fizemos algo que nunca havíamos feito antes: escrevemos no blog sobre nossa reação à decisão presidencial. Brad Smith, "Moving Forward Together: Our Thoughts on the US Election", *Microsoft on the Issues* (blog), Microsoft, 6 de novembro de 2016: https://blogs.microsoft.com/on-the-issues/2016/11/09/moving-forward-together-thoughts-us-election/. Uma coisa que reparamos foi a maneira como a polarização política refletia a divisão econômica no país, observando que "em um momento de rápidas mudanças, precisamos inovar a fim de promover um crescimento econômico inclusivo que ajude todos a avançar". Isso nos levou a considerar o que mais a Microsoft poderia fazer para investir em empenhos com objetivo de promover o crescimento econômico relacionado à tecnologia fora dos maiores centros urbanos do país e nas duas costas litorâneas.
   A partir da liderança de Kate Behncken e Mike Egan, da Microsoft, fundamos a iniciativa TechSpark para buscar cinco estratégias focadas em seis comunidades. Lançamos o programa em Fargo em 2017 com o governador da Dakota do Norte e o ex-executivo da Microsoft Doug Burgum. Brad Smith, "Microsoft TechSpark: A New Civic Program to Foster Economic Opportunity for all Americans", LinkedIn, 5 de outubro de 2017: https://www.linkedin.com/pulse/microsoft-

NOTAS

techspark-new-civic-program-foster-economic-brad-smith/. O TechSpark oferece investimentos para desenvolver o ensino de ciência da computação nas escolas secundárias, fomentar mais caminhos para as pessoas que desejam seguir novas carreiras, ampliar a disponibilidade de banda larga, fornecer recursos digitais para o setor sem fins lucrativos e promover a transformação digital na economia local: https://news.microsoft.com/techspark/.

A equipe do TechSpark recrutou e contratou um gerente de envolvimento da comunidade local para conduzir o trabalho em cada uma das seis comunidades em que está investindo. As comunidades são o sul da Virgínia; nordeste de Wisconsin; a área em torno de El Paso, Texas, atravessando a fronteira no México; Fargo, Dakota do Norte; Cheyenne, Wyoming; e centro de Washington. Um dos investimentos iniciais mais fortes envolve uma parceria com os Green Bay Packers, em frente ao Lambeau Field, em Green Bay, Wisconsin. A Microsoft e os Packers comprometeram US$5 milhões para criar a TitleTownTech, que promove a inovação tecnológica na região. Richard Ryman, "Packers, Microsoft Bring Touch of Silicon Valley to Titletown District", *Green Bay Press Gazette*, 20 de outubro de 2017: https://www.greenbaypressgazette.com/story/news/2017/10/19/packers-microsoft-bring-touch-silicon-valley-titletown-district/763041001/; Opinião, "TitletownTech: Packers, Microsoft Partnership a 'Game Changer' for Greater Green Bay", *Green Bay Press Gazette*, 21 de outubro de 2017: https://www.greenbaypressgazette.com/story/opinion/editorials/2017/10/21/titletowntech-packers-microsoft-partnership-game-changer-greater-green-bay/786094001/.

9. Lauren Silverman, "Scanning the Future, Radiologists See Their Jobs at Risk", NPR, 4 de setembro de 2017: https://www.npr.org/sections/alltechconsidered/2017/09/04/547882005/scanning-the-future-radiologists-see-their-jobs-at-risk; "The First Annual Doximity Physician Compensation Report", *Doximity* (blog), abril de 2017: https://blog.doximity.com/articles/the-first-annual-doximity-physician-compensation-report.

10. Silverman, "Scanning the Future".

11. Asma Khalid, "From Post-it Notes to Algorithms: How Automation Is Changing Legal Work", NPR, 7 de novembro de 2017: https://www.npr.org/sections/alltechconsidered/2017/11/07/561631927/from-post-it-notes-to-algorithms-how-automation-is-changing-legal-work.

12. Radicati Group, "Email Statistics Report, 2015-2019", Executive Summary, março de 2015: https://radicati.com/wp/wp-content/uploads/2015/02/Email-Statistics-Report-2015-2019-Executive-Summary.pdf.

13. Radicati Group, "Email Statistics Report, 2018–2022", março de 2018: https://www.radicati.com/wp/wp-content/uploads/2017/12/Email-Statistics-Report-2018-2022-Executive-Summary.pdf.

14. Kenneth Burke, "How Many Texts Do People Send Every Day (2018)?" *How Many Texts People Send Per Day* (blog), mensagens enviadas, última modificação em novembro de 2018: https://www.textrequest.com/blog/how-many-texts-people-send-per-day/.

15. Bill Gates, "Bill Gates New Rules", *Time*, 9 de abril de 1999: http://content.time.com/time/world/article/0,8599,2053895,00.html.

16. Smith e Browne, "The Woman Who Showed the World How to Drive".

17. McKinsey Global Institute, *Jobs Lost, Jobs Gained: Workforce transitions in a time of automation* (Nova York: McKinsey & Company, 2017): https://www.mckinsey.com/~/media/McKinsey/Featured%20Insights/Future%20of%20Organizations/What%20the%20future%20of%20work%20will%20mean%20for%20jobs%20skills%20and%20wages/MGI-Jobs-Lost-Jobs-Gained-Report--December-6-2017.ashx.

18. Ibid., 43.

19. Anne Norton Greene, *Horses at Work: Harnessing power in industrial America* (Cambridge, MA: Harvard University Press, 2008), 273.

20. "Pettet, Zellmer R. 1880–1962", WorldCat Identities, Online Computer Library Center, acessado em 16 de novembro de 2018: http://worldcat.org/identities/lccn-no00042135/.

21. "Zellmer R. Pettet", *Arizona Republic*, 22 de agosto de 1962, Newspapers.com: https://www.newspapers.com/clip/10532517/pettet_zellmer_r_22_aug_1962/.

22. Robert J. Gordon, *The Rise and Fall of American Growth: The U.S. standard of living since the Civil War* (Princeton, NJ: Princeton University Press, 2016), 60.

23. Ibid.

NOTAS

24. "Calorie Requirements for Horses", Dayville Hay & Grain: http://www.dayvillesupply.com/hay-and-horse-feed/calorie-needs.html.
25. Z.R. Pettet, "The Farm Horse", em U.S. Bureau of the Census, *Fifteenth Census, Census of Agriculture* (Washington, D.C.: Government Printing Office, 1933), 8.
26. Ibid., 71–77.
27. Ibid., 79.
28. Ibid., 80.
29. Linda Levine, *The Labor Market During the Great Depression and the Current Recession* (Washington, D.C.: Congressional Research Service, 2009), 6.
30. Ann Norton Greene, *Horses at Work: Harnessing power in industrial America* (Cambridge, MA: Harvard University Press, 2008).
31. Lendol Calder, *Financing the American Dream: A cultural history of consumer credit* (Princeton, NJ: Princeton University Press, 1999), 184.
32. John Steele Gordon, *An Empire of Wealth: The epic history of American economic power* (Nova York: HarperCollins, 2004), 299–300.

CAPÍTULO 14: ESTADOS UNIDOS E CHINA

1. Seattle Times Staff, "Live Updates from Xi Visit", *Seattle Times*, 22 de setembro de 2015: https://www.seattletimes.com/business/chinas-president-xi-arriving-this-morning/.
2. "Xi Jinping and the Chinese Dream", *The Economist*, 4 de maio de 2013: https://www.economist.com/leaders/2013/05/04/xi-jinping-and-the-chinese-dream.
3. Reuters em Seattle, "China's President Xi Jinping Begins First US Visit in Seattle", *Guardian*, 22 de setembro de 2015: https://www.theguardian.com/world/2015/sep/22/china-president-xi-jinping-first-us-visit-seattle.
4. Julie Hirschfeld Davis, "Hacking of Government Computers Exposed 21.5 Million People", *The New York Times*, 9 de julho de 2019: https://www.nytimes.com/2015/07/10/us/office-of-personnel-management-hackers-got-data-of-millions.html.
5. Jane Perlez, "Xi Jinping's U.S. Visit", *The New York Times*, 22 de setembro de 2015: https://www.nytimes.com/interactive/projects/cp/reporters-notebook/xi-jinping-visit/seattle-speech-china.
6. Evelyn Cheng, "Apple, Intel and These Other US Tech Companies Have the Most at Stake in China-US Trade Fight", *CNBC*, 14 de maio de 2018: https://www.cnbc.com/2018/05/14/as-much-as-150-billion-annually-at-stake-us-tech-in-china-us-fight.html.
7. "Microsoft Research Lab — Asia", Microsoft, acessado em 25 de janeiro de 2019: https://www.microsoft.com/en-us/research/lab/microsoft-research-asia/.
8. Geoff Spencer, "Much More Than a Chatbot: China's XiaoIce Mixes AI with Emotions and Wins Over Millions of Fans", *Asia News Center* (blog), 1 de novembro de 2018: https://news.microsoft.com/apac/features/much-more-than-a-chatbot-chinas-xiaoice-mixes-ai-with-emotions-and-wins-over-millions-of-fans/.
9. "China XiaoIce, China's Newest Fashion Designer, Unveils Her First Collection for 2019", *Asia News Center* (blog), Microsoft, 12 de novembro de 2018: https://news.microsoft.com/apac/2018/11/12/microsofts-xiaoice-chinas-newest-fashion-designer-unveils-her-first-collection-for-2019/.
10. James Vincent, "Twitter Taught Microsoft's AI Chatbot to Be a Racist Asshole in Less Than a Day", *The Verge*, 24 de março de 2016: https://www.theverge.com/2016/3/24/11297050/tay-microsoft-chatbot-racist.
11. Richard E. Nisbett, *The Geography of Thought: How asians and westerners think differently... and why* (Nova York: Free Press, 2003).
12. Henry Kissinger, *On China* (Nova York: Penguin Press, 2011), 13.
13. Ibid., 14–15.
14. Nisbett, *The Geography of Thought*, 2–3.
15. Ibid.
16. A Microsoft dependeu de conversas, parcerias e associações contínuas com organizações não governamentais importantes para obter uma perspectiva externa sobre questões de direitos humanos. Um grupo que desempenhou um papel essencial na promoção de uma perspectiva e compromisso

NOTAS

mais abrangentes em relação aos direitos humanos em todo o setor tecnológico é a Global Network Initiative (GNI). Sua filiação combina grupos de direitos humanos e empresas tecnológicas que se comprometem com um conjunto comum de princípios e auditoria periódica para nossa adesão. Global Network Initiative, "The GNI Principles": https://globalnetworkinitiative.org/gni-principles/. Como observado por Guy Berger da UNESCO, a GNI é única devido à sua abordagem de multissetorial, dada "sua prática interna de levar empresas e sociedade civil ao diálogo". Guy Berger, "Over-Estimating Technological Solutions and Underestimating the Political Moment?" *The GNI Blog* (Medium), 5 de dezembro de 2018: https://medium.com/global-network-initiative-collection/over-estimating-technological-solutions-and-underestimating-the-political-moment-467912fa2d20. Como Berger reconheceu, a GNI também desempenha um importante "papel externo que representa o lugar comum entre os direitos constitucionais para governos em todo o mundo". Ibid.

   Outro lugar que reuniu as comunidades de direitos humanos e de negócios é o New York University's Center for Business and Human Rights at the Leonard N. Stern School of Business. Liderado por Michael Posner, um dos advogados de direitos humanos mais respeitados do mundo, o centro foca a confluência de negócios e direitos humanos, geralmente promovendo etapas pragmáticas para que as empresas enfrentem melhor esses desafios em suas operações principais. NYU Stern, "The NYU Stern Center for Business and Human Rights": https://www.stern.nyu.edu/experience-stern/about/departments-centers-initiatives/centers-of-research/business-and-human-rights.

17. He Huaihong, *Social Ethics in a Changing China: Moral decay or ethical awakening?* (Washington, D.C.: Brookings Institution Press, 2015).
18. David E. Sanger, Julian E. Barnes, Raymond Zhong e Marc Santora, "In 5G Race With China, U.S. Pushes Allies to Fight Huawei", *The New York Times*, 26 de janeiro de 2019: https://www.nytimes.com/2019/01/26/us/politics/huawei-china-us-5g-technology.html.
19. Sean Gallagher, "Photos of an NSA 'upgrade' factory shows Cisco router getting implant", ARS Technica, 14 de maio de 2014: https://arstechnica.com/tech-policy/2014/05/photos-of-an-nsa-upgrade-factory-show-cisco-router-getting-implant/.
20. Reid Hoffman e Chris Yeh, *Blitzscaling: The lightning-fast path to building massively valuable businesses* (Nova York: Currency, 2018).

CAPÍTULO 15: DEMOCRATIZANDO O FUTURO
1. Kai-Fu Lee, *AI Superpowers: China, Silicon Valley, and the New World Order* (Boston: Houghton Mifflin Harcourt, 2018), 21.
2. Ibid., 169.
3. Ibid., 168–69.
4. "Automotive Electronics Cost as a Percentage of Total Car Cost Worldwide From 1950 to 2030", Statista, setembro de 2013: https://www.statista.com/statistics/277931/automotive-electronics-cost-as-a-share-of-total-car-cost-worldwide/.
5. "Who Was Fred Hutchinson?", Fred Hutch, acessado em 25 de janeiro de 2019: https://www.fredhutch.org/en/about/history/fred.html.
6. "Mission & Facts", Fred Hutch, acessado em 25 de janeiro de 2019: https://www.fredhutch.org/en/about/mission.html.
7. Gary Gilliland, "Why We Are Counting on Data Science and Tech to Defeat Cancer", 9 de janeiro de 2019, LinkedIn: https://www.linkedin.com/pulse/why-we-counting-data-science-tech-defeat-cancer-gilliland-md-phd/.
8. Ibid.
9. Gordon I. Atwater, Joseph P. Riva e Priscilla G. McLeroy, "Petroleum: World Distribution of Oil", *Encyclopedia Britannica*, 15 de outubro de 2018: https://www.britannica.com/science/petroleum/World-distribution-of-oil.
10. "China Population 2019", Avaliação da População Mundial, acessado em 20 de fevereiro de 2019: http://worldpopulationreview.com/countries/china-population/.
11. "2019 World Population by Country (Live)", Avaliação da População Mundial, acessado em 27 de fevereiro de 2019: http://worldpopulationreview.com/.

NOTAS

12. International Monetary Fund, "Projected GDP Ranking (2018–2023)", Statistics Times, acessado em 27 de fevereiro de 2019: http://www.statisticstimes.com/economy/projected-world-gdp-ranking.php.
13. Matthew Trunnell, anotações não publicadas.
14. Zev Brodsky, "Git Much? The Top 10 Companies Contributing to Open Source", White-Source, 20 de fevereiro de 2018: https://resources.whitesourcesoftware.com/blog-whitesource/git-much-the-top-10-companies-contributing-to-open-source.
15. United States Office of Management and Budget, "President's Management Agenda", White House, março de 2018: https://www.whitehouse.gov/wp-content/uploads/2018/03/Presidents-Management-Agenda.pdf.
16. World Wide Web Foundation, *Open Data Barometer*, setembro de 2018: https://opendatabarometer.org/doc/leadersEdition/ODB-leadersEdition-Report.pdf.
17. Trunnell, anotações não publicadas.
18. "Introduction to the CaDC", California Data Collaborative, acessado em 25 de janeiro de 2019: http://californiadatacollaborative.org/about.

CAPÍTULO 16: CONCLUSÃO

1. Como adolescente na Escola para Cegos de Kentucky, em Louisville, Anne Taylor decidiu que queria aprender ciência da computação. Isso exigia que ela passasse meio dia na escola pública do bairro, onde foi a primeira aluna cega a estudar o assunto. Anne descobriu uma paixão que a levou à Western Kentucky University, onde se formou em ciência da computação. De lá, ela foi trabalhar para a National Federation for the Blind, onde liderou a equipe da organização que defende a acessibilidade em todo o setor tecnológico. Em 2015, Jenny Lay-Flurrie, diretora de acessibilidade da Microsoft, ligou para Anne e fez uma oferta que não ela podia recusar. "Venha para a Microsoft e trabalhe aqui", encorajou Jenny. "Veja o impacto que você pode ter trabalhando diretamente com nossos engenheiros para ajudar a moldar o design do produto, antes que alguma coisa seja disponibilizada no mercado."
2. O Laboratório Geniza da Universidade de Princeton tem uma quantidade gigantesca de documentos da Sinagoga Ben Ezra do Cairo, incluindo cartas pessoais, listas de compras e documentos legais escritos em texto sagrado em hebraico que exigiam um "enterro digno" em um livro sagrado como o Ginza ou em câmara de armazenamento especial. É o maior depósito conhecido de manuscritos judaicos registrados. Estudiosos de todo o mundo estudam os artefatos desde o final do século XIX, e o trabalho nunca acaba. Ao combinar algoritmos de IA e visão computacional para esmiuçar milhares de fragmentos digitais, a equipe de Rustow combinou com sucesso fragmentos do mesmo documento armazenados a milhares de quilômetros de distância, combinando os formatos dos rasgos, pedaços de palavras e a espessura da tinta usada. Quando os documentos encontram o "caminho para a casa" dessa maneira, Rustow pôde terminar de retratar um panorama, anteriormente incompleto, de como judeus e muçulmanos conviviam no Oriente Médio islâmico do século X. A IA ajudou Rustow e sua equipe de especialistas em estudos do Oriente Médio a realizar em poucos minutos o que havia sido considerada uma tarefa hercúlea. Robert Siegel, "Out of Cairo Trove, 'Genius Grant' Winner Mines Details of Ancient Life", NPR's *All Things Considered*, 29 de setembro de 2015: https://www.npr.org/2015/09/29/444527433/out-of-cairo-trove-genius-grant-winner-mines-details-of-ancient-life.
3. University of Southern California Center for Artificial Intelligence in Society, PAWS: Protection Assistant for Wildlife Security, acessado em 9 de abril de 2019: https://www.cais.usc.edu/projects/wildlife-security/.
4. Satya Nadella, "The Necessity of Tech Intensity in Today's Digital Word", LinkedIn, 18 de janeiro de 2019: https://www.linkedin.com/pulse/necessity-tech-intensity-todays-digital-world-satya-nadella/.
5. Einstein, "The 1932 Disarmament Conference".
6. Hoffman e Yeh, *Blitzscaling*.
7. Isso também exige o tipo certo de liderança do conselho de administração de uma empresa. Aqui também existe espaço para uma abordagem mais abrangente em muitas empresas tecnológicas. Por um lado, corre-se o risco de que um conselho postergue tanto a escolha de um fundador forte e bem-

NOTAS

-sucedido que não saiba o bastante o que está acontecendo dentro da empresa para fazer perguntas espinhosas ou não terá coragem para fazê-las, ainda que essas questões sejam evidentes. Por outro, algumas peculiaridades podem criar confusão para a outra parte, um conselho que entra muito nos detalhes entre o papel do conselho na gestão de uma empresa e a responsabilidade do CEO de liderá-la e gerenciá-la. Na Microsoft, Chuck Noski, presidente do comitê de auditoria, há muito tempo se concentra em assegurar processos direcionados, mas rigorosos, que vão além dos controles financeiros e se relacionam estreitamente ao trabalho da equipe de auditoria interna. Ironicamente, também nos beneficiamos quando a juíza Colleen Kollar-Kotelly decidiu, em 2002, por sua própria iniciativa, aprovar nosso acordo antitruste, sob a condição de o conselho de administração da empresa criar um comitê de conformidade antitruste. Uma década após o término dessa obrigação, o conselho continua a contar com um comitê de regulamentação e políticas públicas, liderado pelo ex-CEO da BMW Helmut Panke, com o objetivo ficar a par dos crescentes problemas para a Microsoft. Além da estreita colaboração com o comitê de auditoria do conselho, em questões como segurança cibernética, este grupo fica fora uma vez por ano, para que nossa equipe de administração analise as tendências sociais e políticas do ano anterior e, juntos, possamos analisar nosso trabalho proativo para resolvê-las. É o tipo de exercício que nos obriga a retroceder e analisar o panorama como um todo; assim aumentamos o nível de nossas ações.

Tudo isso requer que os diretores tenham insights reais dos negócios, organização, pessoas e questões de uma empresa. Na Microsoft, nossos diretores se reúnem periodicamente em pequenos grupos com diferentes grupos de executivos, participam de outras reuniões e participam do retiro anual de estratégia para nossa equipe executiva. Na Netflix, onde sou membro do conselho, o CEO Reed Hastings organiza os diretores para participarem de uma série de reuniões da equipe, grandes e pequenas.

8. Margaret O'Mara, *The Code: Silicon Valley and the remaking of America* (Nova York: Penguin Press, 2019), 6.

9. Como O'Mara alega, os "empresários do setor tecnológico não eram cowboys solitários, e sim pessoas muito talentosas, cujo sucesso foi possibilitado pelo trabalho de muitas outras pessoas, redes e instituições. Isso incluía os grandes programas governamentais que os líderes políticos de ambos os partidos criticavam com tanto vigor, e que muitos líderes de tecnologia viam com suspeita, se não com absoluta hostilidade. Da bomba atômica ao lançamento do foguete para a Lua, até os alicerces da internet e muito mais, os gastos públicos alimentaram uma explosão de descobertas científicas e técnicas, proporcionando os fundamentos para as próximas gerações de startups". Ibid., 5.

Um fenômeno análogo foi observado por muitas autoridades públicas e advogados nas áreas de propriedade intelectual. Apesar de resistir à regulamentação, é de se duvidar que as empresas tecnológicas desfrutassem do mercado sem os benefícios das leis de direitos autorais, patentes e marcas comerciais, que criaram a oportunidade para inventores e desenvolvedores terem em mãos a propriedade intelectual que eles criaram.

10. Pelo contrário, a reação à FAA sobre algum tipo de regulamentação na Boeing durante o processo de certificação 737 MAX refletiu um desconforto das autoridades e da sociedade. A resposta mais do que depressa se concentrou em exigir que a FAA tomasse como base sua avaliação das correções de segurança do avião provenientes de análises externas adicionais. Steve Miletich e Heidi Groover, "Reacting to Crash Finding, Congressional Leaders Support Outside Review of Boeing 737 MAX Fixes", *Seattle Times*, 4 de abril de 2019: https://www.seattletimes.com/business/boeing-aerospace/reacting-to-crash-finding-congressional-leaders-support-outside-review-of-boeing-737-max-fixes/.

11. Ballard C. Campbell, *The Growth of American Government: Governance from the Cleveland era to the present* (Bloomington: Indiana University Press, 2015), 29.

12. Ari Hoogenboom e Olive Hoogenboom, *A History of the ICC: From panacea to palliative* (Nova York: W. W. Norton, 1976); Richard White, *Railroaded: The transcontinentals and the making of modern America* (Nova York: W. W. Norton, 2011); Gabriel Kolko, *Railroads and Regulation: 1877–1916* (Princeton, NJ: Princeton University Press, 1965), 12.

13. Ibid.

14. "Democracy Index 2018: Me Too? Political Participation, Protest and Democracy", *The Economist* Intelligence Unit: https://www.eiu.com/public/topical_report.aspx?campaignid=Democracy2018.

Índice

Símbolos

4G/LTE, 159

11 de Setembro, 9

1984, livro, 228

A

abordagem baseada em princípios, 223

AccountGuard, 84

acesso

à informação em outros países, 47

ensino, 182

ACLU, 216

adaptabilidade, 248

Administração de Eletrificação Rural

REA, 164

Advanced Placement, 178

Affordable Care Act, 281

afro-americanos

na tecnologia, 185

Agência de Pesquisa pela Internet, 96

IRA, 96

Agência de Segurança Nacional nos Estados

Unidos, 2

dados, 9

air gap, 79

Alastair Mactaggart, 145

Albert Einstein, 130, 289

Alfândega e Proteção de Fronteiras dos EUA, 220

Alibaba, 257

Amazon

Rekognition, 216

Angela Merkel, 240

aprendizado de máquina, 237, 271

a revolta contra o rádio, 102

arma cibernética, 64

armas militares, 203

ataque de negação de serviço, 91

ataques de spear phishing, 79

ataque spoofing, 79

ataque terrorista

Paris, 28

atendimento ao cliente

IA, 236

ativismo

dos funcionários, 216

novo, 218

político, 41

automação, 236

autorregulamentação, 293

B

Baidu, 257

banda larga, 153–168

acesso, 155–157

assinatura, 156

rural, 297

separação, 164

Barack Obama, 15

Bertha Benz, 185, 241

Bill Gates, xxiv

blitzscaling, 267, 292

Reid Hoffman, 292

Bob Ferguson, 173

bombardeio de Pearl Harbor, 10

Brasil, 49

Brexit, 132

ÍNDICE

C

Cambridge Analytica, 144, 147
campanhas de desinformação, 95
capacidade dos dados, 269
capital e políticas públicas, 189
carta de segurança nacional, 31
Casper Klynge
    embaixador de tecnologia, 109
Centro de Assuntos Agrícolas dos EUA, 158
Centro de Excelência em Defesa Cibernética
    Cooperativa, 92
Charlie Hebdo, jornal
    Ataque, 27
Charter of Trust, 122, 295
China
    Apple, 253
    empresas tecnológicas, 254
    joint venture, 258
    posição central, 253
Christchurch Call to Action, 125–130
    Amazon, 126
    Facebook, 126
    Google, 126
    Twitter, 126
ciberataques
    do tipo Estado-nação, 63–64
    vulnerabilidade, 66
ciberdiplomatas, 130
ciberespaço, 22
ciber-roubos, 251
ciência da computação, 178
Cisco, 263
Code.org, 179
código tóxico, 64
cognição humana, 194
Columbia Data Center, xxi
comércio, xix
Comissão de Proteção de Dados da Irlanda, 135
Comissão Europeia, 131
Comissão Federal de Comunicações, 102
Comitê Internacional da Cruz Vermelha, 118
compromissos na nuvem, 30
    conformidade, 30
    privacidade, 30
    segurança, 30
    transparência, 30
computação em nuvem, 42
comunicação aberta, 95
Conferência de Segurança de Munique, 97
conflito nuclear, 118
Confúcio, 259
conhecimento, xix
controle de armas, 116–119

Convenção Digital de Genebra, 113–116, 301
Convenção Nacional Democrata, 78
correios, 8
crescimento econômico
    internet, 157
crescimento urbano
    frustração, 190
crise nacional, 11
Cybersecurity Tech Accord, 120, 122, 295

D

DACA, 174
dados
    errados, 154
    recurso renovável, 274
Daniel Pearl
    sequestro, 21
data analytics, 278
data center, xxi–xxiv
data commons, 276
data science, 157
David Martinon, 124–127
David Zapolsky, 173
DCU, 78
    Unidade de Crimes Digitais da Microsoft, 78
Declaração de Direitos, 7
Declaration Networks Group, 167
deep fakes, 99
democracia, 78
    fragilidade, 91
    interferência estrangeira, 106
    regulamentação, 150
    vigilância, 227
democracia eletrônica, 91
democratizar a IA, 272
Departamento de Empregos, Empresas e Inovação
    DJEI, 43
dependência econômica
    Estados Unidos, 138
desinformação, 302
deslocamento urbano, 189
Digital Accountability and Transparency Act, 284
dinastia Qin, 259
diplomacia
    cibernética, 124
    digital, 128, 130
    internacional, 119
direito marcário, 80
direitos civis, 7
direitos de privacidade modernos, 6
direitos humanos, 44, 292
    universais, 260
discussão pública, 95

ÍNDICE

distanciamento urbano-rural, 94
Dominic Rushe, 2
Donald Trump, 59, 144
    eleição, 279
drive-thru
    IA, 235

E
economia transatlântica, 134
ECPA
    Lei de Privacidade das Comunicações
        Eletrônicas, 48
Edelman Trust Barometer, 217
edge computing, 157
Edward Snowden, 5
efeito cumulativo, 242
efeito de redes, 270
ElectionGuard, 88
eleição
    dados, 281
eletricidade, 156–164
embaixador de tecnologia, 109
Emmanuel Macron, 82, 123
emprego
    conteúdo digital, 178
    tecnologia, 234–248
energia nuclear, 144
engenharia de manutenção de sistemas, 143
equipe LENS, 24
Era das Máquinas, 289
Era de Ouro do Rádio, 101
Estado de Direito, 219
Estado Islâmico, 28
Estônia, 90
extradição de criminosos, 47

F
Facebook, 92
    dados, 135
    lacunas
        obrigações judiciais europeias, 133
FarmBeats, 163
FCC
    Comissão Federal de Comunicações dos
        Estados Unidos, 153
filosofia grega, 260
FISC, 12
Fórum Econômico Mundial, 191
Franklin D. Roosevelt, 10, 164
fraude, 193
Fred Hutchinson Cancer Research Center, 272
Freedom House, 222

G
geopolítica, 66
George Orwell, 228
George Washington, 106
GitHub, 277
Google, 13
Grande Depressão, 164, 171, 242
grassroots, movimentos sociais, 102
GRU, 78
    Departamento Central de Inteligência da
        Rússia, 78
guerra cibernética, 69
Guerra de 1812, 46
Guerra Fria, 116–117
    apocalipse nuclear, 116

H
habitação
    crescimento urbano, 186
    preço, 188
Hadi Partovi, 179
He Huaihong, 262
Hillary Clinton, 82
hispânicos
    na tecnologia, 185
HoloLens, 239
Hora do Código, 179
Hospital St. Bartholomew
    ciberataque, 62
    Londres, 61
Huawei, 263
Human Rights Watch, 206

I
IA, 192–203, 256
    aprendizagem profunda, 197
    capacidade computacional, 195
    computação em nuvem, 196
    dados digitais, 196
    práticas culturais, 256
    princípios éticos, 208
    redes neurais, 197
    regulamentação, 202
    sistemas tendenciosos, 198
    tradução de idiomas, 197
ImageNet, 197
imigração, 171–173
    banco de dados, 221
    Donald Trump, 172
    legislação abrangente, 174
Immigration Innovation Act, 176
    I-Squared, 176
imposto sobre empregos, 187

337

ÍNDICE

influência estrangeira, 107
inovação tecnológica, 304
Instituto Hudson, 85
inteligência artificial, xx, 271–279
intensidade tecnológica, 289
interoperabilidade, 292
intérpretes
    IA, 240
iPhone, 241
IRI, 85
Irlanda, 43
    cabos de fibra óptica, 44
    data center, 44
Isaac Asimov, 193
Ivanka Trump, 180

J
Jacinda Ardern, 100
Jacinda Ardern e
    Nova Zelândia, 125
Joe Biden, 18
John Adams, 6
John Wilkes, 5
Joy Buolamwini, 198
juramento de Hipócrates, 208
Justin Trudeau, 143

K
Kai-Fu Lee, 269
keylogger, 79
kill switches, 68

L
latência de dados, 42
latinos
    na tecnologia, 185
Lei CLOUD, 57–59
    aprovação, 59
Lei da Decência das Comunicações dos Estados
    Unidos, 99
Lei das Comunicações Armazenadas (SCA), 23
Lei de Fraude e Abuso de Computador, 117
Lei de Privacidade de Comunicação Eletrônica, 22
    ECPA, 23
Lei de Privacidade do Consumidor da Califórnia,
    148
Lei de Privacidade Europeia, 133
Leis do Estrangeiro e de Sedição, 10
Lei Wiretap, 48
liberdade
    de expressão, 13
    democrática, 226
    individual, 10

Liga das Nações, 129
LinkedIn, 181
    Economic Graph, 181
livre mercado, 139

M
malware, 63
Marie Curie, 185
Mark Zuckerberg, 92
Matthew Trunnell, 272
Max Schrems, 132
mensagem de ransomware, 63
mercado chinês, 251
Microsoft
    defesa legal para funcionários
        DACA, 174
    mandado de busca e apreensão, 25
Microsoft Conference Center, 170
Microsoft Philanthropies, 179
    TEALS, 179
Microsoft Research, 170, 195
Microsoft Rural Airband Initiative, 161
    Iniciativa Airband, 162, 163
Microsoft's AI for Earth, 288
Microsoft Word, 51
Minority Report, filme, 211
MLATs, 47
    Tratados de Assistência Jurídica Mútua, 47
mobilidade, 94
movimento open source, 283
MSRA, 255
MSTIC, 63, 78
mulheres
    na tecnologia, 185
Muro de Berlim, 40
Museu Vabamu, 91

N
nacionalismo, 112, 301
National Human Genome Research Institute, 213
National Institute of Standards and Technology,
    222
neutralidade digital, 36
New Deal, 164
NewsGuard, 105
NORAD, 117
NotPetya, 70–71
Nova Zelândia
    massacre, 100
novos setores
    emprego e tecnologia, 246
NSA, 64
nuvem, armazenamento na, xix–xxviii, 11

ÍNDICE

O

Open Data Initiative, 285
open source, 277
Operação Liberdade Duradoura (OEF-A), 9
OPM, 251
ordem de sigilo, 12
ordem judicial de confidencialidade, 24
OTAN, 82

P

Pacto de Varsóvia, 40
padrões geracionais, 72
Papa Francisco, 210
Paris Call for Trust and Security in Cyberspace, 124
patch do Windows XP, 65
Patch Tuesday, 74
Paul Allen, xxiv
PAWS, 289
Paz Quente, 117
Penny Pritzker, 136
percepção, 194
pesquisa e desenvolvimento, 267
Pew Research Center, 156
Política de Privacidade Safe Harbor, 134
políticas de imigração, 169
políticas públicas, 69
práticas de privacidade
    Estados Unidos, 136
prensa móvel, xix
Primavera de Praga, 40
Primeira Emenda, 34
    à Constituição, 103
prisão de Hohenschönhausen, 39
PRISM, 1–20
    informações confidenciais, 2
privacidade, 35, 42, 54, 132–144, 144–146
    diferencial, 283
    documentos eletrônicos, 23
    e-mail, 23
Privacy Shield, 137–139
produto mínimo viável, 226, 296
progresso, 233
Projeto Alamo, 281
Projeto Manhattan, 172
Proposição 13, 146
proximidade geográfica, 42
publicidade, 102, 247

Q

Quarta Convenção de Genebra, 113
Quarta Emenda, 34

Quarta Emenda à Constituição dos Estados Unidos, 7
Quarta Revolução Industrial, 169
questões regulatórias, 143

R

radiologistas
    IA, 237
realpolitik, 108
reconhecimento facial, 213–222
    polícia, 223
    regulamentação, 228–230
    saúde, 213
    segurança pública, 227
reforma da vigilância, 19
regime despótico, 45
regulamentação
    tecnológica, 300
Regulamento Geral sobre a Proteção de Dados, 131
    Apple, 142
    Microsoft, 140
    RGPD, 139
Reid Hoffman, 267
responsabilidade social, 224
revisão editorial de pré-publicação, 103
Revolução Industrial, 295
revolução open source, 278
RGPD, 294
Ronald Reagan, 23, 146

S

Safe Harbor, 134
    serviços digitais, 134
Salesforce, 216
Satya Nadella, 29
Seeing AI, 287
Segunda Guerra Mundial, 90
segurança cibernética, 111, 117, 122, 302
segurança nacional, 10, 264
segurança operacional, 111
segurança pública x direitos humanos, 223
    inteligência artificial, 223
seis princípios éticos, 200
    confiabilidade e segurança, 200
    equidade, 200
    prestação de contas, 201
    tecnologia inclusiva, 200
    transparência, 201
Serviço de Imigração e Controle de Aduanas dos Estados Unidos da América, 214
serviço de sink hole, 80
setor financeiro, 247

ÍNDICE

Shadow Brokers, 64
SIGINT, 3
silos de dados, 275
sinais de inteligência, 3
sinal VHF
     UHF, 160
síndrome de DiGeorge (SDG), 213
singularidade, 197
sistemas especialistas, 196
socialismo, 40
sonho chinês, 250
Stasi, 40
Steve Jobs, 241
Strontium, 78
     APT28, 78
     Fancy Bear, 78
Suprema Corte dos Estados Unidos, 54
Switchboard data set, 197

T
Tay, 256–257
Tchecoslováquia, 40
TechSpark, 234
tecnodiplomacia, 127
tecnologia
     causa social, 167
     colaboração internacional, 301
     com fio, 159
     polarização, 290
     sem fio, 159
tecnologia da informação, 264
     dependência, 71
tecnologia de armas, 114
tecnologias de comunicação, 95
teoria computacional dos jogos, 289
The Guardian, jornal
     matéria, 2–4
Theodore Vail, 161
Theresa May, 132, 239
Thomas Edison, 195
Timnet Gebru, 198
totalitarismo, 91

transformação digital, 169
tratados internacionais, 47
Três Leis da Robótica, 193
tribo cibernética, 92
tributação dos empregos, 187
tripé de segurança cibernética, 112
turbulências geopolíticas, 300
TV White Spaces, 160–167

U
Ucrânia
     ciberataque, 70
Uganda Wildlife Authority, 288
União Europeia, 131–140
utilidade pública, 102

V
Vale do Silício
     crescimento, 186
Vaticano, 209–210
Věra Jourová, 136
viés tendencioso, 198–200, 226
vigilância, 54, 77, 131
     comercial, 145

W
WannaCry, 63–65, 295
Washington State Opportunity Scholarship
     Program, 182
WeChat, 257
WikiLeaks, 78
Workforce Education Investment Act, 184
worm, 63

X
Xamarin, 277
XiaoIce, 255
Xi Jinping, 250

Z
Zinc, 63–66